AF671101

Interkulturelles User Interface Design

Springer

Rüdiger Heimgärtner

Interkulturelles User Interface Design

Von der Idee zum erfolgreichen Produkt

Springer Vieweg

Rüdiger Heimgärtner
Intercultural User Interface Consulting
Undorf, Deutschland

ISBN 978-3-662-48369-5 ISBN 978-3-662-48370-1 (eBook)
DOI 10.1007/978-3-662-48370-1

Die Deutsche Nationalbibliothek verzeichnet diese Publikation in der Deutschen Nationalbibliografie; detaillierte bibliografische Daten sind im Internet über http://dnb.d-nb.de abrufbar.

Springer Vieweg

Gedruckt auf säurefreiem und chlorfrei gebleichtem Papier

Springer Vieweg ist Teil von Springer Nature
Die eingetragene Gesellschaft ist Springer-Verlag GmbH Deutschland
Die Anschrift der Gesellschaft ist: Heidelberger Platz 3, 14197 Berlin, Germany

Ich widme dieses Buch meinen lieben Eltern
Christa und Karl Heimgärtner.

Vorwort

Nach zahlreichen Konferenzen und Workshops zur Entwicklung interkultureller Benutzungsschnittstellen und der Erkenntnis, dass es auf dem deutschsprachigen Markt immer noch kein Buch gibt, das die wichtigsten Punkte dieser Thematik auch aus wissenschaftlicher Sicht für den Leser verfügbar macht, ist dieses Buch zum Thema „Entwicklung kultureller Benutzungsschnittstellen" entstanden.

Aufgrund der rasanten Entwicklung der Thematik und der sprunghaften Zunahme der Publikationen in diesem Bereich in den letzten Jahren waren mehrere Überarbeitungen sowohl inhaltlich als auch strukturell nötig. Erst nach der allmählichen Systematisierung der Forschung seit etwa dem Jahre 2010, der permanenten und akribischen Literaturrecherche des Autors seit 2003 als auch der Anbindung der Thematik an überarbeitete einschlägige Standards wie der ISO 9241–210 seit 2011 konnten die noch schemenhaften Einzelstücke zu einem aussagekräftigen und logischen Gesamtbild prozessualen Charakters zusammengefügt werden.

Umso mehr freut es mich, Ihnen nach dieser langjährigen Entwicklungsphase nun die erste Auflage des Buches präsentieren zu können.

Undorf
Oktober 2016

Rüdiger Heimgärtner

Danksagung

Ich danke im Besonderen Fr. Dr. Kerstin Röse, welche mich auf der IWIPS 2003 für diese Thematik begeistert und seitdem kontinuierlich begleitet hat. Sie stand von Beginn an als Sparringspartnerin für dieses Buch zur Seite und hat vor allem zur Benutzerforschung im kulturellen Kontext beigetragen.

Des weiteren möchte ich Fr. Dr. Yvonne Schoper, Hr. Henning Brau, Hr. Helmut Windl, Hr. Lutz-Wolfgang Tiede und Hr. Alkesh Solanki sehr herzlich danken, welche durch gemeinsame Co-Autorenschaften zu Konferenz- und Buchbeiträgen Einfluss auf dieses Buch genommen haben.

Darüber hinaus geht mein Dank an Hr. Christoph Dobler, Fr. Monika Kleinert, Hr. Udo Kunder und Hr. Craig Mabrey für ihre Unterstützung bei der Erstellung des Buches als auch an Fr. Ulrike Butz, Hr. Thomas Lehnert, Hr. Dr. Alexander Grün und Fr. Aurelia Heumader vom Springer Verlag für Ihre geduldige Unterstützung während der gesamten Entstehungsphase dieses Buches.

Dank aus tiefstem Herzen geht an meine Eltern, Christa und Karl Heimgärtner, die nicht nur in der Entstehungsphase dieses Buches ein offenes Ohr für mich hatten, sondern auch sonst oft von mir in den unpassendsten Situationen in einen komplexen Gedankenaustausch verwickelt wurden.

Schließlich danke ich all jenen, die nicht explizit genannt wurden, dieses Buchprojekt aber mit unterstützt haben.

Undorf
Oktober 2016

Rüdiger Heimgärtner

Kontakt

Vorsprung durch Wissen – Qualität statt Quantität
Dr. Rüdiger Heimgärtner
Inhaber und CEO
Lindenstraße 9
93152 Undorf
Deutschland

Telefon: +49 (0) 9404 96090
Fax: +49 (0) 9404 96091
Mobiltelefon: +49 (0) 0175 565 0 322
E-Mail: ruediger.heimgaertner@iuic.de
URL: http://www.iuic.de

Inhaltsverzeichnis

Autor

Dr. Rüdiger Heimgärtner konzentriert sich seit 2003 auf die stetige Eruierung des aktuellen Forschungsstandes im Bereich der Entwicklung interkultureller Benutzungsschnittstellen. Als Gründer und Inhaber der Firma „Intercultural User Interface Consulting" (IUIC) gibt er seit 2008 sein kompiliertes Wissen komprimiert in Form von Schulung, Coaching und Beratung an Industrie und Forschung weiter und entwickelt Werkzeuge und Methoden zur Unterstützung der Einführung und Durchführung von Usability-Engineering-Prozessen auch im Kontext der Interkulturalität und Barrierefreiheit. Er ist Gründungsmitglied und Personal Member des „International Usability and UX Qualification Board" (UXQB) und Mitarbeiter im Normenausschuss des „Deutschen Instituts für Normung" (DIN) zum Thema Ambient Assisted Living (AAL). Mit diesem Hintergrund prüft und optimiert er als SPICE-Assessor auch die Konformität und Reife von Entwicklungsprozessen.

Abkürzungen

(C)	Chinesisch sprechende Benutzer
(D)	Deutsch sprechende Benutzer
(E)	Englisch sprechende Benutzer
AAL	Ambient Assisted Living
Abb.	Abbildung
ACM	Association for Computing Machinery
ANOVA	ANalysis Of Variance
API	Application Programming Interface
ASPICE	Automotive Software Process Improvement and Capability Determination
BCD	Basic Cultural Dimension
BIG5	Gemeinsamer Zeichensatz der fünf größten taiwanesischen Computerhersteller
bit	binary digit
BPMN	Business Process Model and Notation
CEO	Chief Executive Officer
CHI	Computer-Human Interaction
CIA	Central Intelligence Agency
CJKV	Chinesisch Japanisch Koreanisch Vietnamesisch
CMMI	Capability Maturity Model Integration
CPUX	Certified Professional for Usability and User Experience
CPUX-F	Certified Professional for Usability and User Experience – Foundation Level
CTT	Concur Task Trees
d. h.	das heißt
DIN	Deutsche Industrie Norm
Dr.	Doktor
dt.	deutsch
DV	Datenverarbeitung
DV	direkte Variable
EDV	Elektronische Datenververarbeitung
etc.	et cetera

Fa.	Firma
ff.	[und] die folgenden
FMEA	Fehlermöglichkeiteneinflussanalyse
Fr.	Frau
G11N	Globalisierung
GB12345	Zeichensatz für chinesische Schriftzeichen
ggf.	gegebenenfalls
GOMS	Goals, Operators, Methods and Selection rules
GSR	Galvanic skin resistance
GUI	Graphical User Interface
HCD	Human Centered Design (veraltet. Heute user centered design siehe UCD)
HCD	Human Computer Dimension
HCI	Human Computer Interaction
HCII	Human Computer Interaction International
HMI	Human Machine Interaction
HR	Heart Rate
Hr.	Herr
HRV	Heart Rate Variability
I18N	Internationalisierung
IAD	Institut Arbeitswissenschaft Darmstadt
IBIS	issue-based information system
ICCHP	International Conference on Computers Helping People with special needs
ID	Informationsdichte
IDV	Individualismus-Index
IF	Interaktionsfrequenz
IFIP	International Federation for Information Processing
IHCI	International Human Computer Interaction
IIA	Intercultural Interaction Analysis
IME	Input Method Editor
IN	Information
INF	Information Frequency
INH	Interaction Hypothesis
INS	Interaction Speed
iOS	Name eines mobilen Betriebssystems der Fa. Apple
IP	Informationsparallelität
ISO	International Standard Organisation
IT	Informationstechnologie
IU-CD	Intercultural Usage Centered Design
IUIC	Intercultural User Interface Consulting
IUID	Intercultural User Interface Design
IV	indirekte Variable
IWIPS	International Workshop of Internationalization of Products and Systems

Kap.	Kapitel
KII	Kultureller Interaktionsindikator
KSC	Korean Standard Codeset (basierend auf ISO10646)
L10N	Lokalisierung
LTO	Long Time Orientation
M&C	Mensch und Computer
MAS	Maskulinitäts-Index
MC	Mouse clicks
MCD	Method of Culture Oriented Design
MCI	Mensch Computer Interaktion
MG	Manoeuver Guidance
MICHMID	Model of intercultural HMI design
MM	Mouse movements
MMI	Mensch-Maschine-Interaktion
MMID	MMI-Dimension
MMS	Mensch-Maschine-System
NIT	Number of Interactions per Time unit
NLP	Neurolinguistisches Programmieren
NVIV	Nicht-sichtbare interkulturelle Variable (non-visible intercultural variable)
OLIF	Open Lexicon Interchange Format
PC	Personal Computer
PDCA	Plan Do Control Act
PDI	Power Distance Index
phil.	philosophisch
PKII	potenzieller kultureller Interaktionsindikator
POI	point of interest
Prof.	Professor
PT	Parallel Tasks
QOC	Questions Options Criteria
ROI	Return of invest
RTL	Right-To-Left
S.	Seite
s.	siehe
sbit	semantic bit
SCRUM	Name eines agilen Prozessrahmenwerkes
SE	Softwareengineering
SEM	Strukturgleichungsmodell
Shift-JIS	Japan Industrial Standard codeset (basierend auf JIS X 0208)
SMART	spezifisch messbar akzeptiert realistisch terminiert
SPICE	Software Process Improvement and Capability Determination (ISO/IEC 15504–5)
SUI	Speech User Interface

SW	Software
Tab.	Tabelle
TBX	TermBase eXchange
TDA	Time to Deactivate Agent
TLCC	Technics Language Culture Cognition
TM	Translation Memory
TMX	Translation Memory eXchange
TPI	Time of Presentation of an Information unit
UAI	Uncertainty Avoidance Index
UCD	User Centered Design
U-CD	Usage Centered Design
UI	User Interface
UI4All	User Interface for All
UIT	User Interface Toolkit
UML	Unified Modeling Language
UMTM	Usabililty Metric Trace Model
Unicode	Internationalisierter Zeichsatz
UPA	Usability Professionals Association
URL	Unified Ressource Locator
US	United States
USA	United States of America
usw.	und so weiter
UV	Unsicherheitsvermeidung
UX	User Experience
UXQB	Usability and User Experience Quality Board
VDMA	Verein deutscher Maschinenanlagenbauer
vgl.	vergleiche
VIV	Sichtbare interkulturelle Variable (visible intercultural variable)
V-Modell	Vorgehensmodell
vs.	versus
VSM	Value Survey Modul
XP	Extreme Programming
z. B.	zum Beispiel

1 Einleitung

Inhalt

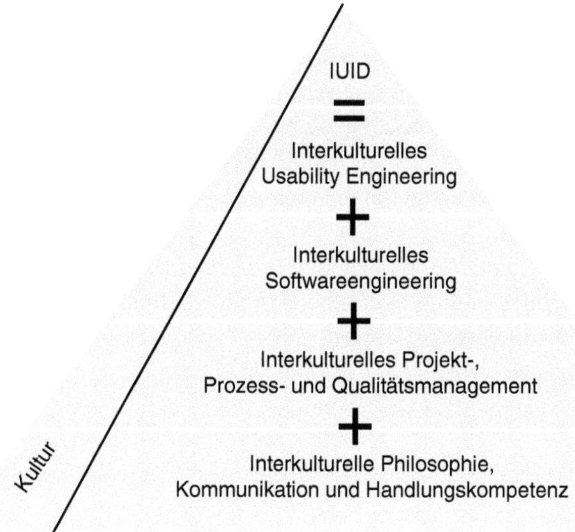

R. Heimgärtner, *Interkulturelles User Interface Design*,
DOI 10.1007/978-3-662-48370-1_1

Nach der Darlegung der Motivation und des Nutzens dieses Buches zur Entwicklung interkultureller Benutzungsschnittstellen (IUID) wird erläutert, was unter IUID zu verstehen ist sowie dessen Ziel und Vorgehensweise dargelegt. Darüber hinaus werden Zielgruppe und Aufbau dieses Buches beschrieben.

1.1 Motivation und Nutzen

„Die fortschreitende Globalisierung, die Liberalisierung des Weltmarktes und das verschärfte Innovationstempo für Produkte stellen große Anforderungen an Produkt- und Prozessoptimierung.“[1] Gerade der asiatische Markt wächst enorm (vgl. Berger und Grassl 2008).[2] Dies erfordert, dass das Produkt auf die kulturellen Bedürfnisse der Benutzer[3] ausgelegt wird (Honold 2000). Die Entwicklung von innovativen und gebrauchstauglichen Produkten kann jedoch nur dann effektiv und effizient realisiert werden, wenn die zugrunde liegenden Prozesse optimiert sind. Vorgegebene Ziele werden oftmals verfehlt, ohne dass äußere Umstände dies erklärten. Schuld hierfür ist schlicht eine mangelnde Gebrauchstauglichkeit der Produkte und/oder Prozesse im geforderten Nutzungskontext. Die Nutzungsqualität muss über die Gebrauchstauglichkeit (Usability) und das Benutzererlebnis (User Experience) von Produkten durch professionelle Produktentwicklung gesteigert werden. Überdies müssen die Prozesse auch im interkulturellen Kontext gelebt werden können.

Jedes Produkt verfügt, um überhaupt verwendet werden zu können, über eine Benutzungsschnittstelle (User Interface), welche die Schnittstelle des Produkts zum Benutzer darstellt. Bei einem Besen ist die Benutzungsschnittstelle der Stiel bei einer Tasse der Henkel, bei einem Handy der Touchscreen und bei einem Computer umfasst die Benutzungsschnittstelle Bildschirm, Tastatur und Maus. Letztere verfügen über eine Elektronik (Hardware) mit Regeln (Software), welche festlegen, wie die Hardware benutzt werden kann, d. h. letztere stellen ein System aus Hardware, Software und Mechanik dar. Bei der Entwicklung von Benutzungsschnittstellen müssen kulturelle Präferenzen berücksichtigt werden, um

- kulturelle Unterschiede in der Produktnutzung feststellen zu können,
- interkulturelle Überschneidungssituationen von Produktdefinition und Produktnutzung erkennen, analysieren und lösen zu können,
- kulturell geprägte Benutzererwartungen erfüllen zu können,
- eine hohe Gebrauchstauglichkeit des Produktes durch eine vertraute Bedienbarkeit schaffen zu können.

[1] Formulierung von Udo Kunder (Global Sales Manager und zertifizierter CPUX-F Usability Professional).

[2] Seit 2000 nahmen vor allem in China z. B. die Verkaufszahlen von Automobilen beständig zu und überholten 2008 jene der USA.

[3] Mit dem hier verwendeten Wortgebrauch in diesem Buch ist immer auch automatisch jegliche weitere mögliche und gewünschte Form und Anrede des Lesers mitgemeint (z. B. weiblich).

> Die zunehmende Globalisierung erfordert eine neue Sichtweise auf das User Interface Design (Honold 2000). Aufgrund der interkulturellen Überschneidungssituation von Produktdefinition und Produktnutzung und um die Erwartungen des Benutzers erfüllen zu können, müssen dessen kulturellen Präferenzen bei der Produktentwicklung berücksichtigt werden.

Effiziente, effektive und zufriedenstellende Prozesse und Produkte auch und gerade im interkulturellen Kontext führen zu größerem Verkaufserfolg, wenn man weiß, auf welche Aspekte es bei der Entwicklung von interkulturellen Benutzungsschnittstellen ankommt und wie Entwicklungsrichtlinien daraus generiert werden können.

Ultimatives Ziel wäre ein globalisiertes Produkt für alle (Stephanidis 2000). Dazu muss das Produkt zunächst internationalisiert, d. h. für den kulturübergreifenden Einsatz vorbereitet werden, indem eine gemeinsame Plattform geschaffen wird, die kulturspezifischen Inhalten Raum lässt. Bei der Lokalisierung des Produkts sind dann die für das Zielland lokalen kulturspezifischen Parameter in das Produkt (ohne Änderung des Quellcodes bei Software) integrierbar. Entsprechend dem Zielland können die lokalen Parameter spezifiziert werden. Der Internationalisierungsprozess bezieht sich sowohl auf die Funktionalität des Gerätes als auch auf das User Interface Design. Schließlich erhöht sich die Gebrauchsfähigkeit interkulturell gestalteter Geräte, weil so im Zielland die Bedienung des Gerätes vertraut ist.

Die Entwicklung interkultureller Benutzungsschnittstellen muss so erfolgen, dass alle relevanten Aspekte dieser Bereiche ohne aufwändige Änderungen im Programmcode für alle in allen gewünschten Länder verwendet werden können (= Internationalisierung, vgl. VDMA 2009). Um das Produkt in einem speziellen Land verwenden zu können, sollten nur noch die entsprechenden Parameter geändert werden müssen (= Lokalisierung, vgl. VDMA 2009).

> Durch Internationalisierung und Lokalisierung lässt sich die Modularisierung der Softwarearchitektur erhöhen.

Je höher der Grad der Modularisierung in der Softwarearchitektur, desto:

- geringer ist die Entwicklungszeit
- höher ist der Grad der Systemgeneralisierung
- geringer ist der Programmieraufwand
- besser ist die Systemrobustheit für künftige Projekte und Plattformen.

Dadurch wird die Zeit bis zur Markteinführung verkürzt. Turnover und Markt nehmen zu, was den Rücklauf der Investitionen (ROI) beschleunigt. Daher führt eine Anpassung des Produktes an die gewünschten Kulturen zu Vorteilen für

- Techniker (Wartung),
- Kunden (Usability),
- Produktmanagement (Prozesssteuerung),
- Marketing (Verkaufszahlen).

Das Produkt wird verständlich und somit einfacher zu benutzen, was zu kürzeren Trainingszeiten führt (vgl. Honold 2000; Jürgensohn et al. 2001; Röse 2002; Sun 2001). Darüber hinaus steigt die Wahrscheinlichkeit, dass ein Benutzer ein Gerät desselben Herstellers wieder kauft. Die Vorteile für Produktentwickler und Produkthersteller liegen auf der Hand:

- Benutzergerechte Produktentwicklung
- Internationale Konkurrenzfähigkeit
- Kürzere Entwicklungszeiten
- Kosteneinsparungen
- Absatzsteigerung
- Marktvorsprung.

▶ Bereits das Bewusstsein, dass Produkte für den internationalen Markt entsprechend angepasst werden müssen, stellt den ersten großen Schritt in der Entwicklung internationaler IT-Produkte dar. Viele Designer und Projektmanager haben keine Vorstellung davon, inwieweit Menschen in anderen Ländern unterschiedlich sind und daher gerade hinsichtlich der Entwicklung von Benutzungsschnittstellen spezieller Aufmerksamkeit bedürfen. Internationale Usability hat großen Einfluss auf den Markterfolg. Die tatsächliche Erfüllung der Anforderungen internationaler Benutzer ist ein schwerwiegendes Design-Problem, das ernsthafte Arbeit und Anstrengungen erfordern.

Studien haben ergeben, dass beispielsweise Web-Seiten, welche für ein bestimmtes Zielland gestaltet wurden, von Benutzern anderer Länder nicht so leicht bedient werden können (vgl. Marcus und Baumgartner 2004). Internationalisierung von IT-Produkten bedeutet mehr als die schlichte Übersetzung, weil der Benutzer mit dem Gerät interagiert und nicht nur Texte liest. Selbst wenn die Übersetzungen von hervorragender Qualität sind, können die Vorstellungen hinsichtlich Informationsarchitektur und Interaktionsverhalten aufgrund kultureller Unterschiede sehr verschieden sein.[4]

▶ Dabei unterscheiden sich nicht nur die Benutzer, sondern auch die Aufgaben beziehungsweise die Herangehensweise der Benutzer, die Aufgaben zu lösen. Daraus ergeben sich unterschiedliche Anforderungen für das Design hinsichtlich der Gebrauchstauglichkeit. Daher ist interkulturelles Usability Engineering kein „Nice-To-Have-Feature", das „weg-getailort" werden kann, sondern eine Notwendigkeit.

[4] Zur Informationsarchitektur gehören beispielsweise die Informationspräsentation, welche sich zum Beispiel durch Informationshäufigkeit und Informationsgeschwindigkeit ausdrückt oder die Informationsstruktur wie Informationsanordnung, Informationsparallelität und Layout. Das Interaktionsverhalten wird beschrieben durch Parameter wie Interaktionsgeschwindigkeit und Interaktionshäufigkeit oder durch die Orientierung während der Interaktion („Navigation").

Die dafür anfallenden Kosten lassen sich im Rahmen halten, wenn im eigenen Land mit Probanden aus dem Zielland Usability-Tests durchgeführt werden. Es gilt das Motto: jeder Usability-Test ist besser als gar keiner. Natürlich sind die Grenzen hinsichtlich Probandenzahl und Vor-Ortstudien nach oben offen. Erfahrungswerte zeigen aber, dass bereits fünf Probanden jeder Zielgruppe ausreichen, um circa 80 % der größten Fehler im Design hinsichtlich Gebrauchsfähigkeit des Produktes feststellen zu können. Üblicherweise werden, um die statistischen Grundlagen zu erfüllen, für jede Zielgruppe zumindest 20 Probanden rekrutiert. Einen ersten guten Querschnitt interkultureller Unterschiede in der Gebrauchsfähigkeit bieten Gruppen aus den USA, Japan und Deutschland. Natürlich wird der Return-Of-Invest (ROI) schneller erreicht, je größer der Absatzmarkt ist. Daher sind die aufstrebenden Wirtschaftsmächte des 21. Jahrhunderts wie China, Indien und Arabische Emirate nicht aus den Augen zu verlieren. Das gesteigerte Bewusstsein der Designer und Produktmanager aufgrund ihrer Erfahrungen mit diesen Ländern führt auch dazu, dass auch Benutzer anderer Länder davon profitieren.

▶ Die Berücksichtigung kultureller Aspekte im MMI-Design ist ebenso notwendig wie die entsprechende Sensibilisierung der Produkthersteller sowie durch Schulung, Training und Beratung der Stakeholder des Produktes (vom Konzepter und Designer über den Entwickler bis hin zum Evaluator, Produktmanager und Salesman). Dieses Buch soll einen Beitrag dazu leisten.[5]

1.2 Definition, Ziel und Vorgehen

▶ Die Entwicklung interkultureller Benutzungsschnittstellen umfasst alle notwendigen Prozessschritte zur adäquaten Gestaltung der Mensch-Maschine-Interaktion (MMI) unter Berücksichtigung kultureller Einflüsse.

Dabei kommen entsprechende Methoden zur Interkulturalisierung von Benutzungsschnittstellen zum Einsatz. „Interkulturelle Forschung in Informationssystemen ist ein relativ neues Forschungsgebiet, das […] an Wichtigkeit gewonnen hat […]" (Kralisch 2006, S. 17). Interkulturelles MMI-Gestaltung beschreibt das Benutzer- und Kulturorientierte Gestaltung von interaktiven Systemen und Produkten unter Einbeziehung des kulturellen

[5] Weitere Leistungen dazu erhalten Sie direkt vom Autor und über die Fa. IUIC (URL=http://www.iuic.de).

Kontexts der Benutzer in Abhängigkeit von den Aufgaben und der Produktverwendung (Röse 2002, S. 87) – also den interkulturellen MMI-Gestaltungsprozess (vgl. Honold 2000, S. 42–43). Honold präsentierte die Schritte dieses Prozesses des „interkulturellen Nutzbarkeitsengineerings" (vgl. Honold 2000, S. 42–43). Diese Betrachtungsweise ist wissenschaftlich in der Literatur von 1990 bis 2000 gewachsen und entstammt den Prozessen der Globalisierung, Internationalisierung und Lokalisierung.

▶ Interkulturelle Benutzungsschnittstellen ermöglichen Benutzern unterschiedlicher kultureller Herkunft, Produkte von anderskulturell geprägten Herstellern zu verwenden. Interkulturelles MMI-Design wird vorteilhaft und gewinnbringend, wenn die Designer bzw. Entwickler die Grundsätze und Empfehlungen für die Gestaltung interkultureller Mensch-Maschine-Interaktion in den einzelnen Produktentwicklungsphasen kennen und anwenden (wie in diesem Buch vorgeschlagen).

Ziel ist es letztlich, ein möglichst „globalisiertes Produkt für alle" zu schaffen (vgl. UI-4All, Stephanidis 2000) – insbesondere die Funktionalität und die Benutzungsschnittstelle betreffend. Gemäß (Honold 2000) sind dabei vor allem folgende Aspekte von großer Wichtigkeit: „1. The largest difficulties in internationalization do not lie in the field of UI design but in the field of product functionality and user requirements. While general problems and solutions are well known and limited for the UI, there are innumerable possibilities of how to do things wrong in the field of culture-specific user requirements. Therefore procedures and methods for the elicitation and documentation of culture-specific user requirements have to be fostered. 2. Product features are influenced by factors like infrastructure, education and training, labor organization, and also cultural values. In Germany, a high value for expertise and high technology orientation seem to influence the final design of products. Therefore we think that for a successful internationalization, product planers should not only learn about other cultures but also become more aware of the influences their own culture has on them and their decisions." (Honold 2000), S. 146.

▶ Die Verknüpfung von Theorie und Praxis ist gerade im interkulturellen Kontext aufgrund unterschiedlicher Denkmuster und Herangehensweisen von größter Bedeutung.

Aufgrund der Notwendigkeit der Erhebung aktueller Anforderungen und Benutzerwünsche für den jeweiligen Kontext und die jeweilige Zielkultur ist ein stetiger Austausch zwischen Theorie und Praxis nötig. Zum einen sind die neu erhobenen Ergebnisse in die weitere theoretische Forschung mit einzubeziehen, andererseits wirken sich neue theoretische Erkenntnisse auf Erhebungsmethode(n) und Ergebnisinterpretation aus. Daher ist eine enge Verzahnung von Theorie und Praxis für interkulturelle MMI-Forschung als auch bei der Anwendung der Ergebnisse daraus unabdingbar.

1.3 Über dieses Buch

Erfolgreiche Entwicklung interkultureller Benutzungsschnittstellen (Intercultural User Interface Development – IUID)[6] schließt folgende Bereiche ein bzw. baut darauf auf (vgl. Abb. 1.1).

In diesem Buch werden wissenschaftlich fundierte Erkenntnisse aus intensiven Literaturstudien und Forschungsarbeiten des Autors aus diesen Bereichen vorgestellt und handlungsrelevantes Know-How für die Praxis abgeleitet. Mit diesem Buch werden so grundlegende Erkenntnisse aus diesen Bereichen gebündelt und an Sie weitergeben. Dabei wird der Weg von der Theorie bis zum interkulturell nutzbaren Produkt erläutert.

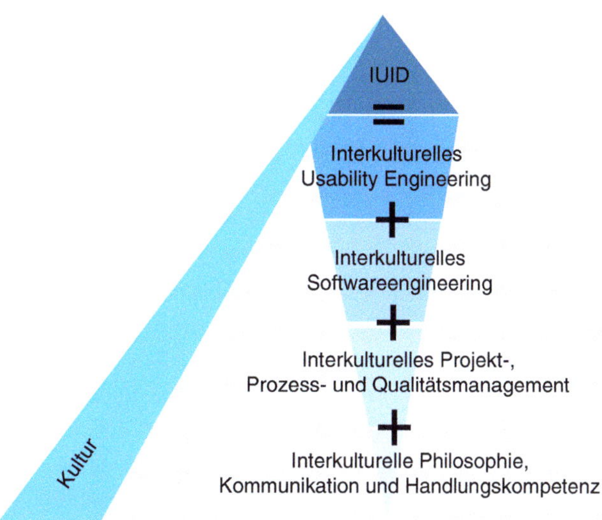

Abb. 1.1 Notwendiges Fundament für die erfolgreiche Entwicklung interkultureller Benutzungsschnittstellen (IUID). Die inhaltlichen Schwerpunkte dieses Buches sind blau markiert. (Quelle: IUIC)[7]

---

[6] IUID wird oft auch einfach „Intercultural User Interface Design" genannt. „Design" wird hier im Sinne des gesamten Entwicklungsprozesses (Development) verstanden, d. h. „Design" (übersetzt: „Gestaltung") im Sinne von „Entwicklung" bzw. „Prozess der menschzentrierten Gestaltung" im Gegensatz zu „Design" als einer eigenständigen Phase des Entwicklungsprozesses. Der richtige Ausdruck wäre demnach „Intercultural User Interface Development". Allerdings ist der Begriff „User Interface Design" so stark eingedeutscht, dass für den deutschsprachigen Markt als Titel zunächst „Intercultural User Interface Design" gewählt wurde. Mit der zweiten Auflage dieses Buches nach dessen Übersetzung ins Englische und der damit verbundenen Begriffsklärung möglicherweise eine Titelanpassung erfolgen.

[7] Die Firma IUIC (Intercultural User Interface Consulting) bietet Dienstleistungen im Bereich IUID an und hat dazu im Rahmen der Entwicklung ihres IUID-Dienstleistungsportfolios entsprechend die Pyramide in Abb. 1.1 entwickelt (nähere Informationen dazu unter URL=http://www.iuic.de, Kontaktdaten finden Sie in diesem Buch auf S. XI).

Wenn einige dieser Erkenntnisse für Sie relevant und nützlich für die Entwicklung interkultureller Benutzungsschnittstellen sind, dann hat dieses Buch seinen Zweck erfüllt.

Zielgruppe

Vom Know-How der Entwicklung von Benutzungsschnittstellen im interkulturellen Kontext profitieren vor allem international agierende Unternehmen und deren Mitarbeiter sowie alle, die am Prozess des interkulturellen MMI-Designs beteiligt sind (wie z. B. Usability-Professionals, User-Interface-Designer, Informationsarchitekten, Interaktionsdesigner, Softwareentwickler, Projektmanager, Produktmanager, Vertriebsmanager). Dieses Buch kann aber auch Studenten und Dozenten zur Einarbeitung in die Thematik oder zur Seminarvorbereitung dienen.

Kapitelübersicht

Die Themenbereiche der Pyramide in Abb. 1.1 werden in diesem Buch aufgearbeitet. Gleichzeitig wird die logische Struktur des Prozessablaufes für die Entwicklung interkultureller Benutzungsschnittstellen eingehalten und erläutert. In Kap. 2 werden die kulturellen Grundlagen erörtert, die vor allem die Bereiche interkulturelle Philosophie, Kommunikation und Handlungskompetenz betreffen und ihre Auswirkungen auf das Denken (Strategie) und Handeln (Management) für die interkulturelle Produktentwicklung beschreiben. Davon sind vor allem Projekt-, Prozess- und Qualitätsmanagement betroffen. In Kap. 3 werden relevante Konzepte des IUID für das Softwareengineering vorgestellt. In den Kap. 4 bis 6 werden dann die menschlichen Aspekte bei der Mensch-Maschine Interaktion in den Vordergrund gerückt: Ergonomie und Usability in Bezug auf den menschzentrierten Gestaltungsprozess und dem User Interface Design im interkulturellen Kontext. Kap. 7 erlaubt anhand wissenschaftlicher Forschungsergebnisse einen tieferen Einblick in den theoretischen Hintergrund von IUID. In Kap. 8 werden die gewonnenen Erkenntnisse zum IUID für die praktische Umsetzung in industriellen Entwicklungsprojekten um technische Anforderungen und handlungsrelevante Hinweise erweitert. Die Entwicklung interkultureller Benutzungsschnittstellen (IUID – Kap. 5–7) erfordert ein interdisziplinäres Wissen, was zumindest aus folgenden Bereichen stammt:

- Kulturwissenschaft, Kommunikationswissenschaft und Philosophie für kulturelle und organisatorische Anforderungen und deren Umsetzung im Management (Kap. 2),
- Softwareergonomie und Usabilityengineering für menschliche Anforderungen und deren Umsetzung in maschinelle Anforderungen (Kap. 4),
- Softwareengineering für organisatorische und maschinelle Anforderungen und deren Umsetzung in Produkten (Kap. 3).[8]

[8] Diese Aufzählung spiegelt die korrekte Vorgehensweise bei der Entwicklung interkultureller Benutzungsschnittstellen wider, während die Kapitelreihenfolge die infrastrukturelle Priorisierung der Bereiche darstellt. Das heißt, bevor bei der Entwicklung interkultureller Benutzungsschnittstellen (IUID) (Kap. 5) interkulturelles Usability Engineering (IUE) (Kap. 4) betrieben werden kann, muss Software Engineering (SE) bereits zum interkulturellen Softwareengineering (ISE) (Kap. 3) geworden sein und sich seiner entsprechenden Aufgaben bewußt sein.

Kap. 8 schließt mit einer Zusammenfassung, einem Fazit und einem Ausblick ab. In Anhang A (Kap. 9) sind alle relevanten Normen aufgelistet und mit Kommentaren versehen. Anhand der Zusammenfassung der Checklisten dieses Buches in Anhang B (Kap. 10) kann der Wissensstand zur IUID-Thematik überprüft und in der Praxis angewendet werden. Anhang C (Kap. 11) enthält weiterführende Literatur und weitere wertvolle Quellenhinweise sowie Links zur IUID-Thematik. Über den Index erhalten Sie anhand der wichtigsten Begriffe unmittelbar Zugriff auf die relevanten Stellen im Buch. Am Ende jeden Kapitels werden die wichtigsten Aspekte des Kapitels zusammengefasst und ein Fazit gezogen sowie ggf. ein Ausblick gegeben. Außerdem werden die jeweils angesprochenen Normen und die verwendete Literatur ausgewiesen. Darüber hinaus verfügt jedes Kapitel über eine Checkliste zur Wissenskontrolle. Jedes Kapitel kann online separat erworben werden.

1.4 Zusammenfassung, Fazit und Ausblick

Die zunehmende Globalisierung erfordert eine neue Sichtweise auf das User Interface Design. Aufgrund der interkulturellen Überschneidungssituation von Produktdefinition und Produktnutzung und um die Erwartungen des Benutzers erfüllen zu können, müssen dessen kulturellen Präferenzen bei der Produktentwicklung berücksichtigt werden. Bereits das Bewusstsein, dass Produkte für den internationalen Markt entsprechend angepasst werden müssen, stellt den ersten großen Schritt in der Entwicklung internationaler IT-Produkte dar. Viele Designer und Projektmanager haben keine Vorstellung davon, inwieweit Menschen in anderen Ländern unterschiedlich sind und daher gerade hinsichtlich der Entwicklung von Benutzungsschnittstellen spezieller Aufmerksamkeit bedürfen. Internationale Usability hat großen Einfluss auf den Markterfolg. Die tatsächliche Erfüllung der Anforderungen internationaler Benutzer ist ein schwerwiegendes Design-Problem, das ernsthafte Arbeit und Anstrengungen erfordern.

Die Entwicklung interkultureller Benutzungsschnittstellen umfasst alle notwendigen Prozessschritte zur adäquaten Gestaltung der Mensch-Maschine-Interaktion (MMI) unter Berücksichtigung kultureller Einflüsse. Interkulturelles Mensch-Maschine-Design wird vorteilhaft und gewinnbringend, wenn die Designer bzw. Entwickler die Grundsätze und Empfehlungen für die Gestaltung interkultureller Mensch-Maschine-Interaktion in den einzelnen Produktentwicklungsphasen kennen und anwenden (wie in diesem Buch vorgeschlagen). Interkulturelle Benutzungsschnittstellen ermöglichen Benutzern unterschiedlicher kultureller Herkunft, Produkte von anderskulturell geprägten Herstellern zu verwenden. Die Berücksichtigung kultureller Aspekte bei der Entwicklung interkultureller Benutzungsschnittstellen ist ebenso notwendig wie die entsprechende Sensibilisierung der Produkthersteller sowie durch Ausbildung, Training und Beratung der Stakeholder des Produktes (vom Konzepter und Designer über den Entwickler bis hin zum Evaluator, Produktmanager und Salesman).

Dieses Buch soll einen Beitrag dazu leisten. Gerne können Sie sich für Fragen und weitere Leistungen an den Autor oder an die Fa. IUIC wenden (URL=http://www.iuic.de). Weitere Kontaktdaten finden Sie auf Seite XI dieses Buches.

Und nun viel Spaß beim Lesen des Buches und dem Anwenden der Inhalte in Ihren Projekten!

Normen √

ISO 9241 ☐

Checkliste √

Begriffswissen ☐

- Produkt ☐
- Prozess ☐
- Benutzungsschnittstelle (UI) ☐
- Internationalisierung (I18N) ☐
- Lokalisierung (L10N) ☐
- Interkulturelles User Interface Design (IUID) ☐

IUID schließt folgende Bereiche ein bzw. baut darauf auf: ☐

- Interkulturelle Philosophie, Kommunikationund Handlungskompetenz ☐
- Interkulturelles Projekt-, Prozess- und Qualitätsmanagement ☐
- Interkulturelles Software Engineering ☐
- Interkulturelles Usability Engineering ☐

Sie wollen Benutzungsschnittstellen von Produkten für Zielmärkte anderer Kulturen entwickeln oder den Prozess des interkulturellen MMI-Designs näher kennen lernen? Dann lesen Sie weiter! ☐

Literatur

Berger, D., & Grassl, W. (2008). Wo die Autoindustrie noch boomt. *sourcing asia, 2008*(4), 17–19.

Honold, Pia. (2000). *Interkulturelles Usabilityengineering: Eine Untersuchung zu kulturellen Einflüssen auf die Gestaltung und Nutzung technischer Produkte* (Als Ms. gedr. Aufl. Bd. 647). Düsseldorf: VDI Verl.

Jürgensohn, T., Timpe, K.-P., & Willumeit, H.-P. (2001). *Kraftfahrzeugführung: [Gedenkband für Prof. Dr. Hans-Peter Willumeit]*. Berlin: Springer.

Kralisch, A. (2006). The impact of culture and language on the use of the internet empirical analyses of behaviour and attitudes. Dissertation, Berlin.

Marcus, A., & Baumgartner, V.-J. (2004). Mapping user-interface design components vs. culture dimensions in corporate websites. *Visible Language Journal MIT Press, 38*(1), 1–65.

Röse, K. (2002). *Methodik zur Gestaltung interkultureller Mensch-Maschine-Systeme in der Produktionstechnik* (Bd. 5). Kaiserslautern: Univ.

Stephanidis, C. (2000). UI4ALL 2000: 6th ERCIM workshop on „user interfaces for all“. Paper presented at the CNR-IROE – 6th ERCIM WORKSHOP, Convitto della Calza, Florence.

Sun, H. (2001). *Building a culturally competent corporate web site: An exploratory study of cultural markers in multilingual web design.* Paper presented at the Proceedings of SIGDOC, New York.

VDMA. (2009). *Software-Internationalisierung Leitfaden.* Frankfurt a. M.: VDMA Fachverband Software.

2 Denken und Handeln

Inhalt

R. Heimgärtner, *Interkulturelles User Interface Design*,
DOI 10.1007/978-3-662-48370-1_2

Bevor in diesem Kapitel auf den Einfluss der Kultur auf das Denken bzw. die Weltanschauung (Philosophie) und das Handeln (Management) von Menschen im Projekt-, Prozess- und Qualitätsmanagement bei der Entwicklung interkultureller Benutzungsschnittstellen eingegangen werden kann, ist ein Einblick in kulturwissenschaftliche Grundlagen nötig.

2.1 Kultur und Kulturmodelle

Interkulturelle Philosophie, Sprach-, Kultur- und Arbeitswissenschaften befassen sich mit Aspekten, die die verschiedenen Kulturen dieser Erde betreffen. Alle Disziplinen, die stark von Kultur beeinflusst werden, tragen als multi-disziplinäres Fach zu erfolgreichen Kulturstudien bei, z. B. Kunst, Literatur, Medien, Sprache, Philosophie, Religion, Psychologie oder Soziologie.

Kulturwissenschaft erforscht Kulturen. Dabei wird menschliches Verhalten in Bezug auf kulturelle Unterschiede untersucht (vgl. Straub 2007; Jäger 2004; Hansen 2003).

▶ Ein wichtiges Phänomen, das Auswirkungen auf interkulturelle Interaktionssituationen hat, ist der Ethnozentrismus: Menschen tendieren dazu, ihre eigene Kultur als Zentrum der Welt sowie als Maßstab aller Dinge zu betrachten (vgl. Maletzke 1996, S. 23–24). Dabei werden Menschen anderer Kulturen standardmäßig anhand eigener Gebräuche und Normen beurteilt. Folglich werden die Gebräuche und Anforderungen anderer Kulturen oftmals von den Entwicklern des MMI-Designs nicht wahrgenommen oder berücksichtigt (vgl. Heimgärtner und Tiede 2008). Dieses Problem zu lösen ist eine der Hauptaufgaben des interkulturellen MMI Gestaltungsprozesses.

2.1.1 Kulturbegriff

Kultur ist ein sehr komplexer Begriff, dessen Bedeutung sich in Anbetracht des Gebrauchskontexts (thematisch, funktionell, strukturell, historisch, mental, symbolisch und normativ) unterscheidet (vgl. Kralisch 2006, S. 12, Tab. 2). Daher gibt es viele verschiedene Konzepte von „Kultur". Das Wort „Kultur" stammt vom lateinischen Wort colere ab, was „auf etwas aufbauen, kümmern" bedeutet und beschreibt die Art und Weise, wie Menschen ihr Leben gestalten. Dies schließt auch das Denken und das Gestalten mit ein (vgl. Maletzke 1996, S. 22–23). „Kultur ist etwas spezifisch Menschliches. Nur dem Menschen schreiben wir Kultur zu. Der Mensch schafft Kultur, und er wird von ihr geprägt" (Maletzke 1996, S. 20). „Dass wir lachen und weinen und Gefühle mimisch ausdrücken können, liegt sicher in der Natur des Menschen. Aber wann und wie wir das tun, ist abhängig von der Kultur, in der wir aufgewachsen sind" (Wahrlich 1991, S. 15). Kultur entsteht aufgrund von sozialen, historischen, politischen, literarischen, künstlerischen, wirtschaftlichen, rechtlichen und räumlichen Bedingungen (vgl. Straub 2007; Jäger 2004; Hansen 2003). Kultur ist nach (Kohls, 2008) ein integriertes System gelernter Verhaltensmuster, die für alle Mitglieder einer Gesellschaft charakteristisch sind.

Kultur und damit verbundene Kulturstandards in den jeweiligen Kulturen sind somit fundamentale Determinanten des Menschen, seines Denkens und Handelns. So verstehen viele Anthropologen Kultur als System von Überzeugungen, Einstellungen und Wertorientierungen, was sich im Verhalten der Menschen und in intellektuellen sowie materiellen Produkten ausdrückt. Gemäß dem Organisationspsychologen (Thomas 1996) drückt Kultur die Attribute von Orientierungssystemen aus. Dabei gibt die kulturelle Gruppe Standards vor, an denen sich ein Individuum, um sich dieser kulturellen Gruppe zugehörig fühlen zu können, orientieren muss (vgl. Thomas und Eckensberger 1993, S. 112).[1] The Organisationsanthropologe Geert Hofstede definiert Kultur als kollektive Programmierung des Geistes (vgl. Hofstede et al. 2010). „Sie [die Kultur] ist das kollektive Programmieren des Geistes, der die Mitglieder einer Gruppe oder Kategorie von Leuten von anderen abgrenzt." (Hofstede und Hofstede 2005, S. 4, Einfügung durch den Autor). Laut dem Kulturanthropologen Edward T. Hall tritt Kultur immer in Kombination mit Kommunikation auf. Kultur ist eine „stille Sprache" oder „versteckte Dimension", welche

[1] Thomas schreibt: „Kultur ist ein universelles, für eine Gesellschaft, Organisation und Gruppe [...] sehr typisches Orientierungssystem. Dieses Orientierungssystem wird aus spezifischen Symbolen gebildet und in der jeweiligen Gesellschaft usw. tradiert. Es beeinflusst das Wahrnehmen, Denken, Werten und Handeln aller ihrer Mitglieder und definiert somit deren Zugehörigkeit zur Gesellschaft. Kultur als Orientierungssystem strukturiert ein für die sich der Gesellschaft zugehörig fühlenden Individuen spezifisches Handlungsfeld und schafft damit die Voraussetzung zur Entwicklung eigenständiger Formen der Umweltbewältigung." (Thomas 1996, S. 112).

Menschen unbewusst lenkt (vgl. Hall 1959). Daher rühren Kommunikationsprobleme mit Mitgliedern anderer Kulturen:

▶ Wenn man sich seiner eigenen kulturell geprägten Motive nicht bewusst ist, kann man die Motive und Handlungen anderer nicht verstehen (vgl. Thomas 1996). Kultur stellt damit ein generell gültiges Orientierungssystem dar, welches eine typische Form innerhalb einer bestimmten Gruppe, Organisation oder Gesellschaft erhält.

Dieses System enthält Symbole und Standards. Nach (Hansen 2003) schließt Kultur alle Gebräuche eines Kollektivs und die Standardisierungen, die sich in diesem Kollektiv bewahrheiten mit ein, d. h. Kultur besteht aus Standardisierung, Kommunikation und Kollektiv und beruht hauptsächlich auf Interaktionen (vgl. Hansen 2003).

▶ Für die interkulturelle MMI Gestaltung ist die Betrachtung von Kulturen auf den MMI Gestaltungsprozess und auf die daraus resultierende Benutzungsschnittstelle von entscheidender Bedeutung.

2.1.2 Kulturdefinition

Kultur repräsentiert also die gemeinsamen Werte einer Gruppe, die Gemeinschaft und Kommunikation im Kontrast zu anderen Gruppen ermöglicht. Die gemeinsamen Werte einer Gruppe (= Kultur) beeinflussen das eigene Verhaltensmuster, Lernverhalten und kognitive Verarbeitungsmuster (vgl. Röse 2002, S. 3–4). Demnach hat Kultur auch einen Einfluss darauf, wie generell mit Technologie umgegangen wird (vgl. auch Hoft 1995 und Honold 2000). Dies ist ein eher pragmatischer, systematischer und struktureller Begriff von „Kultur", relevant für die Forschung der interkulturellen MMI Gestaltung. Röse 2002 hat in ihrer Dissertation aus der Vielfalt von Kulturdefinitionen eine geeignete Arbeitsdefinition für die Analyse von Verbindungen zwischen Kulturen und MMI Gestaltung festgelegt, welche sowohl der ingenieurwissenschaftlichen, insbesondere der MMI-spezifischen Anwendbarkeit Rechnung trägt, als auch psychologisch interessante Aspekte berücksichtigt:

▶ „Kultur (Definition). Ein Abbild gemeinsamer Werte, Denk- und Handlungsweisen einer Gruppe von Individuen, die zur Bildung und Formung dieser Gemeinschaft beiträgt. Sie beeinflusst die Interaktion mit anderen Individuen sowie die Interaktion mit technischen Geräten. Die gemeinsamen Gruppenwerte dienen als Norm und somit zur Orientierung der Gruppenmitglieder und als Abgrenzungskriterien zu anderen Gruppen. Die gemeinsame kulturelle Identität einer Gruppe wird in der Regel durch eine Nationalität widergespiegelt." (Röse 2002, S. 7).

Diese Definition stellt eine Abgrenzung zur Vielzahl unterschiedlichster Definitionen in verschiedenen Disziplinen dar und berücksichtigt den Zusammenhang von Kultur und

Mensch ebenso wie die Beziehung von Kultur und Mensch-Technik. Mit dieser Kulturdefinition lassen sich folgende Aspekte in Einklang bringen, welche bei der Entwicklung interkultureller Benutzungsschnittstellen eine bedeutende Rolle spielen:[2]

- Beschreibung einer Kultur über soziale Faktoren, die eine Gruppe bzw. Gemeinschaft teilt und als Norm definiert,
- Identifizierung einer Kultur durch das gemeinsam gezeigte Verhalten, resultierend aus der gemeinsamen Basis von Denk- und Handlungsmustern, gemeinsamen Werte und Symbolen, der ihr zugehörigen Individuen,
- Prägung der Interaktion zwischen Menschen durch die Kultur,
- Prägung der alltäglichen Verhaltensmuster und des alltäglichen Umgangs mit Technik und damit der Mensch-Technik-Interaktion durch die Kultur,
- Identität einer Nation aufgrund kultureller Gemeinsamkeiten.[3]

2.1.3 Kulturelle Unterschiede

Um einen Eindruck zu gewinnen, wie Kultur möglicherweise die Bedürfnisse der Benutzer innerhalb der MMI beeinflusst, ist es sinnvoll, zunächst ein paar Beispiel für die Unterschiede innerhalb verschiedener Kulturen zu betrachten.

▶ Fehlerhafte Kommunikation ist ein Hauptgrund von Konflikten zwischen Kulturen und kann vermieden werden, indem man die Zeichen und Symbole der anderen Kultur respektvoll in Betracht zieht. Die Form der Kommunikation kann eine wichtigere Rolle spielen als der Inhalt der Kommunikation selbst (vgl. Maletzke 1996).

Die westliche Kultur ist gezeichnet durch das Erbe des griechischen Intellekts, des römischen Rechts, der germanischen Idee der Gesellschaft und des christlichen Glaubens. Dies führte zum modernen wissenschaftlichen Charakter durch die Epochen Renaissance und Aufklärung. Charakteristisch für die westliche Kultur im Vergleich zur asiatischen Kultur sind vor allem die folgenden Eigenschaften: Individualität, Rationalität, Orientierung in Richtung von Verträgen und Recht sowie gelebte Ethik. Von diesen Eigenschaften ist der westliche Individualismus fremd für Asiaten. Gegensätzlich hierzu steht in Asien die Gruppe eindeutig im Vordergrund (vgl. Weggel 1990, S. 38). Harmonie beeinflusst sowohl das Denken und das individuelle Verhalten als auch die Gesellschaftsstruktur und

[2] Zu dieser Arbeitsdefinition passen auch die Kulturdimensionen, welche dieses Verhalten anhand definierter Kategorien beschreiben (z. B. Machtdistanz (vgl. Hofstede 1991) oder Kommunikationsgeschwindigkeit (vgl. Hall 1959)) (vgl. Abschn. 2.1.4).

[3] Die kulturellen Gemeinsamkeiten können hier erheblich variieren – z. B. abhängig von Größe der Nation und der Vielzahl der Ethnien in der Nation.

Konflikte mit der westlichen Vornehmheit und Teilungsfleiß (vgl. Nisbett 2003). Die Basis für zwischenmenschliches Handeln zwischen Asiaten und westlichen Menschen bildet das Streben nach Harmonie und die Vermeidung von offenen Konflikten jeder Art in Asien (Gesichtswahrende Mentalität, vgl. Victor 1998). Dies resultiert in unterschiedlichem Kommunikationsverhalten zwischen Europäern und Asiaten. Europäer drücken Sachverhalte direkt und klar aus, Asiaten verwenden indirekte Umschreibungen, Tipps und Symbole. Je wichtiger eine Nachricht ist, desto vorsichtiger werden Gestaltung und Inhalt der Äußerungen.

▶ Kultur hat Einfluss auf das Lernverhalten, Erwartungen und kognitive Verarbeitungsweisen (vgl. z. B., Brunner 2005: Kap. 2.5.1).

Es gibt kulturelle Unterschiede in der Informationswahrnehmung, -verarbeitung und -darstellung als auch in problemlösenden Strategien, Sprache und Verhalten hinsichtlich Konstruktion, Dynamizität, Situation, Kontext:

- Informationsaufnahme/Wahrnehmung:
  - Antizipation, Selektion, Infiltrierung, Weiterleitung
- Tiefen-, Farb-, Zeit-, olfaktorische Wahrnehmung
- Informationsverarbeitung/Mentale Leistungen:
  - Gedächtnis, Kognitive Stile, Kreative Fähigkeiten
- Problemlösestrategien:
  - Sukzessiv-sequenziell, monokausal, dialektisch (Gegensätze)
  - Simultan-ganzheitlich, multikausal, relational (Beziehungen)
- Informationsdarstellung:
  - Farbe, Icons, Sprache, Formate, Einheiten
- Sprach- und Verhaltensunterschiede
  - Diese haben im Zeitalter der Globalisierung vermutlich bereits viele Leser selbst durch den Umgang mit Menschen aus anderen Kulturen kennengelernt bzw. erfahren. Insbesondere wenn es zu kritischen Interaktionssituationen gekommen ist.

Es gibt auch Faktoren, welche in allen Kulturen vermeintlich gleich sind, wie z. B. aus der Gestaltpsychologie bekannt, die Gestaltgesetze der Nähe, Ähnlichkeit, gemeinsamen Region (vgl. Zimbardo und Gerrig 2004) oder weltweite Faktoren in der Wertestruktur (vgl. Schwartz 1992) sowie gemeinsame soziale Faktoren vgl. (Parsons 1951). Trotz alledem untersuchten Schwartz und Bardi 2001 und Inglehart et al. 1998 diese Allgemeingültigkeiten über alle Kulturen hinweg und fanden heraus, dass sich selbst diese allgemeingültigen Faktoren unterscheiden können oder zumindest bis zu einem gewissen Grad andere Unterschiede verursachen können. Trotzdem gibt es auch MMI-Gestaltungsansätze wie z. B. universal design oder UI4All, welche versuchen, eine einzige universelle Benutzungsschnittstelle zu entwickeln, welche für alle Menschen und Nutzungskontexte verwendbar ist (vgl. auch die Forschung und Anwendung kulturüberschreitender Psychologie von Berry 2007 sowie Altarriba 1993).

Methodisch ist es zunächst leichter, von den kulturellen Unterschieden auszugehen und diese in der interkulturellen MMI Gestaltung zu berücksichtigen, weil man vom Einzelfall zum Generellen fortschreitet und nicht umgekehrt (wie beim Ansatz kultureller Gemeinsamkeiten). Daher gibt es auch wesentlich mehr Literatur und Disziplinen zu kulturellen Unterschieden als zu kulturellen Gemeinsamkeiten (vgl. Röse 2002, S. 17–40). D'Andrade (2001) beschrieb die Entwicklung der kognitiven Anthropologie und Tomasello (2006) erklärt die menschliche Wahrnehmung. Lee et al. (1999) zeigen die Unterschiede in der Persönlichkeit und der Auffassungskraft einer Person unter den Kulturen auf, indem er die „Großen Fünf/Big Five" als ein Erklärungsmittel nutzt (vgl. Paunonen et al. 2000; Paunonen et al. 2001). Wierzbicka (1991) erklärt die Unterschiede in englischer, japanischer und chinesischer Kommunikation dadurch, dass sie den transkulturellen Pragmatismus und die Semantik der menschlichen Interaktion in Betracht zieht (vgl. auch Chen 1993). Matiaske (1997) untersuchte die Struktur und Bedeutung von Orientierung nach Tugenden an Managern aus China und Deutschland. Er fand heraus, dass „neue" chinesische Geschäftsleute individuelle Materialisten sind. Nisbett (2003) verweist auf kulturelle Unterschiede in der Mentalität und Gedankenwelt. Asiatische Menschen konzentrieren sich in ihrer Wahrnehmung eher auf den Kontext als auf das Relevante. Chinesen wiederholen wichtige Sachverhalte sehr oft vor allem am Ende einer Unterhaltung (vgl. Fanchen und Yao 2007). Es gibt auch Unterschiede bei komplexen Entscheidungsvorgängen (vgl. Strohschneider 2002).

▶ Kulturelle Aspekte beeinflussen die Entwicklung interkultureller Benutzungsschnittstellen in Informationssystemen aufgrund des interkulturellen MMI Gestaltungsprozesses. Insbesondere Interaktions- und Dialogdesign müssen daher sehr behutsam innerhalb des interkulturellen Entwicklungsprozesses behandelt werden. Dies stellt aufgrund der kulturellen Unterschiede eine entsprechende Herausforderung für alle Beteiligten dar, welcher nur durch entsprechendes Wissen über die gewünschten Zielkulturen begegnet werden kann.

2.1.4 Kulturmodelle

Folgt man (vgl. Hofstede und Hofstede 2005), repräsentiert Kultur die mentale Programmierung des Geistes. Während der intensiven Lernphase in der Kindheit prägt den Menschen vor allem die Kultur mit bestimmten Regeln, Normen und wünschenswerten Verhaltensmustern, zu denen sich die Gruppenmitglieder bekennen. Zweitens findet kulturelle Prägung dann statt, wenn sich der Mensch auch an anderen Kulturen orientiert, die sich mit der vorrangigen kulturellen Prägung zwar decken, diese aber nicht ersetzen. Darüber hinaus bleibt die Möglichkeit der Orientierung immer bestehen, auch wenn Kultur sich ständig weiterentwickelt, d. h. selbst dann, wenn sich die Inhalte kultureller Standards ändern. Daher gibt es in jedem Fall etwas, woran man sich innerhalb einer Gruppe von Menschen, einer Region oder Nation orientieren kann, was als kulturelles

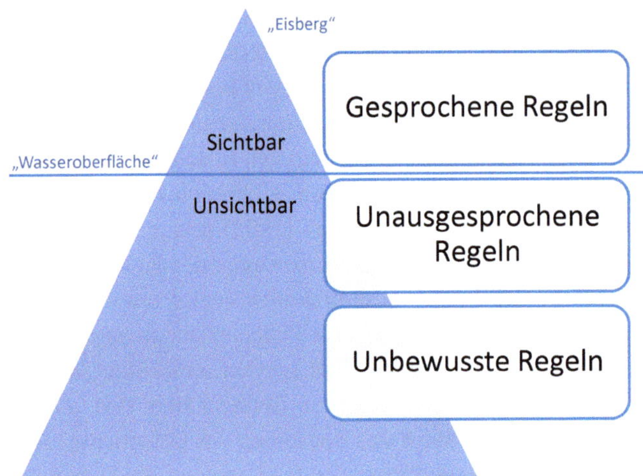

Abb. 2.1 Eisbergmodell kultureller Aspekte (angelehnt an Hoft 1996)

Modell bezeichnet wird. Mit Hilfe von kulturellen Modellen können kulturelle Unterschiede beschrieben und geordnet werden.

Eines der bekanntesten kulturellen Modelle ist das Eisbergmodell (vgl. Hoft 1996). Lediglich etwa 10 % der Eigenschaften einer Kultur sind sichtbar und wahrnehmbar, der Rest ist unsichtbar und unterbewusst und daher schwierig zu erforschen (Abb. 2.1).

▶ Kulturmodelle helfen dabei, „unter die Oberfläche des kulturellen Eisbergs" blicken zu können, d. h. auch die zunächst nicht unmittelbar sichtbaren Bereiche von Kulturen zu erforschen, um damit methodologische Lücken erkennen und überwinden zu können.

Ein weiteres Modell für die Beschreibung eines kulturellen Systems prägte der Organisationspsychologe Alexander Thomas.

▶ „Kulturelle Standards" drücken die normalen, typischen und gültigen Attribute für die Mehrheit der Mitglieder einer bestimmten Kultur unter Betrachtung von Arten der Wahrnehmung, Gedanken, Urteilsbildung und Handlungen aus (vgl. Thomas 1996, S. 112).

Kulturstandards dienen als Orientierungssystem für die Mitglieder einer Gruppe und regulieren Handlungen. Das Individuum wächst in seine Kultur hinein, indem es diese Kulturstandards übernimmt und verinnerlicht. Dieser Prozess beinhaltet das Erlernen von grundlegenden menschlichen Fähigkeiten im sozialen Umgang, die Kontrolle des eigenen Verhaltens und der eigenen Gefühle, die Befriedigung der Grundbedürfnisse, Weltanschauung, verbale und nonverbale Kommunikation und die Erwartungen anderer sowie das Verständnis der eigenen Rolle und Bewertungsmaßstäbe.

Ein weiteres Konzept, das der „kulturellen Dimension", kann als Basis dafür dienen, kulturelle Standards zu identifizieren (vgl. Hodicová 2007, S. 38). Gemäß dem Organisationsanthropologen Geert Hofstede sind kulturelle Dimensionen Modelle, um das Verhalten von Menschen aus unterschiedlichen Kulturen zu beschreiben, indem man die Analyse und den Vergleich von Charakteristika unterschiedlicher Gruppen quantitativ zulässt (vgl. Hofstede und Hofstede 2005).

> Kulturdimensionen repräsentieren einen Kulturaspekt, welcher im Bezug zu anderen Kulturen messbar ist. Sie können dazu verwendet werden, Verhaltensarten innerhalb und zwischen Kulturen zu klassifizieren.

Kulturelle Dimensionen sind Indikatoren, die Tendenzen im Interaktions- und Kommunikationsverhalten von Mitgliedern von Kulturen aufzeigen. Hofstede erarbeitete zunächst vier, dann fünf und mittlerweile sechs kulturelle Dimensionen, die dieses Verhalten beschreiben (vgl. Hofstede et al. 2010). Jede Dimension verfügt über einen numerischen Index. Hofstede et al. (2010) bestimmten die Werte der Indizes dieser Kulturdimensionen für 56 Länder.[4] Die geläufigsten werden im Folgenden kurz angesprochen.

Machtdistanz (PDI, Abb. 2.2): Der „Power Distance Index" steht für die Akzeptanz sozialer Ungleichheit und das Verhältnis zu Autorität, d. h. das Ausmaß zu welchem die weniger mächtigen Mitglieder von Institutionen oder Organisationen eines Landes erwarten, dass Macht ungleich verteilt sei (vgl. Hofstede 1991, S. 42).

Abb. 2.2 Machtdistanz. (Quelle: Jörg Plannerer)

[4] Siehe dazu die WebSite von Geert Hofstede. URL = https://geert-hofstede.com/cultural-dimensions.html (letzter Zugriff, 24.06.2016). (Reimer 2005) beschreibt und diskutiert die Hofstedeschen Kulturdimensionen im Detail.

Abb. 2.3 Individualismus vs. Kollektivismus. (Quelle: Jörg Plannerer)

Individualismus vs. Kollektivismus (IDV, Abb. 2.3): Diese Dimension beschreibt das Verhalten von einem Individuum gegenüber dem Leben in Gruppen. Ein hoher Individualismusindex weist auf Gesellschaften hin, in denen die Beziehungen zwischen den Individuen locker gestaltet sind: Man erwartet, dass jeder auf sich selbst und seine unmittelbare Familie achtet. Ein niedriger Individualismusindex weist auf kollektivistische Gesellschaften hin, in denen Personen in kollektive Gruppen von Geburt an integriert sind, was sie für das Leben schützt und unverbindliche Loyalität abverlangt (vgl. Hofstede 1991, S. 67).

Femininität vs. Maskulinität (MAS): Diese Dimension steht für die sozialen Verwicklungen der Geschlechter. Eine Gesellschaft gibt an, wie klar die Rollen der Geschlechter voneinander abgegrenzt sind: Maskulinität bedeutet durchsetzungsfähig, stark und materialistisch zu sein. Femininität setzt eine Gesellschaft voraus, in der sich die Rollen der Geschlechter überschneiden: Frauen und Männer sollten bodenständig und einfühlsam sein und der Lebensqualität einen hohen Stellenwert beimessen (vgl. Hofstede 1991, S. 101). Es geht hierbei um die weibliche bzw. männliche Rolle in der Gesellschaft, also was es aus sozialer Sicht bedeutet, „typisch" männlich oder weiblich zu sein bzw. entsprechend zu handeln. Allerdings variiert die Geschlechterdefinition zwischen den Kulturen.[5] Um Missverständnisse zu vermeiden, hat Hofstede diese Kulturdimensionen daher umbenannt in Lebensquantität (z. B. Wettbewerbsfähigkeit, Durchsetzungsfähigkeit, Ambitionen, Materialismus, Macht) und Lebensqualität (Beziehungen, Fürsorge, Liebe).

Unsicherheitsvermeidung (UAI, Abb. 2.4): Dieser Index repräsentiert den Grad, zu welchem sich Mitglieder einer Kultur von unsicheren oder unbekannten Situationen bedroht fühlen. Es ist auch ein Indikator dafür, wie der Umgang mit Unsicherheit ausgedrückt wird, was die Kontrolle von Emotionen und Aggressionen betrifft (vgl. Hofstede 1991, S. 133).

[5] URL=http://www.gender.sachsen-anhalt.de/Begriffsdefinition-.133/index.htm, letzter Zugriff 28.02.2014.

Abb. 2.4 Unsicherheitsvermeidung. (Quelle: Jörg Plannerer)

Abb. 2.5 Lang- vs. Kurzzeitorientierung. (Quelle: Jörg Plannerer)

Langzeit- vs. Kurzzeitorientierung (LTO, Abb. 2.5): Langzeit-orientierte Kulturen steht für bleibende Macht, Beziehungsresistenz und die Zurückhaltung dieser Relationen um Werte in Richtung künftiger Errungenschaften zu fördern, vor allem Ausdauer und Wirtschaftlichkeit (vgl. Hofstede 1991: 401). Kurzzeit-orientierte Gesellschaften zeigen eine hohe persönliche Stabilität, Ehrerhaltung (Gesichtswahrung), Respekt vor Tradition und Wertepflege in Bezug auf Vergangenheit und Gegenwart (vgl. Hofstede 1991, S. 403).

Die sechste Dimension ist lange nach den anderen vier bzw. fünf dazugekommen: „Indulgence versus restraint". „Hingabe" bezeichnet eine Gesellschaft, die den grundlegenden und natürlichen menschlichen Trieben relativ frei befriedigen und das Leben genie.en und Spa. haben kann. „Zurückhaltung" denotiert eine Gesellschaft, die die Befriedigung der Bedürfnisse unterdrückt und dies durch strenge soziale Normen reguliert.

Hofstede wandte die kulturellen Dimensionen auf Nationen an. Ihre Eigenart repräsentiert den Charakter der Nation. Zum Beispiel herrscht in China, im Gegensatz zu Deutschland, eine hohe „power distance" vor. Der Power distance-Index (PDI) reicht von null bis ungefähr 100. Hofstede fand heraus, dass die Power distance in China (PDI = 80) im Vergleich zu Deutschland (PDI = 35) hoch ist. Dies kann relevant für die Entwicklung von interkulturellen Benutzungsschnittstellen sein, z. B. dabei, Hilfe oder Anweisungen (vom System gegeben) zu akzeptieren, abhängig von der Akzeptanz des Benutzers von externer Macht.

2.1.5 Kulturelle Distanz

> Kulturelle Modelle beschreiben die kulturelle Distanz zwischen Kulturen, d. h. das Ausmaß der Unterschiede zwischen Kulturen, und erlauben diese miteinander zu vergleichen (vgl. Hofstede 1984).

Die Analyse der kulturellen Unterschiede deckt z. B. für Menschen aus westlichen und asiatischen Regionen große kulturelle Distanzen auf (vgl. Inglehart et al. 1998, S. 16 ff.). Die Distanz, die zwischen Menschen und Kultur empfunden wird, spielt eine wichtige Rolle in interkulturellen Kommunikationssituationen. Sie entspringt den unterschiedlichen Ausdrücken struktureller Merkmale einer spezifischen Kultur. Die Wahrscheinlichkeit eines Missverständnisses verhält sich proportional zur Größe der kulturellen Distanz (vgl. Maletzke 1996, S. 33–34). Abb. 2.6 zeigt die Ausprägungen von Hofstede's kulturellen Dimensionen für China und Deutschland (vgl. Hofstede 1991). Die stark unterschiedlichen

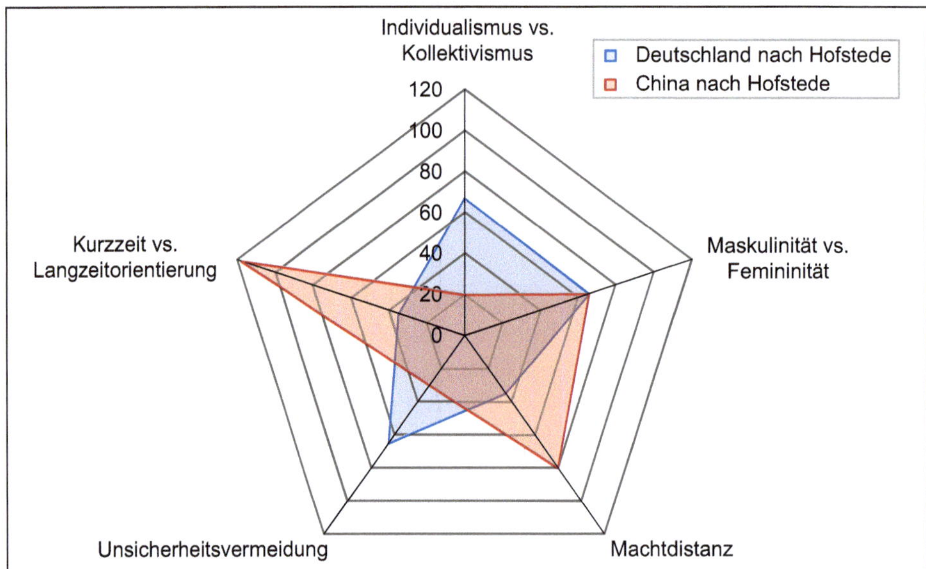

Abb. 2.6 Relativ stark unterschiedliche Indizes für China und Deutschland nach Hofstede. (Quelle: Heimgärtner 2012)

Ausprägungen und damit inkongruenten Formen in der Abbildung 2.6 deuten auf eine hohe kulturelle Distanz zwischen Deutschland und China hin Je größer die kulturelle Distanz, umso einfacher ist es, kulturelle Unterschiede festzumachen und auf die Entwicklung interkultureller Benutzungsschnittstellen zu übertragen und zu erläutern. Daher werden in diesem Buch aus didaktischen Gründen vor allem Beispiele für die Kulturen China und Deutschland herangezogen.

2.1.6 Tendenzielle Ausprägungen von Kulturdimensionen

Hall (1959); Trompenaars und Hampden-Turner (1997); Adler (1997); Adler und Gundersen (2008); Condon (1984); Kluckhohn und Strodtbeck (1961) und Borisoff und Victor (1997) lieferten weitere kulturelle Dimensionen wie:

- Universalismus vs. Einzigartigkeit
- Rollen- vs. Beziehungsorientierung
- Resultats- vs. Zuordnungsorientierung
- Neutrales vs. emotionales Verhalten
- Individualismus vs. Gemeinschaft
- Orientierung nach Zielerreichung vs. Status
- Zeit- und Raumorientierung.

Die Besonderheiten dieser Dimensionen wurden für viele Nationen von deren Autoren festgelegt (vgl. Levine und Norenzayan 1999 oder Inglehart et al. 1998). (Baumgartner 2003) erarbeitete eine Liste von 29 kulturellen Dimensionen. Auf dieser Grundlage können anhand von Literaturstudien den kulturellen Dimensionen entsprechende Werte für China und Deutschland zugeordnet werden (vgl. Heimgärtner 2012). Die Ergebnisse werden in Abb. 2.7 dargestellt.

Tab. 2.1 listet die aus der Analyse hervorgegangen konkreten Attribute relevanter kultureller Dimensionen für die Entwicklung interkultureller Benutzungsschnittstellen auf – vorgeschlagen von Baumgartner (2003); Khaslavsky (1998); Marcus und Baumgartner (2004); Röse (2002), vgl. auch Heimgärtner 2012. Die hohe kulturelle Distanz zwischen China und Deutschland ist offensichtlich, da sich die meisten Werte der kulturellen Dimensionen stark unterscheiden.

Allerdings beschreiben kulturelle Dimensionen lediglich verhaltenstechnische Tendenzen: Generalisierung ist nicht haltbar, aber (wenn man große Gruppen in Betracht zieht) wenigstens tragfähig, d. h. als ein erster Orientierungswert akzeptabel (vgl. Nagy 2003). Desweiteren stellt das Wissen über die Werte kultureller Dimensionen einen Eindruck derjenigen Kultur dar, zu der der Benutzer gehören könnte. Folglich sind kulturelle Dimensionen Indikatoren für die Unterschiede zwischen Kulturen, die einen Eindruck von möglichen Unterschieden in den interkulturellen Benutzungsschnittstellen und deren Bedienung von Benutzern aus unterschiedlichen Kulturkreisen vermitteln können. Allerdings sind alle Kulturen „abstufbar“. Darüber hinaus haben Kulturen auch viele Aspekte gemein: jede

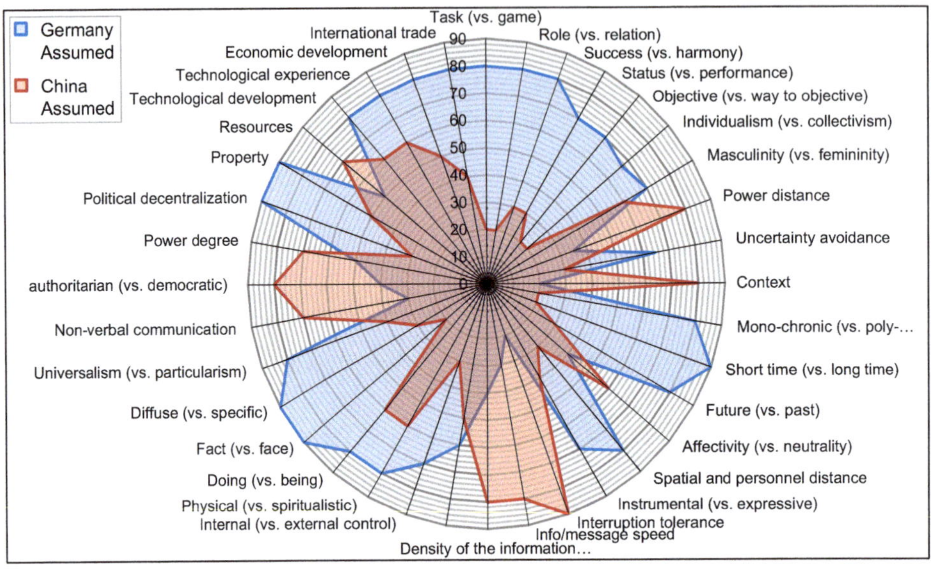

Abb. 2.7 Vermutete Ausprägungen analysierter kultureller Dimensionen gemäß der Einschätzung von (Heimgärtner 2012) basierend auf den Hofstede'schen Indizes und weiterer Literaturrecherchen

Tab 2.1 Hohe kulturelle Distanz zwischen China und Deutschland – die meisten kulturellen Dimensionen weisen sehr unterschiedliche Werte auf

Kulturdimension	China	Deutschland
Kontext (Hall 1959)	hoch	niedrig
Nachrichtengeschwindigkeit (Hall 1959)	hoch	niedrig
Raum (Hall 1959)	nah	fern
Zeitorientierung (Hofstede 1984)	langzeitorientiert (LTO = 118)	kurzzeitorientiert (LTO = 31)
Zeitorientierung (Hall 1959)	poly-chron	mono-chron
Machtdistanz (Hofstede 1984)	hoch (PDI = 80)	niedrig (PDI = 35)
Kollektivismus vs. Individualismus (Hofstede 1984)	kollektivistisch (IDV = 20)	individualistisch (IDV = 67)
Unsicherheitsvermeidung (Hofstede 1984)	mittel (UAI = 30)	hoch (UAI = 65)
Diffusität vs. Spezifizität (Trompenaars und Hampden-Turner 1997)	diffus	spezifisch
Partikularismus vs. Universalismus (Trompenaars und Hampden-Turner 1997)	Universalismus	Partikularismus
Genus (Hofstede 1984)	feminin (MAS = 66)	maskulin (MAS = 66)
Beziehungs- vs. Aufgaben/Rollenorientierung (Halpin und Winer 1957)	beziehungsorientiert	aufgaben-/rollenorientiert

Kultur weist notwendigerweise allgemeingültige messtechnische Beziehungen und grundlegende metaphysische Aspekte aus da alle Kulturen aus Menschen, Gesellschaft und dem Wissen über Traditionen bestehen. Tatsächlich werden die meisten wesentlichen Bestandteile einer Kultur mit allen anderen Kulturen geteilt (vgl. Moeschler 1989). Es existieren nur wenige Unterschiede. Sind diese jedoch merklich unterschiedlich, ist es sehr wichtig, diese in Betracht zu ziehen, indem man die Interaktionen zwischen den Mitgliedern der Kulturen analysiert. Daher müssen im MMI-Gestaltungsprozess kulturell konditionierte Aspekte eingehend berücksichtigt werden.

Der Tendenzcharakter der Kulturdimensionen legt eine Verschiebung in der Anwendung von Kulturmodellen nahe. Nicht mehr nationale Ausprägungen in den Kulturdimensionen sind für die Entwicklung interkultureller Benutzungsschnittstellen relevant, sondern deren Ausprägungen in jeglichem kulturellen Kontext. d. h. zwischen jeder Kultur (nicht nur zwischen Nationen). Interkulturalisierung ist mehr als Globalisierung (Internationalisierung und Lokalisierung) von Software. Sie betrifft auch die Personalisierung mittels der Speicherung benutzerspezifischer Einstellungen und deren Aktivierung anhand der Identifikation des Benutzers. Interkulturalisierung stellt eine „Individualisierung“ dar, welche intra-subjektive, inter-subjektive, intra-kulturelle sowie inter-kulturelle Prägungsarten mit einschließt.

► Die Entwicklung interkultureller Benutzungsschnittstellen ist mehr als die Entwicklung internationaler Benutzungsschnittstellen. Aufgrund der Affinität von Kulturdimensionen zu Persönlichkeitsdimensionen sollten beide Konzepte im Design von interkulturellen Benutzungsschnittstellen Anwendung finden.

Im folgenden Abschnitt wird daher der Einfluss der Kultur auf das Denken bzw. die Weltanschauung (Philosophie) und das Handeln (Management) von Menschen im Projekt-, Prozess- und Qualitätsmanagement sowohl bei der Entwicklung interkultureller Benutzungsschnittstellen als auch bei deren Bedienung dargestellt.

2.2 Philosophie, Kommunikation und Handlungskompetenz

Kultur hat Einfluss auf das menschliche Denken, die Kommunikation und das daraus resultierende Verhalten, welches im interkulturellen Kontext entsprechendes Wissen über kulturell verschiedene Denkweisen (interkulturelle Philosophie), relevante Sprachen (interkulturelle Kommunikation) und korrektes Verhalten in unbekannten kulturellen Kontexten erfordert (interkulturelle Handlungskompetenz).

2.2.1 Philosophie

Die Wiege aller kognitiven Stile bzw. Denkmuster sind die Philosophien in den unterschiedlichen Kulturen dieser Erde. Philosophie ist die Liebe zur Weisheit und wurde seit Menschen gedenken praktiziert und mit der Zeit als wissenschaftliche Disziplin etabliert. Alle weiteren wissenschaftlichen Disziplinen sind daraus hervorgegangen – von den Naturwissenschaften wie Mathematik und Physik bis hin zu den Geisteswissenschaften wie Anthropologie, Psychologie und Soziologie. Aber auch Metaphysik, Wissenschaftstheorie, Ethik – letztere beeinflusst stark die Rechtswissenschaften oder die Genetik – unterliegen stark philosophischen Grundansichten.

▶ Denkmuster der Menschheit werden von Philosophien (Weltanschauungen) bestimmt, welche weltweit kulturell bedingt sehr unterschiedlich ausfallen. In der interkulturellen Philosophieforschung werden zwei Hauptrichtungen unterschieden: östliche und westliche Philosophie.

Die Disziplin der „interkulturellen Philosophie" analysiert kulturell bedingte Denkweisen, kritisiert Selbst- und Fremdwahrnehmung, befördert Offenheit und Verständnis, betreibt gegenseitige Aufklärung und dient somit der interkulturellen Orientierung, wodurch Humanität und Frieden gefördert werden (vgl. Wimmer 2004, S. 134).

▶ Das ultimative Ziel der interkulturellen Philosophie besteht im gegenseitigen Verstehen und damit dem Erreichen von gegenseitigem Verständnis.

Dabei ist Missverstehen noch besser als Nichtverstehen, weil jegliches Missverstehen schon ein gewisses Maß an Verstehen voraussetzt (Wimmer 2004, S. 150 ff.). Allerdings sind auf dem Weg zum Verständnis noch einige weitere Hürden zu meistern, welche nur gemeinschaftlich oftmals auf politischer Ebene weltweit zu lösen sind. Dazu zählen beispielsweise Inkonsistenzen in Theorie und Praxis regionaler Ursprung oder universale Geltung, allgemeingültige Menschenrechtsideen und allgemeine Religionsfreiheit (vgl. Wimmer 2004, S. 164). Darüber hinaus sind viele Philosophien (z. B. in Indien und im Islam) religiös motiviert und werden daher unter Zuhilfenahme der Religionsphilosophie analysiert, welche Metaphysik, Epistemologie und Ethik kombiniert, um Religionen schaffen und analysieren zu können (Yandell 1999, S. 17). In der östlichen Philosophie werden insbesondere Chinesische, Indische, Buddhistische und Islamische Tradition unterschieden (vgl. Deutsch et al. 1997; Komischke et al. 2003). Für die Lösung von Missverständnissen insbesondere in dialogorientierten Kontexten gibt es konkrete Handlungsanweisungen. Es müssen mehrere Kriterien erfüllt sein, um Missverständnissen vorzubeugen bzw. diese auszuräumen (wie z. B. Rationalitätsregel (Logikregel), Zweckrationalitätsregel (Funktionalitätsregel), Menschlichkeitsregel (Natürlichkeitsregel), Nos-quoque-Regel („Auch-wir"-Regel), Vos-quoque-Regel („Auch-ihr"-Regel), Anti-Kryptorassismus-Regel, Personalitätsregel, Subjektivitätsregel, Ontologie-Deontologie-Regel („Istzustand/Soll-zustand"-Regel), Entpolarisierungsregel (Anti-Kulturdualismus-Regel), Inhomogenitätsregel, Agnostizismus-Regel, vgl. Wimmer (2004, S. 147 ff.).

Um kulturelle Unterschiede analysieren zu können, muss eine kulturelle Gemeinsamkeit vorliegen. Janich (2006) erläutert einige dieser kulturellen Universalien in „Kultur und Methode" und detailliert den Einsatz dieser Methoden zur Erlangung von Kultur in einer wissenschaftlich geprägten Welt. Solche Denkmuster ergeben sich aus dem Muster der Verknüpfung von kognitiven Stilen.

▶ Kognitive Stile muster beschreiben die für ein Individuum typische Art und Weise, wie Informationen verarbeitet werden und wie mit solchen umgegangen wird.

Es handelt sich dabei um eine relativ stabile situationsübergreifende Persönlichkeitseigenschaft. Kognitive Stile sind bei kognitiven Fertigkeiten wie z. B. dem Wahrnehmen und Denken involviert (Janich 2006). In der differenziellen Psychologie werden beispielsweise folgende kognitive Stile identifiziert:

- Feldabhängigkeit (Witkin et al. 1954)
- Reflexivität vs. Impulsivität (Kagan 1965a)
- Analytisch vs. Funktionaler Stil (Kagan 1965b)
- Leveling vs. Sharpening
- Scanning vs. Nonscanning
- Interferenzneigung (Hörmann 1960).

▶ In den verschiedenen Kulturen sind kognitive Stile jedoch tendenziell verschieden stark ausgeprägt, wodurch sich verschiedenartige Denkmuster ergeben. Dies wirkt sich in den jeweiligen Kulturen wiederum auf die Weltanschauung und so auf die Herangehensweise an die Wirklichkeit aus.[6]

Die Wege zur Weisheit (Philosophien) sind entsprechend verschieden. Abb. 2.8 zeigt verschiedene Arten von Denkmustern, die unterschiedlichen logischen Fluss (Denkprozesse) nach sich ziehen.

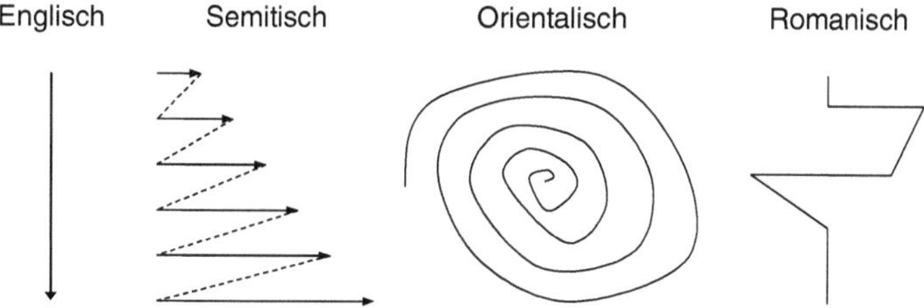

Abb. 2.8 Kulturell bedingte unterschiedliche Denkprozesse

[6] Wissenschaftler, Theologen und Philosophen denken in Konzepten. Sie erstellen Konzepte anhand von Theorien und Postulaten. Diese Denkweise ist im Westen (z. B. Amerika, Europa) sehr verbreitet. Mystiker und möglicherweise Erfinder erlangen ihr Wissen eher intuitiv, aus innerer Erfahrung oder Visionen. Solche intuitiven, auf psychischer Erfahrung beruhenden Denkmustern finden z. B. in Indien Anwendung. Konkret relationale Denkweisen, welche die Wirklichkeit als aktive emotionale Relationen in konkreten Situationen erfassen, werden eher von Künstlern und Schauspielern praktiziert. Ähnliche Denkmuster finden sich z. B. in China wieder.

Entsprechend wirken sich diese Denkmuster auf die Informationspräsentation aus. Zum Beispiel ist der Aufbau eines Vortrages in Deutschland sehr verschieden zu einem in Japan. In Deutschland geht man basierend auf Theorien logikorientiert vom Spezifischen zum Generellen über. In Japan führt man orientiert an Erfahrungswerten und Versuchen zum Thema hin und baut die Argumentation vom Generellen zum Spezifischen auf.

Auch die Präsentationserwartung ist kulturabhängig (vgl. Lewis 2002, S. 105 ff.). Während man in USA aktuelle, zielführende, witzige und knackige Präsentationen mit Effekt haschenden Gags erwartet, bevorzugt man in Deutschland eher umfangreiche technische Hintergrundinformationen für ein solides und qualitativ hochwertiges Produkt ohne dabei Witze zu reißen. In Frankreich zählen Förmlichkeit, Logik und authentisches Auftreten. Vorträge werden durch Zuhörer durch Fragen unterbrochen – ganz im Gegensatz zu Finnland. Hier sind weder Feedback zum Vortrag noch Unterbrechungen währenddessen üblich. Sie wünschen moderne, gut gestaltete, informative, aber knapp gehaltene Präsentationen. Während in arabischen Ländern das Kommunikationsverhalten eher persönlich, rhetorisch brillant, aber auch laut und lebendig ist, punktet man in Japan mit Höflichkeit, Respekt, Harmonie und USPs (unique selling propositions). Diese kulturell unterschiedlichen Erwartungen an eine Präsentation von Informationen implizieren eine entsprechend unterschiedliche Aufmerksamkeitsdauer (Tab. 2.2, Kuhnert 2004).

Eng damit zusammen hängt, ob die Kommunikationspartner eher aufgabenorientiert sind wie in Deutschland oder eher personenorientiert wie in China (Reisach et al. 2007, S. 306).

Aufgabenorientierte Menschen:

- konzentrieren sich auf technische Aspekte,
- nehmen Abstand von persönlichen Fragen und meiden Small Talk,
- bleiben beim Produkt – auch wenn der Verkäufer wechselt,
- gewichten Ergebnisse höher als Harmonie und Wahrung des Gesichtes,
- bewundern Fachleute und Experten mit herausragendem Können und Wissen.

▶ Im Gegensatz dazu legen personenorientierte Menschen sehr viel Wert auf Beziehungen und den harmonischen und loyalen Umgang miteinander. Ergebnisse resultieren aus Loyalität, Harmonie und Gesichtswahrung. Dazu gehören große Beziehungsnetzwerke und häufiges Sprechen miteinander.

Ähnlich verschieden zeigen sich die Verhaltensunterschiede im Arbeitsumfeld (vgl. Reisach et al. 2007, S. 306). Diese Unterschiede lassen sich durch die unterschiedliche Bedürfnisstruktur in China anhand der Maslow'schen Bedürfnispyramide erklären (vgl. Nevis 2001). In China spielen soziale Bedürfnisse eine grundsätzlichere Rolle als physiologische und Sicherheitsbedürfnisse (Abb. 2.9).

Tab. 2.2 Kulturell abhängige Aufmerksamkeitsdauer bei Präsentationen

Land	Deutschland	Japan	Finnland	Frankreich	USA	Arab. Emirate
Aufmerksam-keitsdauer	1 Stunde	1 Stunde	45 min.	30 min.	30 min.	15 min.

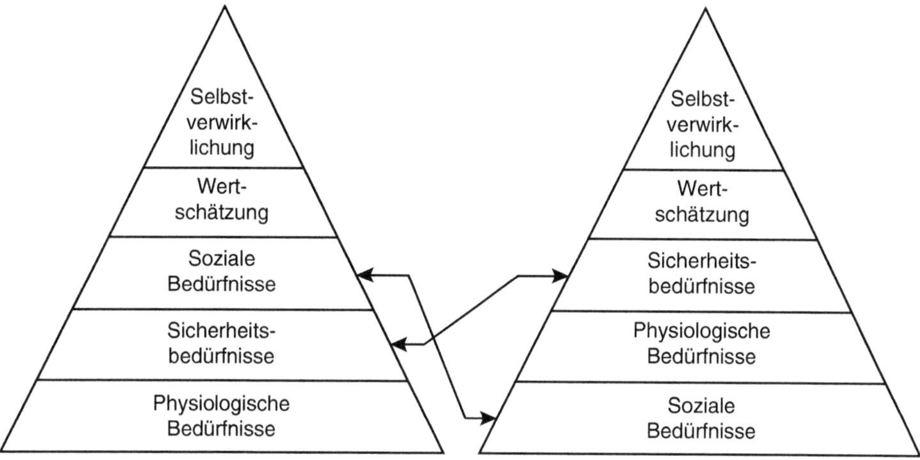

Abb. 2.9 Maslow'sche Bedürfnispyramide (links) und Änderung für China laut Nevis (rechts). (Quelle: Nevis 2001)

Gemäß (Schumacher 2010, S. 272 ff.) gibt es in der Westlichen und Östlichen Denkweise zumindest folgende kognitiven Unterschiede:

- Kategorisierung nach Rolle vs. Beziehung
- Fokussierung vs. Gesamtbetrachtung
- Aufgaben vs. Beziehungsorientierung

Weitere Studien (z. B. von Nisbett 2003; Hofstede 2000; Trompenaars 1993) ergaben zusätzliche Unterschiede zu folgenden Aspekten (westliche vs. östliche Orientierung):

- Feldunabhängig vs. feldabhängig
- Artikuliert vs. global
- Individualistische vs. kollektivistisch
- Formal vs. informal
- Impersonal vs. interpersonal
- Geringer vs. starker sozialer Verbund
- Geringe vs. hohe Machtdistanz

Es lassen sich also zumindest östliche und westliche Denkmuster unterscheiden. Darüber hinaus gibt es aber weitere und feinere Untergliederungen. (Nisbett 2003) klassifiziert teutonische, angelsächsische, nipponische und germanische Denkstile. Man kann diese noch weiter von internationaler auf regionale und sogar individuelle Ebene verfeinern. Dies gilt insbesondere, wenn man andere Kulturen verstehen muss, wenn man entsprechend angepasste Benutzungsschnittstellen entwickeln will. Gedanken, Werte, Anschauungen, welche kulturell sehr verschieden sind, können nur über das Verhalten des jeweiligen Menschen erfahren oder durch Gespräche mit dem jeweiligen Menschen geklärt und verstanden werden.

> Kulturell bedingte Unterscheidungen im Denken haben Auswirkungen auf die Entwicklung und Bedienung interkultureller Benutzungsschnittstellen. Diese werden im Kap. 5 ausführlich dargelegt.

Unabhängig von der Granularität solcher Untersuchungen steht fest, dass sich Kulturen und Philosophien stark beeinflussen. Wenn man also kulturvergleichende Forschung betreibt, vergleicht man keine Modeerscheinungen sondern fundamentale, grundlegende und permanente Aspekte.

> Die Charakteristiken bzw. Werte einer Kultur sind kein Trend, sondern resultieren aus Grundphilosophien, welche sich über lange Zeit in dieser Kultur tradierten.

Hier wird auch der Unterschied zwischen den Begriffen „international“ und „interkulturell“ deutlich: internationale Forschung untersucht vor allem Merkmale in Technik und Sprache, während die interkulturelle Forschung die interkulturell geprägte Kognition und deren Auswirkungen untersucht (vgl. Honold 2000, vgl. auch das TLCC-Modell in Kap. 3).

2.2.2 Kommunikation

Gemäß des Kulturanthropologen Edward T. Hall geht Kultur Hand in Hand mit Kommunikation. Kultur ist eine „stille Sprache“ oder „verborgene Dimension“, die die Menschen unbewusst steuert.

> Kultur ist hauptsächlich ein Kommunikationssystem (vgl. Hall 1959).

Deshalb wird Hall als Begründer der interkulturellen Kommunikation gesehen (vgl. Moosmüller 2007, S. 16). Kommunikation besteht aus verbaler oder nonverbaler Interaktion und der Informationstransfer in Mensch-Mensch-Kommunikation ist bis zu 80 % nonverbal (vgl. Argyle und Schmidt 2002).

> Kommunikation umfasst Sprache (Verständnis, Kognition, Wahrnehmung), materielles Eigentum (Macht und Status) und Verhalten (Emotionen, Konfliktverhalten und -bewältigung).

Informationswahrnehmung ist abhängig von Aktivität, Situation, Status, Erfahrung und Kultur (Hall und Hall 1983, S. 21). Kultur ist erlernt und formt Identität: indem der Mensch bestimmte Arten von Verhalten erlernt, reift er entsprechend seiner kulturellen Umgebung heran. Grundlegende Verhaltensmuster stehen im Zusammenhang mit Zeit, der Dichte des Kommunikationsnetzwerkes, der Kommunikationsgeschwindigkeit und der Bedeutung von Zeit in Handlungsketten. Raum und Zeit als grundlegende physikalische Faktoren beeinflussen das menschliche Kommunikationsverhalten, was Auswirkungen auf die soziologischen Prozesse einer Gruppe von Menschen hat und demnach auch auf deren Kultur. Zwischenmenschliche Kommunikation hat sich über tausende von Jahren entwickelt und wurde mit der Zeit durch soziale und kulturelle Einflüsse geformt (Röse 2002, S. 42).

Ursprünglich wurden Kommunikationsregeln zur Beschreibung der interpersönlichen Kommunikation verwendet. Jedoch können diese auch in der MMI verwendet werden (vgl. Fischer 2006). Kommunikation ist ein Spezialfall der Interaktion, weil Interaktion auch ohne Nachrichtenübermittlung stattfinden kann. Kommunikation findet nur dann statt, wenn Information erfolgreich ausgetauscht wird; folglich sind Interpretationsprozesse involviert. Kommunikation beinhaltet, im Gegensatz zu reiner Interaktion, das Verstehen von Bedeutungen durch reziproke Prozesse und der Verwendung von Sprache (gemeinsamer Code und Grammatik) – verbal oder nonverbal (vgl. Dennett 1998).

Kommunikation zwischen Mensch und Computer erfordert eine Interaktion zwischen Benutzer und System. Sobald Information übertragen werden soll, wandelt sich Interaktion gleichzeitig in Kommunikation. MMI findet in der Regel statt, um Informationen zu verarbeiten. Zum Beispiel nutzt der Autofahrer im Straßenverkehr ein Navigationssystem, um Informationen zu erhalten (z. B. Manöverführung) oder bereitzustellen (z. B. Eingabe des Zielortes) oder einen Prozess zu initiieren (z. B. die kürzeste Strecke errechnen). Dafür sollten die mentalen Modelle der Kommunikationspartner übereinstimmen sowie die Möglichkeit bieten, Dialoge zu verstehen. Je weniger dies der Fall ist, desto mehr Fehler und Missverständnisse werden in der Kommunikation auftreten.

▶ Mentale Modelle, d. h. die Repräsentation der Welt im Kopf des Benutzers, müssen übereinstimmen. Dies ist vor allem beim Gestalten von Mensch-Maschine Dialogen in interkulturellen Benutzungsschnittstellen der Fall (d. h. bei Benutzungsschnittstellen, die von Benutzern mit unterschiedlichen kulturellen Bedürfnissen über alle Kulturen hinweg verwendet werden können sollen). Allerdings wurden bis jetzt kulturelle Aspekte noch nicht in aller Tiefe beim Design von Interaktionsprozessen in der MMI-Forschung berücksichtigt. Auf erste Ansätze diesbezüglich wird in Kap. 5 ausführlich eingegangen.

Wenn man sich seiner eigenen Motive und Handlungen, welche kulturell beeinflusst sind, nicht bewusst ist, kann man auch nicht die Motive und Handlungen anderer verstehen. Hall basierte seine Erkenntnisse in Anbetracht kultureller Dimensionen wie Kontextinformation, Nachrichtengeschwindigkeit, monochronische oder polychronische Zeitorientierung, durch Interviews und Feldstudien. Diese Prozessphasen beinhalten die Wahrnehmung von Zeit, welche sehr stark von Kultur abhängig ist (vgl. Hall 1959).

Dies setzt ein gewisses Level von Zuversicht und Vertrauen gegenüber dem Kommunikationspartner voraus (Prinzip der Nachsichtigkeit, vgl. Davidson 2001) und schließt das Wissen ein, wie man zwischen den Zeilen der Kommunikation des Partners in Abhängigkeit von kulturell unterschiedlichen Regeln liest. Dies schließt auch den Gebrauch von linguistischen Regeln mit ein, wie zum Beispiel Austin's Glücksbedingungen oder die Grice'schen Maxime. Deshalb ist jede wörtliche Übersetzung einer Konversation anfällig für Missinterpretation, da die Erweiterung des Konzepts unterschiedlich in verschiedenen Kulturen sein kann („linguistische Relativität", vgl. Whorf 2008). Da auch der Kontext in Betracht gezogen werden muss, ist es wichtig, diese Aspekte während dem Kommunizieren zu beachten und sich so weit wie möglich auf den intellektuellen Horizont des Kommunikationspartners zu konzentrieren. Dies kann vor allem durch persönliche und örtliche Kommunikation stattfinden und ist besonders schwierig wenn Mimik und Gestik fehlen. In der interkulturellen Kommunikation treten im Vergleich zur intrakulturellen Kommunikation aufgrund unterschiedlicher Weltanschauungen und unterschiedlichen Kontexten, in dem die Klärung stattfindet, noch mehr Probleme auf. Aus diesem Grund ist speziell die empathische Fähigkeit, sich in die Situation eines anderen versetzen zu können, von besonderer Wichtigkeit. Schlussendlich trägt die Anwendung von Empathie zu einer erfolgreichen Kommunikation bei, welche einen gegenseitigen linguistischen Code unterstützt.

▶ Erfolgreiche Kommunikation hängt sehr stark von der Fähigkeit zur Empathie der involvierten Personen ab. Kommunikation ohne Empathie liefert nicht die gewünschten Ergebnisse.

Um nicht nur Verständnis aufzubauen, sondern auch die Fähigkeit, sich selbst in die Position eines anderen zu versetzen, ist es anfangs nötig, sich auf der selben Wellenlänge zu befinden, um eine Verbindung mit der anderen Person zu finden. Dies erfordert die Angleichung der Kommunikationscodierung (Vokabular und Grammatik) und die Situation zu erreichen, in der die andere Person kommunizieren will. Auf diese Weise wird eine Beziehung aufgebaut auf eine Weise, dass zukünftige Kommunikation möglich bleibt. Wenn diese Verbindung hergestellt ist, ist es wichtig, den Zugang zur Wissensbasis der anderen Person zu bewahren („Glaubensnetz", vgl. Quine und Ullian 1978: „Web Of Belief"), indem man ein gemeinsames Konversationsthema aufgreift, um die Wissensbasis des Partners in Bezug auf Ausmaß, Art und Qualität hin zu untersuchen. Nur dann ist es möglich, den richtigen „Ansatzpunkt" für zukünftige Konversationen zu finden und folglich das Glaubensnetz der anderen Person am relevantesten Punkt herbeizuholen und wieder schnell dieselbe Wellenlänge aufzunehmen. Das Glaubensnetz enthält Überzeugungen und Wünsche, die von Prämissen, Vermutungen und Fakten herrühren, unter Anwendung lokaler Regeln, und rekursiv von Geburt an durch Erfahrungen geformt werden.

▶ Indem man interkulturelle Kompetenz trainiert, ist das Annähern an das Glaubensnetz eines Mitglieds anderer Kulturen möglich. Dabei ist der Austausch von Erfahrungen sehr effektiv, Vertrauen kann von einer Person auf die andere übertragen werden, indem die Personen vorgestellt werden und kritische Interaktionssituationen können abgeschwächt werden.

Dies funktioniert, wenn klar ist wie die andere Person denkt (d. h. welche Weltanschauung diese vertritt, d. h. welche Prämissen und Vermutungen über die Welt diese Person hat). Dies ist notwendig, um Entscheidungen treffen zu können, welche für die vorliegende Aufgabe relevant und für eine erfolgreiche Kommunikation mit einem sich kontinuierlich erweiternden Set zusätzlicher Informationen korrekt sind. Dies ist vor allem im interkulturellen Kontext der Fall. Die Fähigkeit, die Denkmuster der Person zu bewerten und zu verstehen ermöglicht eine adäquate Reaktion für die involvierten Menschen. Auf die gleiche Weise wird das Leiten und Führen der Konversation mit Benutzern, z. B. als Moderator oder Tester, erfolgreich unterstützt.

▶ Vor allem interkulturelle User-Experience-Designer müssen in der Lage sein, sich selbst in die Position des Benutzers zu versetzen, um seine oder ihre Intentionen oder Bedürfnisse zu wissen und zu verstehen, diese ideal zu erleben und sie dann im Produkt zu berücksichtigen.

2.2.3 Handlungskompetenz

Die Bedeutung kultureller Unterschiede für die interkulturelle Produktentwicklung wurde bereits dargelegt. Sowohl Ausgangssituation als auch die Phasen in internationalen Projekten unterscheiden sich von nationalen Projekten. Dabei müssen alle Bereiche des Projektmanagement hinsichtlich kultureller Einflüsse untersucht und bei der täglichen Ausführung der Prozesse innerhalb des Prozessmanagements berücksichtigt werden. Insbesondere betroffen sind Kommunikation und Informationsfluss, Team-Entwicklung, Konfliktmanagement und Projektorganisation und -steuerung bis hin zum Qualitätsverständnis innerhalb des Qualitätsmanagements.

Für erfolgreiches (interkulturelles) Usability-Engineering ist ein entsprechender Engineering-Prozess notwendig. Wenn der Benutzer das Gerät des Entwicklers verstehen und es somit einfach und zufriedenstellend bedienen können soll, ist es wichtig, dass der Entwickler den Benutzer versteht und die unterschiedlichen Sichtweisen kennt und berücksichtigt.

▶ Zumindest die folgenden Aspekte des Benutzers müssen detailliert analysiert werden, bevor das Produkt entwickelt werden kann:

- Weltanschauung (metaphysischer Ansatz) des Benutzers
- generelles Wissen (prozedurales und faktisches Wissen) des Benutzers
- der Kontext, in welchem das Produkt vom Benutzers benutzt werden wird,
- die Aufgaben, die der Benutzer durch den Gebrauch des Produkts zu erfüllen versucht.

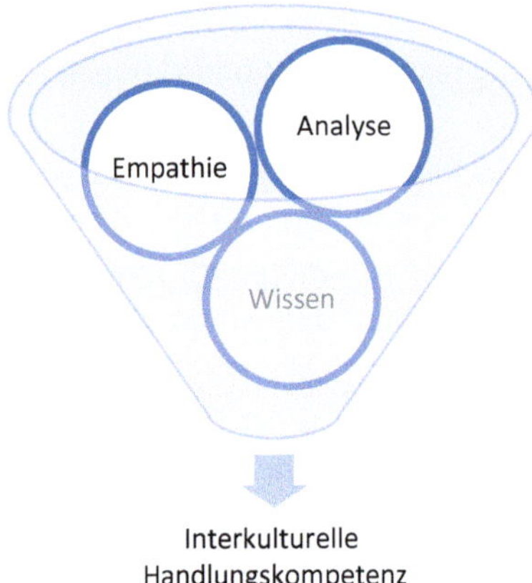

Abb. 2.10 Notwendige Komponenten interkultureller Handlungskompetenz

Nur wenn diese Aspekte gepaart mit Empathie, Wissen und Analyse in Betracht gezogen werden, um mit Hilfe interkultureller Handlungskompetenz (Abb. 2.10) interkulturelle Kommunikation als eine essenzielle Bedingung für interkulturelles Usability-Engineering und Benutzungsschnittstellendesign zu erreichen, kann dies zu erfolgreichem internationalen Produktdesign führen. Im folgenden Abschnitt wird auf die projekt-, prozess- und qualitätsspezifischen Auswirkungen kultureller Unterschiede auf die Produktentwicklung eingegangen.

2.3 Prozess-, Projekt- und Qualitätsmanagement

▶ Interkulturelles Prozess-, Projekt- und Qualitätsmanagement sind Grundlage für eine erfolgreiche interkulturelle Produktentwicklung (Abb. 2.11). Zunächst müssen die Prozesse vom Prozessmanagement definiert worden sein, um zu wissen was wie von wem zu erledigen ist und was herauskommen soll und wie dies nachgewiesen wird. Das Projektmanagement stellt sicher, dass die Projektziele erreicht werden. Qualitätsmanagement stellt sicher, dass die Prozesse eingehalten werden.

Es gibt verschiedene Unternehmensstrukturen, um auf dem globalen Markt tätig zu werden. Globale, internationale, transnationale und multinationale Unternehmensformen unterscheiden sich hinsichtlich der lokalen Differenzierung sowie der globalen Koordination innerhalb der Projekte (Abb. 2.12).

▶ Gemäß der Gesellschaft für Projektmanagement ist das größte Problemfeld in internationaler Projektarbeit die Arbeitskultur begründet durch kulturelle Unterschiede.

Davon abgeleitet sind unmittelbar betroffen Kommunikation und Sprache, politische Aspekte als auch Infrastruktur und Technologien. Es kann aufgrund von unzureichendem

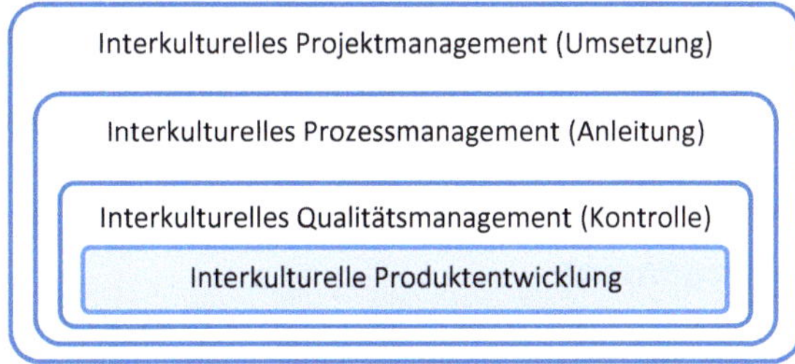

Abb. 2.11 Erforderliche Grundlagen für erfolgreiche interkulturelle Produktentwicklung

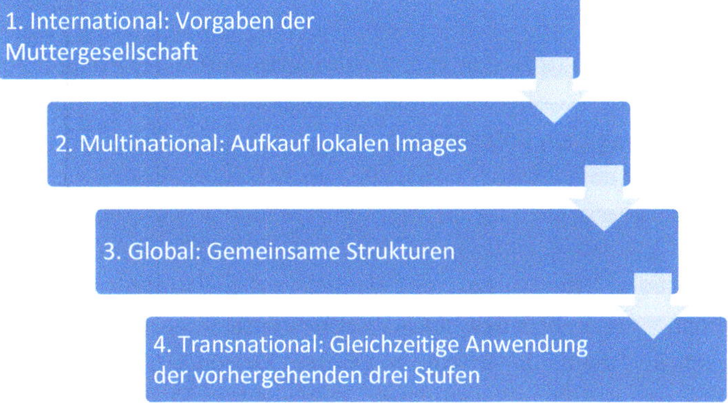

Abb. 2.12 Unterschiedliche Unternehmungsformen aufgrund lokaler Differenzierung und globaler Koordination (nach Hoffmann et al. 2004)

Wissen gegenüber anderer Kulturen sowie Vorurteilen und Stereotypen zu einer Misstrauensspirale kommen, woraufhin insbesondere internationale Projekte sehr leicht scheitern können. Wie schon weiter oben anhand der Eisbergmetapher dargestellt, gibt es einen sichtbaren und einen unsichtbaren Teil von Regeln und Einstellungen von Menschen. Basisannahmen und Werte werden meist unbewusst vorausgesetzt. Normen und Verhaltensweisen sind zwar meist sichtbar, aber interpretationsbedürftig. Über Kulturdimensionen kann auf das mutmaßliche Verhalten von Menschen in verschiedenen Ländern geschlossen werden. Dazu müssen diese aber erst bekannt sein und ihre Implikationen auf die interkulturelle Produktentwicklung analysiert worden sein.

▶ Missverständnisse in der Projektarbeit entstehen hauptsächlich dadurch, weil ohne Ausbildung die Komplexität der Regeln und Normen anderer Kulturen als auch der eigenen unbewusst bleiben und somit eine adäquate Reaktion in kritischen Interaktionssituationen in der Projektarbeit unmöglich ist.

Dies kann auch dazu führen, dass das Projekt scheitert. Voraussetzung für eine erfolgreiche Ausbildung für die Arbeit in interkulturellen Projekten ist darüber hinaus eine grundlegende

Empathie für andere Kulturen und Vermeidung von Ethnozentrismus. Dies kann in erster Linie durch ein geeignetes interkulturelles Prozess-, Projekt- und Qualitätsmanagement als Grundlage aller weiteren Produktentwicklungstätigkeiten erreicht werden.

2.3.1 Projektmanagement

Um IT-Produkte mit einer interkulturellen Benutzungsschnittstelle entsprechend vermarkten zu können, müssen diese für den jeweiligen kulturellen Kontext des Zielmarktes entwickelt und angepasst werden. Daher durchziehen Lokalisierung und Internationalisierung das Management vollständig.

▶ Das Management muss an den globalen Produktentwicklungszyklus (s. Kap. 3.2) angepasst werden. Daher durchziehen Lokalisierung und Internationalisierung das Management vollständig.

Internationale Projekte können für die beteiligten Nationen Vorteile bieten und Nachteile umgehen. Dabei können beispielsweise Technologie-Stände, demografische Situation, Ausbildungsstand von Mitarbeitern, oder Fähigkeiten und Kompetenzen sowie die Ressourcen miteinander verknüpft bzw. ausgeglichen werden.

Ein Phasenmodell dient zur Strukturierung eines Projektes. Alle Phasen eines internationalen Projekts sind kulturell beeinflusst. Insbesondere Planungstiefe und Planungsverbindlichkeit können sehr unterschiedlich ausfallen. Daher ist es unumgänglich, die Komplexität der Aufgaben des Projektes durch ein geeignetes Phasenmodell und einen entsprechenden Planungsrahmen für die Projektarbeit zu reduzieren. Ein pragmatisches Arbeitsumfeld für Phasen in internationalen Projekten besteht aus Anbahnung, Initialisierung, Planung, Durchführung, Abschluss und Follow-Up (vgl. Hoffmann et al. 2004, S. 46 ff.). Zwischen den jeweiligen Projektabschnitten werden Meilensteine eingefügt um den Projektfortschritt zu kontrollieren. Dabei gilt es bestimmte Besonderheiten aus Sicht internationaler Projekte zu berücksichtigen und Fallstricke sowie Stolpersteine zu umgehen. Der Projektleiter muss in jeder Projektphase sensibel für Veränderungen im Projektumfeld sein und entsprechende Gegenmaßnahmen ergreifen. Die Projektsteuerung sollte international ausgerichtet sein und die einzelnen Tätigkeiten der nationalen Bedürfnisse berücksichtigen. Dazu müssen die übergeordneten Maßnahmen und Prozesse entsprechend an die kulturellen Anforderungen der Projektmitglieder angepasst werden. Dabei ist eine entsprechende Vorgehensweise anzuwenden, um ein gemeinsames Problemverständnis zu erreichen (Ambiguitätstoleranz, Anpassung von Strukturdenken, Unsicherheitsvermeidung).

▶ Meilensteine am Ende einer Phase ermöglichen eine Fortschrittskontrolle, Missstände zu erkennen und Entscheidungen zu fällen. In interkulturellen Projekten ist die Projektplanung unbedingt gemeinsam aufgrund der unterschiedlich kulturell geprägten Erwartungen der Projektteilnehmer durchzuführen.

Die Güte einer internationalen Beziehung ist von entscheidender Bedeutung und oftmals von der ersten Begegnung geprägt. Daher ist es außerordentlich wichtig, die Umgangsformen des anders kulturellen Partners zu kennen und sich entsprechend zu verhalten. Gerade in beziehungsorientierten Ländern sind gute Beziehungen zur oberen Managementebene sowie zu den richtigen Informationsträgern und Entscheidungsträgern unumgänglich. Um dem Anspruch einer übereinstimmenden Erfolgsbeurteilung eines Projekts gerecht zu werden, sind Erfolgsfaktoren festzulegen. Durch eindeutige Klärung der Kompetenzen und Machtverhältnisse können inoffizielle Gefahren wie zum Beispiel die Übernahme des Projektes durch einen informellen Projektleiter reduziert werden. Dazu ist der offizielle Projektleiter möglichst früh in das Projekt mit einzubeziehen (d. h. bereits in der Anbahnungsphase des Projekts) als auch ein formales Kick-Off-Meeting durchzuführen, damit die Projektmitglieder sich gegenseitig kennen lernen und bereits erste soziale Beziehungsnetzwerke bilden können. Die wichtigste Aufgabe des Projektleiters zu Projektbeginn ist es, möglichst schnell ein Projektteam zu schaffen, das die Projektaufgaben gemeinschaftlich bearbeiten kann. Dabei kann der Planungsprozess in Abhängigkeit von der Kultur hinsichtlich Intensität und Ausgestaltung sehr unterschiedlich ausfallen.

- Projektplanung erfolgt unterschiedlich je nach kulturellem Hintergrund. In Japan wird zunächst das Projekt bis ins letzte Detail geplant ehe es dann ohne Änderungen durchgeführt wird. In Deutschland sind die Proportionen anders (vgl. Abb. 2.13).

- Es gibt einen direkten Zusammenhang zwischen den Ausprägungen von Kulturdimensionen und des Verständnisses von Projektplanung.

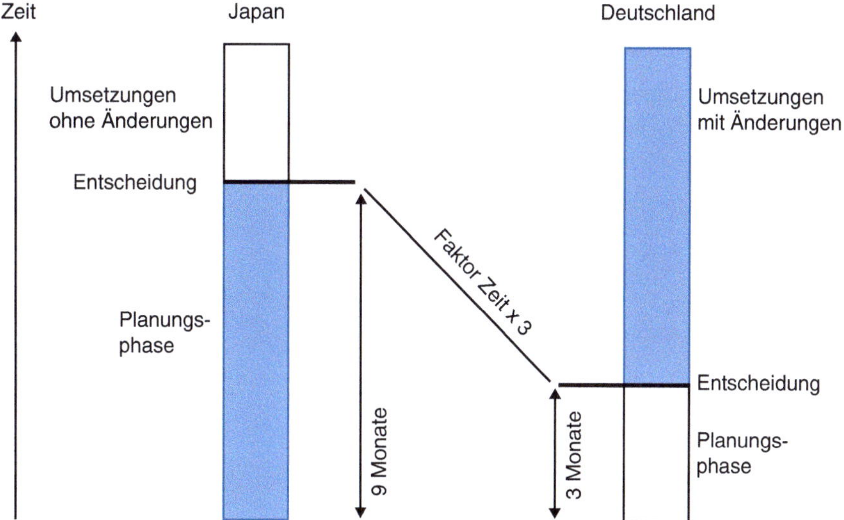

Abb. 2.13 Zeitlicher Aufwand für die Vorbereitung und Umsetzung von Projekten im Vergleich. (Quelle: Kuhnert 2004, S. 54)

Im ostasiatischen Raum wird im Vergleich zum südeuropäischen Raum sehr exakt geplant. Die Planung muss entsprechend der beteiligten Kulturen und der jeweiligen Planungsverständnisse durchgeführt werden (Stellenwert der Planung, Formulierung, Vermittlung, Akzeptanz, Ressourcen, Risikoplanung). Das Verständnis der Kommunikation in unterschiedlichen Kulturen spielt hier eine herausragende Rolle. Um Missverständnisse zu vermeiden, müssen die Planer eine Kommunikationsstrategie austauschen als auch das Einverständnis zu diesem kommunikativen Vorgehen von allen Projektmitgliedern einholen.

Durch Reibungsverluste aufgrund kultureller Unterschiede und sprachlicher Probleme ist für die Lösung von Konflikten und Krisen in Projekten eine wesentlich höhere Zeitspanne einzuplanen. Nicht nur die Regeln zur Durchführung des Projekts, sondern auch alle relevanten Hilfsmittel, Verfahren und Methoden müssen den Projektmitarbeitern – bei Bedarf auch unter Heranziehung kompetenter interkultureller Berater oder Dolmetscher – verständlich gemacht werden.

In internationalen Projekten ist vor allem zu beachten, dass übliche Aufgaben in der Regel länger dauern als bei nationalen Projekten (vgl. Heimgärtner und Tiede 2008). Das heißt bei der Planung von Veranstaltungen wie Meetings sind circa 50 % mehr Zeitaufwand einzuplanen. Insbesondere ist hier abhängig von den Sprachfähigkeiten und dem kulturellen Vorwissen der Beteiligten mit Kommunikationsproblemen durch mangelhafte Klärung von Missverständnissen aufgrund von Stereotypen und Vorurteilen zu rechnen. Durch unterschiedliche Personalstrukturen können Entscheidungsfindungprozesse oder Machtansprüche Ziele und Motivationen verzerren. Vor Gesprächen müssen daher die wichtigsten Punkte politisch entsprechend sensibel aufbereitet werden. Darüber hinaus ist zu beachten, dass die Aufwände zum Projektanfang für Budget und Ressourcen aufgrund größerer Reibungsverluste (zum Beispiel der Einrichtung gemeinsamer Vereinbarungen und Regeln) höher sein können als erwartet. Eine Möglichkeit, diesen Problemen etwas entgegenzuwirken, ist die Heranziehung eines kulturellen Dolmetschers beziehungsweise eines kompetenten interkulturellen Beraters, um die Rahmenbedingungen an die lokalen Gegebenheiten anzupassen und sicherzustellen, dass die Regeln etabliert und befolgt werden. Weiterhin ist es wichtig, die Beziehungen zu den für das Projekt relevanten Beteiligten möglichst früh zu errichten und zu festigen. Die Verwendung und Ausarbeitung eines projektsspezifischen Phasenmodells kann erheblich zu einem gemeinsamen Projektverständnis beitragen. Schließlich führt die Pflege eines gemeinsamen Teamgeistes, der aus dem gemeinsamen Projektverständnis resultiert, zum Projekterfolg.

▶ In einem internationalen Projekt hat die Definition von Zielen höchste Priorität und sollte gemeinsam mit dem internationalen Team erfolgen.

Der späteste Zeitpunkt hierfür ist das Kick-Off-Meeting, bei dem alle Projektmitglieder teilnehmen und möglichst auch physisch und nicht nur über eine virtuelle Verbindung anwesend sein sollten. Dabei ist insbesondere darauf zu achten, dass Teilnehmer aus unterschiedlichen Kulturen an Meetings anders herangehen. Während zum Beispiel in Frankreich eine Aufwärmphase notwendig ist, entfällt diese in Deutschland völlig. Nach der Projektfreigabe wird das Projekt realisiert.

- Aufgrund Kultur übergreifender Koordinierung der Prozesse ist der Aufwand im internationalen Kontext für das Projektmanagement höher als in nationalen Projekten.

Die Projektsteuerung ist insbesondere schwierig, wenn aufgrund der kulturellen Einstellung der Projektmitglieder die aktuelle Ist-Situation nicht korrekt erfasst werden kann, weil schlechte Nachrichten oder Fehler nicht sofort oder gar nicht bzw. nur die Erfolge weitergegeben werden (Gesichtswahrung, Kontrollmechanismus). Daher muss alles daran gesetzt werden, den Projektfortgang zu erfassen, um Problemen und Risiken noch frühzeitig entgegenwirken zu können. Dies kann beispielsweise durch die Vereinbarung einer höheren Frequenz von Projektstatusmeetings und informellen und formellen Projektstatusberichten erfolgen. Überdies sollte eine kontinuierliche Neubewertung der Projektrisiken durchgeführt werden. Eine zusätzliche Möglichkeit besteht darin, dass der Projektleiter im ständigen Kontakt mit seinem Projektmitgliedern steht und so frühzeitig Probleme im Teamgeist erkennen und beheben kann. Dabei können das Funktionieren von Prozessen sowie die Zusammenarbeit der Teammitglieder untereinander analysiert und verbessert werden. Das Projektmanagement kann sich bei Unsicherheiten hinsichtlich seiner Entscheidungen oder Eingriffen in das kulturübergreifende Projekt Rat bei kulturellen Beratern suchen.

Nach Fertigstellung und Abnahme des Projekts durch den Auftraggeber wird das Projektergebnis freigegeben. Eine Heimsendung von Mitarbeitern kann erst nach Erfüllung aller lokalen Abschlusskriterien erfolgen und benötigt eine lange Vorlaufphase – insbesondere für das Wissensmanagement (Wissensübergabe an das Nachfolgeteam oder an die Nachfolgeorganisation). Gemeinsam erarbeitete Projektergebnisse sollten nicht in einem Treffen mit allen Projektmitgliedern (aufgrund ihrer kulturellen Unterschiede) vorgestellt werden, sondern es ist eine Form zu wählen, die für alle beteiligten Kulturvertreter angemessen ist. Erfahrungen müssen so kommuniziert werden, dass das Projekt einen würdigen Abschluss findet. Beispielsweise sind individuelle Gespräche oder Gespräche in kulturell ähnlichen Gruppen auch hinsichtlich der Rückkehr in die Heimorganisation sinnvoll. Um Frustrationen und Kulturschock in der Heimatorganisation zu vermeiden, sollten rechtzeitig entsprechende Stellen in der Heimatsorganisation geschaffen werden sowie die ehemaligen Ansprechpartner bis zur Wiedereingliederung zur Verfügung stehen.

- Die Pflege von Netzwerken und bekannten Kontakten durch den Projektleiter beziehungsweise den Teammitgliedern spielt eine herausragende Rolle.

Nach dem Projektabschluss erfolgt die Follow-Up-Phase, in der abschließende Projekttätigkeiten durchgeführt werden. Die internationalen Kontakte verlieren sich leichter aufgrund großer räumlicher Distanz. Daher muss in diese wertvollen Beziehungen Aufwand gesteckt werden, um sie für künftige Projekte weiterhin verfügbar zu haben. Dadurch reduziert sich für das Unternehmen die Vorlaufzeit beziehungsweise die Anbahnungsphase eines Folgeprojektes, was zu Wettbewerbsvorteilen führt. Viele Kontakte und interkulturelle Erfahrung des Projektleiters dienen seiner Karriere. Ferner ist Projektteilnehmern eher bekannt, wo sich das Wissen im Unternehmen befindet. Eingerichtetes Wissensmanagement dient dazu, den Informationsfluss zwischen den Projekten und den Projektmitgliedern untereinander sicherzustellen. Darüber hinaus sollte der Projektleiter seinen Nachfolger den Stakeholdern persönlich vorstellen.

▶ Die gemachten Erfahrungen aus den internationalen Projekten müssen dokumentiert und an die künftigen Teams weitergegeben werden (Lessons Learned Workshops am Projektende und Schulungen von Projektmitgliedern am Anfang eines neues Projektes).

2.3.2 Prozessmanagement

Neben den Unterschieden in der Produktqualität, sind auch Unterschiede in der Projekt- und Prozessqualität im internationalen Kontext zu berücksichtigen.

▶ Es gibt verschiedene kulturelle Auffassungen über das Erfüllen der Anforderungen des Projekts und der Prozesse.

Selbst die Feststellung dieser Auffassungen erfolgt aus einer ethnozentrischen Sicht heraus, welche diesen einen bestimmten kulturellen Stempel aufdrückt. Darüber hinaus sind diese Auffassungen stark durch die Unternehmenskultur geprägt – insbesondere bei der Zusammenarbeit außerhalb von Mutter und Tochtergesellschaften (zum Beispiel bei fremden Partnerunternehmen). Das dabei entstehende unterschiedliche Verständnis von Projekt- und Prozessqualität muss auf ein Mindestmaß reduziert werden. Maßnahmen dazu umfassen beispielsweise die gemeinsame Definition von Projekt- und Prozessqualität innerhalb des Projektteams. Dadurch werden die unterschiedlichen Auffassungen transparent und verständlich und können auf einen gemeinsamen Nenner gebracht werden.

▶ Daher sollten Qualitätsverständnisvereinbarungen mit allen Stakeholdern getroffen werden.

Die dabei vereinbarten Projekt- und Prozessziele sollten regelmäßig auf deren Einhaltung überprüft werden. Deutsches Projekt- und Prozessverständnis lässt sich folgendermaßen charakterisieren:

- Besprechungsqualität (Zielorientierung, Einhaltung der Agenda, Pünktlichkeit)
- Klare Rollenverteilung
- Klare Definition der Zuständigkeiten und Verantwortlichkeiten innerhalb der Rolle

- Angewendetes Risikomanagement
- Klare Entscheidungs- und Eskalationsprozesse
- Offene, vertrauensvolle Projektkultur
- Transparenz hinsichtlich Projektstatus und -abweichungen
- Frühzeitige Darstellung von Problemen, kein Vertuschen von Problemen
- Definition und Vereinbarung der Abläufe, Termine und Ergebnisse
- Integration der Kunden der Prozessergebnisse in die Vereinbarung
- Zielorientierung der Prozesse.

Folgende Beispiele aus den Erfahrungen mit Projekten in der Automobilzuliefererindustrie in China und Deutschland sollen verdeutlichen, welche unterschiedliche Herangehensweisen und Prozesse innerhalb von Projekten in unterschiedlichen kulturellen Kontexten erforderlich sind:

- Guanxi berücksichtigen
- Verständnis erlangen
- Vorurteile vermeiden.

Daraus können Projekt- und Qualitätsmanager individuelle organisationsspezifische Empfehlungen für das jeweilige Projekt-, Prozess- und Qualitätsmanagement in China ableiten.[7]

2.3.2.1 Größerer Projekterfolg durch „Guanxi"

Die Kommunikation zwischen Chinesen und Deutschen ist anfangs schwierig, weil die Regeln darüber, wie die Äußerungen des Kommunikationspartners zu interpretieren und zu verstehen sind, und welche sich im Glaubensnetz des anderen befinden, zunächst noch unbekannt sind. Zum Beispiel ist es problematisch, einen Chinesen um Hilfe zu bitten, weil die Struktur, Hierarchie und die damit verbundenen Regeln in China den Deutschen nicht bekannt sind. Der Chinese muss strikt die Regeln der Hierarchie befolgen, um die deutschen Anforderungen zu erfüllen und leidet unter dem Dilemma, Unterstützung zu gewährleisten, ohne sein Gesicht innerhalb der eigenen Organisation zu verlieren oder die gute Beziehung zu demjenigen, der die Hilfe verlangt hat, zu hemmen. In diesem Sinne kann der Chinese die Bitte des Deutschen Teilnehmers nicht erfüllen, ohne sein Gesicht zu verlieren. Deshalb wird nichts passieren. Dieses Beispiel dient dazu, um einen Eindruck von der Schwierigkeit zu geben, die zahlreichen Effekte der komplexen Beziehungen in China („guanxi") zu verstehen. Abb. 2.14 veranschaulicht einen Teil der Struktur einer chinesischen Teamhierarchie sowie die Beziehungen zwischen den Teammitgliedern.

Stellen Sie sich vor, dass ein deutscher Team-/Projektleiter X Unterstützung vom chinesischen Projektteam Tc anfordert. Nun weiß der Team-/Projektleiter C: „Unser Team Tc muss X unterstützen." und kommuniziert an X: „Ja, unser Team Tc wird dich unterstützen." Trotzdem muss C, um die geforderte Unterstützung für X vollständig sicherstellen zu

[7] Weitere Handlungsempfehlungen und Informationen zum chinesischen Projekt- und Prozessverständnis finden sich z. B. in Lewis (2000) und werden in speziellen IUID-Seminaren vermittelt (vgl. z. B. www.iuic.de).

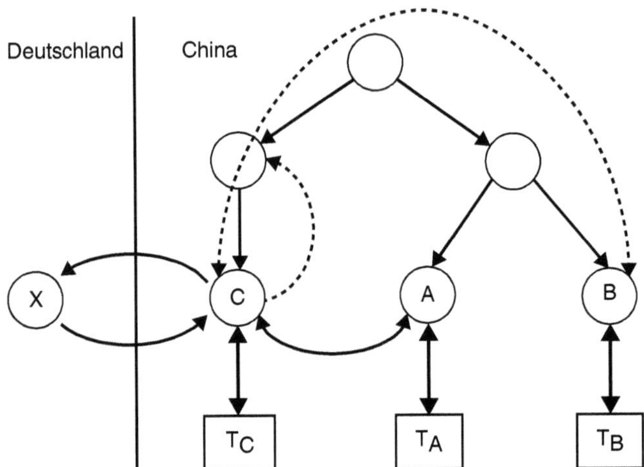

Abb. 2.14 Chinesische Teamhierarchie

können, auch die Teamleiter A und B der Teams Ta und Tb fragen, die eine untergeordnete Projektunterstützung für Team Tc bereitstellen. Sagen wir, C liefert die Unterstützung an X so gut er und sein Team Tc sowie das Team Ta sie liefern können. Trotzdem bietet C X keine Unterstützung von Team Tb an. X ist nicht zufrieden mit der Situation und versteht nicht, warum er nicht vollständig, wie angefordert, unterstützt wird. Was ist der Grund für diese unerwünschte Situation?

Einerseits haben C und A eine gute (persönliche) Beziehung („guanxi"), z. B. weil sie auf der gleichen Universität waren. Deshalb bittet C A um Unterstützung und umgeht die strengen Hierarchieregeln. Andererseits ist C nicht gut über „guanxi" mit B verbunden. Deshalb muss er den offiziellen Weg zu B gehen und die gesamte Hierarchie (aufgezeigt durch den gepunkteten Pfeil in Abb. 2.14) verfolgen. Der Hierarchieprozess ist definiert über Transferreihenfolgen „von oben nach unten". Dadurch ist es nicht C's Verantwortung, Anfragen an seinen Chef oder den Chef seines Chefs zu richten, weil es nicht Teil seiner Rolle ist (dargestellt durch den ketten-gepunkteten Pfeil in Abb. 2.14). Dadurch kann er die Anfrage nicht nach seiner Jobdefinition und der ihm gegebenen Verantwortung ausführen. Darüber hinaus will er gegenüber X nicht sein Gesicht verlieren, indem er ihm seine Unfähigkeit erklärt, die Aufgabe zu erfüllen. Daraus resultierend ist die Information, welche X vermittelt wird, unvollständig. Obwohl X sich über die angeforderte Unterstützung/Abhängigkeiten von den Teams Ta und Tb im Klaren ist, kann er keine Aktion starten, wie zum Beispiel Unterstützung aus dem höheren Management anzufordern, weil das Feedback fehlt, warum Ta unterstützen kann und Tb nicht.

2.3.2.2 Beziehungsnetzwerke

Manchmal gehen Projekte langsam voran, weile keiner von den Problemen des anderen weiß oder sie teilt oder fähig ist, diese zu lösen. Dies ist darin begründet, dass das chinesische Beziehungsnetzwerk zu schwer zu verstehen ist, um immer die richtige Verhaltenslösung zu finden. Außenstehende können dennoch sicherlich einen verständlichen Überblick über die Situation erhalten, wenn sie Zugang zu sehr hoher sprachlicher und sozialer Expertise besitzen. Um in der Lage zu sein, dieses Netzwerk von der inneren Perspektive zu verstehen, muss man nicht nur in diese Perspektive hineingeboren werden, d. h. Chinese sein, sondern man benötigt zusätzlich das Verständnis der Chinesen, dass es komplexe individuelle Netzwerke gibt und wie sie von den Angestellten genutzt werden sollen. Um die Wichtigkeit dieses Beziehungsnetzwerks zu verstehen und einzubeziehen, sollten deshalb Projektteammitglieder aus dem Zielmarkt mit im Projektteam vertreten sein.

2.3.2.3 Besseres Verständnis

Ziemlich oft beschweren sich die Deutschen darüber, dass die Chinesen „schlechtes Englisch" sprechen. Um chinesische Leute zu verstehen und umgekehrt ist eine große Menge Kontext nötig. Deutsche kennen aber oft den chinesischen Kontext nicht und verstehen deshalb nicht einmal Fragen des chinesischen Gegenparts. Demnach werden einerseits Antworten von Chinesen oftmals als inkorrekt eingeschätzt, weil der Kontext zwischen den expliziten Aussagen von Deutschen nicht verstanden wird. Zum Beispiel wird ein Chinese immer antworten, um das Gesicht nicht zu verlieren. Demnach sollte eine nicht-chinesische Person nicht von Antworten überrascht werden, die nicht verstanden werden können, weil sie so wirken, als passten sie nicht zur Frage. In diesem Falle sollte man sich in die Position des Chinesen versetzen und sich fragen, warum die Antwort so unüblich ist und auch analysieren, welcher Inhalt übermittelt werden muss, um die Frage zu verstehen. Andererseits schockieren direkte und offene Antworten eventuell Chinesen, weil dadurch in ihren Augen, d. h. aus der chinesischen Sicht, leicht Gesichtsverlust einhergehen kann. Für Deutsche ist Gesichtsverlust nicht so folgenreich wie für Chinesen, was für Chinesen so wirkt, als verlören Deutsche das Gesicht ohne mit der Wimper zu zucken. Dies verwirrt die Chinesen und entfremdet sie.

2.3.2.4 Eliminierung von Vorurteilen

Das Risiko des Vorurteils ist sehr stark, wenn man sich in einer fremden Kultur befindet: Die Eindrücke sind äußerst intensiv aber auch sehr leicht befallen mit Vorurteilen, welche, ohne korrespondierende Reflexion, schnell zu Generalisierungen werden können. Ist man für eine sehr lange Zeit in einer fremden Kultur, d. h. man versetzt sich für lange Zeit in die Position anderer Menschen, dann sind die eigenen Eindrücke schwächer, aber die eigenen Beurteilungen sind verwurzelter und feiner, während man die kontextuellen Hintergrund stärker einbezieht. Durch regelmäßige Reflexion werden Stereotypen reduziert und Versuche, Erklärungen für kritische Interaktionssituationen zu finden, sind erfolgreicher. Ein ähnlicher, wenn auch schwächerer Effekt, kann erreicht werden, wenn die Möglichkeit besteht, ein multikulturelles Team zu gründen. Die Teammitglieder können voneinander lernen, wenn sie mit empathischen Fähigkeiten und der Bereitschaft, diese zu nutzen, ausgestattet sind.

▶ Es sind empathische Fähigkeiten erforderlich, um sich als Entwickler selbst in die Situation eines Benutzers versetzen und diese meistern zu können.

2.3.3 Qualitätsmanagement

> Unterschiedlicher Kultureller Hintergrund bedingt ein unterschiedliches Qualitätsverständnis (vgl. Hoffmann et al. 2004).

Auch im Qualitätsverständnis lassen sich interkulturelle Unterschiede feststellen, welche in internationalen Projekten berücksichtigt werden müssen. Während in Deutschland und Japan aus Kundensicht die Zuverlässigkeit und Funktionalität im Vordergrund stehen, wird in China mehr Wert auf den Preis und in Frankreich und in Italien mehr Wert auf das Design gelegt. Insbesondere in Großbritannien und in den USA spielen hingegen Marke, Image und Service die ausschlaggebende Rolle. Ausgehend davon sind die Qualitätskriterien beim Testen und der Evaluation der Produkte entsprechend der kulturellen Zielgruppe anzusetzen und zu gewichten.

> Qualität stellt das Maß der Erfüllung von Anforderungen dar, welche sich von Produkt zu Produkt als auch von Kultur zu Kultur unterscheiden.

Darüber hinaus wird Qualität einem Produkt oder einer Dienstleistung subjektiv zugeschrieben – ob vom Hersteller oder vom Kunden (beziehungsweise vom Benutzer). Gute Qualität liegt vor, wenn die Anforderungen erfüllt sind. Mangelhafte Qualität führt zu Unzufriedenheit beim Kunden bzw. beim Benutzer.

Im internationalen Kontext treffen konträre Auffassungen von Qualität aufeinander, welche sich jedoch erst im Laufe der Zusammenarbeit endgültig herauskristallisieren. Um ein Produkt hoher Qualität zu erhalten, ist es notwendig, dass alle Mitglieder des interkulturellen Projekts die gleiche Auffassung von Prozessdurchführung haben (zum Beispiel hinsichtlich Termintreue, Erledigung von Aufgaben, Problemeskalation etc., vgl. Abschn. 2.3.2). Daher ist es nötig, Engpässe und Probleme innerhalb eines Projektes durch kulturelle Sensibilität und interkulturelle Kommunikationsfähigkeit der Projektmitglieder – insbesondere bei den grundlegenden Projektrollen wie z. B. dem Projektleiter, Projektplaner, Requirementsingenieur oder Qualitätsingenieur – frühzeitig zu erkennen und zu beheben.

> Die Qualität des Produktes ist abhängig von mindestens folgenden Kriterien, welche weltweit ähnlich sind: Design, Funktionalität/Zuverlässigkeit, Image/Marke, Service, Anwendbarkeit/Aktualität sowie Wirtschaftlichkeit/Kosten. Allerdings unterscheidet sich die Priorität dieser Kriterien im interkulturellen Kontext beachtlich (Abb. 2.15).

Während beispielsweise Italien oder Frankreich Qualität eher mit Design, Formgebung, Stil und Ästhetik verbinden, legt man in Deutschland mehr Wert auf Zuverlässigkeit und Funktionalität. In England wird versucht, das Vertrauen des Kunden in die Qualität durch massives Zertifizieren von Produkten und Dienstleistungen nach ISO 9000 (ISO 2000) wiederherzustellen. Daher spielen in England gutes Image und Robustheit, aber auch

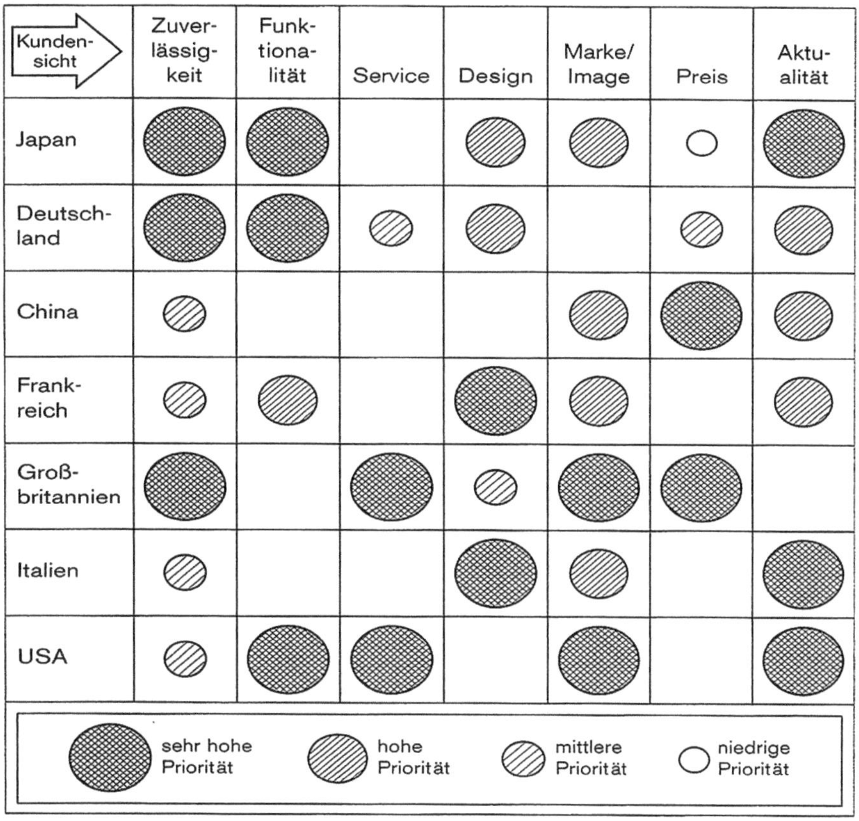

Kundensicht	Zuverlässigkeit	Funktionalität	Service	Design	Marke/ Image	Preis	Aktualität
Japan	sehr hohe	sehr hohe		hohe	hohe	niedrige	sehr hohe
Deutschland	sehr hohe	sehr hohe	mittlere	hohe		mittlere	hohe
China	mittlere				hohe	sehr hohe	hohe
Frankreich	mittlere	hohe		sehr hohe	hohe		hohe
Großbritannien	sehr hohe		sehr hohe	mittlere	sehr hohe	sehr hohe	
Italien	mittlere			sehr hohe	hohe		sehr hohe
USA	mittlere	sehr hohe	sehr hohe		sehr hohe		sehr hohe

sehr hohe Priorität – hohe Priorität – mittlere Priorität – niedrige Priorität

Abb. 2.15 Unterschiedliche Prioritäten einzelner Nationen in ihrem Qualitätsverständnis. (Quelle: Hoffmann et al. 2004, S. 298, Abb. 13.1)

zusätzlich sehr der Preis eine große Rolle. Ebenso wird Image in USA großgeschrieben, aber auch das Leistungsstreben, was sich im Wunsch nach größeren, besseren und schnelleren Produkten mit mehr Funktionalität und gutem Service äußert. Qualitativ höchstwertige Produkte mit hoher Zuverlässigkeit, Aktualität und vielen Funktionen von einem Markenhersteller werden in Japan gefordert. Während in China ebenfalls Marke und Aktualität eine Rolle spielen, legt man in Japan weitaus mehr Wert auf die Qualität des Produktes als auf seinen Preis. Übereinstimmung im Qualitätsverständnis besteht größtenteils zwischen Deutschen und Japanern sowie Engländern und US Amerikanern. Während in Deutschland sehr viel Wert auf die Erfüllung von technischen Anforderungen gelegt wird, wird gerade dieser Aspekt in den USA als unwirtschaftlich erachtet, weil Wirtschaftlichkeit und Produktivität dort höchste Priorität haben. Um aufgrund dieses Unterschiedes hohen Aufwand hinsichtlich Kapazität, Überzeugungsarbeit, Schulungen, neue Methoden in Fertigung und Qualitätssicherung, Unzufriedenheit beim Kunden oder sogar Abwanderung des Kunden zum Wettbewerber durch Nichterreichung der Qualitätsziele sowie

Zeitverzug und Lieferengpässe zu vermeiden, „ist es ratsam, frühzeitig ein gemeinsames Verständnis von Qualität zu erzeugen“ (Hoffmann et al. 2004, S. 300). Dies kann zum Beispiel durch die Transparent-Machung von Auffassungen bei den Vertragsverhandlungen sowie der Analyse der Qualitätssituation vor Ort bei Lieferanten und im produzierenden Werk erreicht werden.

Der kulturelle Einfluss auf das Qualitätsverständnis kann zum Teil anhand der Kulturdimensionen Unsicherheitsvermeidung, Langfristorientierung und Machtdistanz erklärt werden und daraus entsprechende Handlungsempfehlungen abgeleitet werden. Ansätze dazu finden sich in Triandis 2001 oder Heimgärtner (2012). Allerdings müssen diese weiter detailliert und eine Gegenüberstellung anderer Kulturen sowie weitere Teilerklärungen erarbeitet werden.

2.4 Zusammenfassung, Fazit und Ausblick

Es gibt viele Kulturbegriffe wodurch es schwierig ist, Kultur eindeutig zu fassen. Für die Entwicklung interkultureller Benutzungsschnittstellen wird Kultur als Abbild gemeinsamer Werte, Denk- und Handlungsweisen einer Gruppe von Individuen verstanden, das zur Bildung und Formung dieser Gemeinschaft beiträgt (Röse 2002). Kulturmodelle beschreiben diese Abbilder und erlauben diese untereinander zu vergleichen. Kulturelle Unterschiede erstrecken sich über alle Bereiche des menschlichen Lebens und haben Auswirkungen bei der Entwicklung interkultureller Produkte angefangen vom Projekt-, Prozess- und Qualitätsmanagement über Softwareengineering zum Usability-Engineering und der Entwicklung interkultureller Benutzungsschnittstellen.

Kultur stellt ein Orientierungssystem dar und beeinflusst die Interaktion mit anderen Individuen sowie die Interaktion mit technischen Geräten und hat somit erheblichen Einfluss auf die Mensch-Maschine Interaktion und damit auf die Bedienung von Benutzungsschnittstellen. Kultur hat Einfluss auf Lernverhalten, Erwartungen und kognitive Verarbeitungsweisen. Insbesondere Interaktions- und Dialogdesign müssen daher sehr behutsam im interkulturellen Entwicklungsprozess behandelt werden, was aufgrund der kulturellen Unterschiede eine entsprechende Herausforderung für alle Beteiligten darstellt. Dieser kann nur durch entsprechendes Wissen über die gewünschten Zielkulturen begegnet werden. Dabei ist Ethnozentrismus zu vermeiden.

Kulturmodelle helfen dabei, „unter die Oberfläche des kulturellen Eisbergs“ zu blicken, d. h. die zunächst nicht unmittelbar sichtbaren Bereiche von Kulturen zu erforschen, um damit bisherige methodologische Lücken zu überwinden. Kulturelle Modelle beschreiben die kulturelle Distanz, d. h. die Unterschiede zwischen Kulturen und ermöglichen deren gegenseitigen Vergleich. Kulturstandards drücken die normalen, typischen und gültigen Attribute für die Mehrheit der Mitglieder einer bestimmten Kultur unter Betrachtung von Arten der Wahrnehmung, Gedanken, Urteilsbildung und Handlungen aus. Kulturdimensionen repräsentieren einen Kulturaspekt, welcher im Bezug zu anderen Kulturen messbar ist. Sie können dazu verwendet werden, Verhaltensarten innerhalb und zwischen Kulturen zu klassifizieren.

Aufgrund der Affinitäten von Kulturdimensionen zu Persönlichkeitsdimensionen sollten beide Konzepte im Design von interkulturellen Benutzungsschnittstellen Anwendung finden.

Denkmuster werden von Philosophien (Weltanschauungen) der Menschheit bestimmt, welche weltweit kulturell bedingt sehr unterschiedlich ausfallen. In der interkulturellen Philosophieforschung werden zwei Hauptrichtungen unterschieden: östliche und westliche Philosophie. Kognitive Stile beschreiben die für ein Individuum typische Art und Weise, wie Informationen verarbeitet werden und wie mit solchen umgegangen wird. In den verschiedenen Kulturen sind kognitive Stile tendenziell verschieden stark ausgeprägt, wodurch sich verschiedenartige Denkmuster ergeben. Dies wirkt sich in den jeweiligen Kulturen wiederum auf die Weltanschauung und so auf die Herangehensweisen an die Wirklichkeit aus. Diese Unterscheidungen im Denken haben auch Auswirkungen auf die Entwicklung und Bedienung interkultureller Benutzungsschnittstellen. Diese werden im Kap. 5 ausführlich dargelegt.

Kultur ist hauptsächlich ein Kommunikationssystem (vgl. Hall 1959). Erfolgreiche Kommunikation hängt sehr stark von der Fähigkeit zur Empathie der involvierten Personen ab. Vor allem interkulturelle User-Experience-Designer müssen in der Lage sein, sich selbst in die Position des Benutzers zu versetzen, um seine oder ihre Intentionen oder Bedürfnisse zu wissen und zu verstehen, diese idealerweise zu erleben und sie dann im Produkt zu berücksichtigen. Zumindest die folgenden Aspekte des Benutzers müssen detailliert analysiert werden, bevor das Produkt entwickelt werden kann:

- Weltanschauung (metaphysischer Ansatz) des Benutzers
- generelles Wissen (prozedurales und faktisches Wissen) des Benutzers
- der Kontext, in welchem das Produkt vom Benutzers benutzt werden wird,
- die Aufgaben, die der Benutzer mittels des Gebrauchs des Produkts erledigen möchte.

Das Management muss insgesamt an den Globalisierungsprozess angepasst werden. Projekt-, Prozess-, und Qualitätsmanagement sind Grundlage für erfolgreiche interkulturelle Produktentwicklung. Das größte Problemfeld in internationaler Projektarbeit begründet die Arbeitskultur aufgrund von kulturellen Unterschieden. Missverständnisse in der Projektarbeit entstehen hauptsächlich dadurch, weil ohne Ausbildung die Komplexität der Regeln und Normen anderer Kulturen als auch der eigenen unbewusst bleiben und somit eine adäquate Reaktion in kritischen Interaktionssituationen in der Projektarbeit unmöglich ist. Es sind daher empathische Fähigkeiten erforderlich, um sich als Entwickler selbst in die Situation eines Benutzers versetzen und sie meistern zu können. Es gibt außerdem einen direkten Zusammenhang zwischen den Ausprägungen von Kulturdimensionen und des Verständnisses von Projektplanung. In einem internationalen Projekt hat die Definition von Zielen höchste Priorität und sollte gemeinsam mit dem internationalen Team erfolgen. Es gibt verschiedene kulturelle Auffassungen über das Erfüllen der Anforderungen des Projekts und der Prozesse. Daher sollten Qualitätsverständnisvereinbarungen mit allen Stakeholdern getroffen werden. Unterschiedlicher Kultureller Hintergrund bedingt ein unterschiedliches Qualitätsverständnis. Qualität stellt das Maß der Erfüllung von Anforderungen dar, welche sich von Produkt zu Produkt als auch von Kultur zu Kultur unterscheiden. Die Qualität des Produktes ist abhängig von mindestens folgenden Kriterien, welche weltweit ähnlich sind: Design, Funktionalität/Zuverlässigkeit, Image/Marke, Service, Anwendbarkeit/Aktualität sowie Wirtschaftlichkeit/Kosten. Allerdings unterscheidet sich die Priorität dieser Kriterien im interkulturellen Kontext beachtlich.

Normen	√
ISO 3166	☐
Checkliste	√
Team (zumindest Schlüsselrollen) wurde in interkultureller Handlungskompetenz ausgebildet	☐
Den Teammitgliedern ist die eigene Kultur bekannt	☐
Im Team bestehen keine Berührungsängste zu anderen Kulturen	☐
Team wurde in interkultureller Kommunikation geschult	☐
Projektmanager haben einschlägige interkulturelle Projekterfahrung	☐
Ethnozentriertes Denken und Vorgehen werden vermieden	☐
Kulturmodelle sind bekannt und werden zur Beschreibung von Kulturen verwendet	☐
Kulturell bedingtes unterschiedliches Qualitätsverständnis wird berücksichtigt	☐
Methoden des interkulturellen Projekt, Prozess- und Qualitätsmanagement sind bekannt und werden angewandt	☐

Literatur

Adler, N. J. (1997). *International dimensions of organizational behavior* (3. Aufl.). Cincinnati: South-Western College Publ.

Adler, N. J., & Gundersen, A. (2008). *International dimensions of organizational behavior* (5. Aufl., internat. student ed.). Mason, Ohio: Thomson South-Western.

Altarriba, J. (1993). *Cognition and culture: A cross-cultural approach to cognitive psychology* (Bd. 103). Amsterdam: North-Holland.

Argyle, M., & Schmidt, C. (2002). *Körpersprache & Kommunikation: Das Handbuch zur nonverbalen Kommunikation* (8. Aufl., Bd. 5). Paderborn: Junfermann.

Baumgartner, V. -J. (2003). *A practical set of cultural dimensions for global user-interface analysis and design*. Graz: Fachhochschule Joanneum. http://www.mavas.at/val/education05_thesis00.asp. Zugegriffen am 26.10.2016.

Berry, J. W. (2007). *Cross-cultural psychology: Research and applications* (2. Aufl., 6. print. ed.). Cambridge: Cambridge University Press.

Borisoff, D., & Victor, D. A. (1997). *Conflict management: A communication skills approach*. Boston: Allyn and Bacon.

Brunner, G. (2005). Untersuchung der kulturellen Einflüsse auf die Mensch-Maschine-Interaktion am Beispiel von Fahrernavigationssystemen. Regensburg.

Chen, M. J. (1993). A comparison of Chinese and English language processing. *Advances in Psychology, 103*, 97–117.

Condon, J. C. (1984). *With respect to the Japanese: A guide for Americans*. Yarmouth: Intercultural Press.

D'Andrade, R. G. (2001). *The development of cognitive anthropology* (Reprinted. ed.). Cambridge: Cambridge University Press.

Davidson, D. (2001). Inquiries to Truth and Interpretation. (2. Aufl.). Oxford: Clarendon Press.

Dennett, D. C. (1998). *The intentional stance* (7. printing. ed.). Cambridge, MA: MIT Press.

Deutsch, E., Bontekoe, R., & Weiming, T. (1997). *A companion to world philosophies*. Malden: Blackwell.

Fanchen, M., & Yao, J. (2007). Ganzheitliches Denken – harmonisches Handeln. In T. Aigner-Hof (Hrsg.), *Wertorientierungen der Unternehmenspraxis* (1. Aufl.). Münster: Hamburg.

Fischer, K. (2006). *What computer talk is and is not: Human-computer conversation as intercultural communication* (Bd. 17). Saarbrücken: AQ-Verlag.

Hall, E. T. (1959). *The silent language*. New York: Doubleday.

Hall, E. T., & Hall, M. (1983). *Verborgene Signale*. Hamburg: Gruner & Jahr.

Halpin, A. W., & Winer, B. J. (1957). A factorial study of the leader behavior descriptions. In R. M. Stogdill & A. E. Coons (Hrsg.), *Leader behavior: Its description and measurement* (S. 39–51). Columbus: Bureau of Business Research, Ohio State University.

Hansen, K. P. (2003). *Kultur und Kulturwissenschaft: Eine Einführung* (3., durchges. Aufl. Bd. 1846). Tübingen: Francke.

Heimgärtner, R. (2012). *Cultural differences in human-computer interaction* (Paperback B: Einband – flex. (Paperback) ed. Bd. 1). Oldenbourg Verlag.

Heimgärtner, R., & Tiede, L. W. (2008). Technik und Kultur: Interkulturelle Erfahrungen bei der Produktentwicklung für China. In O. Rösch (Hrsg.), *Interkulturelle Kommunikation* (Technik und Kultur, Bd. 6, S. 149–162). Berlin: Verlag News & Media. ISBN 6.

Hodicová, R. (2007). *Psychische Distanz und Internationalisierung von KMU: Empirische Untersuchung am Beispiel des Sächsisch-tschechischen Grenzraumes*. Wiesbaden: Duv.

Hoffmann, H-E., Schoper, Y.-G., & Fitzsimons, C.-J. (2004). *Internationales Projektmanagement: Interkulturelle Zusammenarbeit in der Praxis* (Orig.-Ausg. ed. Bd. 50883: Beck-Wirtschaftsberater; 50883). München: Dt. Taschenbuch-Verl.

Hofstede, G. (1984). *Culture's consequences: International differences in work-related values* (Abridged ed., 1. print. ed. Bd. 5). Beverly Hills: Sage.

Hofstede, G. H. (1991). *Cultures and organizations: Software of the mind*. London: McGraw-Hill.

Hofstede, G. J. (2000). The information age across cultures. In *Proceedings of 5th AIM conference–information systems and organizational change* [CD-Rom], 10pp.

Hofstede, G., & Hofstede, G. J. (2005). *Cultures and organizations: Software of the mind; [intercultural cooperation and its importance for survival]* (Rev. and expanded 2. Aufl.). New York: McGraw-Hill.

Hofstede, G. H., Hofstede, G. J., & Minkov, M. (2010). *Cultures and organizations: Software of the mind* (3. Aufl.). Maidenhead: McGraw-Hill.

Hoft, N. L. (1995). *International technical communication: How to export information about high technology*. New York: Wiley.

Hoft, N. L. (1996). Developing a cultural model. In E. M. Del Galdo & J. Nielsen (Hrsg.), *International users interface* (S. 41–73). New York: Wiley.

Honold, P. (2000). *Interkulturelles Usabilityengineering: Eine Untersuchung zu kulturellen Einflüssen auf die Gestaltung und Nutzung technischer Produkte* (Als Ms. gedr. Aufl. Bd. 647). Düsseldorf: VDI Verl.

Hörmann, H. (1960). *Konflikt und Entscheidung: experimentelle Untersuchungen über das Interferenzphänomen*. Göttingen: Verlag für Psychologie, Hogrefe.

Inglehart, R., Moreno, A., & Basanez, M. (1998). *Human values and beliefs: A cross-cultural sourcebook*. Ann Arbor: University of Michigan Press.

ISO. (2000). *Norm DIN EN ISO 9000 (2000): Qualitätsmanagementsysteme – Grundlagen und Begriffe*. Berlin: Beuth.

Jäger, L. (Hrsg.). (2004). *Handbuch der Kulturwissenschaften* (Bd. 1). Stuttgart: Metzler.

Janich, P. (2006). *Kultur und Methode: Philosophie in einer wissenschaftlich geprägten Welt* (1. Aufl.). Frankfurt am Main: Suhrkamp.

Kagan, J. (1965a). Reflection-impulsivity and reading ability in primary grade children. *Child Development, 36*, 609.

Kagan, J. (1965b). Impulsive and reflective children: Significance of conceptual tempo. In J. Krumboltz (Hrsg.), *Learning and educational process* (S. 133–161). Chicago: Rand Mcnally.

Khaslavsky, J. (1998). *Integrating culture into interface design*. Paper presented at the CHI 98 conference summary on Human factors in computing systems, Los Angeles.

Kluckhohn, F., & Strodtbeck, F. L. (1961). *Variations in value orientations*. Westport: Greenwood Press.

Komischke, T., McGee, A., Wang, N., & Wissmann, K. (2003). Mobile phone usability and cultural dimensions: China, Germany & USA. In L. Mühlbach (Hrsg.), *Human factors in telecommunication. Proceedings of the 19th international symposium on human factors in telecommunication (HFT 03)*. Berlin.

Kralisch, A. (2006). *The impact of culture and language on the use of the internet empirical analyses of behaviour and attitudes*. Dissertation, Berlin.

Kuhnert, I. (2004). *Business with the Japanese*. Offenbach: Gabal.

Lee, Y. T., McCauley, C. R., & Draguns, J. G. (1999). *Personality and person perception across cultures*. Mahwah: Erlbaum.

Levine, R. V., & Norenzayan, A. (1999). The pace of life in 31 countries. *Journal of Cross-Cultural Psychology, 30*(2), 178–205.

Lewis, J. (2002). *Cultural studies – The basics*. London: Sage.

Lewis, R. D. (2000). *Handbuch internationale Kompetenz: Mehr Erfolg durch den richtigen Umgang mit Geschäftspartner weltweit*. Frankfurt am Main: Campus-Verl.

Maletzke, G. (1996). *Interkulturelle Kommunikation: Zur Interaktion zwischen Menschen verschiedener Kulturen*. Opladen: Westdt. Verl.

Marcus, A., & Baumgartner, V.-J. (2004). A practical set of culture dimensions for global user-interface development. In M. Masood, S. Jones & B. Rogers (Hrsg.), *Computer human interaction, 6th Asia Pacific conference, APCHI 2004, Rotorua, June 29–July 2, 2004, proceedings* (S. 252–261).

Matiaske, W. (1997). Struktur und Bedeutung von Wertorientierungen bei Managern aus der Volksrepublik China und der Bundesrepublik Deutschland.

Moeschler, J. (1989). *Modélisation du dialogue: Représentation de l'Inférence Argumentative*. Paris: Hermès.

Moosmüller, A. (2007). *Interkulturelle Kommunikation: Konturen einer wissenschaftlichen Disziplin* (Bd. 20). Münster: Waxmann.

Nagy, C. (2003). „The hidden dimension". Kulturdimensionen als Orientierung in der interkulturellen Zusammenarbeit. *Interculture-Online, 5*, 1–4. http://www.interculture-online.info/info_dlz/Nagy_Carolin_05_03.pdf. Zugegriffen am 20.02.2005.

Nevis, E. C. (2001). *Organizational consulting: A Gestalt approach*. Cambridge, MA: GestaltPress.

Nisbett, R. E. (2003). *The geography of thought: How Asians and Westerners think differently … why*. New York: Free Press.

Parsons, T. (1951). *The social system*. New York: Free Press of Glencoe.

Paunonen, S. V., Zeidner, M., Engvik, H. A., Oosterveld, P., & Maliphant, R. (2000). The nonverbal assessment of personality in five cultures. *Journal of Cross-Cultural Psychology, 31*(2), 220.

Paunonen, S. V., Ashton, M. C., & Jackson, D. N. (2001). Nonverbal assessment of the Big Five personality factors. *European Journal of Personality, 15*(1), 3–18.

Quine, W. V. O., & Ullian, J. S. (1978). *The web of belief* (2. Aufl.). New York: McGraw-Hill.

Reimer, A. (2005). *Die Bedeutung der Kulturtheorie von Geert Hofstede für das internationale Management.* Wismar: Hochsch., Fachbereich Wirtschaft.

Reisach, U., Tauber, T., & Yuan, X. U. https books google de books id LtRaSp-c O. Y. C. (2007). *China – Wirtschaftspartner zwischen Wunsch und Wirklichkeit: ein Handbuch für Praktiker.* Heidelberg: Redline Wirtschaft.

Röse, K. (2002). *Methodik zur Gestaltung interkultureller Mensch-Maschine-Systeme in der Produktionstechnik* (Bd. 5). Kaiserslautern: Univ.

Schumacher, R. M. (2010). *The handbook of global user research.* Burlington: Morgan Kaufmann.

Schwartz, S. H. (1992). Universals in the content and structure of values: Theoretical advances and empirical tests in 20 countries. *Advances in Experimental Social Psychology, 25*, 1–65.

Schwartz, S. H., & Bardi, A. (2001). Value hierarchies across cultures: Taking a similarities perspective. *Journal of Cross-Cultural Psychology, 32*(3), 268.

Straub, J. (2007). *Handbuch interkulturelle Kommunikation und Kompetenz: Grundbegriffe – Theorien – Anwendungsfelder.* Stuttgart: Metzler.

Strohschneider, S. (2002). Cultural factors in complex decision making. In W. J. Lonner, D. L. Dinnel, S. A. Hayes & D. N. Sattler (Hrsg.), *Online readings in psychology and culture* (Bd. 4/1). Bellingham/Washington, DC: Center for Cross-Cultural Research, Western Washington University.

Thomas, A. (1996). *Psychologie interkulturellen Handelns.* Seattle: Hogrefe.

Thomas, A., & Eckensberger, L. H. (1993). *Kulturvergleichende Psychologie: Eine Einführung.* Göttingen: Hogrefe.

Tomasello, M. (2006). *Die kulturelle Entwicklung des menschlichen Denkens: Zur Evolution der Kognition* (1. Aufl., Bd. 1827). Frankfurt am Main: Suhrkamp.

Trompenaars, F. (1993). *Handbuch globales Managen: Wie man kulturelle Unterschiede im Geschäftsleben versteht.* Düsseldorf: ECON-Verl.

Trompenaars, F., & Hampden-Turner, C. (1997). *Riding the waves of culture: Understanding cultural diversity in business.* London: Nicholas Brealey.

Victor, D. A. (1998). *International business communication* (7. Aufl.). New York: Harper Collins.

Wahrlich, H. (1991). Wortlose Sprache – Verständnis und Missverständnis im Kulturkontakt. In A. Thomas (Hrsg.), *Kulturstandards in der internationalen Begegnung* (SSIP Bulletin No. 61, S. 13–39). Saarbrücken: Verlag für Entwicklungspolitik Saarbrücken GmbH.

Weggel, O. (1990). *Die Asiaten* (2., durchges. Aufl.). München: Beck.

Whorf, B. L. (2008). *Sprache – Denken – Wirklichkeit Beiträge zur Metalinguistik und Sprachphilosophie.* Reinbek bei Hamburg: Rowohlt.

Wierzbicka, A. (1991). *Cross cultural pragmatics: The semantics of human interaction* (Bd. 53). Berlin: Mouton de Gruyter.

Wimmer, F. M. (2004). *Interkulturelle Philosophie: Eine Einführung* (Bd. 2470). Wien: WUV.

Witkin, H. A., et al. (1954). *Personality through perception.* New York: Harper.

Yandell, K. E. (1999). *Philosophy of religion: A contemporary introduction.* New York: Routledge.

Zimbardo, P. G., & Gerrig, R. J. (2004). *Psychologie* (16., aktualisierte Aufl., S. 17–25). München: Pearson Studium.

Software-Engineering

3

Inhalt

R. Heimgärtner, *Interkulturelles User Interface Design*,
DOI 10.1007/978-3-662-48370-1_3

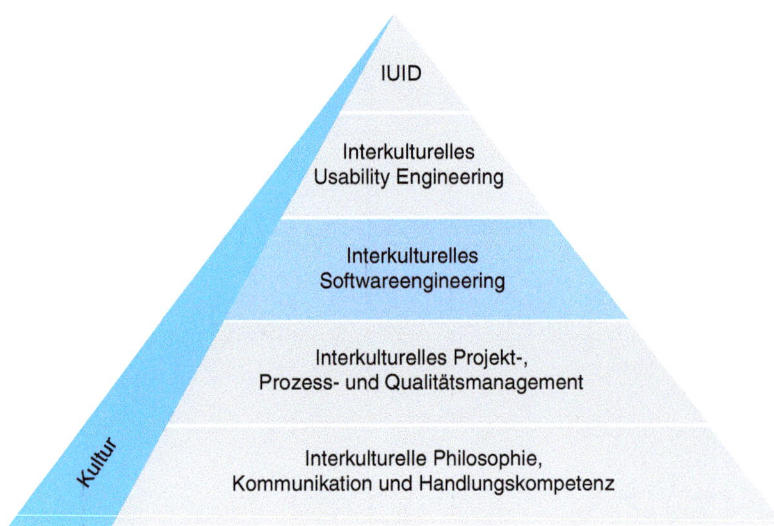

Bevor ein kurzer Überblick über die einzelnen Elemente einer zu lokalisierenden Software gegeben wird, erfolgt eine Abgrenzung wichtiger Begriffe. Dabei werden die relevantesten Konzepte erläutert, welche für den Prozess des interkulturellen Software-Engineerings bekannt sein müssen.[1] Anschließend wird der Kontext der Lokalisierung anhand des Eisbergmodells (vgl. Abb. 2.1 in Kap. 2) dargestellt und auf dessen Auswirkungen auf die Phasen von Softwareentwicklungsprozessen eingegangen. Schließlich werden die Kernkomponenten für die Softwarelokalisierung vorgestellt.

3.1 Interkulturelles Softwareengineering

Die meisten Projekte zur Entwicklung interkultureller Benutzungsschnittstellen werden im Kontext eines Produktentwicklungszyklus durchgeführt.

Der Einfluss von Kultur ist in allen Phasen eines Forschungs- und Entwicklungsprojektes präsent und spürbar:

- Initiierende Analyse des Marktes und des Nutzungskontexts eines Systems
- Implementierung des Systems mit Hilfe von Methoden der Lokalisierung bzw. Internationalisierung
- Evaluation und Validierung des Systems bzw. Produkt- oder Servicetest.

Die Ergebnisse aus der Softwareergonomieforschung (vgl. Kap. 4) unterstützen interkulturelles Softwareengineering durch die Berücksichtigung und der Übertragung von

[1] Den Einfluss von Kultur über die Phasen eines Projektes zur Entwicklung interkultureller Benutzungsschnittstellen zu erläutern, dient das gesamte Buch. In Kap. 7 wird darüber hinaus zu diesen Phasen relevantes Wissen für die IUID-Praxis in der industriellen Entwicklung präsentiert.

Arbeitsbedingungen und deren optimale Anpassung an den Benutzer und die Benutzung von Software im interkulturellen Kontext in den globalen Engineering- und Produktentwicklungsprozess (vgl. Abschn. 3.2).

▶ Interkulturelles Softwareengineering berücksichtigt kulturelle Einflüsse während der Softwareentwicklung basierend auf den Ergebnissen der Softwareergonomieforschung und des Usability Engineerings. Ultimatives Ziel der Einbeziehung der Softwareergonomie innerhalb des Softwareengineerings ist es, eine leicht verständliche und benutzbare Software herzustellen, mit welcher der Benutzer zufrieden ist (= Software mit Benutzungsschnittstellen mit optimaler Usability).

3.1.1 „Ethnocomputing"

▶ Aufgrund des hohen Stellenwerts multimedialer geräteübergreifender Computeranwendungen in der heutigen globalen Informationsgesellschaft steigt zunehmend der Bedarf an Softwarelösungen, die nicht nur an die Sprache, sondern auch an weitere kulturbedingte Bedürfnisse der Benutzer angepasst sind.

Die Übersetzung der in dem Produkt enthaltenen Texte reicht hier in der Regel nicht aus. Allerdings sind sich Software-Designer der eigenen kulturellen Prägung, die sie zur Entwicklung eines bestimmten Designs ‚verleitet', oft selbst nicht bewusst – so erfüllt jede Software nach ihrer Entwicklung zunächst automatisch die Anforderungen der Kultur, aus der ihr Entwickler stammt (vgl. Taylor 1992, S. 5). So wie die Übersetzungswissenschaftler die Bedeutung des funktionalen Übersetzens betonen, sollte auch die lokalisierte Software in der Zielkultur funktionieren und bei dem jeweiligen Benutzer den Eindruck eines für seinen Kulturkreis entwickelten Originalproduktes erwecken.

▶ Ethnocomputing bezeichnet alles die Informatik Umfassende in Relation zu Kultur. Damit können nicht nur Ethnien, sondern auch Nationen, aber auch einzelne Regionen bis hin zu kleinsten Benutzergruppen mit ihrem ureigenen kulturellen Kontext gemeint sein.[2]

---

[2] Vgl. Matti Tedre „Ethnocomputing- A Multicultural View on Computer Science" (Master-Thesis): „[..] Ethnocomputing refers to local points of entry to: Organized structures and models used to represent information (data structures); Ways of manipulating organized information(algorithms); Mechanical and linguistic realizations of the above (tools and theory); and Applications of all of the above (uses). [..] Ethnocomputing does not take computing out of the center of CS. Instead, it rests on the principles of computing, and aims to widen the current perspective by adding some complementary points of view to technology, science, and society. These different dimensions are not necessarily at odds with one another but can support each other. The challenge is: How to create a smoothly working combination of disciplines that would benefit people in the form of intuitive technologies and ICT education with minimal cognitive overhead. It should benefit societies by allowing technological development without undermining local cultures or traditions and by supporting local identity rather than undermining it.The ICT industry should benefit from better usersatisfaction and larger markets. Finally, this new perspective should benefit CS in the form of different points of view on old concepts or even offering novelconcepts.

In Verbindung mit dem kulturspezifischen Design von Mensch-Maschine-Systemen werden im Bereich der Entwicklung von interkulturellen Benutzungsschnittstellen die Begriffe „Internationalisierung“ (L18N) und „Lokalisierung“ (L10N) von Software als auch die Begriffe „Globalisierung“ (G11N) und „Glokalisierung“ genannt. Es ist hier zu erwähnen, dass alle diese Begriffe in diesem Zusammenhang eine stark an die Informatik – und damit an die Softwareentwicklung angelehnte Konnotation aufweisen und daher über eine sehr eng gefasste Extension („Ethnocomputing“) verfügen. Die Begriffe Internationalisierung, Lokalisierung und Globalisierung werden in der Fachliteratur oft mit I18N, L10N und G11N abgekürzt. Diese Abkürzungen leiten sich von der Anzahl der Buchstaben ab, die in den englischen Bezeichnungen ‚Internationalization‘, ‚Localization‘ und ‚Globalisierung‘ zwischen dem ersten und dem letzten Buchstaben stehen.

Globalisierung (G11N) umfasst alle Aktivitäten hinsichtlich des Marketings eines (Software-) Produktes außerhalb eines nationalen Markts. Ziel ist es, erfolgreiches Marketing in einem oder mehreren regionalen Märkten zu erzielen, indem man die technischen, ökonomischen und rechtlichen Bedingungen im jeweiligen Markt berücksichtigt (Schmitz und Wahle 2000). Zusätzlich fordert Marcus, dass kulturübergreifendes MMI-Design die Beziehung zwischen Kulturdimensionen und User Interface Charakteristiken berücksichtigen soll (vgl. Marcus 2001); Shen et al. (2006) führt einen kulturzentrierten MMI-Designprozess basierend auf den Ergebnissen der Forschung zum kulturübergreifenden User Interface Design von (Marcus 2006) ein. Röse und Zühlke (2001) führten iterative Analysen durch, um Zielbenutzer und ihre kulturellen Anforderungen zu berücksichtigen. (Yeo 2001) präsentiert einen zweigeteilten Internationalisierungs- und Lokalisierungsprozess zur Entwicklung von Software für den globalen Markt, der relevant für einen großen Teil der interkulturellen Benutzerforschung ist.[3]

3.1.2 Lokalisierung (L10N)

> Lokalisierung meint die Anpassung eines Systems an bestimmte kulturelle Anforderungen eines lokalen Marktes, z. B. die Anpassung des Look & Feel der Benutzungsschnittstelle oder der internen Datenstrukturen an die kulturellen Anforderungen des Benutzers (vgl. VDMA 2009).

Die Lokalisierung eines Produkts zielt auf spezielle Länder und kulturspezifische Anforderungen ab. Daher wird das Produkt im Lokalisierungsprozess an ein Land und dessen kulturspezifische Bedürfnisse angepasst.

Researchers and users from developing countries would be able to bring in new resources, fresh viewpoints, and novel innovations.“ (vgl. Matti et al. 2006, S. 130).

[3] Das Thema der interkulturellen MMI-Analyse ist vor allem aus Sicht der Informationswissenschaft interessant, weil sich diese Disziplin damit beschäftigt, neues Wissen, neue Anforderungen und neue Ziele für die Gestaltung von informationsverarbeitenden Systemen unter Einbeziehung von Software Engineering, Softwareergonomie und Usability Engineering zu generieren.

▶ Unter Softwarelokalisierung versteht man die Übersetzung und Anpassung eines Softwareprodukts an Sprache und Kultur eines fremden Marktes (nach Carter 1992, S. 1).

Softwarelokalisierung beschreibt die Anpassung und die Übersetzung einer Softwareanwendung, um sie sprachlich und kulturell angemessen für einen ausgewählten lokalen Markt zu machen, indem man internationalisierte Software verwendet (Schmitz und Wahle 2000, S. 3–4). Die Lokalisierung eines Softwareprodukts beinhaltet die Anpassung der Software an den spezifischen kulturellen Kontext, in dem sie genutzt werden soll. Sie bedeutet, „ein bestehendes Produkt an die lokalen Gegebenheiten einer Region anzupassen und dabei deren kulturelle, religiöse, historische und soziologische Bedingungen zu berücksichtigen. So genügt es nicht, Namen, Texte und Logos wörtlich in die fremde Sprache und Schrift zu übertragen. Erfolgreich auf dem lokalen Markt kann das Produkt nur sein, wenn es beim Kunden auch vertraute Assoziationen weckt und positiv konnotiert wird. Andererseits kann die Missachtung der lokalen Bedingungen zu einer völligen Ablehnung des Produkts führen" (Heimgärtner 2006).

Der Lokalisierungsprozess umfasst wenigstens die Anpassung folgender Aspekte an die gewünschte Kultur:

- Buchstabenvorrat und Zeichensätze
- Formate (z. B. Datum, Adresse, Währung)
- Zeichen, Ikone und Metaphern
- Dokumentation, Onlinehilfe
- Farben.

▶ Software-Lokalisierung betrifft das gesamte Softwarepaket, d. h. sowohl das Programm als auch die vollständige Dokumentation werden in eine andere Sprache und Kultur übertragen.

Hierzu gehört die Anpassung der Benutzungsschnittstelle mit den Komponenten Dialogboxen, Menüs und Meldungen aller Art sowie der technischen Dokumentation, der Online-Hilfe und der Benutzerhandbücher (vgl. Esselink 1998).

Viele Unterschiede sind offensichtlich (Sprache, Schrift, Formate, Sortierung, etc.), vieles bleibt aber auch verborgen und tritt erst beim realen Einsatz (zum Nachteil des Herstellers) zu Tage, wie z. B.

- Alltagsregeln und Arbeitsorganisation
- Vorschriften und Gesetze
- Umfeld, Klima, Arbeitskontext
- Symbolverständnis und Kommunikationsmodi
- Ausbildung und Lerngewohnheiten.

Hoft (1995) unterscheidet verschiedene Lokalisierungsgrade und differenziert zwischen der allgemeinen Lokalisierung (Oberflächenlokalisierung) und der radikalen Lokalisierung

(Tiefenlokalisierung). Letztere betrifft diejenigen kulturellen Spezifika, die sich u. a. auf die Wertvorstellungen des Benutzers auswirken.

▶ Hoft (1995) verdeutlicht sichtbare (Sprache, Farben, Icons, Symbole) und verborgene Lokalisierungselemente (Kontext, Verhaltensnormen, Denken, Kommunikation, Verhalten, Zeitaspekt) anhand des Eisbergmodells (vgl. Abb. 2.1 in Kap. 2, vgl. auch das Eisbergmodell im interkulturellen Kontext in Hoft 1995, S. 59).

Eisbergmodell der Lokalisierung:

- Oberfläche: Die Kulturspezifika ‚oberhalb der Wasseroberfläche' sind für den Beobachter sofort sichtbar und somit selbstverständlich, machen jedoch lediglich etwa zehn Prozent der spezifischen Besonderheiten der betrachteten Kultur aus. Dazu zählen neben der Sprache nationale Variablen wie Währung, Zeit- und Datumsangaben, aber auch Farben sowie Icons und Symbole (sog. „explizite", d. h. unmittelbar wahrnehmbare oder sichtbare Kulturunterschiede). Diese Schicht fällt in den Bereich der allgemeinen Lokalisierung.
- Ungeschriebene (bzw. unausgesprochene) Regeln: Die kulturellen Charakteristika auf dieser Ebene befinden sich ‚unter der Wasseroberfläche' – sie sind dem Betrachter zunächst verborgen und werden erst sichtbar und verständlich, nachdem der Kontext der Situation, in der sie auftreten, identifiziert worden ist. Als Beispiel können hier gesellschaftlich anerkannte Verhaltensnormen genannt werden.
- Unbewusste Regeln: Die unterste Schicht des Eisbergs enthält die Regeln, die das Denken und das Verhalten der Angehörigen einer spezifischen Kultur steuern, ohne dass es ihnen bewusst ist. Dazu gehören beispielsweise die nonverbale Kommunikation, die Wahrnehmung von Zeit oder auch Lern- und Problemlösungsstile.

Im Mittelpunkt der radikalen Lokalisierung steht die Berücksichtigung der ungeschriebenen sowie der unbewussten Regeln. Hoft empfiehlt, dieses Modell bei der Zielgruppenanalyse zu verwenden, da auf dieser Grundlage die Strategie für die Softwareentwicklung und -vermarktung festgelegt wird. Es kann der Bestimmung des Lokalisierungsgrades dienen, der für ein bestimmtes Softwareprodukt erforderlich ist.

▶ Um eine vollständige kulturspezifische Benutzerfreundlichkeit bzw. Gebrauchstauglichkeit eines Softwareproduktes zu erreichen, ist die Lokalisierung von Programmelementen, in denen die kulturellen Unterschiede explizit sind, nicht ausreichend.

„The usability of the design goes beyond accommodating the requirements of localization and translation. Although this is a complicated task, producing a product that is localizable and translatable may only be scratching the surface" (Del Galdo und Nielsen 1996, S. 82).

> Es ist auch die Anpassung denjenigen Programmbausteine notwendig, welche den Ebenen der ungeschriebenen und unbewussten Regeln zugeordnet werden, also nicht explizit sind, wie z. B. das Navigationskonzept, die Strukturierung von Informationen oder auch die Formulierung von Systemmeldungen.

Lokalisierung kann auch als ein Folgekonzept der „Customization" verstanden werden, deren Ziel in der Bereitstellung einer zusätzlichen Programmversion für einen ausländischen Markt besteht, was jedoch auch die Neuentwicklung von einzelnen Softwareteilen voraussetzt. Ein Nachteil dieser Strategie ist – neben zusätzlichen Entwicklungskosten – eine wesentlich verspätete Markteinführung der angepassten Software, die zu Absatzeinbußen auf den Zielmärkten führt (vgl. Tuthill und Smallberg 1997, S. 4). Daher wurde die Strategie der „Internationalisierung" entwickelt.

3.1.3 Internationalisierung (I18N)

Im Zuge zunehmender globaler Wirtschaftsbeziehungen und der Ausweitung der Absatzmärkte für Softwareunternehmen wurde zu Beginn der 90er-Jahre des vergangenen Jahrhunderts der Bedarf an der Entwicklung des Konzeptes der „Internationalisierung" erkannt, das eine effizientere und schnellere Anpassung an lokale Benutzerbedürfnisse erlaubt (vgl. Esselink 1998, S. 1). „Internationalization is a way of designing and producing software that can be easily adapted to local markets. Unlike customized software, which must be largely revised or rewritten before it can be used with different languages and customs, internationalized software does not require revision. It is able to support any number of language markets without change" (Tuthill und Smallberg 1997, S. 5).

> Internationalisierung eines Produktes heißt, dass das Produkt mit einer Basisstruktur ausgestattet ist, auf deren Grundlage später eine kulturelle Anpassung für die Benutzung in den gewünschten Zielländern durchgeführt werden kann (vgl. International 2003).

Laut (Esselink 1998) bedeutet die Internationalisierung die Gestaltung von Software auf eine Art und Weise, welche eine Übersetzung in andere Sprachen erlaubt, ohne dass eine neues Design (Redesign) oder eine Neuerstellung der Software nötig wäre. Internationalisierung ist aber noch wesentlich mehr als das. Internationalisierung beschreibt jenen Prozess, Software so vorzubereiten, dass sie in jedem beliebigen Land der Welt benutzt werden kann (vgl. VDMA 2009). Internationalisierung bedeutet die Entwicklung von (Software-) Produkten in Hinblick auf eine leichte Anpassung an andere Märkte, d. h. an andere (technische) Grundsätze, kulturelle Eigenarten und Sprachen (Schmitz und Wahle 2000, S. 3). Es bedeutet, dass das Produkt auf seine Verwendung für die gewünschten (im besten Fall für alle) Länder vorbereitet wird (vgl. International 2003). Die Internationalisierung eines Softwareprodukts liefert damit eine Grundstruktur, auf der eine spätere kulturelle Customization bzw. Lokalisierung vorgenommen werden kann.

Dabei wird die Software in eine kulturunabhängige und eine kulturabhängige Komponente unterteilt. Die kulturunabhängige Komponente als generischer Kern enthält den Großteil der Software und ist frei von kultursensitiven Elementen. So erlangt man vielfältige Vorteile – insbesondere wenn man zusätzlich auch dialogrelevante Kernkomponenten von den eigentlichen Verarbeitungsteilen der Dialoge trennt:

- Verarbeitung, Anwendungs- und Dialogteil können zeitlich und personell unabhängig voneinander entwickelt werden.
- Damit ist eine Voraussetzung für die Einführung iterativen Prototypings gegeben.
- Die Oberflächenentwicklung kann von speziell ausgebildeten Dialogautoren, die nicht unbedingt DV-Spezialisten sein müssen, durchgeführt werden (vgl. Usability Professionals, Kap. 4.4.3).
- Zur gleichen Anwendung können unterschiedliche Oberflächen entwickelt werden (benutzerklassenspezifische Varianten).
- Externe Konsistenz (Konsistenz über verschiedene Anwendungen hinweg) wird zu einem großen Grad erreicht, wenn darstellungs- und manipulationsrelevante Anteile einheitlich mit einem Werkzeug realisiert werden. Stellt sich heraus, dass während des Einsatzes der Anwendung Anforderungen an der Oberfläche notwendig werden, so sind diese ohne Änderung des Anwendungsteils möglich.
- Ist das Werkzeug auf unterschiedlichen Hardwareplattformen verfügbar, so wird die Portierung von Anwendungen außerordentlich erleichtert.
- Einmal gefundene gute Lösungen können als Bausteine für eine Wiederverwendung zur Verfügung gestellt werden (Entwurfsmuster).

In der Phase der Internationalisierung wird zunächst ein Softwarepaket erstellt, das aufgrund seines universalen Designs und durch die Austauschbarkeit einzelner Programmbestandteile leicht in lokale Programmversionen überführt werden kann. Die anschließende Phase der Lokalisierung für die verschiedenen Zielmärkte ist mit minimalem Aufwand möglich, indem die jeweiligen kulturabhängigen Programmelemente wie Zeichensysteme, Symbole oder nationale Formate entsprechend als Standardwerte für die jeweiligen Zielländer bzw. Zielkulturen eingestellt werden. Demnach stellt die Entwicklung eines internationalisierten Softwaresystems eine Voraussetzung für die Durchführung der Lokalisierung dar.

▶ Die Vorteile des Vorgehens der Internationalisierung liegen auf der Hand: nicht nur können dadurch Kosten für Neuentwicklungen eingespart werden, es wird auch ein schnelles Anbieten einer lokalen Version auf den jeweiligen Zielmärkten möglich.

Zu den Eigenschaften einer internationalisierten Software, welche der Internationalisierungsprozess berücksichtigen muss, gehören u. a. (vgl. Esselink 1998, S. 2; Nielsen 2000, S. 315 ff.):

- Support von Unicode Strings,
- Support aller Sprachen (z. B. Bereitstellung zur Schreibkontrolle, Typografie und Eingabemöglichkeiten, z. B. durch einen „Input Method Editor" (IME), vgl. Lunde 1999),
- Verstärkter Einsatz von universalen Icons und Symbolen, die als Standards zur Vereinfachung internationaler Kommunikationsprozesse festgelegt wurden,
- Generalisierung von Online-Hilfe, Dokumentation, Projektmanagement, Lokalisierungsmittel,
- Generalisierung von MMI-Formen und MMI-Logik (vgl. Stephanidis 2001; Stephanidis 2007),
- Getrennte Speicherung der für Benutzer sichtbaren Textteile und des eigentlichen Programmcodes (Trennung von Strings vom Quellencode),
- Menüs und Dialogboxen, deren Design nicht durch übersetzungsbedingte Veränderungen der Längen von Zeichenketten beeinträchtigt wird,
- Entfernung von Beschriftungen aus Abbildungen, da sonst eine Bearbeitung der Grafik erforderlich wird,
- Bereitstellung und Support von verschiedenen nationalen Zahlen-, Währungs- oder Datumsformaten.

Gängige Irrtümer der Software-Internationalisierung sind (VDMA 2009, S. 6):

- „Bei der Software-Internationalisierung wird die Bedienoberfläche externalisiert, so dass die Software übersetzt werden kann."
- „Übersetzer suchen die beste Formulierung in der Zielsprache aus."
- „Der Software ist in Java programmiert und deshalb bereits internationalisiert."
- „Mein Produkt ist internationalisiert, weil es Unicode unterstützt."
- „Mein Produkt basiert auf Open Source. Aus diesem Grund betrifft uns die Software-Internationalisierung nicht."
- „Alle unsere Angestellten sprechen Englisch. Aus diesem Grund benötigen wir für unser internes Tool nur Englisch."
- „Bedienoberflächen für Administratoren benötigt keine Internationalisierung."
- „Wir werden dieses Produkt/Modul/Komponente niemals lokalisieren. Deshalb benötigen wir auch keine Software-Internationalisierung."
- „Wir haben die Software-Internationalisierung in der letzten Version realisiert. Wir sind also fertig."
- „Wenn etwas falsch ist, dann wird unser Kunde uns das mitteilen."

- „Mein Produkt ist internationalisiert, weil es Japanisch unterstützt."
- „Die Software-Internationalisierung wird implementiert, nachdem die Basis-Software durch eine andere Gruppe von Entwicklern fertig gestellt wurde."
- „Software-Internationalisierung wird nur in einer Software-Entwicklungsabteilung benötigt."

▶ Wenn Software nicht internationalisiert wird, ergeben sich unnötige Aufwände bei der Lokalisierung und bei der Produktrealisierung.

Wird Terminologie seitens der Softwareentwickler oder technischen Schreiber (z. B. Verwendung von Synonymen für den gleichen Prozess oder Begriff) nicht einheitlich verwendet, führt dies zu Unstimmigkeiten und Inkonsistenzen sowie zu unverständlicher Dokumentation und mangelnder Selbstbeschreibungsfähigkeit des Systems.

Für unterschiedliche Prozesse oder Begriffe im gleichen Kontext (z. B. Verwendung des gleichen Namens für unterschiedliche Kommandos der Benutzungsschnittstelle) werden dieselben Namen verwendet, was zu Mehrdeutigkeiten führt.

Texte für ein internationales Publikum – wie es bei der Entwicklung interkultureller Softwareanwendungen der Fall ist – enthalten lokalspezifische Bezüge, wodurch für jedes Zielland bzw. jeden kulturellen Zielkontext ein Software-Redesign notwendig wird. Daher sollten keine lokalspezifischen Bezüge (wie Farben, Frisuren, Gesichtszüge, kulturelle Marker (Flaggen, kulturspezifische Symbole etc., vgl. Barber & Badre 2004) verwendet werden (Abb. 7.18). Text in Grafiken ist ebenfalls zu vermeiden.

▶ Derartige Herausforderungen und Aufwände können überdies durch den Einsatz von „Locales" (vgl. Kap. 7.3.2) innerhalb einer internationalisierten Softwarearchitektur erheblich reduziert werden.

3.1.4 TLCC-Modell der Internationalisierung

Die Software-Internationalisierung erfolgt – historisch gewachsen und beinahe deckungsgleich entsprechend des Aufwandes – in mehreren Stufen (Sturm 2002).

▶ Sturm (2002) analysierte die Internationalisierungsprozesse von Software seit Erfindung des Computers und damit die historische Entwicklung der Berücksichtigung kultureller Aspekte im MMI-Design. Das daraus resultierende TLCC-Modell zeigt das historische Wachstum der Schritte der Internationalisierung und Lokalisierung im MMI-Design. Es umfasst vier Ebenen, welches die Aktivitäten der I18N und L10N in die Klassen Technik, Sprache, Kultur und Kognition kategorisiert (Abb. 3.1).

Abb. 3.1 TLCC-Modell von (Sturm 2002)

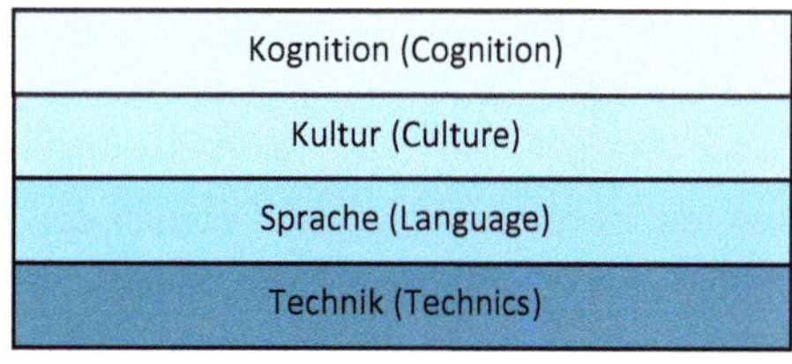

Auf der technischen Ebene wird zunächst die Infrastruktur angepasst (z. B. Stromanschluss). Anschließend erfolgt die Sprachanpassung durch den Einsatz entsprechender Zeichensätze und einer möglichen Umstellung der gesamten Softwarearchitektur auf Unicode. Die Anpassung von Software an Unicode ist ein Beispiel der Voraussetzung, asiatische Sprachen und Sprachebenen zu verarbeiten. Anpassung auf der kulturellen Ebene betrifft länderspezifische Aspekte wie Format, Währung, Farben, Modalitäten, Menüaufbau, Menüinhalt, Hilfe, Anzahl der Nachrichten, Textlänge, Anzahl von Hinweisen, Unterhaltungsgrad oder das Verhältnis von Information und Unterhaltung. Auf dem höchsten Level können z. B. kognitive Stile berücksichtigt werden, welche die Arten des menschlichen Denkens beschreiben (vgl. Kap. 2, Nardi 1996; Norman und Draper 1986). Diese Prozesse beeinflussen nicht nur stark die Funktionalität und die Benutzungsschnittstelle des Produktes (d. h. Monitor, Tastatur, Hard- und Softkeys, Kontrollknöpfe, Sprachdialoge, etc.), sondern auch das interaktive Verhalten.

▶ Kulturelle und kognitive Aspekte müssen zusätzlich zu technischen und sprachlichen Aspekten berücksichtigt werden.

3.1.5 „Interkulturalität" – Chancen und Grenzen von L10N und I18N

Einerseits beginnt der Internationalisierungsprozess nicht mit der Produktentstehung, sondern bereits mit der Produktidee und beeinflusst Produktplanung, Produktentwicklung, Produktion und Produkttests. Auf diese Weise betrifft die Internationalisierung das komplette Produktmanagement. Andererseits müssen die Konzepte der Lokalisierung ebenfalls in den Entwicklungsprozess von Anfang an mit integriert werden, um einen optimalen Internationalisierungseffekt zu erzielen.

▶ Internationalisierung und Lokalisierung sind ineinander verwobene Prozesse. Bei ihrer Anwendung ist es unumgänglich, die unterschiedlichen kulturellen Hintergründe der Benutzer zu berücksichtigen, um adäquate Benutzermodelle zu generieren und so das System und seine Parameter an die kulturellen Bedürfnisse des Benutzers anpassen zu können.

Es muss außerdem möglich sein, die Parameter so anzupassen, dass das Produkt in Anbetracht der erforderlichen Kultur mit Leichtigkeit im Zielland bzw. für den jeweiligen kulturellen Zielkontext einsetzbar ist. Dazu müssen die Resultate der kulturellen und kognitiven Anthropologie sowie der Psychologie in das Internationalisierungskonzept mit integriert werden, um bereits in diesem Stadium die notwendigen Voraussetzungen für eine erfolgreiche spätere Lokalisierung zu schaffen. Deshalb müssen Softwareinternationalisierungsforschung und Softwareentwicklung auch die grundlegenden Prinzipien der Software-Ergonomie neben interkulturellen Unterschieden für das Dialogdesign beachten. Desweiteren müssen die Lokalisierungsparameter so gewählt werden, dass das Produkt im künftigen Zielland bzw. im kulturellen Zielkontext angemessen nutzbar ist. Diese Prozesse betreffen in erster Linie die Funktionalität und die Benutzungsschnittstellen des Produkts (z. B. grafisches User Interface, Tastatur, Buttons, Control-Bars, Sprache, Dialoge etc.). Dies verursacht erhöhte Analyse, Planung, Design und Implementierungsanstrengungen. Allerdings führt eine Verbesserung der Software-Ergonomie und MMI zu einer besseren Systemakzeptanz durch den Benutzer, wenn das Systemmodell zu den kulturspezifischen Denkweisen des Benutzers passt (vgl. Kap. 2).

▶ Auch wenn diese Prozesse der I18N und L10N nach zusätzlicher Anstrengung bei Analyse, Planung, Design und Implementierung von Software verlangen, resultieren die langfristigen Gewinne in einer höheren Produktakzeptanz des Benutzers, da die MMI sehr umsichtig optimiert wird, indem man Software-Ergonomie und tiefgründige (interkulturelle) Usability-Methoden anwendet.

Das Ziel der Globalisierung ist es, erfolgreiches Marketing auf einem oder mehreren regionalen Märkten zu betreiben, indem man die technischen, wirtschaftlichen und rechtlichen Bedingungen vor Ort berücksichtigt (Schmitz und Wahle 2000, S. 2).

▶ Globalisierung umfasst alle Aktivitäten in Hinblick auf die internationale bis hin zur weltweiten Vermarktung eines (Software-) Produkts (z. B. unter Verwendung der Methoden von I18N und L10N).

Der neologistische Begriff „Glokalisierung" resultiert als Kofferwort aus der Auffassung, dass Benutzungsschnittstellen zwar global einsetzbar sein sollen, aber dazu eben lokalisiert sein müssen. Überdies werden weitere Begriffe wie „universal design" und „kulturorientierter Kontext" bereits zu „goldilocksical" verknüpft (You et al. 2016), welcher ausdrückt, dass das Informationsdesign jeweils die besten Aspekte des universellen Design und des kulturbezogenen Designs nutzen sollte. Aber kommen wir nun zum Entwicklungszyklus globaler Produkte.

3.2 Globaler Produktentwicklungszyklus

▶ Ein Produkt kann auf dem internationalen Markt nur dann erfolgreich sein, wenn es beim Kunden auch vertraute Assoziationen (innerhalb seiner kulturellen Prägung) weckt und positiv konnotiert wird. Die Missachtung dieses Gesichtspunktes kann zu einer völligen Ablehnung des Produkts führen.

Daher ist in der globalen Produktentwicklung der Bedarf an Softwarelösungen, die nicht nur an die Sprache, sondern auch an die kulturbedingten Bedürfnisse des Benutzers angepasst sind, sehr hoch. Dazu werden Methoden der Lokalisierung und Internationalisierung herangezogen. Eine bloße Übersetzung der im Produkt enthaltenen Texte reicht dafür nicht aus.

> Interkulturelle Produktentwicklung umspannt den gesamten Produktentwicklungszyklus und besteht aus Software-Internationalisierung und Software-Lokalisierung (Abb. 3.2).

3.2.1 Aktivitäten innerhalb des globalen Produktentwicklungszyklusses

Betrachtet man Internationalisierung und Lokalisierung im Zusammenhang mit dem Prozess der Entwicklung von Produkten für den Weltmarkt (vgl. Abb. 3.2), erkennt man wie umfassend das Spektrum der dafür nötigen Aktivitäten ist, der Lokalisierung und Internationalisierung ist, diese.

Abb. 3.2 Globaler Produktentwicklungszyklus in Anlehnung an (eCoLoTrain, 2009). (Quelle: VDMA 2009, S. 53)

▶ Lokalisierung und Internationalisierung sind nicht etwa nur zusätzliche Schritte, die im Zuge der Entwicklung eines Softwareprodukts in Betracht gezogen werden müssen. Sie sind ein grundlegender Teil des ganzen Prozesses der Softwareentwicklung von der Analyse der Produktanforderungen (lokal/global), über die Modellierung, die Entwicklung, die Implementierung und die Erprobung bis hin zur Produktpflege und Qualitätssicherung (vgl. Fissgus und Seewald-Heeg 2005, S. 190–191).

Für den globalen Markt werden Produkte so entwickelt, dass sie leicht an die lokalen Bedürfnisse angepasst werden können. Dabei sind das komplette Softwarepaket sowie unter Umständen auch die Hardware einer Maschine betroffen (z. B. Speichererweiterung aufgrund neuer Zeichensätze). Dazu gehören sowohl Aspekte, welche die MMI direkt betreffen, wie die Bedienoberfläche mit ihren Komponenten (z. B. Dialogboxen, Menüs oder Meldungen aller Art) als auch indirekte Faktoren wie die Dokumentation (z. B. technische Beschreibungen, Online-Hilfe, Benutzerhandbücher etc.).

Um eine vollständige kulturspezifische Benutzerfreundlichkeit eines Softwareproduktes zu erreichen, ist zusätzlich auch die Anpassung der Programmbausteine notwendig, die den Ebenen der ungeschriebenen und unbewussten Regeln zugeordnet werden können. Dazu zählen z. B. das Navigationskonzept, die Strukturierung von Informationen oder die Formulierung von Systemmeldungen.

▶ Zu Beginn des Internationalisierungsprozesses muss entschieden werden, welche Bestandteile lokalisiert werden sollen. Auf der Grundlage dieser Festlegung können dann entsprechende Maßnahmen zur Internationalisierung der Software getroffen werden.

Ebenfalls muss entschieden werden, ob eine simultane Darstellung mehrerer Sprachen auf der Bedienoberfläche erforderlich ist. Eine Bedienoberfläche, die vollständig auf Text verzichtet, hat ebenso spezielle Anforderungen (z. B. hinsichtlich Farben und Icons).

▶ In Lokalisierungsprojekten sind zunächst die Projektziele (z. B. Umfang und Art der Softwarelokalisierung wie z. B. Definition der Austauschformate und Überprüfung der Lokalisierungsdatenbank) festzulegen. Danach erfolgt die Erstellung eines Zeitplans für das Projekt und eine Kalkulation der Kosten, gefolgt von der Umsetzung des Plans gemäß der im Planungsprozess festgelegten Vorgaben.

Dazu gehören z. B. die Vorbereitung des zu übersetzenden Materials (z. B. Quell-Strings der Elemente der Benutzungsschnittstelle) mit Informationen über die Zieltextempfänger sowie Erläuterungen zur Verwendung von Terminologie, Stil und Sprachebene, die Übersetzung selbst, Revisionen, Korrekturlesen oder Überprüfung und Erprobung. Das Alignement von früheren Materialien, Vorbereitung von Terminologie und Translation-Memories-Terminologie kann in der Software verarbeitete Button-Labels, Menüs, Funktionen und

Konzepte beinhalten. Die Vorbereitung der Dateien und Texte für die Übersetzung umfasst beispielsweise die Spezifizierung, ob die Originaldateien als Quellcode- oder Binärdateien vorliegen, die Identifizierung der übersetzbaren Strings der Dateien, das Sperren von Strings oder Codes, die während der Übersetzung weder gelöscht noch verändert werden dürfen, usw.

▶ Danach erfolgt die Vorbereitung und Lieferung eines Lokalisierungs-Kits oder Lokalisierungspakets mit allen von den Übersetzern zur Übersetzung benötigten Ressourcen. Nach der Übersetzung ist zumindest ein sprachlicher Test durchzuführen, um die Qualität des übersetzten Produktes sicherzustellen.

Diese Qualitätssicherungsphase, die mit Hilfe spezieller Tools abläuft, beinhaltet:

- Revision (Vergleich von Ausgangs- und Zieltexten, dass die Übersetzung auf die vereinbarten Ziele abgestimmt ist)
- Korrekturlesen (Überprüfung, dass der Zieltext seinem Ziel und seinen Empfängern entspricht)
- Überprüfung (abschließende Überprüfung).

▶ Nach der Übersetzung/Lokalisierung ist für manche Softwarekomponenten (wie Benutzungsschnittstellen und Hilfe-Dateien) möglicherweise eine erneute Kompilierung erforderlich.

Dabei wird ein erneuter technischer Test (z. B. Integrationstest) gewöhnlich von Softwareentwicklern durchgeführt, um sicherzustellen, dass alle lokalisierten Komponenten der Softwareanwendung korrekt funktionieren. Dabei werden die übersetzten/lokalisierten Elemente zusammengesetzt und bilden so das Zielprodukt. Vor Übersetzung der Dokumente sollte eine sorgfältige Überprüfung der Benutzungsschnittstelle durchgeführt werden, um Korrekturaufgaben für eine noch nicht fertiggestellte Übersetzung zu vermeiden (Müller 2005; Johnson 2002), auch wenn die Lokalisierung der Dokumente und die der Benutzungsschnittstelle gleichzeitig und meist in einem sehr engen Zeitrahmen erstellt werden müssen (vgl. Heimgärtner et al. 2011).

Anschließend können Bildschirmkopien der Benutzungsschnittstelle angefertigt und in die Hilfedateien sowie in die Dokumentation eingefügt werden. Nach Durchführung aller Qualitätsprüfungen werden die lokalisierten Anwendungen, Komponenten und Dokumentationen ausgeliefert.

▶ In interkulturellen Projekten sind die Überwachung und Steuerung von Projekten, d. h. das Überprüfen und Erfassen von Projektfortschritt und Kosten sowie die Korrektur von Abweichungen vom Projektmanagementplan, von zentraler Bedeutung (vgl. Kap. 2).

Dazu gehört z. B. die Überprüfung von Teillieferungen und Problemberichten der Übersetzer, um die einheitliche Verwendung von Terminologie und Rechtschreibung sicherzustellen oder das Änderungsmanagement und Neuplanung. Treten zu bestimmten Zeitpunkten im Projekt unerwartete Änderungen bzgl. der Terminologie oder der Funktionen der Anwendung auf, so sollten diese schnellstmöglich in die lokalisierten Versionen integriert werden. Verzögertes Einspeisen von Änderungen führt zu erhöhten Kosten und möglichen Lieferverzögerungen. Schließlich umfasst der Projektabschluss die Lieferung des lokalisierten Produkts an den Kunden, die Revision und Bewertung der Projektaktivitäten sowie die Aktualisierung von Daten und Materialien (wie Lokalisierungs-Kits, Terminologiedatenbanken, Translation-Memories, Glossaren, usw.).

▶ Eine der besten Strategien für Sprachgebrauch und Design eines lokalisierten Produktes ist es, die Zwecke der Übersetzung zu kennen und direkt im Zielland mit örtlichen Übersetzern und Spezialisten zu lokalisieren.

Projekte zur Lokalisierung von Benutzungsschnittstellen schließen die Übersetzung und Anpassung aller textenthaltenden Benutzungsschnittstellenelemente sowie die Verwendung von Softwarelokalisierungstools mit ein (vgl. Kap. 7), die das Extrahieren und Bearbeiten von zu übersetzendem Text der Benutzungsschnittstelle ermöglichen. Gewöhnlich sind Projektmanager oder Softwareentwickler für die Vorbereitung der Ausgangsdateien verantwortlich, die zu übersetzende Softwareelemente enthalten.[4] Die Vorbereitung dieser Dateien variiert je nach verwendeter Textübersetzungs- und Textbearbeitungsmethode, Tools, Anforderungen des Kunden, usw. Die Übersetzer übernehmen dann die Übersetzung der Texte in die Zielsprache. Oft übernimmt die Anpassung von Grafiken, Bildern, Symbolen, Benutzerhandbüchern usw. ein Softwareentwickler oder UI-Designer. Manchmal können Übersetzer auch mit Softwareentwicklern zusammenarbeiten, um die Software zu testen. Sowohl Übersetzer als auch Softwareentwickler können zuständig sein für das Neuformatieren von Menüs, Dialogen, usw., um die Zieltexte an den verfügbaren Platz anzupassen.

▶ Es ist ratsam, Lokalisierungsexperten mit ins Boot zu holen.

3.2.2 Projekt- und Prozessplanung

Der erste Prozessschritt zielt auf die Erkenntnis der nötigen Attraktivität und Marktdurchdringung eines neuen Produktes. Dieser Schritt stellt den Benutzer in den Fokus des neu zu entwickelnden Designs, unabhängig davon, ob es ein technisches Gerät, ein elektronisches Produkt oder eine neue Software ist.

---

[4] Vgl. dazu auch die Rollenbeschreibungen im GUPA Qualitätsstandard zum Usability Engineering, Version 1.0, April 2012, URL = http://docplayer.org/8048330-German-upa-qualitaetsstandard-fuer-usability-engineering.html, Letzter Zugriff 24.06.2016.

▶ Die Untersuchung des menschzentrierten Gestaltungsprozesses in der gegenwärtigen ISO 9241–210 in Bezug auf Aspekte des interkulturellen Managements, insbesondere des interkulturellen Projektmanagements, zeigt deutlich auf, dass eben diese Aspekte in diesem Prozess noch fehlen und zwar insbesondere in der wichtigen frühen Projektphase.

Die sich ergebenden Schwächen in dem gegenwärtigen menschzentrierten Gestaltungsprozess der ISO 9241–210 können folgendermaßen verringert werden:

- Auf einen gutgeführten Projektstart durch einen erfahrenen Projektleiter muss starkes Interesse gelegt werden.
- Das Produktentwicklungsteam eines global erfolgreichen, zukünftigen Produkts sollte aus Vertretern der wichtigsten Zielmärkte bestehen.
- Die erste Aufgabe eines Teams für UI-Design (UID) sollte die Aneignung eines gefestigten Verständnisses der zugrunde liegenden Komplexität der Gestaltungsaufgabe und ihrer Anforderungen sein.

Der Benutzungschnittstelle wird oftmals erst dann Aufmerksamkeit zuteil, wenn die späteren Phasen des Software Lebenszyklus beginnen. Der richtige Entwicklungsprozess erfordert jedoch die Beachtung des menschlichen Benutzers vom Beginn des Entwicklungsprozesses an. Die zahlreichen Designvorgänge müssen parallel ausgeführt werden und legen fest, wie jeder Prozess durch andere Prozesse beeinflusst wird. Ein großes Designteam könnte Spezialisten bereitstellen müssen für die Aufgaben der Analyse, Spezifizierung und Auswertung von User Interface-Aspekten. Das Design von Benutzungsschnittstellen besteht aus einem komplexen Aufbau von Aktivitäten, von denen sich alle auf die menschliche Seite des Systems konzentrieren sollten. Softwareingenieure tendieren dazu, das User Interface nach der Struktur des Implementierungsmechanismus anstelle der Struktur der Aufgabendomäne zu modellieren.

Interkulturelle Projektmanagementmaßnahmen im ersten Schritt eines interkulturellen benutzerzentrierten Gestaltungsprozesses sind:

- Rekrutieren Sie ein diverses Team mit Vertretern aller relevanten Benutzergruppen (z. B. aus Japan, China, Indien, Südamerika, Nordamerika, Arabische Emirate, Subsahara-Afrika und Europa). So ein kulturübergreifendes Team hat das Potenzial, weitaus effektiver und innovativer zu sein als ein monokulturelles, wenn das Team gut geführt wird.
- Setzen Sie für ihr Hochleistungsteam einen erfahrenen Leiter ein, der die unterschiedlichen Entwicklungsprozessphasen gut kennt und fähig ist, sein Team zu moderiert zu führen.

- Durchleuchten Sie die gegenwärtige Marktsituation in Bezug auf schon vorhandene Produkte, Hauptwettbewerber und Umweltfaktoren wie Politik, neue Gesetzgebung, wirtschaftliche Tendenzen, weltweite soziologische und technologische Entwicklungen.
- Führen Sie eine Analyse politischer, ökonomischer, sozialer und technologischer Aspekte durch, die einen Rahmen für strategische Managementfaktoren der Makroumwelt absteckt und weltweit schon vorhandene, wie auch neue Benutzergruppen, beschreibt.

▶ Die Herausforderungen, welche die globale Softwareentwicklung betreffen, haben alle etwas mit Entfernung zu tun: zeitliche, geografische und soziokulturelle Entfernung.

Auf eine ähnliche Art können die Herausforderungen der Softwareentwicklung in die folgenden drei Kategorien eingeordnet werden:

- Kommunikation und Kollaboration zwischen den Teammitgliedern. Individuelle Teammitglieder müssen Informationen austauschen und miteinander arbeiten.
- Koordinierung von Aufgaben: Die Arbeit, die an verschiedenen Standorten verrichtet wird, muss koordiniert werden.
- Kontrolle der Arbeit: Das Management muss die Kontrolle über die Arbeiten, die an verschiedenen Standorten verrichtet werden, bleiben.

Tab. 3.1 fasst wesentliche Herausforderungen in der Entwicklung globaler Systeme zusammen.

Tab. 3.1 Herausforderungen in der Entwicklung globaler Systeme

	Zeitlicher Abstand	Geografischer Abstand	Soziokultureller Abstand
Kommunikation	Effektive Kommunikation	Effektiver Informationsaustausch und Team Building	Kulturelles Verständnis
Koordination	Koordinationskosten	Gespür für die Priorisierung von Aufgaben	Fähigkeit zur effektiven Zusammenarbeit
Kontrolle	Minimierung von Verzögerungen	Statusgüte und Prozesseinheitlichkeit	Qualitätstoleranz

3.2.3 Anforderungsanalyse im interkulturellen Kontext

▶ Bei der Anforderungsanalyse spielt die Kommunikation zwischen Designer und Benutzer eine entscheidende Rolle. Erfolgreiche interkulturelle Kommunikation hängt von der persönlichen Fähigkeit ab, gegenseitig das Glaubensnetz von anderen zu verstehen, indem man empathische Fähigkeiten nutzt (vgl. Heimgärtner et al. 2011).

Schon eine Befragung, ein Interview oder eine geführte Diskussion eines MMI-Designers mit Benutzern, um deren Bedürfnisse festzuhalten, kann zu Benutzungsschnittstellen mit hervorragender Usability führen und darüber hinaus exzellentes Benutzererlebnis (UX) bewirken. Demnach ist Empathie ein Schlüsselfaktor für das erfolgreiche Design einer interkulturellen Benutzungsschnittstelle.

Wenn es um das Design von Funktionalität und Interaktion für globale Geräte geht, muss der kulturelle Hintergrund in Betracht gezogen werden: interkulturelles MMI-Design fasst bedeutend mehr als lediglich die Implementierung eines Anforderungskatalogs für die Benutzungsschnittstelle, wie zum Beispiel das Berücksichtigen von verschiedenen Sprachen, Farben oder Symbolen.

Erfolgreiches interkulturelles MMI-Design blickt viel weiter hinter den regulären Designprozess, indem es verschiedene Mentalitäten, Denkmuster und Problemlösungsstrategien in Betracht zieht, die in der jeweiligen Zielkultur verankert sind, z. B. lineare vs. non-lineare Unterschiede. Zum Beispiel können Gebrauchsmuster, die nicht im alltäglichen Leben im Quellenland auftreten, im Zielland auf Grund von unterschiedlichen Machtstrukturen auftauchen (flach vs. hierarchisch). Darüber hinaus muss der Designer genau wissen, was der Benutzer braucht oder will (d. h. warum, in welchem Kontext, etc.).

▶ Wissen über Benutzer und deren Bedürfnisse kann am präzisesten erlangt werden, indem man sich Methoden zu Nutze macht, die auf Kommunikation basieren wie z. B. Benutzerbefragungen oder Interviews.

Sich lediglich auf quantitative Beobachtungstechniken oder auf Expertenmeinungen zu verlassen resultiert in weniger verlässlichen Informationen, obwohl auch diese Ergebnisse sehr nützlich sind. Nichtsdestotrotz hemmen Probleme in der interkulturellen Kommunikation – vor allem jene in der Anforderungsanalyse – die Möglichkeiten, eine gute Usability (Gebrauchstauglichkeit) und (der auch damit verbundenen) UX (User Experience, Benutzererlebnis) zu erhalten.

▶ Verständnisschwierigkeiten innerhalb der Anforderungsanalyse müssen identifiziert und gelöst werden, um die Kooperation von Designern, Managern, Benutzern und Kunden zu verbessern. Interkulturelle Kommunikation kann hier zur Lösung von Problemen beitragen, die durch kulturelle Unterschiede auftreten, da diese stark von der Philosophie der betroffenen Kulturen beeinflusst ist (vgl. Kap. 2).

3.2.4 Konzepterstellung in der Designphase

▶ Im Design-Prozessschritt muss das kulturell diverse UI-Designteam neue innovative Lösungen generieren.

Forschungsergebnisse belegen dass, je diverser Teammitglieder in Bezug auf Alter, Geschlecht, kulturellen Hintergrund und Ausbildung sind, umso größer ist die Chance zur Erfassung neuer innovativen Ideen (vgl. Kochan et al. 2003; Sethi et al. 2001). Die Prozesse bei interkulturellen Produktdesignteams sind viel komplexere Managementaufgaben als bei vergleichbaren mono-kulturellen Teams. Probleme werden täglich entstehen bei der Zeit- und Budget-Planung, bei Projektmanagement, Aufgabenerweiterungen, Konfliktmanagement, Risikomanagement und unterschiedlichen Qualitätsvorstellung in der Designphase (vgl. Hoffmann et al. 2004; Binder 2007). Wegen der unterschiedlichen kulturellen Prägungen und versteckten zugrunde liegenden Annahmen der Teammitglieder werden Prozesse wie Team-Building länger dauern als in mono-kulturellen Teams. Kommunikation bleibt eine Herausforderung in diversifizierten Teams: Missverständnisse, die der Verwendung einer gemeinsamen aber nicht muttersprachlichen Sprache entstammen, werden häufig hervorkommen und zu Wut und Frustration führen.

▶ Interkulturell induzierte Probleme erfordern einen interkulturell erfahrenen, professionellen Projektleiter, der sie auf eine professionelle Art behebt und potenzielle Hindernisse umgeht.

3.2.5 Implementierung: Umsetzung von Anforderungen in Produkten

Auch bei der Implementierung, d. h. der Umsetzung der Anforderungen im interkulturellen Produkt vor allem durch Software, sind kulturelle Einflüsse zu beachten. Viele Aspekte werden dabei durch die Verwendung des Ansatzes der Internationalisierung und Lokalisierung inklusive der entsprechenden Werkzeugunterstützung abgedeckt (vgl. Kap. 7.3.2 zum Lokalisierungskit und Kap. 7.4.4 zu Lokalisierungswerkzeugen).[5]

3.2.6 Systemevaluation zur Anforderungsvalidierung

Die Systemevaluation dient zur Prüfung der Erfüllung abgeleiteter Anforderungen aus den Usability- und Unternehmenszielen für den interkulturellen Kontext. Je besser und präziser die Produktziele am Anfang eines Entwicklungsprojektes definiert werden,

[5] Desweiteren wird in Kap. 7 (IUID in der Praxis) näher auf Designelemente im interkulturellen Kontext und deren Implementierungsmöglichkeiten eingegangen.

umso einfacher ist es, die Ziele mit dem gegenwärtigen Status des Designs zu vergleichen. Solche Vergleiche der Leistungsziele müssen fortlaufend durchgeführt werden, um sicherzustellen, dass die dadurch erzeugten Designlösungen den definierten Zielen entsprechen.

▶ Im internationalen Kontext ist es wichtig, den Designstatus von der jeweiligen Perspektive unterschiedlicher Benutzergruppen auszuwerten, die so definiert wurden, um sicher zu stellen, dass das Design den unterschiedlichen und oft widersprüchlichen Anforderungen aller Interessenvertretern gerecht wird.

Die fortlaufende Kontrollstrategie liefert die Basis zur Erfüllung der diversen Anforderungen und Ziele aller kulturellen Zielgruppen des neuen Produktes, wobei (i) das gegenwärtige Design von allen relevanten kulturellen Hauptzielgruppenleitern geprüft wurde, die ihrerseits sowohl die Umweltfaktoren als auch lokale Benutzeranforderungen und Bedingungen in Detail kennen, und (ii) das Design auf der Basis dieses Feedbacks angepasst wird.

Im Falle eines Interessenkonflikts, der nicht mit einer einzigen Produktlösung behoben werden kann, aber trotzdem deren Anforderungserfüllung von höchster Priorität für den Erfolg auf dem Markt ist (z. B. inkompatible juristische Vorschriften für die Anzeigegröße eines Navigationssystems) und diese Anforderungen trotzdem nicht in Einklang miteinander gebracht werden können, muss eine weitere Option gefunden werden. Im schlimmsten Fall werden diese Anforderungen nicht mit einem einzigen Benutzungsschnittstellendesign erfüllt werden können und das Management muss entscheiden, wie hierbei weiter verfahren wird.

3.3 Zusammenfassung, Fazit, Ausblick

Die Herausforderungen, welche die globale Softwareentwicklung betreffen, haben alle etwas mit Entfernung zu tun: zeitliche, geografische und soziokulturelle Entfernung. Interkulturelles Softwareengineering berücksichtigt kulturelle Einflüsse während der Softwareentwicklung basierend auf den Ergebnissen der Softwareergonomieforschung und des Usability Engineerings. Ultimatives Ziel der Einbeziehung der Softwareergonomie innerhalb des Softwareengineerings ist es, eine leicht verständliche und benutzbare Software herzustellen, mit welcher der Benutzer zufrieden ist (= Software mit hoher Usability und UX). Ethnocomputing bezeichnet alles die Informatik Umfassende in Relation zu Kultur. Dabei sind nicht nur Ethnien, sondern können Nationen, aber auch einzelne Regionen bis hin zu kleinsten Benutzergruppen mit ihrem ureigenen kulturellen Kontext gemeint sein.

Ein Produkt kann auf dem internationalen Markt nur dann erfolgreich sein, wenn es beim Kunden auch vertraute Assoziationen weckt und positiv konnotiert wird. Die Missachtung dieses Gesichtspunktes kann zu einer völligen Ablehnung des Produkts führen. Die interkulturelle Produktentwicklung umspannt den gesamten Produktentwicklungszyklus und besteht aus Software-Internationalisierung und Software-Lokalisierung. Internationalisierung und Lokalisierung sind ineinander verwobene Prozesse. Bei ihrer Anwendung ist es unumgänglich, die unterschiedlichen kulturellen Hintergründe der Benutzer zu berücksichtigen, um Benutzermodelle zu generieren und so das System und seine Parameter an die kulturellen Bedürfnisse des Benutzers anpassen zu können.

Internationalisierung eines Produktes heißt, dass das Produkt mit einer Basisstruktur ausgestattet ist, auf deren Grundlage später eine kulturelle Anpassung für die Benutzung in den gewünschten Zielländern durchgeführt werden kann (vgl. International 2003), was Kosten spart. Das TLCC-Modell (vgl. Sturm 2002) zeigt das historische Wachstum der Schritte der Internationalisierung und Lokalisierung im MMI-Design und umfasst vier Ebenen, welche die Aktivitäten in die Klassen Technik, Sprache, Kultur und Kognition kategorisieren. Zu Beginn des Internationalisierungsprozesses muss entschieden werden, welche Bestandteile lokalisiert werden sollen. Auf der Grundlage dieser Festlegung können dann entsprechende Maßnahmen zur Internationalisierung der Software getroffen werden. Bei der Internationalisierung und Lokalisierung von Software sollten sich alle Beteiligten der Kernelemente der Lokalisierung stets bewusst sein und diese entsprechend berücksichtigen, da sie sonst mögliche Problemquellen darstellen, welche im Entwicklungsprozess Aufwände und Inakzeptanzen beim Benutzer hervorrufen können.

Lokalisierung meint die Anpassung eines Systems an bestimmte kulturelle Anforderungen eines lokalen Markts, z. B. die Anpassung des Look & Feel der Benutzungsschnittstelle oder der internen Datenstrukturen an die kulturellen Anforderungen des Benutzers (vgl. VDMA 2009). Hoft (1995) verdeutlicht sichtbare (Sprache, Farben, Icons, Symbole) und verborgene Lokalisierungselemente (Kontext, Verhaltensnormen, Denken, Kommunikation, Verhalten, Zeitaspekt) anhand des Eisbergmodells. In Lokalisierungsprojekten sind zunächst die Projektziele (z. B. Umfang und Art der Softwarelokalisierung wie z. B. Definition der Austauschformate und Überprüfung der Lokalisierungsdatenbank) festzulegen. Danach erfolgt die Erstellung eines Zeitplans für das Projekt und eine Kalkulation der Kosten, gefolgt von der Umsetzung des Plans gemäß den im Planungsprozess festgelegten Vorgaben. Danach ist die Vorbereitung und Lieferung eines Lokalisierungs-Kits oder Lokalisierungspakets mit allen von den Übersetzern zur Übersetzung benötigten Ressourcen anzufertigen und dieses zu liefern. Nach der Übersetzung ist zumindest ein sprachlicher Test durchzuführen, um die Qualität des übersetzten Produktes sicherzustellen. Nach der Übersetzung/Lokalisierung ist für manche Softwarekomponenten (wie Benutzungsschnittstellen und Hilfe-Dateien) möglicherweise eine erneute Kompilierung erforderlich. Eine der besten Strategien für Sprachgebrauch und Design eines lokalisierten Produktes ist es, die Zwecke der Übersetzung zu kennen und direkt im Zielland mit örtlichen Übersetzern und Spezialisten zu lokalisieren. Es ist ratsam, Lokalisierungsexperten mit ins Boot zu nehmen.

Die Untersuchung des menschzentrierten Gestaltungsprozesses in der gegenwärtigen ISO 9241–210 in Bezug auf Aspekte des interkulturellen Managements, insbesondere des interkulturellen Projektmanagements, zeigt, dass eben diese Aspekte in diesem Prozess noch fehlen und zwar insbesondere in der wichtigen frühen Projektphase. Interkulturell induzierte Probleme erfordern einen interkulturell erfahrenen, professionellen Projektleiter, der sie auf eine professionelle Art behebt und potenzielle Hindernisse umgeht. In interkulturellen Projekten ist die Überwachung und Steuerung von Projekten, d. h. das Überprüfen und Erfassen von Projektfortschritt und Kosten sowie die Korrektur von Abweichungen vom Projektmanagementplan, von zentraler Bedeutung. Bei der Anforderungsanalyse spielt die Kommunikation zwischen Designer und Benutzer eine entscheidende Rolle. Erfolgreiche interkulturelle Kommunikation hängt von der persönlichen Fähigkeit ab, gegenseitig das Glaubensnetz von anderen zu verstehen, indem man empathische Fähigkeiten nutzt (vgl. Heimgärtner et al. 2011). Wissen über Benutzer und deren Bedürfnisse kann am präzisesten erlangt werden, indem man sich Methoden zu Nutze macht, die auf Kommunikation basieren wie z. B. Benutzerbefragungen oder Interviews. Verständnisschwierigkeiten innerhalb der Anforderungsanalyse müssen identifiziert und gelöst werden, um die Kooperation von Designern, Managern, Benutzern und Kunden zu verbessern. Interkulturelle Kommunikation kann hier zur Lösung von Problemen beitragen, die durch kulturelle Unterschiede auftreten, da diese stark von der Philosophie der betroffenen Kulturen beeinflusst ist. Im Design-Prozessschritt muss das kulturell diverse UI-Designteam neue innovative Lösungen generieren. Im internationalen Kontext ist es wichtig, den Designstatus von der jeweiligen Perspektive unterschiedlicher Benutzergruppen auszuwerten, die definiert wurden, um sicher zu stellen, dass das Design den unterschiedlichen und oft widersprüchlichen Anforderungen aller Interessenvertreter gerecht wird. Die Einführung von agilen Methoden kann den Prozess der Entwirrung vielfältiger und sich verändernder Stakeholder-Interessen aus verschiedenen Kulturen beschleunigen.

Im Normalfall beinhalten Softwareprodukte zwei Hauptkomponenten: Software und Dokumentation. Lokalisierungsprojekte beginnen üblicherweise mit der Softwareübersetzung, was die Übersetzung der Komponenten der grafischen Benutzungsschnittstelle einer Anwendung wie Menüs, Dialogboxen und Strings (Fehlermeldungen, Fragen etc.) und alle Beispieldateien beinhaltet, welche mit der Software möglicherweise zu Demonstrationszwecken zur Verfügung gestellt werden. In Zeiten der Globalisierung ist es sehr wichtig für Unternehmen, Einrichtungen oder Produkte, im Internet präsent zu sein. Diese Präsenz in Form einer Webseite sollte auch auf die lokalen Zielmärkte abgestimmt sein. Da sich der Inhalt von Websites sehr oft ändert, ist es empfehlenswert, einen Lokalisierungsarbeitsablauf zu entwickeln und zu systematisieren. Ein „Locale" ist die kulturabhängige Komponente der Software und ist reich an Einheiten, die spezifisch für eine bestimmte Zielkultur sind. Ein Lokalisierungs-Kit (LocKit) sollte alle Informationen enthalten, die der Übersetzer zur Lokalisierung benötigt. (Zerfaß 2005a) gibt schrittweise Tipps zur Erstellung eines LocKits. Eine Möglichkeit, Kommunikationsprobleme innerhalb eines Lokalisierungsteams zu vermeiden, ist es, allen Beteiligten an dem Projekt mittels eines L10N-Plans einen Überblick über sämtliche Projektphasen zu geben.

Normen	√
ISO 9241-210	☐
Checkliste	√
Zusammenarbeit mit anderen Kulturen ist Mindset des Teams	☐
Team ist ausgebildet in interkultureller Kommunikation und Handlungskompetenz	☐
SW-Entwicklungsteam ist ausgebildet in interkulturellem Softwareengineering	☐
Team (zumindest Inhaber von Prozessrollen mit ausgeprägtem interkulturellen Kontakt) sind ausgebildet in interkulturellem Projektmanagement (z. B. PM, QM, TM, RM)	☐
MMI-Entwickler sind ausgebildet in interkulturellem Usability Engineering und UI-Design	☐
Planungssystem wurde an die Zielkultur angepasst	☐
Anforderungsanalyse erfolgt kulturangemessen (nicht ethnozentrisch, empathisch, systematisch, kulturorientiert)	☐
Nutzungskontext (Benutzer, Aufgaben, System und Umgebung) wurde mit adäquaten Mitteln für den (inter-)kulturellen Kontext ermittelt und beschrieben	☐
Nutzungsanforderungen wurden mit adäquaten Mitteln für den (inter-)kulturellen Kontext abgeleitet und spezifiziert	☐
Methoden der Internationalisierung und Lokalisierung sind dem Team bekannt	☐
Team kennt den möglichen kulturellen Einfluss auf den Nutzungskontext und auf das Produktdesign (Informationsarchitektur und Interaktionsdesign) und agiert entsprechend	☐
Team kennt potenzielle Empfehlungen für die Entwicklung interkultureller Benutzungsschnittstellen (z. B. interkulturelle Designrichtlinien)	☐
Team kennt das TLCC-Modell und orientiert sich an diesem	☐
Team kennt Kernelemente der Lokalisierung	☐
Lokalisierungs-KIT liegt vor	☐
Lokalisierungstools sind bekannt und werden verwendet	☐
Interkulturelle Qualitätsunterschiede sind bekannt und entsprechendes Qualitätsverständnis ist vorhanden	☐
Relevante Normenund Standards werden verwendet und im interkulturellen Kontext berücksichtigt (z. B. anhand von Kulturdimensionen beurteilt und eingesetzt)	☐
Probleme bei der Evaluation interkultureller Benutzungsschnittstellen sind bekannt und Empfehlungen werden berücksichtigt	☐

Literatur

Binder, J. (2007). *Global project management: Communication, collaboration and management across borders*. Aldershot: Gower.

Carter, D. (1992). *Writing localizable software for the Macintosh*. Reading: Addison-Wesley.

Del Galdo, E. M., & Nielsen, J. (1996). *International user interfaces*. New York: Wiley.

Esselink, B. (1998). *A practical guide to software localization: For translators, engineers and project managers* (Bd. 3). Amsterdam: Benjamins.

Esselink, B. (2000). *A practical guide to localization* (2. Aufl., Bd. 4). Amsterdam/Philadelphia: Benjamins Publishers.

Fernandes, T. (1995). *Global interface design: [A guide to designing international user interfaces]*. Chestnut Hill/Boston: AP Professional.

Fissgus, U., & Seewald-Heeg, U. (2005). Software localization. *IT-MUNCHEN, 47*(4), 220–225.

Heimgärtner, R. (2006). Zur Notwendigkeit interkulturellen Usability Engineerings beim Design von Fahrerinformationssystemen. *i-com, 5*(2), 66–67. doi:10.1524/icom.2006.5.2.66.

Heimgärtner, R., Windl, H., & Solanki, A. (2011). The necessity of personal freedom to increase HCI design quality. In A. Marcus (Hrsg.), *Design, User Experience, and Usability*. HCII 2011. LNCS 6769, (S. 62–68). Berlin/Heidelberg: Springer.

Hoffmann, H-E., Schoper, Y.-G., & Fitzsimons, C.-J. (2004). *Internationales Projektmanagement: Interkulturelle Zusammenarbeit in der Praxis* (Orig.-Ausg. Aufl. Bd. 50883: Beck-Wirtschaftsberater; 50883). München: Dt. Taschenbuch-Verl.

Hoft, N. L. (1995). *International technical communication: How to export information about high technology*. New York: Wiley.

International, Dr. (2003). *Developing international software* (2. Aufl.). Redmond: Microsoft Press.

Johnson, D. (2002). How to begin a localization project. In *The guide to translation and localization* (S. 8–11). Portland: Lingo Systems: American Translators Association (ATA).

Kochan, T., Bezrukova, K., Ely, R., Jackson, S., Joshi, A., Jehn, K., Thomas, D. et al. (2003). The effects of diversity on business performance: Report of the diversity research network. *Human Resource Management, 42*(1), 3–21. doi:10.1002/hrm.10061.

Lunde, K. (1999). *CJKV information processing: [Chinese, Japanese, Korean & Vietnamese computing]* (1. Aufl.). Beijing: O'Reilly.

Marcus, A. (2001). Cross-cultural user-interface design. In M. J. S. G. Smith (Hrsg.), *Proceedings conference on human-computer interface internat (HCII), New Orleans* (Bd. 2, S. 502–505). Mahwah: Lawrence Erlbaum Associates.

Marcus, A. (2006). Cross-cultural user-experience. In *Design diagrammatic representation and inference* (S. 16–24). Berlin: Springer.

Matti, T., Erkki, S., Esko, K., & Piet, K. (2006). Ethnocomputing: ICT in cultural and social context. *Communications of the ACM, 49*(1), 126–130. doi:10.1145/1107458.1107466, ISSN: 0001–0782.

Müller, E. (2005). „Step-by-step localization". Localization. The guide from MultiLingual Computing & Technology. *Beiheft, 75*, 16–18.

Nardi, B. A. (1996). *Context and consciousness: Activity theory and human-computer interaction*. Cambridge, MA: MIT Press.

Nielsen, J. (2000). *Usability engineering* ([Nachdr.] Aufl.). San Diego: Kaufmann.

Norman, D. A., & Draper, S. (Hrsg.). (1986). *User centered system design: New perspectives on human-computer interaction*. Hillsdale: Lawrence Erlbaum Associates.

Röse, K., & Zühlke, D. (2001, September 18–20). *Culture-oriented design: Developers' knowledge gaps in this area*. Paper presented at the 8th IFAC/IFIPS/IFORS/IEA Symposium on Analysis, Design, and Evaluation of Human-Machine Systems, Kassel.

Schildhauer, E. (2000). Lokalisierung der Dokumentation und der Online-Hilfe. In K. D. Schmitz & K. Wahle (Hrsg.), *Softwarelokalisierung* (S. 117–125). Tübingen: Stauffenburg.

Schmitz, K.-D., & Wahle, K. (2000). *Softwarelokalisierung*. Tübingen: Stauffenburg-Verl.

Sethi, R., Smith, D. C., & Park, C. W. (2001). Cross-functional product development teams, creativity, and the innovativeness of new consumer products. *Journal of Marketing Research, 38*(1), 73–85. doi:10.1509/jmkr.38.1.73.18833.

Shen, S.-T., Woolley, M., & Prior, S. (2006). Towards culture-centred design. *Interacting with Computers, 18*(4), 820–852. doi:10.1016/j.intcom.2005.11.014.

Stephanidis, C. (2001). *User interfaces for all: Concepts, methods, and tools*. Mahwah: Lawrence Erlbaum Assoc.

Stephanidis, C. (Hrsg.). (2007). *Universal access in human-computer interaction. Ambient interaction, 4th international conference on universal access in human-computer interaction, UAHCI 2007 held as part of HCI international 2007, Beijing, July 22–27, 2007 proceedings, Part II* (Bd. 4555). Springer.

Sturm, C. (2002). *TLCC-towards a framework for systematic and successful product internationalization*. Paper presented at the International Workshop on Internationalisation of Products and Systems, Austin.

Taylor, D. (1992). *Global software: Developing applications for the international market*. New York/Berlin/Heidelberg/London/Paris/Tokyo/Hong Kong/Barcelona/Budapest: Springer.

Tuthill, B., & Smallberg, D. (1997). *Creating worldwide software: Solaris international developer's guide*. Upper Saddle River: Prentice Hall.

VDMA. (2009). *Software-Internationalisierung Leitfaden*. Frankfurt a. M.: VDMA Fachverband Software.

Yeo, A. (2001). Global software development lifecycle: An exploratory study. In J. Jacko, A. Sears, M. Beaudouin-Lafon & R. Jacob (Hrsg.), *CHI 2001: Conference on human factors in computing systems* (S. 104–111). ACM Press.

You, S., Kim, Ms., & Lim, Yk. (2016). *Univ Access Inf Soc*, 15:369. doi:10.1007/s10209-014-0393-9.

Zerfaß, A. (2005a). Assembling a localization kit. The guide from multilingual computing & technology. *Beiheft, 75*, 8–11.

Zerfaß, A. (2005b). Lokalisierung von Internetauftritten. In D. Reineke & K.-D. Schmitz (Hrsg.), *Einführung in die Softwarelokalisierung* (S. 127–143). Tübingen: Gunter Narr Verlag.

Usability-Engineering

4

Inhalt

R. Heimgärtner, *Interkulturelles User Interface Design*,
DOI 10.1007/978-3-662-48370-1_4

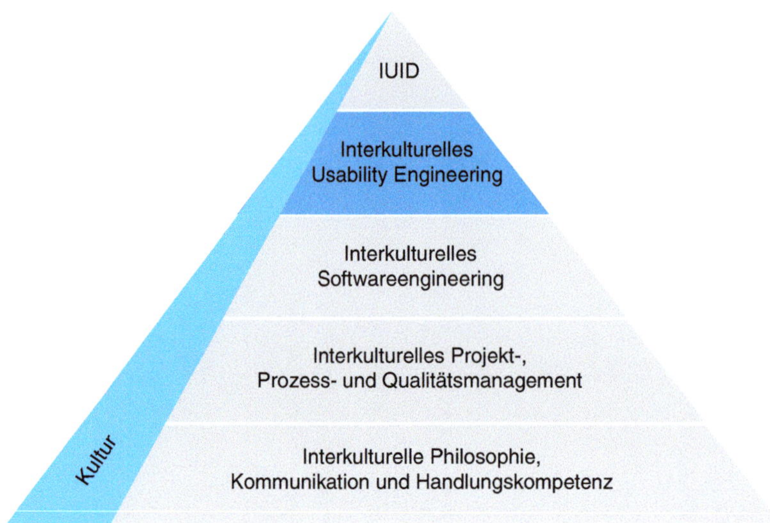

Um Gebrauchstauglichkeit und Benutzererlebnis auch im interkulturellen Kontext zu erlangen, sind neben den kulturellen Einflüssen auf die Usability und UX auch die kulturellen Einflüsse auf das Usabilityengineering zu untersuchen. In diesem Kapitel wird der theoretische Hintergrund bezüglich interkulturell angepasster Mensch-Maschine Interaktion (MMI) beleuchtet und dabei kulturelle Aspekte mit Modellen, Rollen, Prinzipien des menschzentrierten Gestaltungsprozesses (Planen und Gestaltungsaktivitäten) in Verbindung gebracht und dann auf interkulturelles Usabilityengineering übertragen. Anschließend werden die Schritte des Prozesses des interkulturellen Usability-Engineerings präsentiert.

4.1 Mensch-Maschine-Interaktion (MMI)

▶ Die Interaktion, bei der Information zwischen Benutzer und System via Benutzungsschnittstelle (User Interface (UI)) ausgetauscht wird, wird als „Mensch-Maschine Interaktion" (MMI) oder „Mensch-Computer Interaktion" (MCI) bezeichnet (vgl. Jacko und Sears 2003).

Die Interaktion eines Menschen mit einer Maschine wird oft auch als „Mensch-Maschine-Kommunikation" bezeichnet, da der Mensch bei seiner Interaktion mit dem Computer oder der Maschine ähnliche Regeln anwendet wie bei einer zwischenmenschlichen Kommunikation (Reeves und Nass 1998; Fischer 2006). Beide Situationen sind Prozesse, bei denen es um den Austausch von Information geht, also um Kommunikationsprozesse. Hier werden kulturelle Einflüsse wirksam, wie sie zum Teil aus den Untersuchungen zur interkulturellen Kommunikation bei Menschen bekannt sind. Die dort gesammelten

Erfahrungen und Untersuchungsergebnisse lassen sich zwar nutzen, jedoch nicht direkt auf den Bereich der technisch orientierten Kommunikation zwischen Mensch und Maschine übertragen. Es ist eine Zwischenstufe der Interpretation und des analogen Schließens für das interkulturelle MMI-Design nötig.

Bei Mensch-Maschine-Systemen verfolgen Mensch und Maschine beide das gleiche Ziel (vgl. Charwat 1992). Laut (Timpe und Baggen 2000), arbeitet der Benutzer mit dem Mensch-Maschine-System zusammen mit dem Ziel, eine vom Benutzer ausgewählte Aufgabe zu lösen. Der Benutzer initiiert Aufgaben und das System antwortet dem Benutzer mit Lösungen, auch umgekehrt.

▶ MMI findet an einem Mensch-Maschine System statt, das aus drei Teilen besteht, welche in einem Arbeitsumfeld bzw. Nutzungskontext eingebettet sind: Aufgabe, Benutzer, System (vgl. Wandmacher 1993, S. 1).

Wandmacher (1993) beschreibt das Mensch-Maschine-System mit seinem ABC-Modell als eine Triade von: Aufgabe, Benutzer und Computer (Werkzeug bzw. Maschine), welche in die Arbeitsumgebung eingebettet ist (Abb. 4.1). Diese Einheit wird auch Nutzungskontext genannt (vgl. DIN 1999).

Zusätzlich steigt die kulturelle Abhängigkeit von Phase zu Phase an. In Japan ist zum Beispiel einerseits eine sehr kurze Systemantwortzeit sehr wichtig. Andererseits sind japanische Benutzer offensichtlich geduldiger als Benutzer aus europäischen Ländern, wenn es um lang andauernde Aufgaben geht (vgl. z. B. Rößger und Rosendahl 2002).

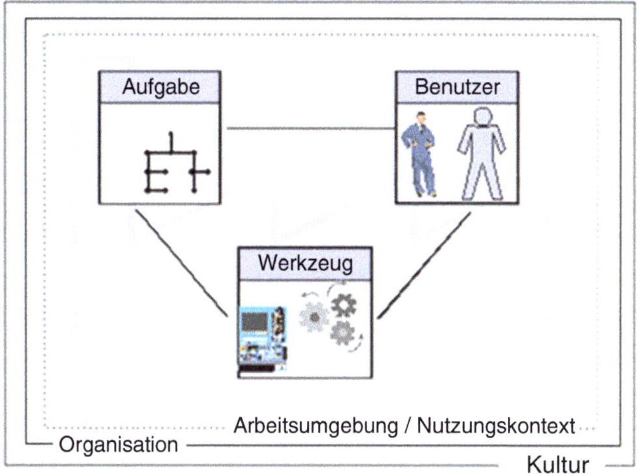

Abb. 4.1 Schema eines Mensch-Maschine-Systems nach (Wandmacher 1993; Röse 2002), erweitert um die kulturelle Umgebung durch den Autor

4.1.1 Benutzungsschnittstelle

Die Mensch-Maschine-Interaktion (MMI) beschreibt den Austausch von Informationen zwischen Mensch und Maschine.

▶ Die Schnittstelle zwischen dem Benutzer und dem technischen System bildet das Bediensystem, die sogenannte „Benutzungsschnittstelle" (engl. „User Interface") gemäß ISO Norm 9241 (oft auch einfach aber nicht normgemäß als Benutzerschnittstelle oder Benutzeroberfläche bezeichnet).

Das User Interface enthält diejenigen Komponenten eines Mensch-Maschine Systems, welche für die Interaktion mit dem Benutzer notwendig sind (vgl. Timpe und Baggen 2000). Die Verwendung der Benutzungsschnittstelle hängt vom Nutzungskontext ab, welcher das System (Werkzeug, Computer, Maschine), die Aufgaben, die Umgebung und den Benutzer selbst umfasst.

Die Gestaltung von Mensch-Maschine-Systemen hängt immer vom jeweiligen Kontext ab, also auch vom jeweiligen kulturellen Kontext:

- Berücksichtigung des Nutzungskontextes (z. B. Arbeitsumfeld),
- Einbindung/Spiegelung der Arbeitsorganisation (z. B. Zugangsrechte),
- Berücksichtigung der Benutzerqualifikation,
- Anpassung an vorhandenes Benutzerwissen,
- Berücksichtigung der Benutzerkonstitution (z. B. Aufmerksamkeitssteuerung),
- Berücksichtigung der technologischen Gegebenheiten und Möglichkeiten,
- Berücksichtigung des interkulturellen Kontextes.

Die Aufgaben werden graduell in hierarchisch strukturierte Schritte aufgeteilt (vgl. Herczeg 1994, S. 10–11). Die Umgebung und die Aufgaben werden aufgenommen, wobei menschliche Fähigkeiten im Zentrum der Erwägungen zum Design stehen sollten (vgl. Röse 2002, S. 10).

Die Regeln der Mensch-Maschine-Interaktion sind aus der informationstheoretischen Betrachtung der zwischenmenschlichen Kommunikation abgeleitet. Die zwischenmenschliche Kommunikation ist geprägt durch (vgl. Kraiss 1993):

- Gemeinsames Vorwissen über Situation und Kontext,
- Feste Konventionen um Gesprächsaufbau und –verlauf sowie Mechanismen der Unterbrechung,
- Gesprächsinitiative und Rückmeldung bzw. Bestätigung,
- Flexibilität der Gesprächsgestaltung hinsichtlich Inhalt, Verlauf und Tempo,
- Unterstützung inhaltlicher Darstellungen durch nonverbale Kommunikation (Gestik, Mimik).

4.1.2 Handlungsebenenmodell

Im Normalfall erfolgt bei der MMI ein gegenseitiges Eingehen auf den Gesprächspartner. Das Kommunikationsmodell von Shannon und Weaver wird oftmals als Basis für MMI-Modelle genutzt (vgl. Shannon 1948). Nachrichten, d. h. codierte Information wird zwischen den Kommunikationspartnern über einen Kanal ausgetauscht. Diese Aufgabe kann gestört werden und die Nachrichten dementsprechend deformiert. Die Kommunikationspartner brauchen Codes zur Codierung und Decodierung der Information. Die zwischenmenschliche Kommunikation ist jedoch nicht 1:1 auf die Mensch-Maschine-Interaktion übertragbar, da die Aufgabenstellungen beim Mensch-Maschine-System gemäß den Fähigkeiten von Mensch und Maschine angepasst werden müssen. Zu den Hauptaufgaben des Menschen zählen: Planung, Kommunikation, Management und Navigation (Timpe und Kolrep 2000). Diese Aufgaben müssen durch eine sinnhafte und ergonomische Gestaltung der Benutzerschnittstelle unterstützt werden. Als Beschreibungsmerkmale dienen Komponenten der Interaktion (begriffliche, kommunikative, situative) und damit abbildbare Modellebenen (Aufgabenebene, etc.). Aus der Modellebene lassen sich Leistungsmerkmale des Menschen ableiten, die durch entsprechende Zielstellungen beschrieben werden können. Die entsprechenden strategischen Handlungsschritte beschreiben dann die Umsetzung bzw. handlungsrelevante Merkmale.

► Das Handlungsebenenmodell nach (Herczeg 2005) beschreibt die Schritte der Mensch-Maschine Kommunikation.

Der Benutzer will eine bestimmte Aufgabe mit Hilfe des Systems lösen. Daher muss der Benutzer mit dem System interagieren, um Informationen oder relevantes Wissen zu erlangen. Diese Interaktion läuft auf mehreren Ebenen parallel ab (Abb. 4.2).

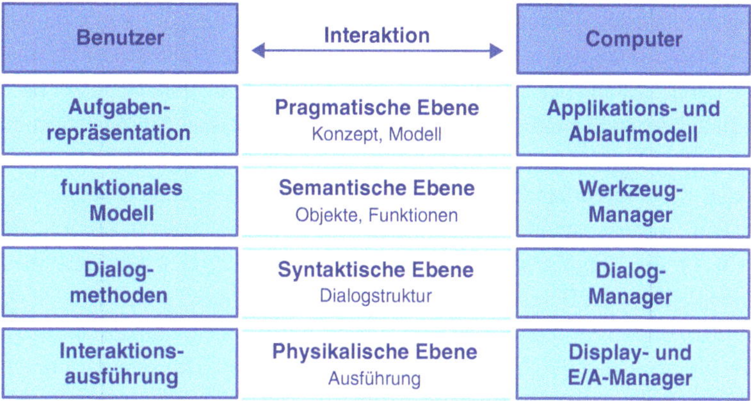

Abb. 4.2 Das semiotische Modell der Interaktion zwischen Mensch und Computer nach Herczeg. (Quelle: Herczeg 2005)

Die Bearbeitung einer Aufgabe mittels eines Computersystems lässt sich aus Benutzersicht modellhaft auf logischen Ebenen verfolgen. Die durch die Benutzeraktivitäten im Computersystem initiierten Prozesse lassen sich auf Seiten des Computers modellhaft auf denselben logischen Ebenen wie aus Benutzersicht verfolgen. Dabei gibt es eine Eingabeseite (Verarbeitung von Benutzereingaben) und eine Ausgabeseite (Erzeugung von Computerausgaben). Der Benutzer bearbeitet eine Aufgabe durch sukzessive hierarchische Zergliederung in Aktivitäten unterschiedlicher Abstraktion. Während am Beginn die Aufgabe in eine Sequenz beabsichtigter, grob strukturierter Tätigkeiten zerlegt wird, stehen am Ende einzelne motorische Aktivitäten.

Zur Lösung einer Aufgabe entwickelt ein Benutzer auf der intentionalen Ebene Absichten, sogenannte ‚Intentionen'. Sie sind Ausgangspunkt für die Planung mehrerer Tätigkeiten. Sind die Tätigkeiten durchgeführt worden, werden die Resultate mit den ursprünglichen Intentionen verglichen und bewertet. Die Tätigkeiten werden bei positiven Bewertungen als erfolgreich eingestuft. Bei negativen Bewertungen werden die Intentionen oder die Tätigkeiten so modifiziert, dass sie in einem neuen Dialogschritt wahrscheinlich zum Erfolg führen. Möglicherweise erkennt der Benutzer auch, dass das benutzte System der Aufgabe nicht angemessen ist und beendet die Nutzung. Zur Abwicklung der Benutzeraufträge besitzt das Computersystem ein Modell der Anwendungswelt. Basierend auf den Bewertungen der Benutzeraufträge werden entsprechende Strategien ausgewählt. Das Computersystem kann auch ohne Benutzereinwirkung in definierten Situationen unter Interpretation des Systemzustandes selbstständig aktiv werden, d. h. die Initiative übernehmen. Der Interaktionszyklus startet dann beim Computersystem.

Auf der pragmatischen Ebene werden die Intentionen in konkretere Ziele (erwartete Arbeitsergebnisse) umgesetzt. Bei den Tätigkeiten werden konkrete Verfahren (Prozeduren) angewandt. Inwieweit die Ziele später als erreicht eingestuft werden, hängt von den Interpretationen der Arbeitsergebnisse ab. Scheinen die Ziele erreicht, werden die geplanten Folgeaktivitäten durchgeführt. Fallen die Interpretationen negativ aus, werden die Ziele oder die Verfahren modifiziert und andere Aktivitäten durchgeführt.

Auf der semantischen Ebene werden die Verfahren in die mit dem Computersystem möglichen Operationen umgesetzt. Dabei plant der Benutzer, Objekte zu erzeugen, zu löschen oder deren Zustände zu ändern. Inwieweit diese Objekte vom Benutzer anschließend als erfolgreich bearbeitet eingestuft werden, hängt von den erkannten Zuständen ab, die das Computersystem durch seine Ausgaben widerspiegelt. Scheinen die Objekte mit dem gewünschten Zustand vorhanden zu sein, werden Folgeoperationen durchgeführt. Ist dies nicht der Fall, werden geänderte Operationen ausgeführt. Aus den Computerausgaben geht hervor, ob die Eingabe auf syntaktischer Ebene erfolgreich war und ob das Computersystem die Form der Eingabe akzeptiert und die Inhalte ausgewertet hat. Die vom Computersystem erzeugten Ausgaben können dazu vom Benutzer erkennbare Strukturen bilden, die mit der syntaktischen Eingabe verglichen werden können. Die syntaktische Ebene lässt sich auch durch die vom Benutzer wahrgenommenen bzw. vom System angebotenen Interaktionsformen beschreiben.

Auf der syntaktischen Ebene werden die vom Benutzer eingegebenen Zeichen und Selektionen von Bildschirmobjekten auf ihre syntaktische Zulässigkeit untersucht, bevor sie der semantischen Analyse zugeführt werden. Die Syntaxanalyse und die semantische Analyse arbeiten dabei oft eng verzahnt, um vor allem syntaktische Mehrdeutigkeiten auszuschließen. Bei der Erzeugung von Ausgaben werden die in der semantischen Ebene durchgeführten Zustandsänderungen für die Visualisierung oder andere Ausgabeformen gemäß den Regeln der Ausgabesyntax vorbereitet.

Auf der lexikalischen Ebene müssen die Benutzereingaben aus definierten Eingabezeichen eines Eingabealphabets zusammengesetzt werden. Die Auswahl der Zeichen kann auch durch eine Zeigehandlung des Benutzers geschehen, falls die vorgesehenen Eingaben als vorhandene Ausgaben auf dem Computerbildschirm sichtbar sind. Bei den resultierenden Computerausgaben muss der Benutzer mittels seiner Wahrnehmung erkennen, ob die Zeichen vom Computersystem akzeptiert wurden.

Auf der sensomotorischen Ebene werden die artikulierten Eingaben über die Motorik des Benutzers in das Computersystem eingegeben. Solche Eingaben oder Signale werden meist mittels Tasten einer Tastatur oder mittels Bewegung und Tasten eines Zeigeinstruments (z. B. Maus) übermittelt. Die Eingaben können aber auch über gesprochene Kommandos oder Gesten erfolgen.

Wenn im Folgenden von Aktionen die Rede ist, sind damit einzelne Benutzeraktivitäten (Arbeitsschritte) auf allen genannten Ebenen des Handlungsebenenmodells der Mensch-Computer-Kommunikation gemeint. So ist eine Aktion auf der semantischen Ebene eine Operation, d. h. die Anwendung eines Operators auf ein Nutzungsobjekt (oberste Informationseinheit, mit der der Benutzer interagiert, z. B. ein Dokument). Auf der sensomotorischen Ebene ist eine Aktion beispielsweise das Drücken einer Taste oder eine abgeschlossene Zeigehandlung mit dem Zeigeinstrument.

Wichtig für informationsintensive Anwendungen ist die Organisation, Platzierung und Manipulation von komplexen Daten. Unter Nutzung von mentalen Modellen und Metaphern können die Benutzer hierbei auf ihr vorhandenes Wissen zurückgreifen z. B. über visuelle Formalismen basierend auf einfachen Objekten wie Tafeln, Grafiken, Diagrammen, etc.

4.1.3 Mentale Modelle

Menschen erlangen aus Erfahrung mit ihrer Umwelt mentale Modelle ihrer Umgebung, um sich in dieser schneller zurechtfinden zu können. Semantisch oder episodisch abgespeicherte mentale Modelle im Gehirn repräsentieren Wissen des Menschen über die Welt, d. h. über sich selbst, die Umgebung, Computer, Aufgaben und Organisationsstrukturen sowie über die zwischen diesen bestehenden Beziehungen, welches die Grundlage für ihre Handlungsplanung und -ausführung bilden. Modelle sind am Anfang nicht „ausformuliert“, erst nach und nach werden sie ergänzt. Oft reicht das „bloße Betrachten/Sehen/Beobachten“ aus, um auf die richtigen Modelle zu stoßen bzw. diese zu erkennen.

▶ Mentale Modelle sind Mittel, gemeinsames Wissen der Kommunikationspartner abzubilden (vgl. Johnson-Laird 1983). In der MMI-Forschung dienen mentale Modelle als Grundlage für Benutzermodelle zur Erklärung der Erwartungen des Benutzers an das System um ihre Intentionen zu verfolgen bzw. ihre Aufgaben zu erfüllen (vgl. Herczeg 1994, S. 9; Schlungbaum 1996; Schlungbaum 1997; Blank 1996).

Es handelt sich um vereinfachte Modelle komplexer Ereignisse, die ein Benutzer über die operationellen und funktionellen Möglichkeiten eines Systems bildet, um damit zu arbeiten (vgl. Herczeg 1994, S. 17). Die beste MMI findet dann statt, wenn die Benutzer- und Systemmodelle übereinstimmen. Dann trifft das System die Erwartungen des Benutzers. Stimmen die Modelle überein, ist das System selbsterklärend und entsprechend leicht erlernbar. Kulturelle Aspekte müssen berücksichtigt werden, wenn eine oder mehrere Kulturen während der MMI involviert sind bzw. wenn eine Benutzungsschnittstelle einer Kultur in einer anderen Kultur bzw. in einem anderen kulturellen Kontext verwendet werden soll. Dies ist der Fall, wenn der Benutzer des Systems nicht zugleich der Entwickler des Systems ist bzw. wenn sich die Kulturen von Benutzer und Entwickler unterscheiden (vgl. Honold 2000; Röse 2002). Deshalb müssen auch die konzeptuellen Modelle der Entwickler für die interkulturelle MMI-Forschung berücksichtigt werden, weil Systeme den kulturellen Einfluss ihrer Entwickler reflektieren. Mensch-Maschine Kommunikation ist gleichzeitig interkulturelle Kommunikation, wenn der Benutzer einer anderen Kultur angehört als der Systementwickler (und dementsprechend das System selbst) (vgl. Honold 2000). Folglich ist eine erfolgreiche Benutzung eines Computersystems abhängig von der Kompatibilität der mentalen Modelle des Benutzers und der Systemgestalter (vgl. Herczeg 1994, S. 18–20; Honold 2000, S. 45).

▶ Der Produktentwickler muss die mentalen Modelle der Benutzer nicht erahnen, sondern kann diese systematisch mit Hilfe des interkulturellen Usability Engineerings empirisch erheben. Interkulturelles Usabilityengineering ist unumgänglich für die interkulturelle Produktentwicklung.[1]

Bei der Erstellung eines MMI-System sind unterschiedliche Personengruppen und Interessensvertreter (Stakeholder) beteiligt wie Produktmanager, Designer, Entwickler, Kunden, Benutzer etc. Alle Vorstellungen dieser Beteiligten fließen bei der Produkterstellung mit ein. Daher gibt es verschiedene Perspektiven welche für die Mensch-Maschine Interaktion relevant sind und die klar differenziert werden müssen, um Missverständnisse insbesondere in der Anforderungsanalyse an ein MMI-System zu vermeiden. Im menschzentrierten Gestaltungsprozess nach ISO 9241-210 steht der Benutzer und dessen mentales Modell zur Nutzung des Systems im Vordergrund.

[1] Beispielsweise dienen ikonisierte Grafiken dazu, mentale Modelle zu aktivieren, wodurch die Komplexität der Bildschirmanzeige reduziert und eine quantitative kognitive Überforderung („massive Denküberlastung“, „high mental work load“) vermieden wird (Andersen 1997).

Mittels mentaler Modelle können diese Vorstellungen repräsentiert werden (A = Anwendungsbereich, S = System, B = Benutzer):

- B(S(A)): mentales Modell des Benutzers von der Implementierung des Systems
- D(B(A)): Modell des Systemdesigners vom mentalen Modell des Benutzers = präskriptives Modell („was sollte der Benutzer vom Anwendungsbereich wissen?“)
- P(B(A)): Modell der Arbeitspsychologen vom mentalen Modell des Benutzers = deskriptives Modell („was weiß der Benutzer vom Anwendungsbereich?“)
- S(B(A)): Modell des Systems vom mentalen Modell des Benutzers
- S(S(A)): Modell des Systems von der Implementierung des Systems (quasi von sich selbst).

▶ Das Hauptproblem besteht in der Inkompatibilität des mentalen Modells des Benutzers (B(S(A))) von der Implementierung des Systems (S(A)): Der Grund dafür liegt in der Unzulänglichkeit des Modells des Systemdesigners vom mentalen Modell des Benutzers (D(B(A))). Dieses Problem entsteht insbesondere dann, wenn der Benutzer nicht rechtzeitig in den Entwicklungsprozess des Produktes mit eingebunden wird (z. B. durch die Anwendung des menschzentrierten Gestaltungsprozesses, vgl. ISO 9241-210, wie ausführlich in Abschn. 4.4 dargelegt).

Kulturelle Schemata beeinflussen diese mentalen Modelle, welche jeweils auf den Anwendungsbereich begrenzt sind. Rößger (2003, S. 130) beschreibt Kultur als Phänomen, welches sich selbst durch andauernde Interaktionsphasen mit der Umgebung präsentiert. Zusätzlich beeinflussen kulturelle Unterschiede die Erwartungen im Umgang mit technischen Systemen. Die Verbindung zwischen Kultur und mentalen Modellen liegt in den permanenten Verhaltensmustern, die die mentalen Modelle formen. Folglich ist es wichtig, diese Verhaltensmuster im Bezug auf die Interaktion von Benutzern mit dem System im kulturellen Kontext zu erfassen und zu beschreiben, um daraus Designempfehlungen ableiten zu können. Es lohnt sich daher, den Aufwand für die konsequente Umsetzung mentaler Modelle in der Praxis unter Einbeziehung softwareergonomischer Erkenntnisse zu betreiben.

Softwareergonomische Erkenntnisse dienen der Optimierung der Arbeitsgestaltung und damit z. B. der Entlastung der Benutzer durch eine Arbeitsteilung zwischen Mensch und Computer. Gemeinsames Arbeiten kann z. B. durch kooperative Systeme unterstützt werden, wodurch körperliche und/oder geistige Belastungen minimiert werden können. Dennoch muss, um die Motivation des Benutzers nicht zu untergraben, eine gewisse Beanspruchung bleiben. Systeme können durchaus komplex sein, aber sie dürfen nicht kompliziert sein. Insbesondere die Handhabung des Systems müssen entsprechend der Einschränkungen in der Anwendung Filter (Hierarchien, Muster, Anfragesprachen, …), Kontexte/Modi (Fenster/„einfügen – überschreiben-Modus“) und Voreinstellungen (Defaults, Benutzerprofile) berücksichtigt werden. Dabei spielt insbesondere die Effizienz der Kommunikation eine entscheidende Rolle (vgl. Handlungsebenenmodell von Herczeg 2005 zuvor). Voraussetzung dafür ist die Kompatibilität von B(S(A)) und S(A). Erst so werden Benutzereingaben möglichst reduziert, einfach und konsistent. Auch Eingabehilfen oder die Nutzung von auf dem Bildschirm sichtbaren Systemausgaben („interreferentielle Ein-Ausgabe“) und direkter Manipulation können hier unterstützen. Bei den Systemausgaben gilt es, eine möglichst gute Wahrnehmbarkeit, sinnvollen Zusammenhang der Zeichen sowie Verständlichkeit zu erreichen.

4.1.4 Metaphern

> Metaphern repräsentieren eine bekannte reale Situation bzw. einen Gegenstand, erleichtern dem Benutzer das Lernen und geben dessen Erwartungen eine bestimmte Richtung.

V. a. von Benutzern mit wenig Erfahrung werden häufig Metaphern benutzt, um sich selbst ein Bild der neuen Systeme zu machen (vgl. z. B. „Office“ Anwendungen, mit „neuen Dokumenten“, „Papierkorb“, „Aktenschrank“ etc.). Benutzt werden auch in der Realität nicht (mehr) vorhandene Metaphern (z. B. ein Scroll-Bar zum Auseinanderrollen eines Dokuments). (Dennoch wird diese Metapher relativ leicht und schnell erkannt).

Gestaltungsmerkmale von Metaphern haben Einfluss auf:

- Erlernbarkeit (Maß: Zeit zum Lernen)
- Handhabbarkeit (Maß: Zeit zur Durchführung der Aufgabe)
- Aufgabenbereich.

Weitere Gründe für die Notwendigkeit von Metaphern beschreibt (Hülzer-Vogt 1995):

- partielle Analogiebildung zu Dingen der physikalischen Welt (Induktion durch Analogieschluss)
- Lernstrategie
- „Schmuckeffekt“
- konstitutiver und nicht vermeidbarer Bestandteil der Kommunikation
- Mittel, um die gesamten alltagsweltlichen Erfahrungen mit der physischen und kulturellen Umgebung systematisch zu verarbeiten und zu determinieren
- unterscheiden die vorbereitende Gedankenarbeit („conceptual metaphor“) als innere Handlung von der sprachlichen Umsetzung („metaphorical linguistic expression“), was für multimediale Überlegungen theoretisch wichtig ist
- Rekonstruktion menschlicher Erfahrungen und deren systematische Einordnung in ein strukturelles Gefüge
- Nicht immer nötig: z. B. dann, wenn sich der Effekt eines Analogieschlusses auch anders erreichen lässt.

Neben mentalen Modellen und Metaphern affektieren kulturelle Einflüsse vor allem das Interaktions- und Dialogdesign (vgl. Röse 2002). Daher werden im Folgenden die wichtigsten informationswissenschaftlichen Begriffe bezüglich interkulturellem MMI-Design „Interaktion", „Information" und „Dialog" vorgestellt.

4.1.5 Information und Interaktion

Reischer (2006, S. 8–11) beschreibt sehr eindrücklich den Status der Forschung im Hinblick auf den Begriff der „Information". Es gibt viele Annäherungsversuche aber keine einheitliche Terminologie. Die Bedeutung des Begriffs „Information" ist eher fix in Bezug auf den Kontext der Disziplin, die ihn benutzt. Zum Beispiel definiert (Kuhlen 1991) den Informationsbegriff für den Bereich der Informationswissenschaft als „Wissen in Aktion und Kontext" (vgl. Kuhlen 1991, S. 100, Hammwöhner und Kuhlen 2004; Reischer 2006, S. 112). Reischer (2006) nutzt ein semiotisches Konzept der Information, indem er syntaktische, semantische und pragmatische Aspekte integriert, wozu ihn der alltägliche Umgang mit den Informationskonzept im Leben motivierte. Im Gegensatz dazu argumentieren (Fuchs und Hofkirchner 2002), dass das Informationskonzept sehr klar spezifiziert werden kann und nicht vom alltäglichen Leben hergeleitet werden muss (vgl. Fuchs und Hofkirchner 2002). Eine andere Definition von „Information" von Shannon gebraucht ein syntaktisch-quantitatives Konzept von Information, das die Informationsmenge darstellt, die durch den reziproken Wert der Verzögerung in [bit] gemessen wird. (vgl. Shannon 1948). Floridi's semantisch-quantitatives Informationskonzept misst die Menge der semantischen Information in [sbit] (vgl. Floridi 2004). Es gibt viele Definitionen des Informationskonzeptes (vgl. Reischer 2006) aber kein einheitliches. Daher muss ein das Informationskonzept jeweils im Gebrauchszusammenhang definiert werden.

▶ Da der Fokus dieser Arbeit auf der interkulturellen MMI liegt, wird das eher pragmatische als syntaktische Informationskonzept von (Kuhlen 1991) „Information als Wissen in Aktion" als Arbeitsdefinition vor allem aus Sicht der Informationsaufnahme und Informationsverarbeitung verwendet. Im Gegensatz zu rein syntaktischen Informationskonzepten wie die von Shannon lässt sich Kuhlen's Konzept außerdem leichter mit dem in Kap. 2 vorgestellten Kulturkonzept vereinbaren.

Alle Typologien von Mensch-Maschine Interaktion (vgl. Schomaker et al. 1995) lassen sich auf eine vernünftige Arbeitsdefinition zur Interaktion zwischen dem Menschen und technischen Systemen, von (Stary 1994) aufbauen: „Interaktion" in der MMI zwischen Benutzer und System bedeutet den Prozess vom Gebrauch von Interaktionsmitteln und Anwendungsfunktionen (vgl. Stary 1994, S. 35).

▶ Interaktion ist eine Spezifikation der Kommunikation und impliziert, dass eine Person in Übereinstimmung mit der Interpretation von empfangenen Zeichen handelt (Hohmann 2003, S. 29).

Interaktion mit expliziter Information („interaktive Information“, d. h. explizit ausgedrückte Nachrichten) taucht vor allem in gesprochenen Dialogen auf. Trotzdem basiert weniger als 20 % der Kommunikation auf dem Sprechen (vgl. Argyle und Schmidt 2002). Danach finden mehr als 80 % der Übertragung von Information in der zwischenmenschlichen Kommunikation ohne verbale Sprache statt. In diesem Fall gibt es eine Interaktion mit impliziter Information („informative Interaktion“, d. h. implizit ausgedrückte Nachrichten). „Informative Interaktion“ ist in die „indirekte Interaktion“ und die „interaktive Information“ in die „direkte Interaktion“ involviert. „Direkte Interaktion involviert einen Dialog mit Feedback und Kontrolle während der Aufgabenausführung. Indirekte Interaktion kann auch Hintergrund oder Batch Processing involvieren.“ (Dix et al. 2001, S. 3).

▶ Es muss sowohl die verbale als auch die non-verbale Kommunikation zwischen Mensch und Computer untersucht werden.

Um informative Interaktion zu analysieren, muss das interaktive Verhalten der Kommunikationspartner analysiert werden: es muss Kommunikation zwischen Mensch und Computer geben, um vernünftige Resultate und Effekte im Feedback für die Kommunikationspartner zu erzielen. Hier handelt es sich um informative Interaktion (d. h. Interaktion mit Sinn und Bedeutung), weil die Kommunikation zwischen Mensch und Computer überwiegend non-verbal stattfindet (z. B. mit dem Maus Cursor auf etwas zeigen).

Durch die Analyse der Interaktion zwischen Benutzer und System kann relevante Information gewonnen werden, die die Charakterisierung des Benutzers in Interaktion und Kommunikation beschreibt oder zumindest andeutet („Interaktions-/Kommunikationstyp“).

Interaktion hängt von Zeit ab und geschieht auch nur durch eben solche. Es ist daher nötig den Interaktionsprozess über eine gewisse Zeit hinweg zu analysieren (Interaktionsprozessanalyse) (vgl. Bales 1950; Frey und Bente 1989). Es gibt zahlreiche Aspekte, die berücksichtigt werden müssen und die während der Interaktion vom Benutzer mit dem System beobachtet werden können. Lange Interaktionspausen implizieren eventuell „Probleme“ in der Interaktion („Kommunikation“) zwischen Benutzer und System oder anders gewendet – indem man die Interaktionsgeschichte aufzeichnet und diese analysiert, können Lösungen gefolgert werden und dem Benutzer vorgeschlagen werden. Nicht nur die Nutzung von interagierenden Angeboten eines Systems wie Softkeys (z. B. Schaltflächen oder Links) kann aufgezeichnet und analysiert werden, sondern auch Interaktionszeiten, Interaktionswege sowie die Interaktionsfrequenz. Darüber hinaus kann auch die Analyse von Interaktionspausen wichtige Informationen über den Benutzer preisgeben. Warum gibt es diese Interaktionspausen durch den Benutzer? Ist er aktiv oder passiv? Konsumiert er Information, z. B. durch lesen oder hören? Versucht er, etwas einzugeben (z. B. via Maus oder Tastatur)? Welches Eingabegerät wird benutzt und wie oft? Das Interface kann vom Benutzer manuell (Personalisierung) eingestellt werden sowie automatisch vom System (Adaptivität). Dadurch können viele eher heterogene Parameter während der Interaktion analysiert werden: Benutzer, Sitzungszeit, Mauskoordinaten, Mausklicks, Menüpunkte/-Einträge und Tastenstatus, Kontext (Maus, Menü etc.), explizit, implizit und schrittweise Aufforderungen, Nachrichten, Sprechgeschwindigkeit, Sprechpausen, etc. Auch das grafische Design beeinflusst das Interaktionsverhalten (z. B. Farben, Zeichen, Sprache, Zeilenabstand etc.). Zusätzlich kann das interaktive Verhalten durch die funktionale Tiefe des Systems und den Anwendungstypen verändert werden. Zum Beispiel sollte beim Autofahren die Anzahl der Funktionalitäten sehr gering gehalten werden (jeder lizensierte Benutzer sollte in der Lage sein ein Auto zu fahren), wobei im Gegensatz dazu Anwendungen in Forschung und Entwicklung in Industrie und Wissenschaft über eine sehr hohe Anzahl von Funktionen verfügen können (nur Experten können mit diesen Benutzungsschnittstellen umgehen). Dies ist nur eine unvollständige Aufzählung von Aspekten, die man in Erwägung ziehen kann.

4.1.6 Dialog – Kombination von Information und Interaktion

Ein vernünftiges Mittel zum Austausch von Information mit dem Kommunikationspartner durch Interaktion ist der Dialog. Laut (Wittig 1979) führt die Interaktion eines Benutzers mit dem System Dialoge fort. Er spezifiziert fünf Kriterien, einen Dialog zwischen Mensch und Maschine zu identifizieren (Wittig 1979, S. 86):

(i) Ein „Dialog" ist ein Gespräch währenddessen einer der zwei Partner eine Maschine sein kann.
(ii) Thematisch werden bestimmte Bemerkungen an den Partner bewertet und beantwortet (Absichtlichkeit entfällt daher).
(iii) Wissenserweiterung tritt für wenigstens einen der Partner auf.
(iv) Der Dialog muss nicht kommunikativ sein, sondern kann auch eine instrumentelle Aktion mit einem rationalen Zweck sein.
(v) Die Rollen der zwei Partner in den Punkten (i) bis (iv) sind austauschbar.

▶ Ein Dialog ist die Interaktion zwischen einem Benutzer und einem interaktiven System in Form einer Folge von Handlungen des Benutzers (Eingaben) und Antworten des interaktiven Systems (Ausgaben), um ein Ziel zu erreichen.

„Interaktion" mit Computersystemen heißt „Dialoge" nach der obigen Bedeutung zu führen, denn die Interaktionsrichtung ist auch umkehrbar und die Redeaktionstypen können gleich sein wodurch Wissenserweiterung auftritt. Es gibt mehrere Arten von Dialogen bei der MMI (genannt „Dialogfenster"). Dialoge kombinieren Interaktion und Information, weil sie Information präsentieren und Interaktion benötigen. Folglich bestimmen die Prinzipien für Interaktionsdesign und Informationsverarbeitung die Prinzipien für Dialogdesign (vgl. Dybkjær et al. 2004). Dialogprinzipien (z. B. Sprecherwechsel, Dialoginitiierung, multimodale Prinzipien, etc., vgl. McTear 2002 oder Searle und Kiefer 1980) sollten ähnlich als zu denen in der zwischenmenschlichen Kommunikation angesehen werden, weil menschliches Verständnis involviert ist (vgl. Reeves und Nass 1998; Fischer

2006). Das System sollte bestenfalls so funktionieren, als ob es ein Mensch in derselben Situation wäre. Desweiteren hängt MMI von vielen Parametern ab, die in Verbindung zu Situation, Kontext, Benutzerpräferenzen und Weltwissen sowie zu Aspekten von Raum und Zeit stehen (vgl. Del Galdo und Nielsen 1996). All diese Aspekte sind kulturell beeinflusst. Deshalb ist es wichtig, fundamentale interkulturelle Unterschiede zu beachten, wenn man sich mit der Interaktion von Benutzern verschiedener Kulturen mit Computern oder Maschinen befasst. Zusätzlich ist Wissen über die kulturellen Charakteristika der Kommunikationspartner sowie ihr kulturell aufgenommenes Kommunikationsverhalten in interkulturellen Kommunikationssituationen nötig.

4.1.7 Dialogprinzipien

▶ Dialogprinzipien stellen allgemeine Ziele für die Gestaltung von Dialogen dar. Dialogprinzipien sind aus der Erfahrung abgeleitete, abstrakte Richtlinien für das Dialogdesign auf oberster Ebene (UXQB 2015).

Die Details eines Dialogs, der die Bedürfnisse eines Benutzers innerhalb des identifizierten Nutzungskontextes erfüllt, werden als Dialoganforderungen definiert. Aufgrund ihrer Allgemeingültigkeit kann es schwierig sein, sie im konkreten Kontext umzusetzen. Die Norm DIN EN ISO 9241 definiert Anforderungen an die Ergonomie der Mensch-System Interaktion. Ziel dieser Normreihe ist „die ergonomische Gestaltung von Bildschirmarbeitsplätzen unter Berücksichtigung der individuellen Bedürfnisse der Benutzer" (ISO 9241-110, S. 9). In Teil 110 werden sieben Prinzipien der Dialoggestaltung spezifiziert, welche bei der Gestaltung und Bewertung von Dialogsystemen als Leitlinien angewendet werden sollen.

Teil 110 der DIN EN ISO 9241 führt folgende sieben Dialogprinzipien auf (vgl. ISO 9241-110):

- Aufgabenangemessenheit
- Selbstbeschreibungsfähigkeit
- Erwartungskonformität
- Lernförderlichkeit
- Steuerbarkeit
- Fehlertoleranz
- Individualisierbarkeit.

Die folgenden Detailbeschreibungen dieser Dialogprinzipien basieren auf dem öffentlich zugänglichen und allgemein verfügbaren Curriculum und Glossar des UXQB für die

Zertifizierungsprüfung zur Erlangung des Grades eines Certified Professional for User Experience and Usability – Foundation Level (CPUX-F)[2] in Anlehnung an die Norm ISO 9241-110.

▶ Ein Dialog ist aufgabenangemessen, wenn dieser den Benutzer unterstützt, seine Aufgabe zu erledigen.

Funktionalität und Dialog basieren dabei auf den charakteristischen Eigenschaften der Aufgabe anstatt auf der zur Aufgabenerledigung eingesetzten Technologie. Empfehlungen zur Befolgung des Dialogprinzips: Der Dialog sollte dem Benutzer solche Informationen anzeigen, die im Zusammenhang mit der erfolgreichen Erledigung der Aufgabe stehen. Der Dialog sollte dem Benutzer keine Informationen anzeigen, die nicht für die erfolgreiche Erledigung relevanter Aufgaben benötigt werden. Die Form der Eingabe und Ausgabe sollte der Aufgabe angepasst sein. Wenn für eine Aufgabe ganz bestimmte Eingabewerte typisch sind, sollten diese Werte dem Benutzer automatisch als voreingestellte Werte verfügbar sein. Die vom interaktiven System verlangten Dialogschritte sollten zum Arbeitsablauf passen, d. h. notwendige Dialogschritte sollten enthalten sein und unnötige Dialogschritte sollten vermieden werden. Unter Aufgabenangemessenheit versteht man die ideale Arbeitsgestaltung interner und externer Aufgaben, der Aufgabenteilung und der Orientierung der E/A von Information an der Arbeitsaufgabe („interreferentielle E/A"). Dazu gehören z. B. die Bildung von Makros und adäquate Voreinstellungen zur Erleichterung der Durchführung von Routineaufgaben, also auch die Anpassung des Systems an die Belange der Aufgaben.

▶ Ein Dialog ist selbstbeschreibungsfähig in dem Ausmaß, in dem es zu jeder Zeit dem Benutzer offensichtlich ist, in welchem Dialog er sich gerade wo befindet und welche Aktionen wie durchgeführt werden können.

Selbstbeschreibungsfähigkeit des Systems liegt dann vor, wenn ein adäquates mentales Modell des Benutzers vom System (B(S(A))) hinsichtlich der momentanen Funktionsmöglichkeiten zustande kommt. Dazu gehören z. B. dass Hilfestellungen an die Kenntnisse des Benutzers angepasst, kontextabhängige Hilfen/Erklärungen/relevante Informationen gegeben, passive Hilfe (Verständlichkeit des Systems, aufgerufene Hilfe) und aktive Hilfe (automatischer Hinweis, Korrektur nach Fehlern automatisch) angeboten werden.

▶ Ein Dialog ist erwartungskonform, d. h. im Einklang mit den Benutzererwartungen, wenn er den aus dem Nutzungskontext heraus vorhersehbaren Benutzerbelangen sowie allgemein anerkannten Konventionen entspricht.

[2] Siehe unter URL=http://www.uxqb.org/de/dokumente, letzter Zugriff 22.04.2014.

Das Dialogdesignkriterium der Erwartungskonformität muss unbedingt erfüllt werden, um die Erwartungen hinsichtlich der Bedienung des interaktiven Systems aus früheren Erfahrungen des Benutzers nicht zu enttäuschen. Der Dialog sollte den Erwartungen des Benutzers entsprechen. Konsistenz ist ein Aspekt der Erwartungskonformität, welche durch die Einhaltung folgender Regeln erreicht wird:

- Einheitlichkeit und Konsistenz des Dialogverhaltens
- Innere Konsistenz (innerhalb eines Anwendungssystems)
- Äußere Konsistenz (der Dialoge zwischen Anwendungssystemen)
- Metaphorische Konsistenz (der Dialoge mit der realen Arbeitswelt).

▶ Ein Dialog ist lernförderlich, wenn er den Benutzer beim Erlernen der Nutzung des interaktiven Systems unterstützt und anleitet.

Empfehlungen zur Befolgung des Dialogprinzips: Der Dialog sollte ausreichende Rückmeldung über Zwischen- und Endergebnisse von Handlungen bereitstellen, damit die Benutzer von erfolgreich ausgeführten Handlungen lernen. Falls es zu den Aufgaben und den Lernzielen passt, sollte das interaktive System dem Benutzer erlauben, Dialogschritte ohne nachteilige Auswirkungen auszuprobieren. Beispiel: Wenn Benutzer mit Hilfe eines Hotelzimmerreservierungssystems ein Zimmer reservieren, erhalten die Benutzer Schritt für Schritt Rückmeldungen, um ihre Anfrage zu verfeinern und immer mehr Details über den Fortschritt der erfolgreichen Zimmerreservierung.

▶ Ein Dialog ist steuerbar, wenn der Benutzer in der Lage ist, den Dialogablauf zu starten sowie seine Richtung und Geschwindigkeit zu beeinflussen, bis das Ziel erreicht ist.

Steuerbarkeit des Systems durch den Benutzer liegt dann vor, wenn er das System kontrollieren kann. Es gibt systemgesteuerte, benutzergesteuerte und hybride Dialoge. Meist liegt ein hybrider Dialog vor – nur die Dominanz der Steuerung variiert. Die Geschwindigkeit des Systems soll an die Arbeitsgeschwindigkeit des Benutzers anpassbar sein (es darf kein „Arbeitstakt" vom System vorgegeben werden). Arbeitsweg und –mittel müssen frei wählbar sein. Unterbrechbare und wiederaufsetzbare Teildialoge (Kontrollinformationen) müssen ebenso wie die Stornierbarkeit von Aktionen („Undoability") möglich sein.

▶ Ein Dialog ist fehlertolerant, wenn das beabsichtigte Arbeitsergebnis trotz erkennbar fehlerhafter Eingaben entweder mit keinem oder mit minimalem Korrekturaufwand seitens des Benutzers erreicht werden kann.

Beispiele: Wenn ein Fehler auftritt, sollte das interaktive System eine konstruktive, genaue und verständliche Erklärung anbieten. Wenn aus einer Benutzeraktion schwerwiegende Folgen entstehen können, dann sollte das interaktive System eine Erklärung anbieten und eine Bestätigung vor der Durchführung der Aktion geben. Fehler müssen dem Benutzer (zur Behebung) verständlich gemacht werden. Bei automatisch korrigierten Fehlern muss ein Hinweis erfolgen, ohne den Dialogablauf zu behindern. Fehlermeldungen sollen Aufmerksamkeit auf sich ziehen (z. B. durch Farbe, Blinken). Hilfreich ist auch eine in Stufen wählbare Ausführlichkeit von Fehlermeldungen.

▶ Ein Dialog ist individualisierbar, wenn Benutzer die Mensch-System-Interaktion und Darstellung von Informationen an ihre individuellen Fähigkeiten und Bedürfnisse anpassen können.

Beu et al. (1999) weisen in ihrer Anleitung zur Anwendung des ISO-Standards 9241 darauf hin, dass die Dialogprinzipien in ihrer Relevanz für das Design von Dialogsystemen nicht immer als gleichwertig betrachtet werden dürfen. Ihre relative Relevanz wird durch die Merkmale der Arbeitsaufgabe und die Eigenschaften der potenziellen Benutzer bestimmt. Die Nutzung eines adaptiven Lernprogramms durch Lernende aus unterschiedlichen Kulturen stellt beispielsweise ein Szenario dar, in dem vor allem die Richtlinien der Erwartungskonformität und der Individualisierbarkeit des Systems vordergründig sind. „Ein Dialog ist in dem Maß erwartungskonform, wie er den Kenntnissen aus bisherigen Arbeitsabläufen, der Ausbildung und der Erfahrung des Benutzers, sowie allgemein anerkannten Konventionen entspricht.“ (Beu et al. 1999, S. 18).

4.2 Ergonomie

▶ Ergonomie befasst sich mit der Beziehung zwischen menschlichen Charakteristika und Artefakten.

Ergonomie entwickelt Methoden und Techniken, um Adaptionen zwischen Menschen und Artefakten zu erlauben – oftmals in der Form von Werkzeugen, komplexen Systemen, Organisationen oder Prozeduren. In der klassischen Ergonomie liegt das Hauptaugenmerk auf Anthropometrie, die sich mit Eigenheiten wie menschliche Muskelkraft und menschliche Wahrnehmung befasst.

Die Benutzerschnittstelle kann von zwei unterschiedlichen Standpunkten aus gesehen werden:

- Design Aspekt: Gestalte alles, was für den Benutzer relevant ist.
- Menschlicher Aspekt: Was benötigt der Benutzer zum Verstehen und welche Fähigkeit muss er dafür haben?

Diese Aspekte müssen gemeinsam betrachtet werden, da sonst der Benutzer die Systemeigenschaften möglicherweise nicht versteht. Gemäß Susanne Maaß geht es in der Software-Ergonomie um eine Optimierung des Zusammenspiels aller Komponenten, die die

Arbeitssituation von Computerbenutzern bestimmen: Mensch, Aufgabe, Technik und organisatorischer Rahmen. Software-Ergonomie beschränkt sich ausdrücklich nicht – wie oft fälschlich angenommen – auf die Behandlung der Präsentationsaspekte interaktiver Software (vgl. Maaß 1993, S. 191–205). Winograd und Flores (1991) begründet die Notwendigkeit der Berücksichtigung der Ergebnisse aus der Softwareergonomieforschung damit, dass dadurch besseres Verständnis und nutzungskontextorientiertere Theorien für die Entwicklung von MMI-Systemen und deren Benutzungsschnittstellen entstehen.

▶ Zur Gestaltung, Beurteilung und zum Vergleich von Benutzungsschnittstellen und ihren Dialogen werden softwareergonomische Kriterien oder Richtlinien verwendet.

„Die Hauptaufgabe der Softwareergonomie ist die Bereitstellung von Empfehlungen und Richtlinien zur Modellierung von Dialogen sowie die Erarbeitung von Kriterien zu ihrer Bewertung. Da wichtige Rahmenbedingungen zum Einsatz eines Computersystems sehr zahlreich und variabel sind, können im Allgemeinen nur Mindestanforderungen und unscharfe Empfehlungen gegeben werden.“ (Herczeg 1994, S. 103). Zu den hier relevanten Rahmenbedingungen zählt Herczeg u. a. die psychischen Fähigkeiten der Benutzer zur Informationsaufnahme und –Verarbeitung, aber auch die Aufgabe, die mit dem System bewältigt werden soll (z. B. das Erlernen von bestimmten Inhalten) (vgl. das Handlungsebenenmodell in Abschn. 4.1.2).

Die Softwareergonomieforschung erfüllt dabei folgende Aufgaben:

- Erforschung der Merkmale benutzer- und aufgabengerechter Software,
- Entwicklung von Verfahren für die Gestaltung von Benutzungsschnittstellen,
- Softwareunterstützung der Verfahren,
- Optimierung der Arbeitssituation von Computerbenutzern.

Die Softwareergonomie befasst sich mit Mensch und Technik in Bezug auf die zu erledigenden Aufgaben in der Arbeitssituation. Die Ergebnisse sind in der Praxis sehr begehrt, weil sie aufgrund ihres normativen Charakters Richtlinien und Checklisten darstellen, welche unmittelbar – angepasst an die jeweilige Situation – angewandt werden können. Normen (nationale und internationale Standards), Empfehlungen (nicht verbindlich), Designregeln und Tools (Entwicklungswerkzeuge, Bausteine) decken dabei die Bereiche Technik (Optimierung und Neuentwicklung von Hardware für Mensch-Rechner-Interaktion), Mensch (Anpassung an menschliche Wahrnehmungen, Denk-, Lern- und Problemlösungsvorgänge) und Arbeit (Anpassung an Aufgabenstellung und Arbeitsorganisation) ab. Durch Berücksichtigung dieser Ergebnisse sollen unnötige körperliche oder geistige Belastungen, hoher Einarbeitungsaufwand, unnatürliche Arbeitsweisen, Verschiebungen in der Relevanz von Arbeitsvorgängen, sinnlose Aufteilung von Tätigkeiten und Verschwendung menschlicher Denkfähigkeit durch Routinearbeiten vermieden werden. Software sollte so geschrieben werden, dass möglichst keine Hilfefunktion benutzt werden muss bzw. kein Handbuch nötig ist, weil sie sich selbst erklärt und alle weiteren Gestaltungsgrundsätze nach ISO 9241 erfüllt werden.

> Oberster Grundsatz der Softwareergonomie ist, dass die Software an den Menschen angepasst sein muss und nicht umgekehrt.

4.2.1 Designregeln

Allgemeine Ziele zur Dialoggestaltung, die in offiziellen Normen beschrieben werden, taugen, obzwar von einer Vielzahl von kommentierenden Beispielen erläutert, nicht als Handlungsanleitung für denjenigen, der eine Bedienoberfläche zu entwickeln hat. Sie geben zwar Hinweise darauf, was beim Design einer Oberfläche alles falsch gemacht werden kann; aber aufgrund der Notwendigkeit, als Norm genügend allgemein zu bleiben und nicht Technik- oder paradigmenspeifische Merkmale zu verwenden, sind sie nicht in der Lage, dem Entwickler eine Designorientierung zu bieten und ihn in die Lage zu versetzen, in einer konkreten Designsituation die geeigneten Gestaltungsmittel einzusetzen.

> Generische Empfehlungen (wie Richtlinien, Normen, Standards, Dialogprinzipien etc.) müssen von Experten (wie z. B. von Usability Professionals, vgl. Abschn. 4.4.4) auf die konkrete Designsituation heruntergebrochen und mit entsprechendem Wissen aufgefüllt werden.

Zum Beispiel könnte sich eine durchaus richtige, aber generische Empfehlung wie „Oberflächengestaltung ist umso gewinnbringender, je weniger Zeit und Gedächtnisleistung für die Interaktion selbst verwendet werden muss und je ausschließlicher die Aufmerksamkeit des Benutzers der Planung und Durchführung seiner Arbeitsaufgabe zugewandt sein kann." in einer konkreten Designsituation wie folgt äußern[3]: Ein Benutzer möchte ein Auto ab dem 21. Oktober 2016 mieten. Auf einer amerikanischen Autovermietungswebsite gibt der Benutzer 21-10-2016 als Startdatum für die Ausleihe ein. Die Fehlermeldung lautet „unzulässiges Datum". Das Problem ist, dass die Website das Datum im US-Format Monat-Tag-Jahr fordert. Hier könnte eine konkrete Lösung für den besten Weg aus Sicht der Gebrauchstauglichkeit sein, diese Interaktion zwischen dem Benutzer und der Website zu verhindern, indem das Problem durch Bereitstellung eines grafischen Kalenders, aus dem der Benutzer das Datum auswählen kann, umgangen wird.

Ähnlich muss nun bei Dialogprinzipien, wie in Abschn. 4.1.7 beschrieben, welche ebenfalls recht allgemein gefasst und im konkreten Anwendungsfall bei der durchzuführenden Benutzeranalyse lediglich als Anleitung dienen können, Expertenleistung eingebracht werden, um für konkrete Designfälle die richtigen Lösungen zu generieren.

---

[3] Das Beispiel entspricht dem Inhalt der öffentlichen CPUX-F Prüfungsfrage #17, Version 2.13 DE, 01. Februar 2016, Herausgeber: UXQB e. V., Kontakt: info@uxqb.org, URL= http://uxqb.org/wp-content/uploads/documents/CPUX-F_Oeffentlich_zugaengliche_Pruefungsfragen.pdf, letzter Zugriff 28.06.2016.

„In order to use these principles in practice, they need to be interpreted in relation to the context of use. Simply applying guidelines will not lead to good design“ (Preece et al. 1994, S. 488). Die von (Shneiderman 1998) aufgestellten Design-Richtlinien sind weitgehend inhaltlich in die ISO-Norm 9241, Teil 110 eingeflossen. Sie sind weniger abstrakt formuliert und daher leichter zu befolgen. Andererseits entsteht durch eine solche Spezifizierung auch die Gefahr der Missinterpretation in komplexeren Situationen (vgl. Herczeg 1994, S. 114).

Im Folgenden werden so z. B. die Dialogprinzipien der ISO 9241-110 durch weitere von (Preece et al. 1994) vorgeschlagenge Festlegungen ergänzt:

1. „Versuche Konsistenz aufrechtzuerhalten“: Diese Regel fordert, dass die Benutzer in ähnlichen Situationen mit ähnlichen Aktionsfolgen konfrontiert werden. In Menüs, Prompts oder Hilfeinformationen sollte die Einhaltung identischer Begriffe gewährleistet sein. Das gleiche gilt für Farben, Layout, Schrifttypen etc. In diesem Zusammenhang fordert (Preece et al. 1994) den Einsatz von verständlichen Metaphern, die dem Benutzer helfen, ein mentales Modell der Systemstruktur zu erstellen, das neben der Konsistenz als zusätzliche Orientierungshilfe fungieren kann.
2. „Stelle für erfahrene Benutzer Abkürzungen zur Verfügung“: Mit steigender Nutzungshäufigkeit wächst der Bedarf nach einer Abkürzung von Aktionsfolgen, die zu dem gewünschten Interaktionsergebnis führen. Ein System sollte daher die unterschiedlichen Erfahrungsebenen der verschiedenen Benutzergruppen berücksichtigen und erfahrenen Benutzern Abkürzungen, wie z. B. Funktionstasten (‚Shortcuts‘) oder Makros bereitstellen.
3. „Biete informatives Feedback“: Auf jede Benutzeraktion sollte eine sichtbare Reaktion des Systems folgen. Die Visualisierung von Nutzungsobjekten, deren Zustand vom Benutzer mittels direkter Manipulation verändert werden kann, ist besonders gut geeignet, um ein informatives System-Feedback darzustellen.
4. „Sorge dafür, dass Dialoge abgeschlossen sind“: Aktionsfolgen sollten in der Art angeordnet sein, dass der Beginn, die Mitte und das Ende erkennbar sind. Ein informatives Feedback am Ende einer Aktionsfolge signalisiert beispielsweise den erfolgreichen Abschluss eines Dialogs, was gleichzeitig eine motivierende Wirkung auf den Benutzer hat.
5. „Entwerfe fehlervermeidendes Design, biete einfache Fehlerbehandlung“: Prinzipiell sollte es Benutzern nicht möglich sein, schwerwiegende Fehler zu machen. Alle Benutzerfehler sollten vom System als solche erkannt werden und eine entsprechende Korrektur zur Folge haben, z. B. durch Hinweise und Instruktionen oder durch das Verhindern einer Änderung des Systemzustands. Weniger gravierende Benutzerfehler sollte das System jedoch durchaus zulassen, da diese u. a. auch das Erlernen der Funktionalität fördern.
6. „Erlaube einfaches Rücksetzen von Aktionen“: Es sollte grundsätzlich möglich sein, Aktionen rückgängig zu machen. Die Sicherheit, dass falsche Interaktionsschritte jederzeit zurücknehmbar sind, ermöglicht Benutzern eine angstfreie Arbeit mit dem System und fördert exploratives Nutzungsverhalten.

7. „Unterstütze benutzergesteuerten Dialog“: Erfahrene Benutzer legen viel Wert darauf, das Dialogsystem zu kontrollieren, d. h. jederzeit nach Bedarf Aktionen zu initiieren oder die gewünschten Informationen abzurufen. Unerwartete Systemreaktionen oder langwierige Dateneingabeprozeduren führen dagegen zu Unzufriedenheit und Demotivation.
8. „Reduziere die Informationsbelastung des Kurzzeitgedächtnisses“: Die Beschränkung des menschlichen Kurzzeitgedächtnisses (die Regel lautet, dass sich Benutzer nicht mehr als 7 ± 2 Informationsitems merken können) erfordert, dass die Inhaltspräsentation und -organisation sowie die Navigations- und Interaktionsstruktur auf eine Weise gestaltet sind, die dem Benutzer jederzeit erlaubt, nachzuvollziehen, welche Interaktionsschritte hinter ihm liegen und welche er als nächstes vornehmen kann (vgl. Beu et al. 1999, S. 17). Grundsätzlich sollte bei Bedarf ein einfacher Online-Zugriff auf alle relevanten Informationen wie z. B. Syntaxformen für Kommandos oder Abkürzungen möglich sein.

4.3 Usability

Bei der Bewertung der Gebrauchstauglichkeit eines Softwaresystems wird analysiert, wie genau und vollständig die Arbeitsziele des Benutzers erreicht werden (Effektivität), in welchem Verhältnis dazu der vom Benutzer aufgebrachte Aufwand unter Berücksichtigung der verwendeten Arbeitsmittel steht (Effizienz) und wie zufrieden der Benutzer mit der Anwendung ist (Zufriedenstellung). Dabei wird betont, dass die Benutzungsfreundlichkeit in erster Linie von dem Kontext der Softwarenutzung abhängig ist (vgl. Beu et al. 1999, S. 25), d. h. das System zweckgemäß verwendet werden kann, wie (Bevan 1995) schreibt: „Usability means that the product can be used for its intended purpose in the real world“ (Bevan 1995, S. 2).

Usability ist eine Produktqualität interaktiver Systeme. Sie ist definiert in der ISO 9241-11:1998 (früher ISO 13407):

▶ Usability (Gebrauchstauglichkeit) ist das Ausmaß, „in dem ein Produkt durch bestimmte Benutzer in einem bestimmten Nutzungskontext genutzt werden kann, um bestimmte Ziele effektiv, effizient und zufriedenstellend zu erreichen." (DIN 1999, S. 94).

Zufriedenstellung wird hierbei als die Freiheit von Beeinträchtigungen und eine allgemein positive Einstellung gegenüber der Systemnutzung definiert.

Eine Definition von (Nielsen 1997) beispielsweise fasst das Thema Usability noch breiter und allgemeiner (in Richtung „Benutzungsfreundlichkeit“): „Usability is the measure of the quality of the user experience when interacting with something – whether a Web site, a traditional software application, or any other device the user can operate in some way or another.“ (Nielsen 1997).[4]

[4] Dazu könnte demnach auch ein Papierfragebogen oder eine Kehrschaufel zählen. Im Kontext der ISO 9241 betrifft Usability aber in erster Linie softwareergonomische Systeme, also Mensch-Maschine Systeme.

Die wesentliche Kernaussage, in der alle Definitionen übereinstimmen ist, dass der Benutzer in Interaktion mit dem Benutzten (meistens Software) zu betrachten ist. Benutzer, Benutztes und Umgebung bilden dabei eine Einheit und werden zusammen mit den zu erledigenden Aufgaben als Nutzungskontext bezeichnet (vgl. Abschn. 4.3.2).

Beim menschzentrierten Gestaltungsprozess (User Centered Design) wird der Fokus bei der Entwicklung auf die Anforderungen des Benutzers und nicht auf technische Spezifikationen gelegt. Der Benutzer wird dabei möglichst früh in den Design-Prozess mit einbezogen. Technologie wird als Hilfsmittel zur Unterstützung von Aufgaben des Benutzers gesehen (sozialer und organisationaler Kontext wird mit einbezogen – Menschen und Technologie bilden soziotechnische Systeme). Gebrauchstauglichkeit ist der Maßstab an dem sich Technologie messen lassen muss. Der Usability Engineering Prozess hat einen iterativen Verlauf mit starker Benutzerbeteiligung (vgl. Abschn. 4.4).

4.3.1 Eigenschaften gebrauchstauglicher Systeme

Standardmäßig umfasst Usability drei Kriterien. Effektivität bezeichnet die Genauigkeit und Vollständigkeit der Ergebnisse. Effizient bezieht sich auf die nötigen Ressourcen (z. B. Zeitaufwand, Konzentrationsaufwand, etc.) welche aufgewendet werden mussten, um ein Ziel zu erreichen (also die Relation zwischen Aufwand und Ergebnis). Zufriedenstellung – schwierig zu umschreiben und schwierig zu messen – wohl aber ein sehr wichtiges Kriterium guter Usability. Obgleich dieser Aspekt so bedeutsam ist, wird er bei Entwicklern häufig übersehen, unterschätzt oder falsch beurteilt – insbesondere im kulturellen Kontext.

▶ Benutzer bewerten die Qualität eines Softwaresystems anhand des Grades, in welchem es ihnen hilft, ihre Aufgaben zu erfüllen und anhand der Freude, die sie bei der Benutzung empfinden.

Diese Beurteilung ist zu einem großen Ausmaß festgelegt von der Qualität der Benutzungsschnittstelle. Gute Benutzungsschnittstellen tragen zur Qualität eines Systems auf folgende Art und Weise bei:

- Erhöhte Effizienz: Passt das System zur Arbeitsweise seiner Benutzer und hat es ein gutes ergonomisches Design, dann können Benutzer ihre Aufgaben effizient erledigen. Sie verlieren keine Zeit durch einen Kampf mit der Funktionalität und ihres Auftretens auf dem Bildschirm.
- Verbesserte Produktivität: Ein gutes Interface lenkt den Benutzer nicht ab, sondern erlaubt ihm eher, sich auf die auszuführende Aufgabe zu konzentrieren.
- Weniger Fehler: Viele sogenannte „menschliche Fehler" können auf eine schlechte User-Interface-Qualität zurückgeführt werden. Vermeidung von Inkonsistenzen, Unklarheiten und so weiter reduziert Nutzungsprobleme.

- Weniger Training: Ein schlechtes User Interface erschwert das Lernen. Ein gut gestaltetes User Interface ermutigt seine Benutzer dazu, angemessene Modelle zu kreieren und stützt den Lernprozess und führt somit zu einer Verkürzung der Übungszeit.
- Verbesserte Akzeptanz: Benutzer bevorzugen Systeme, deren Benutzungsschnittstellen gut gestaltet sind. Solche Systeme machen es leicht, Informationen zu finden und stellen diese in einer Art zur Verfügung, die einfach zu gebrauchen ist.

Ein System in welchem Interaktion auf einer Ebene stattfindet, die dem Benutzer verständlich ist, wird schneller akzeptiert als ein System, bei dem dies nicht der Fall ist.

4.3.2 Nutzungskontext

Der Nutzungskontext umfasst den Benutzer selbst, seine Arbeitsaufgaben, die ihm zur Verfügung stehenden Ressourcen (Arbeitsmittel) sowie die physische und soziale Umgebung (Abb. 4.3). Die Erfassung der Benutzereigenschaften spielt für die Bedienbarkeit und Akzeptanz eines Softwaresystems ebenfalls eine wesentliche Rolle. Zu den Benutzereigenschaften, die im Rahmen dieser Analyse zu untersuchen sind, zählen nach (Herczeg 1994, S. 37) vor allem:

- der Aufgabenbereich der Benutzer;
- der Wissenshintergrund der Benutzer;
- die Computerkenntnisse und Erfahrungen der Benutzer in der Nutzung eines bestimmten Anwendungssystems;
- der Aufgabenbereich der Benutzer; die Erwartungen, Präferenzen der Benutzer im Hinblick auf die Funktionalität und Eigenschaften des Systems.

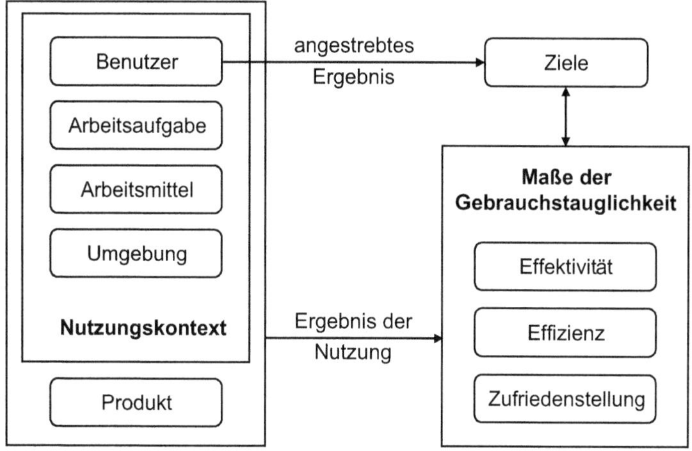

Abb. 4.3 Anwendungsrahmen für Gebrauchstauglichkeit (nach DIN 1999)

> Ein Usability-Problem liegt vor, wenn es Aspekte eines Systems Benutzern mit hinreichenden Vorkenntnissen unangenehm, ineffizient, beschwerlich oder unmöglich machen, in einem typischen Nutzungskontext die Ziele zu erreichen, für deren Erreichung das System erstellt wurde (Sarodnick und Brau 2011).

In der Fachliteratur zur interkulturellen Forschung werden Auswirkungen von kulturell beeinflussenden Faktoren auf die MMI durch empirische Studien bestätigt (z. B. Honold 2000; Röse 2002; Heimgärtner 2007a). Auch die Wahrnehmung der Usability („Gebrauchstauglichkeit ") eines Systems ändert sich je nach kulturellem Hintergrund des Rezipienten (vgl. Badre und Barber 1998; Vöhringer-Kuhnt 2002; Clemmensen und Clemmensen 2010). Badre und Barber (1998) zeigten empirisch den direkten Einfluss von kulturellen Markern auf die Leistung der Interaktion von Benutzern mit dem System und damit der Verbindung zwischen Kultur und Benutzbarkeit auf. Vöhringer-Kuhnt (2002) stellte z. B. fest, dass Hofstede's Individualismus-Index mit Benutzerzufriedenheit und Gebrauchsfähigkeit des Produkts zusammenhängt und signifikanten Einfluss auf die Usability im interkulturellen Kontext hat.

4.3.3 Benutzererlebnis

Es ist jedoch zu kurz gefasst, Usability als alleinige Qualitätsanforderung an interaktive Systeme im Sinne der Norm zu verstehen. Das Vorliegen objektiver Qualitätsmerkmale sichert nicht das tatsächliche Erleben dieser Merkmale durch den Benutzer ab, denn Benutzer haben mit interaktiven Systemen auch Nutzungserlebnisse („User Experiences"; UX), welche bedeutungsvoll in einem Gesamtkontext eingebettet sind und sich nicht alleine darauf beziehen, ob und wie ein Nutzungsziel erreicht wurde. Hassenzahl et al. (2003) stellen dar, dass Menschen vielmehr nach der Verbesserung eigener Erkenntnisse und Fähigkeiten (Stimulation) sowie nach Ausdruck ihres Selbstseins (Identität) streben. Daher kann zwischen „pragmatischen" Qualitäten (Nutzen, Gebrauchstauglichkeit) und „hedonischen" Qualitäten (Stimulation und Identität) von Systemen unterschieden werden. Technische Produkte sollten daher sowohl neuartig, interessant und anregend sein, als auch die Identität des Benutzers kommunizieren (helfen), um eine positive Nutzungseinstellung zu erzeugen. Das Benutzererlebnis umfasst daher mehr als nur das Erleben der Benutzungsschnittstelle (Abb. 4.4).

Inzwischen gibt es einen breiten Konsens für die Bedeutung dieser nicht-funktionalen hedonischen Aspekte (Hassenzahl et al. 2003; Preim und Dachselt 2010). Verschiedene Autoren plädieren dafür, nicht das Ding an sich, sondern die Erfahrung zum Gegenstand der Gestaltung zu machen (z. B. Norman 2002; Buxton 2010).

> Laut DIN EN ISO 9241-210 (DIN 2010) umfasst die User Experience (Benutzererlebnis) alle Effekte, die ein interaktives Produkt sowohl bereits vor (antizipierte Nutzung), als auch während beziehungsweise nach der Nutzung (Identifikation mit dem Produkt oder Distanzierung) auf den Benutzer hat (Abb. 4.5).

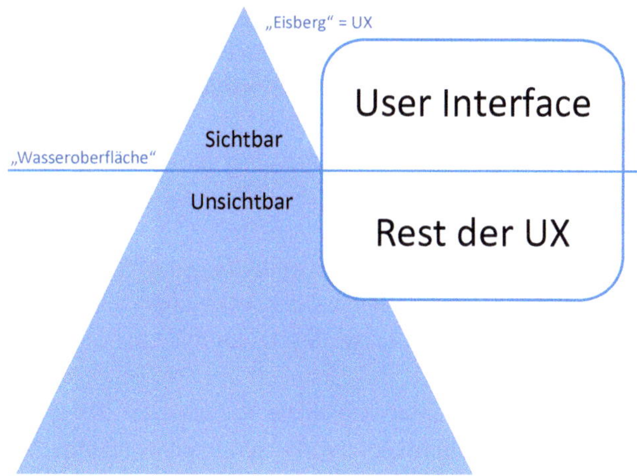

Abb. 4.4 Benutzererlebnis umfasst mehr als nur das Erleben der Benutzungsschnittstelle

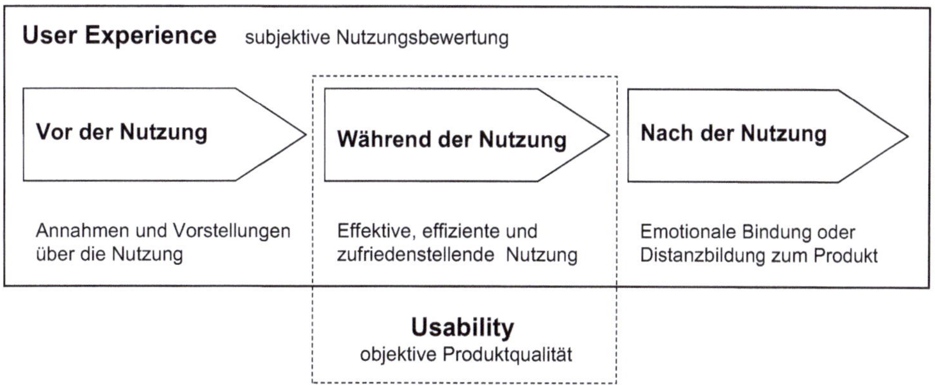

Abb. 4.5 Sicht der DIN EN ISO 9241-210 auf Usability und User Experience

Eine gute Usability als Produktqualität ist damit ein wichtiger, aber eben nur einer der Faktoren, welche die User Experience ausmachen bzw. beeinflussen.

4.4 Usability Engineering Prozess

> Usability-Engineering ist der methodische Weg zur Erzeugung der Eigenschaft der Usability. Es ist ein Teilprozess der Entwicklung und Gestaltung technischer Systeme und ergänzt das klassische Engineering – beispielsweise das Software-Engineering – um ergonomische Perspektiven.

Dabei werden Ansätze, Methoden, Techniken und Aktivitäten für einen benutzerorientierten Entwicklungsprozess bereitgestellt. Im Teil 210 der DIN EN ISO 9241 (DIN 2010) finden sich Anforderungen an und Empfehlungen für einen Mensch-zentrierten Gestaltungsprozess (engl. Human-Centered Design; HCD oft als „User-Centered Design" (UCD) bezeichnet) von computer-basierten Systemen. In diesem Prozess werden sowohl Hardware- als auch Software-Anteile des Systems berücksichtigt.

In Abb. 4.6 sind die essenziellen Prozessschritte einer mensch-zentrierten Gestaltung dargestellt, die erforderlich sind, um konsequent die Gebrauchstauglichkeit von interaktiven Systemen während deren Entwicklung sicherzustellen.

In kulturbezogenen Kontexten bleiben bis dato viele Fragen in Bezug auf Interaktionsebenen, Mentalität und Denken sowie Handeln bei der Anwendung von ‚Usabilityengineering'-Methoden – und auch gerade beim Einsatz des ‚Usabilityengineering'-Prozesses – im besten Fall nur teilweise beantwortet.

Wie beeinflussen oder behindern unterschiedliche Kulturen das Navigieren innerhalb von Applikationen? Ergeben sich signifikante Verbesserungen gegenüber Applikationen, bei welchen interkulturelle Unterschiede nicht adaptiv berücksichtigt wurden? Können von anderen Kulturen stammenden Benutzer deutlich andere Erfahrungen machen mit Applikationen aus ihren eigenen oder fremden Kulturen? Solche Fragen sind zu beantworten, will man brauchbare Hinweise für Entwickler und Designer von interkulturellen Benutzungsschnittstellen zu geben.

Einige dieser Fragen wurden schon beantwortet (s. z. B. Heimgärtner 2012) aber viele sind noch offen, ganz besonders in Bezug auf die Verträglichkeit des mensch-zentrierten Prozesses in unterschiedlichen kulturellen Kontexten.

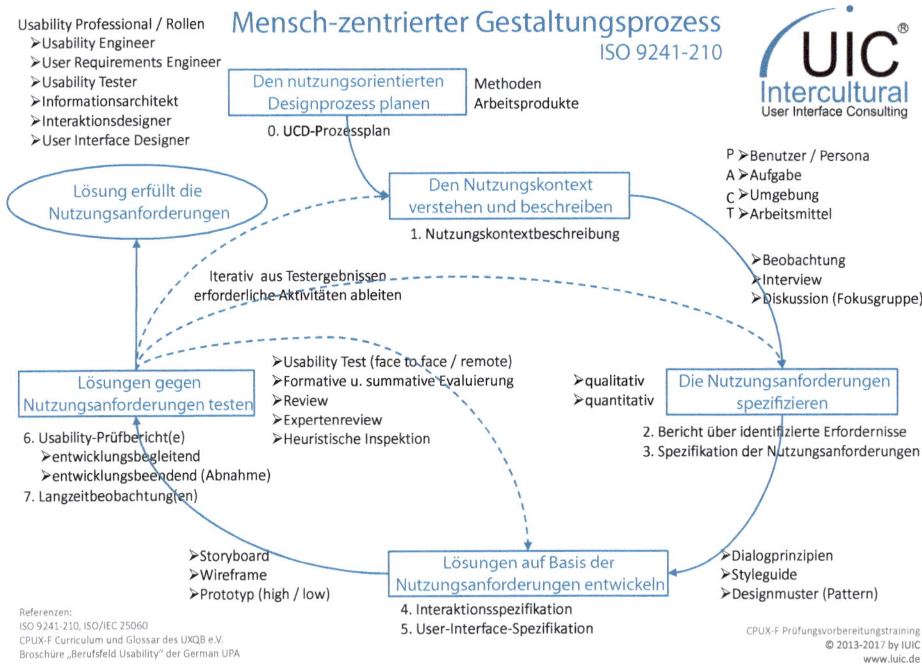

Abb. 4.6 Mensch-Zentrierter Gestaltungsprozess in Anlehnung an ISO 9241-210. (Quelle: IUIC)

Erklärungsmodelle für das kulturell beeinflusste unterschiedliche Erleben einer Nutzungssituation sowie Methoden und Prozesse eines interkulturellen Usability Engineerings sind bisher kaum hinreichend detailliert in der Literatur anzutreffen. Die oft maßgeblichen kulturellen Einflüsse auf die Usability von technischen Systemen sind daher gerade im industriellen Kontext sowohl noch zu unbekannt als auch für diesen unzureichend erklärt. Die Analyse von Kulturdimensionen bzw. Kulturstandards und der daraus resultierenden Ableitung von Implikationen auf das Usabilityengineering ist ein methodischer Ansatz, um kulturtheoretisch fundierte Erkenntnisse in die Praxis interkultureller Usabilityengineering Prozesse einfließen zu lassen. Die kulturellen Unterschiede der MMI zu kennen hilft auch, die interkulturelle Benutzbarkeit von technischen Systemen zu verbessern. Unternehmen, die solche Systeme entwickeln, sollten deshalb dahingehend sensibilisiert werden, dass für eine erfolgreiche weltweite Produktvermarktung auf die Beachtung kultureller Unterschiede kaum verzichtet werden kann. Ergebnisse des Autors dazu werden in Kap. 6 (IUID in Theorie: Forschung in Wissenschaft) vorgestellt.

4.4.1 Prinzipien des mensch-zentrierten Gestaltungsprozesses

▶ Der mensch-zentrierte Gestaltungsprozess folgt sechs Prinzipien, welche auch im interkulturellen Kontext Berücksichtigung finden müssen.

(i) Der Entwurf basiert auf dem ausdrücklichen Verständnis des Benutzer, der Aufgabe und der Umgebung: Das ausdrückliche Verständnis des Benutzers, der Aufgabe und der Umgebung bleibt gerade eine der größten Herausforderungen – ganz besonders in interkulturellen Kontexten – wegen des unterschiedlichen expliziten, impliziten oder gar verschwiegenen Tatsachen- oder Vorgangswissens, das aus unterschiedlichen Weltbildern, Annahmen, Methoden und Prozessen resultiert (Heimgärtner et al. 2011).

(ii) Der Benutzer ist während des gesamten Design- und Entwicklungsprozesses eingebunden: Trotzdem existiert kulturelles Verhalten, das dem erwarteten und angeforderten Benutzerverhalten durch den gesamten Design – und Entwicklungsprozess widerspricht (Hofstede et al. 2010). Benutzer unterschiedlicher Kulturen begreifen Dinge unterschiedlich und verhalten sich entsprechend in gewissen Design- und Entwicklungssituationen (Honold 1999b), was wiederum das nächste Prinzip des menschenzentrierten Designs beeinträchtigt.

(iii) Das Design wird angetrieben und verfeinert durch benutzerzentrierte Evaluation: In diesem Fall existieren kulturelle Unterschiede der Art, wie man z. B. auf Fragen oder auf Überwachung reagiert (Clemmensen und Goyal 2005). Auch das Phänomen der Gesichtsbewahrung (Victor 1998) muss berücksichtigt werden, um die Evaluationsmethoden rechtzeitig entsprechend anpassen oder ändern zu können.

(iv) Der Prozess ist iterativ: Dieses Prinzip scheint oberflächlich betrachtet für die Anwendung in unterschiedlichen Kulturen nicht besonders problematisch zu sein, weil die Notwendigkeit von iterativem Lernen die Benutzer auf der ganzen Welt betrifft. Trotzdem muss überprüft werden, ob hier Probleme auftauchen, wenn man dieses Phänomen näher untersucht. Zum Beispiel können unterschiedliche Lernstile zum Tragen kommen, die sich auf Iterationszyklen auswirken (z. B. Iterationsdauer oder Iterationshäufigkeit).

(v) Das Design stellt sich dem vollständigen Benutzererlebnis: Dieses Prinzip scheint allgemeingültig für alle Benutzer aller Kulturen zu sein. Die Wahrnehmung und Reaktionen in Bezug auf den erwarteten Gebrauch eines Produkts, eines Systems oder einer Dienstleistung können jedoch je nach Nutzungsanforderungen im entsprechenden kulturellen Kontext unterschiedlich ausfallen. Dadurch wird der Aufwand erhöht, dieses Prinzip umzusetzen.

(vi) Die Designgruppe umfasst disziplinübergreifendes Können und Perspektiven: Empathie und aufrichtige Offenheit ist notwendig, um Gegenstände von anderen Disziplinen begreifen und verstehen zu können, was in interkulturellen Kontexten aufgrund der Komplexität von Kulturen umso schwieriger und wichtiger ist (Thomas et al. 2010). Darüber hinaus sind einige Kulturen eher verschlossen als aufgeschlossen (Hofstede et al. 2010; Trompenaars und Hampden-Turner 2012; Hall und Hall 2009).

Der mensch-zentrierte Gestaltungsprozess umfasst folgende Hauptaufgaben:

- Nutzungskontext verstehen und beschreiben
- Nutzungsanforderungen spezifizieren
- Lösung auf Basis der Nutzungsanforderungen entwickeln
- Lösung gegen Nutzungsanforderungen testen.

Im Folgenden werden die Planung dieses Prozesses und seine Hauptaufgaben in Bezug auf ihre Usability in interkulturellen Kontexten analysiert und einige Ideen zu kulturellen Auswirkungen auf diesen ‚Usabilityengineering-Prozess' (mensch-zentrierten Gestaltungsprozess) vorgestellt. Die durch interkulturellen Gebrauch entstehenden Schwächen des Prozesses werden identifiziert, um Verbesserungsvorschläge zu ermitteln. Nach einer kurzen Beschreibung des jeweiligen Prozessschrittes folgt eine Einschätzung der möglichen kulturellen Auswirkungen darauf und unter Umständen zutreffende Implikationen für den Prozess, dessen tatsächlichen Produkte sowie das gegebenenfalls erreichte Gesamtprodukt.

4.4.2 Planen des mensch-zentrierten Gestaltungsprozesses

(i) Allgemein: Die Phasen des Produktlebenszyklusses scheinen unabhängig von Kultur zu sein, weil sie generisches menschliches Verhalten widerspiegeln:

- Erfassen einer Idee (Konzeption)
- Sammeln der für die Verwirklichung der Idee nötigen Mitteln (Analyse)

- Planen der physikalischen Verwirklichung der Idee (Design)
- Umsetzen der Idee selbst (Implementierung)
- Überprüfen der Verwirklichung anhand der intendierten Idee (Evaluation) und
- Unterstützen der Idee bis sie keinen Gefallen mehr findet (Wartung).

Jeder Mensch verfolgt diese Schritte unabhängig von der jeweiligen Kultur. Und dennoch gilt es hier kulturelle Unterschiede zu beachten. Zum Beispiel planen Japaner im Gegensatz zu Deutschen sehr lange bevor sie etwas umsetzen (Kuhnert 2004).

(ii) Verantwortung: Verantwortung ist sehr stark kulturell geprägt. Kulturen mit hoher Machdistanz und hoher Unsicherheitsvermeidung zeigen eine andere Einstellung zur Übernahme von Verantwortung als Kulturen mit niedriger Machtdistanz und niedriger Unsicherheitsvermeidung (Hofstede et al. 2010).

(iii) Inhalt des Plans und (iv) Integration des Projektplans: Im Einklang mit der jeweiligen Weltanschauung müssen unterschiedliche Methoden angewandt werden, um vernünftige Ergebnisse zu erzielen (Heimgärtner et al. 2011). Zum Beispiel kann ein Plan sehr detailliert oder sehr agil sein. Dessen Akzeptanz hängt von der jeweiligen Kultur ab. Verhandlungen und Vertragsabschlüsse konstatieren einen weiteren Bereich, der neben der Übereinstimmung über Zeitbeschränkungen für iterative Prozesszyklen in unterschiedlichen Kulturen je nach mono-kausalem oder multi-kausalem Denkstil Probleme aufwerfen kann (Röse 2005).

(v) Timing und Ressourcen: Der kulturelle Einfluss wird hier anhand kultureller Modelle zu Zeiterfassung (mono-chronisch vs. poly-chronisch, vgl. Hall und Hall 2009) und Ressourcenverbrauch beschrieben (vgl. Kap. 2).

▶ Um einen stabilen interkulturellen Engineeringprozess zu etablieren, sind kulturelle Aspekte in den Phasen des Softwareengineeringprozesses als auch des Usabilityengineeringprozesses (mensch-zentrierten Gestaltungsprozesses) zu berücksichtigen (vgl. auch Kap. 3 und 7).

4.4.3 Menschzentrierte Gestaltungsaktivitäten

(i) Verstehen des Nutzungskontextes: Das Ziel dieses Prozessschrittes ist es, alle Anforderungen, Interessen, Erwartungen und Verhaltensmuster der unterschiedlichsten Benutzergruppen zu sammeln.

In einem internationalen Kontext ist es wichtig festzuhalten, dass nicht nur eine homogene Benutzergruppe existiert. Um den kulturell geprägten Nutzungskontext in den entsprechenden Nutzungssituationen zu spezifizieren, ist es wichtig, ein gründliches Verständnis der einzelnen kulturabhängigen Bedürfnisse der Benutzer zu entwickeln. Der gegenwärtige Prozess deckt diesen Aspekt des kulturübergreifenden Kontextes nicht vollständig ab, weil noch nicht genügend Gewicht auf eine tiefergehende Analyse der kulturellen Aspekte und ihren Einfluss mittels der Verwendung von MMI-Dimensionen,

Benutzungsschnittstellenmerkmalen, kulturübergreifender Variablen und kultureller Dimensionen gelegt wurde. MMI-Dimensionen beschreiben den Stil der Mensch-Maschine-Interaktion, wie er sich mit Informationsfrequenz, Informationsdichte und -anordnung sowie mit Interaktionsfrequenz und Interaktionsgeschwindigkeit erfassen lässt. Benutzungsschnittstellenmerkmale fangen relevante Attribute von Benutzungsschnittstellen ein: Metapher, Präsentation, Navigation, Interaktion und mentales Modell (Marcus und Baumgartner 2004). Interkulturelle Variablen erfassen die Lokalisierungsebenen: Funktion, Interaktion und Präsentation (Röse und Zühlke 2001). Direkte kulturübergreifende Variablen betreffen die MMI unmittelbar in Bezug auf Farben, Ikone, Sprache, Bild-Layout sowie Interaktionsgeschwindigkeit und -frequenz. Indirekte kulturübergreifende Variablen umfassen MMI-bezogene Themen wie Bedienungsanleitungen oder Verpackungen.

Trompenaars und Hampden-Turner (2012) definierten kulturelle Dimensionen, die sich auf menschliche Interaktion beziehen wie Universalität, Neutralität, Spezifizität, Kontinuität und Kontrolle. Sie können mit MMI-Dimensionen assoziiert werden, um eine Verbindung zwischen der kulturellen Prägung eines Benutzers zu seinem MMI-Stil zu etablieren (Heimgärtner 2013) und aus dem kulturübergreifenden Kontext die analytische Basis der Spezifikation des Nutzungskontextes zu beschreiben und so die nächste Aktivität zu unterstützen:

(ii) Spezifikation von Nutzungsanforderungen: Die Herausforderung bei dieser menschzentrierten Aktivität liegt darin, ein tiefes Verständnis für die Komplexität der gestellten Aufgabe und deren Anforderungen (s. Schoper und Heimgärtner 2013) durch eine Marktanalyse der gegenwärtigen Situation in Bezug auf vorhandenen Produkte, Hauptwettbewerber, Umweltfaktoren wie Politik, Gesetzgebung, wirtschaftliche Trends und schließlich soziologische und technologische Entwicklungen auf dem Zielmarkt zu erlangen.

Empfehlungen aus der ISO 9241-210 können auf die Aufgaben und Rollen in kulturübergreifenden Kontexten erweitert werden. Elemente des „usage-centered design"- Prozesses wie kulturspezifische Benutzeraufgaben und Benutzerrollen als auch ein zusätzliches Kulturmodell kann verwendet werden, um den interkulturellen „Usabilityengineering"-Prozess zu systematisieren (vgl. Windl und Heimgärtner 2013).

(iii) Erzeugen von Designlösungen: In diesem Prozessschritt hat eine kulturell diverse Designmannschaft für Benutzungsschnittstellen neue, innovative Designlösungen zu generieren.

Je besser und genauer die Produktziele am Anfang des Entwicklungsprojektes definiert werden, umso leichter wird es, diese mit dem Ist-Stand des Entwurfs zu vergleichen. Kommunikation stellt dabei eine Herausforderung innerhalb der diversen Mannschaften dar: Missverständnisse, die durch den Gebrauch einer gemeinsamen Nicht-Muttersprache entstehen (– zumindest für die Mehrzahl der Mitarbeiter), werden häufiger vorkommen und zu Wut und Frustration führen. Die Verteilung von Teilaufgaben und Rückkoppelungsschleifen werden dabei auch negativ beeinflusst, was dann die Entwicklungstätigkeit ad absurdum führt, weil sie durch falsche oder fehlende Rückkoppelung (bzw. deren Interpretation) irrgeleitet wird.

(iv) Design-Evaluierung: Im kulturübergreifenden Kontext ist es entscheidend, den Design-Status aus den Perspektiven unterschiedlicher kultureller Benutzergruppen heraus auszuwerten, welche derart definiert sind, dass der Entwurf zu den unterschiedlichen und manchmal widersprüchlichen Anforderungen aller Interessenvertreter (Stakeholder) passt.

4.4.4 Rollen im mensch-zentrierten Gestaltungsprozess

Sture Befolgung und Einhaltung von Standards ist allerdings noch kein Garant für gute Gebrauchstauglichkeit bzw. gutes Benutzererlebnis. Dazu sind erfahrene Menschen notwendig, welche das Handwerk des Usability Engineerings beherrschen und in der Lage sind, zielgerichtet produktrelevante Prozesse, Normen, Standards und Designrichtlinien in der Praxis umzusetzen.

▶ Der Usability Professional ist eine Person, die qualifiziert ist methodisch die Anforderungen an die Usability (Gebrauchstauglichkeit) interaktiver Systeme (Hardware und Software) herzuleiten, umzusetzen oder deren Umsetzung zu überprüfen.[5]

Ein Usability Professional ist entsprechend des mensch-zentrierten Gestaltungsprozesses typischerweise in einem oder mehreren der folgenden Arbeitsschwerpunkte spezialisiert:

- Analyse – Erheben von Nutzungskontexten, Herleiten von Nutzungsanforderungen
- Gestaltung – Konzipieren der Interaktion zwischen Mensch und interaktivem System, Strukturieren und Darstellen handlungsleitender Informationen.
- Evaluierung – Durchführen von inspektionsbasierten Evaluierungen (ohne Benutzer) und Usabilitytests (mit Benutzern)
- Prozessgestaltung und Methodeneinsatz – Festlegen, Einführen und Betreiben eines mensch-zentrierten Gestaltungsprozesses.

Grundlage der Tätigkeiten eines Usability Professionals sind die internationalen Normen zur Usability interaktiver Systeme und deren Gestaltungsprozess (ISO 9241) sowie aktuelles, publiziertes Fachwissen.

[5] Usability Professionals sind in Berufsverbänden organisiert (z. B. German UPA, URL = http://www.germanupa.de, letzter Zugriff 28.10.2016). Der UXQB (International Usability and UX Qualification Board) hat hierfür das Personenzertifizierungsprogramm zum „Certified Professional for Usability and User Experience" (CPUX) geschaffen (s. www.uxqb.org, letzter Zugriff 30.09.2016). Anerkannte Trainingsanbieter (wie z. B. IUIC, s. www.iuic.de, letzter Zugriff 21.10.2016) bieten entsprechende Vorbereitungsseminare für die Zertifizierungsprüfungen an.

Usability Professionals arbeiten in Projekten zur Herstellung von interaktiven Systemen und mit ihnen verbundenen Dienstleistungen und Prozessen für den Einsatz in zahlreichen Projektkontexten (z. B. interaktive Systeme für den gewerblichen Einsatz, Haushaltsgeräte, interaktive Spiele, mobile Endgeräte). Ein Usability Professional kann dabei eine oder mehrere Rollen ausfüllen. Einige der wichtigsten Rollen werden im Folgenden angesprochen.

Der Usability Engineer betreut in einer Querschnittsfunktion verantwortlich den mensch-zentrierten Gestaltungsprozess. Er ist kompetent und erfahren in den Prozessschritten und verfügbaren Methoden der mensch-zentrierten Gestaltung und kennt Gestaltungsregeln für Benutzererlebnis, sodass er die Entwicklungsprojekte unter dem Aspekt mensch-zentrierter Gestaltung planen und die Qualität der Ausführung von mensch-zentrierten gestaltungsbezogenen Aktivitäten sicherstellen kann. Dies beinhaltet die Integration der mensch-zentrierten Gestaltung in den Produktentwicklungsprozess des Unternehmens, die Definition von Erfolgskriterien für solche Projekte sowie das Training von beteiligten Projektteams. Er ist in der Lage, die für das jeweilige Projekt relevanten Arbeitsergebnisse, hierfür geeignete Vorgehensweisen sowie Arbeitshilfen und Festlegungen (z. B. Dialogprinzipien und Gestaltungsregeln) für den mensch-zentrierten Gestaltungsprozess zu identifizieren und für ein Projekt festzulegen.

Der Usability Tester evaluiert Benutzungsschnittstellen in verschiedenen Stadien der Realisierung. Er definiert in Abstimmung mit den Prozessbeteiligten den Aufbau der Evaluierungen und verantwortet die valide Ausführung der Evaluierungen. Der Usability Tester erstellt entwicklungsbegleitend formative Usabilitytestberichte mit dem Ziel der Produktverbesserung sowie den Usabilitytestbericht über die abschließende summative Evaluierung. Er kommuniziert diese Ergebnisse an die Interessenvertreter (Projektbeteiligten) oder betreut deren Kommunikation verantwortlich.

Dies kann bspw. im Rahmen eines Abnahmetests in Zusammenarbeit mit dem User Requirements Engineer erfolgen, welcher verantwortlich für die Erhebung des Nutzungskontextes und die Spezifikation von Nutzungsanforderungen ist.

Weitere wesentliche Rollen sind User Interface Designer, Informationsarchitekt und Interaktionsdesigner. Für nähere Informationen dazu s. UPA Usability Professionals' Association 2009.

4.4.5 Usability-Heuristiken

Softwareergonomische Richtlinien dienen nicht nur als Arbeitshilfe zur Modellierung von Dialogen (vgl. Herczeg 1994), sondern können auch zur Bewertung und zum Vergleich von bestehenden Dialogsystemen eingesetzt werden (Nielsen 1994). In diesem Zusammenhang wird häufig auch von der heuristischen Evaluation gesprochen. Der Begriff Heuristik leitet sich von der griechischen Bezeichnung für ‚Entdecken' her und bezeichnet im Kontext des Usability-Engineerings „Verfahrensweisen oder Prinzipien, die Benutzern helfen, systematisch an einer Entdeckung, einer Entscheidung oder einer Lösung zu arbeiten" (Geest und Spyridakis 2000, S. 1).

> Usability-Heuristiken leiten sich aus der Erfahrung ab und stellen allgemein anerkannte Daumenregeln dar, Daumenregel, die der Umsetzung von Dialogprinzipien dient, aber konkreter und einfacher anzuwenden sind.

Die zehn Usability-Heuristiken nach (Nielsen 1994), die im Folgenden aufgeführt werden, weisen Überschneidungen mit den von (Shneiderman 1998) aufgestellten Regeln auf, bieten jedoch in einigen Punkten zusätzliche Spezifizierungen.

1. Sichtbarkeit des Systemstatus: Ein System sollte den Benutzer über das aktuelle Geschehen ‚auf dem Laufenden' halten, indem es geeignetes Feedback in angemessener Zeit liefert.
2. Übereinstimmung zwischen dem System und der realen Welt: Ein System sollte ‚die Sprache des Benutzers sprechen', d. h. der Dialog mit dem Benutzer sollte einfach, klar und verständlich gestaltet sein, sowohl auf sprachlicher als auch auf konzeptioneller Ebene. Jede Information sollte in einer logischen Abfolge dargeboten, Systemmeldungen und Bezeichnungen einfach formuliert und Fachterminologie möglichst vermieden werden. Die Berücksichtigung kulturspezifischer Vorstellungen von der realen Welt oder einer logischen Darstellung ist im Hinblick auf die Entwicklung von Systemen für ein internationales Publikum von hoher Relevanz.
3. Kontrolle des Benutzers über das System und Benutzerfreiheit: Da Benutzer oft versehentlich falsche Systemfunktionen auswählen und somit unbeabsichtigt an falsche Programmstellen gelangen können, sollte ein System einen deutlich gekennzeichneten ‚Notausgang' anbieten, damit sie den ungewollten Zustand jederzeit verlassen können. Ein Beispiel ist die Schaltfläche zum Abbruch eines Dialogs.
4. Konsistenz und Standards: Der Benutzer sollte sich nicht über unterschiedliche Wortwahl, Schriftarten, Grafiken oder Systemaktionen wundern, die jedoch das Gleiche bedeuten sollen.
5. Vermeidung von Fehlern: Besser als die Bereitstellung geeigneter Fehlermeldungen ist ein sorgfältig konzipiertes Design, das das Eintreten fehlerhafter Aktionen seitens des Benutzers erst gar nicht zulässt.
6. Wiedererkennung statt Erinnerung: Alle Objekte, Aktionen und zur Verfügung stehende Optionen sollten für den Benutzer immer sichtbar sein, sodass er sich nicht an die Informationen erinnern muss, die in einem anderen Bereich des Dialogs von Bedeutung waren. Auch alle Anweisungen für die Benutzung des Systems sollten eindeutig, unkompliziert und jederzeit sichtbar bzw. leicht auffindbar sein.
7. Flexibilität und Nutzungseffizienz: Für fortgeschrittene Benutzer sollte das System ‚Shortcuts' (Abkürzungen) anbieten, die für den Anfänger nicht sichtbar sind, dem erfahrenen Benutzer es jedoch ermöglichen, häufige Aktionen schneller auszuführen. Auf diese Weise können beide Benutzergruppen zufrieden gestellt werden.
8. Ästhetisches und minimalistisches Design: Dialoge sollten nur die Information enthalten, die relevant und absolut notwendig ist, da jede Extrainformation die Aufmerksamkeit des Benutzers von der wirklich wichtigen ablenkt und deren relative Sichtbarkeit verringert.

9. Unterstützung des Benutzers bei der Erkennung und Behebung von Fehlern: Ein System sollte präzise und konstruktive Fehlermeldungen liefern, die verständlich formulierte Hinweise zur Lösung des Problems anbieten.
10. Systemhilfe und Dokumentation: Obwohl es für ein System spricht, wenn dessen Funktionalität und Struktur selbsterklärend sind und es ohne eine Dokumentation oder die Hilfefunktion genutzt werden kann, sollten dem Benutzer diese Hilfsmittel immer zur Verfügung gestellt werden. Dabei ist es wichtig, dass eine Dokumentation bzw. eine Hilfefunktion benutzerorientiert konzipiert ist, z. B. mit Lösungsvorschlägen in Form von vorgegebenen Schrittfolgen.

4.5 Dialogprinzipien und ihre Verwendung

▶ ISO 9241-110 „ […] behandelt die ergonomische Gestaltung von interaktiven Systemen und beschreibt Grundsätze der Dialoggestaltung, die grundsätzlich unabhängig von einer bestimmten Dialogtechnik sind, und die bei der Analyse, Gestaltung und Bewertung von interaktiven Systemen angewendet werden sollten." (dt. Version von DIN EN ISO 9241-110/2008-09, S. 4, DIN 2006, S. 4).

Es ist jedoch fraglich, ob der Teil 110 der ISO 9241 jegliche Nutzungskontexte abdeckt. Vorstellbar sind z. B. sicherheitskritische Anwendungen oder spezielle Fälle der kollektiven Zusammenarbeit sowie neue Formen und Anwendungsbereiche der MMI (wie z. B. Gestensteuerung und ambient assisted living), in denen die darin beschriebenen sieben Dialogprinzipien nicht greifen oder zusätzliche nötig werden. Darüber beeinflusst Kultur den kompletten Nutzungskontext. Sollen die Dialogprinzipien der ISO 9241-110 also angewandt werden, dann ist auch stets der interkulturelle Kontext zu berücksichtigen. Allerdings werden bis dato oft Fragen, die sich auf die Interaktionsebene, die Benutzermentalität, deren kognitive Kapazität sowie auf das Verhalten der Benutzer beim Einsatz von Dialogprinzipien in kulturellen Kontexten beziehen, nicht oder nur teilweise beantwortet. Wie kann oder muss beispielsweise das Dialogprinzip „Steuerbarkeit" korrekt im interkulturellen Kontext implementiert werden, um auszuwerten wie unterschiedliche Kulturen sich gegenseitig stören und das Navigieren innerhalb von Applikationen beeinträchtigen? Wie sind andere Dialogprinzipien wie die „Angemessenheit bei Individualisierung" beteiligt oder wie können sie im interkulturellen Kontext angewendet werden? Ergeben sich signifikante Verbesserungen beim Vergleich einer Applikation, welche internationale Unterschiede nicht berücksichtigt, gegenüber einer angepassten Version? Können Benutzer aus unterschiedlichen Kulturen abweichende Erfahrungen machen, wenn sie mit Applikationen der eigenen oder fremden Kultur interagieren? Diese Fragen betreffen das gesamte Benutzererlebnis (User Experience) und wirken sich auf alle Dialogprinzipien aus. Solche Fragen in Bezug auf die Rahmenbedingungen für den Einsatz von Dialogprinzipien, Dialoganforderungen und Dialogtechniken müssen beantwortet werden, bevor diese Dialogprinzipien in interkulturellen Kontexten korrekt verwendet werden können. Viele solcher Fragen verlangen eine Antwort in Bezug auf die Kompatibilität der Dialogprinzipien in interkulturellen Kontexten. Im

Folgenden werden einige erste Gedanken vorgestellt, die zu einer grundlegenden Antwort auf die Frage der möglichen Auswirkung kultureller Einflüsse auf die Dialogprinzipien in ISO 9241-110 und deren Einsatz in interkulturellen Kontexten führen.

▶ Dialogprinzipien sind eine Sammlung von allgemeinen Zielen (beabsichtigte Ergebnisse) für das Entwerfen von Dialogen.

In der ISO 9241-110 werden die Beziehungen zwischen den Dialogprinzipien beschrieben: „Die Grundsätze der Dialoggestaltung sind nicht streng unabhängig voneinander und können inhaltlich überlappen. Es kann notwendig sein, zwischen Grundsätzen abzuwägen, um die Gebrauchstauglichkeit zu optimieren. Die Anwendbarkeit und Bedeutsamkeit jedes einzelnen Grundsatzes hängen vom jeweiligen Nutzungskontext, von den Benutzergruppen und von der gewählten Dialogtechnik ab. Dies beinhaltet, dass die folgenden Gesichtspunkte zu berücksichtigen sind: Ziele der Organisation; Benutzerbelange der vorgesehenen Benutzergruppe; Aufgaben, die unterstützt werden sollen; verfügbare Techniken und Mittel. Die Anwendbarkeit und jeweilige Bedeutsamkeit jedes einzelnen Grundsatzes werden vom spezifischen Nutzungskontext bestimmt. Jeder der Grundsätze muss bei der Analyse, Gestaltung und Bewertung berücksichtigt werden, sie können jedoch in ihrer jeweiligen Wichtigkeit variieren, abhängig vom Nutzungskontext und anderen Gestaltungsanforderungen. In der Praxis werden in Gestaltungssituationen für ein interaktives System Kompromisse gemacht werden." (deutsche Version von DIN EN ISO 9241-110/2008-09, S. 8).

▶ Dialogprinzipien können in ihrer Anwendung oft nicht strikt voneinander getrennt werden. Über diese kontextbezogene Variabilität beim Einsatz von Dialogprinzipien hinaus müssen kulturempfindliche Aspekte in der Definition von Benutzerdialogen berücksichtigt und analysiert werden, damit die Dialogprinzipien dem interkulturellen Kontext entsprechend richtig verwendet werden können.

Im Folgenden wird die Bewältigung dieser Aufgabe anhand des Beispiels des ersten Dialogprinzips der ISO 9241-110 („Aufgabenangemessenheit") demonstriert um die Hypothese zu bestätigen, dass Dialogprinzipien „kulturempfindlich" sind, d. h. dass sich ihre Ausprägungen in interkulturellen Kontexten verändern, weil sie Begriffe enthalten, deren Bedeutungen bzw. Referenzgrößen sich ebenfalls in interkulturellen Kontexten verändern. Hierbei wird eine spezielle Methode verwendet, welche sich Kulturmodellen bedient, Verwendung von Dialogprinzipien in interkulturellen Kontexten zu analysieren. Kulturempfindliche Begriffe in den Definitionen der Dialogprinzipien sind dazu im Folgenden fett und kursiv gesetzt. Sie stehen beispielhaft für kulturell stark beeinflusste Konzepte.

4.5.1 Beispiel: Aufgabenangemessenheit

> „Ein interaktives ***System*** ist aufgabenangemessen, wenn es den ***Benutzer*** unterstützt, seine ***Aufgabe*** zu ***erledigen***, d. h. wenn ***Funktionalität*** und ***Dialog*** auf den charakteristischen Eigenschaften der Aufgabe basieren (anstatt auf der zur Aufgabenerledigung eingesetzten Technologie)." (dt. Version von DIN EN ISO 9241-110/2008-09, S. 8)

▶ Ein Dialog sollte dem Benutzer diejenigen Informationen anzeigen, die im Zusammenhang mit der erfolgreichen Erledigung der Aufgabe stehen. Aber sowohl die Darstellung der Information, die Anforderung zur Erfüllung der Aufgabe als auch die Aufgabe selbst können kulturspezifisch sein (s. Windl und Heimgärtner 2013). Wenn die Erfordernisse der Aufgabe kulturspezifisch sind, sind auch die erforderliche Qualität, Quantität und Art der darzustellenden Information kulturspezifisch.

Außerdem ist gemäß dem ISO-Standard jegliche Präsentation von Information zu vermeiden, welche nicht für die Erledigung der relevanten Aufgabe erforderlich ist. Diese Facette des Dialogprinzips muss aber mit Rücksicht auf einige kulturellen Dimensionen wie Vermeidung von Unsicherheit (Hofstede et al. 2010), Netzwerkdichte (Hall und Hall 2009) oder Beziehungsorientierung (Halpin und Winer 1957) etwas abgeschwächt werden. Trotzdem gelten die Anmerkung und der erste Teil des Beispiels aus der Norm auch für interkulturelle Kontexte:

> „ANMERKUNG: Die Anzeige ungeeigneter Informationen kann zu verminderter Arbeitsleistung und unnötiger mentaler Belastung führen. BEISPIEL In einem Nutzungskontext, in dem Reisende ein Hotelzimmer für ein bestimmtes Datum buchen möchten, zeigt das Dialogsystem lediglich Hotels mit freien Zimmern für dieses bestimmte Datum an. Informationen über ausgebuchte Hotels dieser Region oder zusätzliche Reiseinformationen, z. B. besondere Sehenswürdigkeiten, werden erst auf Anforderung angezeigt." (dt. Version von DIN EN ISO 9241-110/2008-09, S. 9).

Die Anzahl der angezeigten Informationseinheiten sowie deren Frequenz und Anordnung können aber auch in unterschiedlichen Kulturen variieren (s. (Heimgärtner 2012)). Hierbei spielt auch das Dialogprinzip „Erwartungskonformität" mit eine Rolle. Ein Benutzer einer bestimmten Kultur erwartet womöglich Information an einer Stelle, wo ein Benutzer einer anderen Kultur Information erst auf Anfrage erwartet.

Das allgemeine Ziel für Dialogdesign, dass Ein- und Ausgabeformat angemessen sein sollen, kann leicht erreicht werden, wenn beim Design für interkulturelle Kontexte Lokalisierungswerkzeuge (s. Symmonds 2002; Fissgus und Seewald-Heeg 2005) und Internationalisierungsrichtlinien (s. VDMA 2009; W3C 2010) berücksichtigt werden. „BEISPIEL 1 Eine Anwendung zur Umrechnung von Währungen für Reisende zeigt die Beträge mit einer Genauigkeit an, die zur Zielwährung passt (z. B. zwei Dezimalstellen für die meisten Europäischen Währungen). BEISPIEL 2 Ein Dialog, der ausschließlich für den einheimischen Markt gedacht ist, weist den Benutzer hierauf eindeutig hin." (dt. Version von DIN EN ISO 9241-110/2008-09, S. 9).

Auf dem ersten Blick scheint die automatische Belegung von typischen Eingabewerten je nach Aufgabe kulturunabhängig zu sein. Aber es kann zweckgebunden nötig sein, dass das System den Benutzer identifiziert, damit vernünftige Vorgaben zur Auswahl angeboten werden können. So eine Identitätszuweisung kann aber zu Problemen in Kulturen mit hoher „Unsicherheitsvermeidung" oder „Machtdistanz" führen (s. Hofstede et al. 2010), die dann Auswirkung auf den oben erwähnten Informationsbedarf eines Benutzers und dessen Bereitschaft haben, dem System personenbezogenen Daten zur Verfügung zu stellen (wie z. B. E-Mail-Adresse oder Passwort).

Ein weiteres Teilziel des Dialogdesigns zur Aufgabenangemessenheit lautet: „Die vom interaktiven System verlangten Dialogschritte sollten zum Arbeitsablauf passen, d. h., notwendige Dialogschritte sollten enthalten sein und unnötige Dialogschritte sollten vermieden werden.“ (dt. Version von DIN EN ISO 9241-110/2008-09, S. 9). Die für die Aufgabeerfüllung notwendigen Schritte hängen aber von den kulturell bedingten Konzepten von „Aufgabe “ und „notwendigen Schritten“ ab. Je nach monokausaler oder multikausaler Denkweise erwartet ein Benutzer mehr oder weniger Schritte zur Erfüllung seiner Aufgabe (s. Röse et al. 2001). Wiederum ist das Dialogprinzip „Erwartungskonformität“ stark involviert. Hier können Eingabe- und Ausgabekanäle stark variieren und entsprechend der kulturellen Prägung der Benutzer anders belastet werden. Zum Beispiel gibt es Benutzer mit holistischer oder analytischer Perzeption (s. Nisbett und Miyamoto 2005). Bei einer Bewertung eines Chat-Programms hinsichtlich der Aufgabenangemessenheit von Systemen und Funktionen zeigten deutsche und indische Ingenieure eine deutlich abweichende Bewertung der Aufgabenangemessenheit des Systems als Kommunikationswerkzeug im Arbeitskontext (Brau 2009). Während die indischen Ingenieure das System nutzten, um über die Kurznachrichten soziale Nähe mit ihrem Team herzustellen und bei kleineren Abstimmungsumfängen Wege zu sparen, empfanden ihre deutschen Kollegen die relativ häufig eintreffenden Textnachrichten als Störquelle und als zu kurz, um relevante Informationen zu transportieren (vgl. Hall 1959, hohe vs. geringe Kontextorientierung). Neben der geringen Informationsdichte bemängelten sie, dass keine Standardisierung der Nachrichten möglich sei. Die Trennung zwischen beruflicher und privater Kommunikation besteht in der indischen Kultur weniger ausgeprägt, weswegen die flexible Kommunikation den Aufgaben als weitaus angemessener bewertet wurde. Darauf, dass es sich hierbei mehr um einen Einfluss der Arbeits- denn der Nationalkultur handelt, gibt es Hinweise: So kehrt sich die Nutzungsbereitschaft bei Benutzern um, welche sich lange Zeit beruflich im Ausland aufgehalten haben: Indische Rückkehrer aus Deutschland bewerten Chatsysteme im Arbeitskontext weniger positiv als dies Deutsche tun, welche mehrere Jahre in Indien gelebt haben (vgl. Kosma 2011).

4.5.2 Diskussion und Schlussfolgerung

Wenn die ISO 9241-110 als internationaler Standard gelten soll, muss es möglich sein, die Inhalte der ISO 9241-110 weltweit unabhängig der kulturellen Kontexten sinnvoll anzuwenden. Aber im Gegensatz dazu zeigt die Analyse der Anwendung des Dialogprinzips „Aufgabenangemessenheit“ im interkulturellen Kontext anhand kultureller Dimensionen auf nationaler Ebene folgendes:

▶ Die vorhandenen in der ISO 9241-110 definierten Dialogprinzipien sind mit Bedacht anzuwenden, um auch in interkulturellen Kontexten erfolgreich zu sein.

Wenn nur eines der Dialogprinzipien der ISO 9241-110 wegen eines interkulturellen Konfliktes auf nationaler Ebene nicht international angewendet werden kann, müssen Optimierungen oder Modifikationen auch aller anderen Dialogprinzipien stattfinden (da sie nicht unabhängig voneinander anwendbar sind), um sicherzustellen, dass sie zumindest in internationalen Kontexten auf nationaler Ebene funktionieren.

- Die sieben Grundsätze der Dialoggestaltung DIN EN ISO 9241-10 (DIN 1996) (Aufgabenangemessenheit, Fehlertoleranz, Selbsterklärungsfähigkeit, Lernförderlichkeit, Erwartungskonformität, Steuerbarkeit und Individualisierbarkeit) sind keine Gesetze, sondern führen zu interkulturell variablen Auslegungen. Daher müssen diese gründlich analysiert werden, um Empfehlungen darüber abzuleiten, wie diese Dialogprinzipien korrekt in internationalen Kontexten einzusetzen sind.

Selbst wenn diese Anmerkungen zur Aufgabenangemessenheit im kulturellen Kontext vorläufig sind und noch weiter im Detail und untersucht bzw. beschrieben werden müssen, um allgemeine Gültigkeit zu erlangen, können sie dennoch als eine vernünftige Basis für zukünftige Forschung dienen. Außerdem sollten die vorgestellten Beispiele, die die Kluft zwischen Dialogprinzip und Kultur überbrücken, ausreichen, um einen Eindruck zu vermitteln, wie Dialogprinzipien in interkulturellen Kontexten beeinträchtigt werden können.

- Es bleibt noch offen, die postulierte Hypothese, dass Dialogprinzipien „kulturempfindlich" sind, empirisch nachzuweisen und zwar dahingehend, dass ihre Kerneigenschaften sich in interkulturellen Kontexten ändern, weil sie Begriffe enthalten, deren Bedeutung bzw. Referenzgrößen sich in interkulturellen Kontexten auch verändern. Bis dahin muss eine profundere Diskussion über die Beziehung zwischen Dialogprinzipien und Kultur noch ausbleiben.

4.6 Interkulturelles Usability Engineering

Der Prozess des interkulturellen Usability Engineerings umfasst die Erhebung der Nutzungsanforderungen, das Design globaler und kulturspezifischer Benutzungsschnittstellen sowie die internationale Evaluation der Produkte. Daraus resultieren für den einzelnen Mitarbeiter wichtige Anforderungen wie interkulturelle Handlungskompetenz, Internationalisierungskompetenz, Erfahrung im Bereich MMI Design als Softwarearchitekt oder Softwareentwickler, Empathie für andere Kulturen, gute Kenntnisse in den Zielsprachen und in interkultureller Kommunikation sowie Entscheidungskraft. Darüber hinaus sind für die Untersuchung verschiedener Benutzergruppen die gleichen Bedingungen herzustellen (funktionale, konzeptionelle und operationale Äquivalenz), indem ein Methodenmix verwendet, ein lokales Team aufgebaut und die Ergebnisse in bi- oder multinationalen Teams, z. B. gemeinsam mit den Entwicklern, interpretiert, diskutiert und evaluiert werden. Um dabei die richtigen Entscheidungen innerhalb dieses Prozesses frühzeitig treffen und aus Fehlern lernen zu können, ist von Anfang an eine Evaluation der Prozessergebnisse von Nöten.

Für den Entwickler einer interkulturellen Benutzungsschnittstelle besteht daher ein erheblicher Bedarf an interkulturellem Wissen, um den Benutzer einer anderen Kultur (besser) verstehen zu können. Außerdem benötigt er Kompetenzen der interkulturellen Kommunikation, um einen Informationsaustausch mit dem Benutzer initiieren und aufrechterhalten zu können, der dazu führen soll, dass der Entwickler letztendlich ausreichend genau weiß, welches Produkt der Benutzer braucht (Honold 1999c; Röse 2002). Aber auch die Kenntnis und Verwendung einschlägiger Methoden in diesem Bereich ist unumgänglich und muss entsprechend vermittelt werden. Die Auswertung einer Umfrage im Juli 2007 mit 30 Softwareentwicklern ergab Hinweise darauf, dass das Konzept der „Internationalisierung" bekannter ist als die Konzepte „Interkultureller User Interface Design", „Software Ergonomie" oder „Usability Engineering", aber alle diese Aspekte als für sehr wichtig erachtet werden (Heimgärtner 2007b). Der Stellenwert jeder dieser vier Bereiche war in der Ausbildung der Probanden nicht besonders hoch. Ferner erfolgte ein Einsatz entsprechender Methoden innerhalb des Software Engineering Prozesses nur sehr mäßig. Die Befragten möchten sich mit diesen Bereichen aber mehr beschäftigen und wünschten deren stärkere Verankerung im Lehrplan der Hochschulen.

▶ Notwendig für interkulturelles Usability Engineering ist das Wissen um interkulturelle Unterschiede in der Mensch-Maschine-Interaktion sowie die entsprechende Methodenkompetenz und dessen Berücksichtigung bei der Gestaltung und Realisierung des Produktes.

Zusätzlich zu den üblichen Missverständnissen zwischen Entwicklern und Benutzern, gibt es Missverständnisse aufgrund kultureller Bedingungen. Es herrscht nicht nur ein unterschiedliches Verständnis bezüglich der Anforderungen an das Produkt, sondern auch unterschiedliche kulturbedingte Sichtweisen und Perspektiven darauf. Darüber hinaus muss sichergestellt werden, dass die Mensch-Maschine-Schnittstelle (Farben, Dialogelemente, Häufigkeit oder Anordnung von Information etc.) die mentale Belastung des Benutzers hinsichtlich der Interaktion mit dem System so optimal wie möglich hält (Heimgärtner 2005a; Piechulla et al. 2003; Röse und Heimgärtner 2008). Die adäquate Anwendung von Methoden des Usability Engineerings kann dazu beitragen, dieses Ziel zu erreichen.

▶ Durch den Einsatz von spezifisch interkulturellem Usability Engineering kann verstärkt auf Unterschiede in den Herangehensweisen und Präferenzen verschiedener Kulturen eingegangen werden, um so global erfolgreich zu sein (Holzinger 2005; Honold 2000).

▶ „Interkulturelles" Usability Engineering ist eine Methode für das Gestalten von Produkten guter Gebrauchstauglichkeit für Benutzer aus unterschiedlichen Kulturen (Honold 2000).

„Interkulturell" in diesem Kontext bezieht sich auf die speziellen Methoden, die notwendig sind, um das Usability Engineering für unterschiedliche Kulturen durchzuführen (vgl. Honold 1999a). Honold (2000) prägte den Begriff „Interkulturelles Usabilityengineering ", legte kulturelle Unterschiede im Produktentwicklungsprozess dar und stellte Lösungsvorschläge dafür vor.

► Voraussetzung für die Anwendung der Usability-Engineering-Methode ist die Kenntnis kultureller Unterschiede in der MMI.

Dabei werden kritische Interaktionssituationen analysiert, welche sich aufgrund problematischer Benutzungsschnittstellen ergeben bzw. auf der vorgegebenen Systemfunktionalität beruhen. Eine der vielversprechendsten Methoden, kulturelle Unterschiede in der MMI zu erhalten, ist die Benutzerinteraktion mit dem System zu beobachten und zu analysieren.

► Unterschiede zwischen Kulturen können durch die Analyse kritischer Interaktionssituationen herausgefunden werden (Thomas 1996).

Honold (2000) machte die Methode der Analyse kritischer Interaktionssituationen für kulturelle Unterschiede in der MMI verfügbar. Bei der Sammlung kulturspezifischer Nutzungsanforderungen und bei der kulturspezifischen Bewertung der verwendeten Konzepte muss untersucht werden, wie passend die verbesserten Methoden für interkulturelles Usability Engineering sind. Das existente Kulturmodell sollte im Prozess des Produktdesigns im Kontext interkulturellen Usabilityengineerings in Betracht gezogen werden. Zunächst müssen die Produktentwickler hinsichtlich der Schwierigkeiten kultureller Einflüsse auf die Produktentwicklung und den Produktgebrauch sensibilisiert werden. Dann müssen den Entwicklern kulturelle Faktoren, welche die MMI beeinflussen, zur Verfügung gestellt und in das Produkt integriert werden. Die Prozeduren, die dazu dienen, das geschaffene Wissen in einem konkreten Produktdesign zu realisieren, müssen institutionalisiert werden. Es muss dabei zwischen der gewünschten Funktionalität durch den Benutzer das System betreffend und der Funktionalität des Systems, die tatsächlich implementiert wird, unterschieden werden. Analyse und Implementierung der vom Benutzer gewünschten Funktionalität in Bezug auf ein optimal nutzbares System mit Freude und Einfachheit sind entscheidend für Software mit ergonomischen und interkulturellen Eigenschaften. Dies verlangt nach Wissen über Softwareergonomie und interkulturelles User Interface Design sowie über die Anwendung von Usability-Evaluierungsmethoden. Im Gegensatz dazu kann es, falls die derzeitig implementierte Funktionalität eines System einer bestimmten Kultur als Basis für die Analyse von User Interface-Charakteristika verwendet wird, zu fehlerhaften oder schlichtweg falschen Design-Richtlinien führen, wenn die Anforderungen den tatsächlichen Bedürfnissen der Benutzer nicht entsprechen. Deshalb müssen die Benutzerbedürfnisse der Benutzer bzw. der gewünschten Benutzergruppen (z. B. Chinesen und Deutsche) ermittelt und berücksichtigt werden (Abb. 4.7).

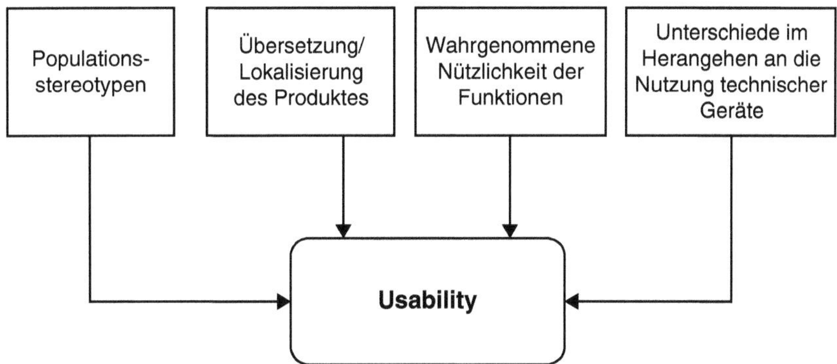

Abb. 4.7 Faktoren, die zu Unterschieden in der Usability zwischen kulturellen Benutzergruppen führen (nach Honold 2000)

Die Voraussetzungen für ein erfolgreiches interkulturelles Usability Engineering sind das Wissen über die kulturellen Unterschiede der MMI und dessen Beachtung im Produktdesign und in der Produktrealisierung (Honold 2000; Röse 2002; Heimgärtner 2005b) (Abb. 4.7).

Die Erzeugung der Usability eines Systems hängt stark davon ab, wie gut der Entwickler darüber Bescheid weiß, wie gut der Benutzer mit dem System zurecht kommt. Dieses Wissen kann durch Beobachten und das Befragen des Benutzers während seiner Interaktion mit dem System erhalten werden. In diesem Fall artikuliert der Benutzer seine Wünsche, wodurch seine Bedürfnisse hinsichtlich der Usability des Systems abgeleitet werden können. Unglücklicherweise wird diese Methode sogar noch heute sehr sparsam im industriellen MMI-Design angewandt, wodurch Entwickler oft nicht wissen, was Benutzer benötigen. Fehlt dieses Wissen, wird dem Benutzer das finale Produkt nicht passen: Der Benutzer kann es aufgrund des Fehlens wichtiger Merkmale oder Eigenschaften nicht verwenden oder es dauert zu lange, eine bestimmte Aufgabe mit diesem falsch gestalteten System durchzuführen. Dies führt im schlimmsten Fall dazu, dass das Produkt gar nicht verwendet und schlecht geredet wird.

(Honold 2000) stellte daher einen Rahmen für das Extrahieren kultureller Einflüsse beim Produktgebrauch unter Berücksichtigung von Kultur und Kontext im MMI-Design vor. Simon (2000) untersuchte die Auswirkung von Kultur und Geschlecht auf Websites. Shah et al. (2012) durchleuchteten den Einfluss von Kultur in globaler Softwareerstellung unter der Begrifflichkeit von kulturellen Modellen. Dasgupta et al. 2010 führte eine empirische Studie in Bezug auf den organisatorischen, kulturellen und technologischen Gebrauch in Entwicklungsländern durch. Basierend auf der Forschung von (Honold 2000) haben mehrere Forscher viel Aufwand in die Ermittlung der besten Methoden und Einstellungen für das Testen von Gebrauchstauglichkeit und Benutzererlebnis in kulturellen Kontexten investiert.

Einer der aktivsten Forscher in diesem Bereich ist Torkil Clemmensen und Kollegen. Clemmensen und Goyal (2004) untersuchten kulturübergreifende „think aloud"-Narrationstechniken bei Gebrauchstauglichkeitstests, um dann Vorschläge für ein Versuchsparadigma zu erarbeiten. Clemmensen et al. (2007) überprüfte Usability Engineering in einer kulturübergreifenden Studie das Benutzererlebnis bei der Benutzung von Informationssystemen. Clemmensen (2010) entdeckte die Komponenten von ‚usability testing' in drei Ländern. Clemmensen arbeitete auch mit Apala Chavan, Anirudha Joshi, Dinesh Katre, Devashish Pandya, Sammeer Chabukswar und Pradeep Yammiyavar zusammen, um Interaktionsdesign und Gebrauchstauglichkeit aus einer indischen Perspektive zu beschreiben (Clemmensen 2008). Yammiyavar et al. (2008) untersuchte den kulturellen Einfluss auf nicht-verbale Kommunikation in der ‚usability testing'-Situation. Paterson et al. (2011) interpretierten kulturübergreifende Usability-Evaluationen anhand einer Fallstudie eines Hypermedia-Systems für die Verwaltung von seltenen Tierarten in Namibia. Bidwell et al. (2011) untersuchte Sesshaftigkeitsmedien in Afrika bei der Übertragung von ländlichem Wissen, um einheimische ländliche Populationen zu unterstützen. Röbig et al. (2010) veröffentlichten die Ergebnisse eines Workshops über das internationale Verständnis von ‚usability' und der Anwendung von ‚usability'-Methoden.

Schließlich besteht eine Tendenz, kulturübergreifende Unterschiede bei der Entwicklung von Designmethoden im Allgemeinen zu berücksichtigen (s. Dinet et al. 2011).

▶ **Ein schlechtes oder fehlendes interkulturelles Usability Engineering innerhalb des Entwicklungsprozesses des Produkts erhöht aufgrund häufiger Änderungsanforderungen die Entwicklungs- und Instandhaltungskosten erheblich.**

Eine detaillierte Analyse der Produktanforderungen kann bis zu 80 % der Instandhaltungs- und Implementierungskosten solcher Änderungsanforderungen einsparen (vgl. Mutschler und Reichert 2004).

▶ **Die Entwicklung interkultureller MMI beginnt bereits vor der Nutzungskontext- und Nutzungsanforderungsanalyse und daher lange bevor mit dem eigentlichen Design der MMI begonnen wird.**

Darüber hinaus können die Präferenzen vieler Menschen auf der ganzen Welt unter Verwendung von interkulturellen Usability Engineering-Methoden in Betracht gezogen werden, welche die Expansion in größere Märkte essenziell ermöglicht (Holzinger 2005) sowie die Erweiterung universellen Zugriffs erlaubt (Heimgärtner et al. 2008).

Die Ergebnisse des interkulturellen MMI-Designs und der Softwarearchitektur aus Kulturstudien in der MMI sind eine wichtige Voraussetzung für die Usability und den Verkauf von Software für globale Märkte. Ein internationales Softwareprodukt, welches effektiv und effizient von Benutzern aus unterschiedlichen Kulturen zu deren Zufriedenstellung verwendet werden kann, erhöht die Kundenzufriedenheit sowie die Funktionssicherheit. Ein zufriedener Benutzer wird die Produktmarke nicht wechseln, weil er die Anstrengungen des Herstellers, anwendbare Produkte mit optimierter MMI zu entwickeln, zu schätzen weiß.

▶ Im interkulturellen Kontext ist Wissen über die Zielkultur nötig und darüber, welche Methoden wie für interkulturelles Usability Engineering verwendet werden können und so die Entwicklung adäquater interkultureller Benutzungsschnittstellen erlauben. Darauf wird in Kap. 5 im Detail eingegangen.

4.7 Zusammenfassung, Fazit und Ausblick

Ergonomie befasst sich mit der Beziehung zwischen menschlichen Charakteristika und Artefakten. Zur Gestaltung, Beurteilung und zum Vergleich von Benutzungsschnittstellen und ihren Dialogen werden softwareergonomische Kriterien oder Richtlinien verwendet. Oberster Grundsatz der Softwareergonomie ist, dass die Software an den Menschen angepasst sein muss und nicht umgekehrt.

Die Interaktion, bei der Information zwischen Benutzer und System via User Interface (UI) ausgetauscht wird, wird als „Mensch-Maschine Interaktion" (MMI) oder „Mensch-Computer Interaktion" (MCI) bezeichnet (vgl. Jacko und Sears 2003). Die Schnittstelle zwischen dem Benutzer und dem technischen System bildet die „Benutzungsschnittstelle" gemäß ISO Norm 9241. Das Handlungsebenenmodell nach (Herczeg 2005) beschreibt die Schritte der Mensch-Maschine Kommunikation. Metaphern repräsentieren eine bekannte reale Situation bzw. einen Gegenstand, erleichtern dem Benutzer das Lernen und geben dessen Erwartungen eine bestimmte Richtung.

Mentale Modelle sind Mittel, gemeinsames Wissen der Kommunikationspartner abzubilden (vgl. Johnson-Laird 1983). Der Produktentwickler muss mentale Modelle der Benutzer nicht erahnen, sondern kann diese systematisch mit Hilfe des interkulturellen Usability Engineerings empirisch erheben und entwickeln. Daher ist interkulturelles Usabilityengineering unumgänglich für die interkulturelle Produktentwicklung.

Interaktive Systeme sind so zu gestalten, dass alle Nutzungsanforderungen erfüllt werden. Je unterschiedlicher die kulturelle Prägung zwischen Designer und Benutzer ausfällt, desto höher ist der Transformationsaufwand des Benutzers, die Distanzen und Indirektheiten in der Interaktion auf allen Ebenen des Handlungsebenenmodells zu überbrücken. Generische Empfehlungen (wie Richtlinien, Normen, Standards, Dialogprinzipien etc.) müssen von Experten (wie z. B. von Usability Professionals) auf die konkrete Designsituation heruntergebrochen und mit entsprechendem Wissen aufgefüllt werden. Ein Usability Professional (vgl. Abschn. 4.4.4) ist eine Person, die qualifiziert ist, methodisch die Anforderungen an die Usability (Gebrauchstauglichkeit) interaktiver Systeme (Hardware und Software) herzuleiten, umzusetzen oder deren Umsetzung zu überprüfen.

Ein Dialog ist die Interaktion zwischen einem Benutzer und einem interaktiven System in Form einer Folge von Handlungen des Benutzers (Eingaben) und Antworten des interaktiven Systems (Ausgaben), um ein Ziel zu erreichen. Dialogprinzipien stellen allgemeine Ziele für die Gestaltung von Dialogen dar. Dialogprinzipien sind aus der Erfahrung abgeleitete, abstrakte Richtlinien für das Dialogdesign auf oberster Ebene. Dialogprinzipien können oft nicht strikt voneinander getrennt verwendet werden. Die sieben Grundsätze der Dialoggestaltung DIN EN ISO 9241-10 (DIN 1996) (Aufgabenangemessenheit, Fehlertoleranz, Selbsterklärungsfähigkeit, Lernförderlichkeit, Erwartungskonformität, Steuerbarkeit und Individualisierbarkeit) sind keine Gesetze, sondern führen zu interkulturell variablen Auslegungen. Daher müssen diese gründlich analysiert werden, um Empfehlungen darüber ableiten zu können, wie diese Dialogprinzipien korrekt in internationalen Kontexten einzusetzen sind. Zum Beispiel. sollte ein Dialog hinsichtlich des Dialogprinzipies der Aufgabenangemessenheit dem Benutzer diejenigen Informationen anzeigen, die im Zusammenhang mit der erfolgreichen Erledigung der Aufgabe stehen. Aber sowohl die Darstellung der Information, die Anforderung zur Erfüllung der Aufgabe als auch die Aufgabe selbst können kulturspezifisch sein (s. Windl und Heimgärtner 2013). Wenn die Erfordernisse der Aufgabe kulturspezifisch sind, sind auch die erforderliche Qualität, Quantität und Art der darzustellenden Information kulturspezifisch. Die Analyse der Anwendung des Dialogprinzips „Aufgabenangemessenheit" im interkulturellen Kontext mit kulturellen Dimensionen auf der nationalen Ebene zeigt, dass die vorhandenen in der ISO 9241-110 definierten Dialogprinzipien mit Bedacht anzuwenden sind, um erfolgreich in interkulturellen Kontexten zu greifen.

Usability (Gebrauchstauglichkeit) ist das Ausmaß, „in dem ein Produkt durch bestimmte Benutzer in einem bestimmten Nutzungskontext genutzt werden kann, um bestimmte Ziele effektiv, effizient und zufriedenstellend zu erreichen." (DIN EN ISO 9241-11 1999, S. 94). Benutzer bewerten die Qualität eines Softwaresystems anhand des Grades, in welchem es ihnen hilft, ihre Aufgaben zu erfüllen und anhand der Freude, die sie bei der Benutzung empfinden. Der Nutzungskontext umfasst dabei den Benutzer selbst, seine Arbeitsaufgaben, die ihm zur Verfügung stehenden Arbeitsmittel sowie die physische und soziale Umgebung (Abb. 4.3). Ein Usability-Problem liegt vor, wenn es Aspekte eines Systems Benutzern mit hinreichenden Vorkenntnissen unangenehm, ineffizient, beschwerlich oder unmöglich machen, in einem typischen Nutzungskontext die Ziele zu erreichen, für deren Erreichung das System erstellt wurde (Sarodnick und Brau 2011).

User Experience (UX, Benutzererlebnis) umfasst alle Effekte, die ein interaktives Produkt sowohl bereits vor (antizipierte Nutzung), als auch während beziehungsweise nach der Nutzung (Identifikation mit dem Produkt oder Distanzierung) auf den Benutzer hat (Abb. 4.5).

Usability-Engineering ist der methodische Weg zur Erzeugung der Eigenschaften der Usability und der UX. Es ist ein Teilprozess der Entwicklung und Gestaltung technischer Systeme und ergänzt das klassische Engineering – beispielsweise das Software-Engineering – um ergonomische Perspektiven. Der mensch-zentrierte Gestaltungsprozess (Usability-Engineering-Prozess) folgt sechs Prinzipien, welche auch im interkulturellen Kontext Berücksichtigung finden müssen. Um einen stabilen interkulturellen Engineeringprozess zu etablieren, sind kulturelle Aspekte in den Phasen des Softwareengineeringprozesses als auch des Usabilityengineeringprozesses (mensch-zentrierter Gestaltungsprozess) zu berücksichtigen (vgl. auch Kap. 3, 4 und 7). Empathie ist eine essenzielle Voraussetzung für erfolgreiche interkulturelle Kommunikation, was erfolgreiches interkulturelles MMI-Design und interkulturelles Usability-Engineering fördert und, als eine Konsequenz daraus, ein gutes Benutzererlebnis. Deshalb sollte sichergestellt und verbreitet werden, dass Usability-Professionals Empathie empfangen, kennen und anwenden.

Die Analyse des mensch-zentrierten Gestaltungsprozesses (vgl. ISO 9241-210) hinsichtlich interkulturellen Managements zeigte, dass Aspekte in diesem Prozess hinsichtlich des kulturellen Benutzungskontexts fehlen (vgl. Heimgärtner 2014). Es wurde bei der Erstellung dieser Norm noch kein besonderes Gewicht auf eine tiefgründige Analyse der kulturellen Aspekte und deren Auswirkungen innerhalb des Prozesses gelegt, weil die dafür nötigen Konzepte wie MMI-Dimensionen, UI-Charakteristiken, interkulturelle Variablen und kulturellen Dimensionen noch nicht in ausreichendem Maße rezipiert wurden. Die vorgestellten Beispiele zum Dialogprinzip der Aufgabenangemessenheit, welche die Kluft zwischen Dialogprinzip und Kultur überbrücken, sollten ausreichen, um einen Eindruck zu vermitteln, wie Dialogprinzipien in interkulturellen Kontexten verwendet werden sollen.

„Interkulturelles" Usability Engineering ist eine Methode für das Gestalten von Produkten guter Gebrauchstauglichkeit für Benutzer aus unterschiedlichen Kulturen (Honold 2000). Durch den Einsatz von spezifisch interkulturellem Usabilityengineering kann verstärkt auf Unterschiede in den Herangehensweisen und Präferenzen verschiedener Kulturen eingegangen werden, um so global erfolgreich zu sein (Holzinger 2005; Honold 2000). Notwendig für die Anwendung dieser Engineering-Methode ist die Kenntnis kultureller Unterschiede in der MMI sowie die entsprechende Methodenkompetenz und dessen Berücksichtigung bei der Gestaltung und Realisierung des Produktes. Im interkulturellen Kontext ist Wissen über die Zielkultur nötig und darüber, welche Methoden wie für interkulturelles Usabilityengineering verwendet werden können und so die Entwicklung adäquater interkultureller Benutzungsschnittstellen erlauben. Darauf wird in Kap. 5 im Detail eingegangen.

Die Entwicklung interkultureller MMI beginnt bereits vor der Nutzungskontext- und Nutzungsanforderungsanalyse und daher lange bevor mit dem eigentlichen Design der MMI begonnen wird. Unterschiede zwischen Kulturen können durch die Analyse kritischer Interaktionssituationen herausgefunden werden (Thomas 1996). Aufgrund der interkulturellen Überschneidungssituation von Produktdefinition und Produktnutzung und um die Erwartungen des Benutzers erfüllen zu können, müssen dessen kulturellen Präferenzen bei der Produktentwicklung berücksichtigt werden. Dazu muss das Produkt internationalisiert und lokalisiert werden. Dieser Prozess bezieht sich sowohl auf die Funktionalität des Gerätes als auch auf das User Interface Design. Der Einsatz von Methoden des interkulturellen Usability Engineerings sichert dabei die Gebrauchsfähigkeit der Produkte. Daher sollte interkulturelles User Interface Design mit in den Rahmen der Lehrpläne für MMII Design aufgenommen werden.

Kultur beeinflusst alle Phasen und alle Beteiligten an der Entwicklung interkultureller Benutzungsschnittstellen. Das Wissen über diese Einflüsse und der Nutzung entsprechender Maßnahmen stellt keine unüberwindbare Probleme für ein Projekt in der Theorie oder in der praktischen Anwendung von Methoden dar, sondern motiviert, kulturelle Aspekte in Forschung und Entwicklung mit einzubeziehen. Letzten Endes sollen Benutzer jeglicher kultureller Prägung und in jeglichem kulturellen Kontext das Produkt nutzen können – durch Interkulturelles Usability Engineering. Ein schlechtes oder fehlendes interkulturelles Usabilityengineering innerhalb des Entwicklungsprozesses des Produkts erhöht aufgrund häufiger Änderungsanforderungen die Entwicklungs- und Instandhaltungskosten erheblich. Vergleichende kulturelle Studien der MMI sind eine notwendige Voraussetzung für die Verbesserung der interkulturellen Usability von Software, welche wiederum eine notwendige Voraussetzung für globale Absatzmöglichkeiten darstellt. Es ist dabei nötig, den kulturellen Nutzungskontext und die Benutzerkultur vor Ort zu untersuchen. Ein internationales Softwareprodukt, das aufgrund des Einsatzes von interkulturellem Usabilityengineering effektiv und effizient von Benutzern unterschiedlichster Kulturen zufriedenstellend verwendet werden kann, erhöht sowohl die Kundenzufriedenheit mit dem Produkt als auch dessen funktionale Sicherheit. Ein zufriedener Benutzer wird den Hersteller des Produktes auch in Zukunft nicht wechseln, da er dessen Bemühungen um gebrauchsfähige Produkte und optimierte Benutzungsschnittstellen sehr schätzt. Interkulturelles Usabilityengineering ist somit ein Muss für jede Produktentwicklung im globalen Markt.

Auch wenn diese ersten Ideen eine Grundlage für weitere Forschung darstellen, haben sie vorläufigen Charakter und müssen daher weiter detailliert und näher untersucht werden, um als allgemeine Aussagen gelten zu können. Es bleibt z. B. noch offen, die postulierte Hypothese, dass Dialogprinzipien „kulturempfindlich" sind, empirisch nachzuweisen und zwar dahingehend, dass ihre Kerneigenschaften sich in interkulturellen Kontexten ändern, weil sie Begriffe enthalten, deren Bedeutung bzw. Referenzgrößen sich in interkulturellen Kontexten auch verändern. Bis dahin muss eine profundere Diskussion über die Beziehung zwischen Dialogprinzipien und Kultur noch ausbleiben. In diesem Sinne ist eine gründliche Diskussion noch ausstehend. Dennoch deuten einige der Ideen darauf hin, dass der aktuell in der ISO 9241-210 definierte MMI-Entwicklungsprozess mit Rollen und Aktivitäten erweitert werden könnte, um in allen kulturellen Kontexten weltweit erfolgreich eingesetzt werden zu können und so seinem internationalen Anspruch gerecht zu werden. Darüber hinaus sollten die Methoden für die Entwicklung von

Benutzungsschnittstellen systematisch durch kulturelle Aspekte vervollständigt werden um sicherzustellen, dass neue Systeme von Anfang an für eine oder mehrere Kulturen gestaltet werden können und sich die Entwickler auf die verschiedenen globalen Nutzungsanforderungen einstellen können und so schneller unter Nutzung agiler Methoden und Modulen des Usage-Centered Designs auf Änderungen reagieren können. In jedem Fall ist es vernünftig, dass Experten in internationalen MMI-Standardisierungsgremien über interkulturelle Erfahrung und Wissen in der Entwicklung interkultureller Benutzungsschnittstellen und im interkulturellen Usability Engineering verfügen.

Normen	√
ISO 3166	☐
DIN 66234	☐
ISO 9241-8	☐
ISO 9241-10	☐
ISO 9241-11	☐
DIN EN ISO 9241-110 (Dialogprinzipien)	☐
ISO 9241-210 (Prozess)	☐

Checkliste	√
Das Prinzip der Mensch-Maschine Interaktion ist bekannt	☐
Konzepte und Sinn von Ergonomie, Usability und User Experience sind bekannt und eingeführt	☐
Benutzer, Aufgaben, Kontext und Technologie werden berücksichtigt (PACT)	☐
Dialogprinzipien und Usability-Heuristiken werden eingesetzt und angewendet	☐
Gebrauchstauglichkeit und User Experience des Systems sind gegeben	☐
Einfluss der Kultur auf Usability ist bekannt	☐
Einfluss der Kultur auf das Usability Engineering ist bekannt	☐
• Prozess	☐
• Methoden	☐
• Verwendung	☐
• Interpretation	☐
• Dokumentation	☐
Einfluss der Kultur auf die Dialogprinzipien und deren Anwendung ist bekannt	☐
Grundlegende Methoden und Ansätze des interkulturellen Usability Engineerings sind bekannt und organisatorisch installiert	☐

Literatur

Andersen, P. B. (1997). *A theory of computer semiotics: Semiotic approaches to construction and assessment of computer systems*. Cambridge/New York: Cambridge University Press.

Argyle, M., & Schmidt, C. (2002). *Körpersprache & Kommunikation: Das Handbuch zur nonverbalen Kommunikation* (8. Aufl., Bd. 5). Paderborn: Junfermann.

Badre, A., & Barber, W. (1998). *Culturabilty: The merging of culture and usabilty proceedings of the 4th conference on human factors and the web*. Basking Ridge: AT and T Labs.

Bales, R. F. (1950). *Interaction process analysis: A method for the study of small groups*. Cambridge, MA: Addison-Wesley.

Beu, A., Görner, C., & Koller, F. (1999). *Der Bildschirmarbeitsplatz: Softwareentwicklung mit DIN EN ISO 9241* (Bd. 1). Berlin/Wien/Zürich: Beuth.

Bevan, N. (1995). *Usability is quality of use*. Paper presented at the proceedings of the 6th International Conference of Human Computer Interaction, Amsterdam.

Bidwell, N. J., Winschiers-Theophilus, H., Koch Kapuire, G., & Rehm, M., (2011). Pushing personhood into place: Situating media in the transfer of rural knowledge in Africa. *International Journal of Human-Computer Studies*. (Hrsg). Cheverst, K., Willis, K., Special Issue on Locative Media, *69*(10), 618–631.

Blank, K. (1996). *Benutzermodellierung für adaptive interaktive Systeme: Architektur, Methoden, Werkzeuge und Anwendungen* (Bd. 131). Dissertationen zur Künstlichen Intelligenz, Sankt Augustin: Infix.

Brau, H. (2009). Daimler AG. Unveröffentlichter interner Projektbericht.

Buxton, B. (2010). *Sketching user experiences: Getting the design right and the right design: Getting the design right and the right design*. San Francisco: Morgan Kaufmann ©2007.

Charwat, H. J. (1992). *Lexikon der Mensch-Maschine-Kommunikation*. Munchen/Wien: Oldenbourg.

Clemmensen, T., Hertzum, M., Hornbæk, K., Kumar, J., Shi, Q., & Yammiyavar, P. (2007). *Usability constructs: A cross-cultural study of how users and developers experience their use of information systems*.

Clemmensen, T. (2008). Interaction design & usability from an Indian perspective – Talks with: Apala Chavan, Anirudha Joshi, Dinesh Katre, Devashish Pandya, Sammeer Chabukswar, Pradeep Yammiyavar C. B. S. Institut for Informatik I. N. F. Department of Informatics I. N. F. Copenhagen Business School (Hrsg.) http://blog.cbs.dk/culturalusability_cbsdk/wp-content/uploads/2014/07/interaction-design-and-usability-from-an-indian-perspective.pdf. Zugegriffen am 29.10.2016.

Clemmensen, T. (2010). A comparison of what is part of usability testing in three countries. In D. Katre, R. Orngreen, P. Yammiyavar & T. Clemmensen (Hrsg.), *Human work interaction design: Usability in social, cultural and organizational contexts* (Bd. 316, S. 31–45). Berlin/Heidelberg: Springer.

Clemmensen, T., (2010). A comparison of what is part of usability testing in three countries. In T. Clemmensen (Hrsg.), *Human work interaction design* (S. 31–45). Heidelberg: Springer.

Clemmensen, T., Goyal, S., Clemmensen, T., & Goyal, S. (2004). Studying cross cultural think-aloud usability testing. *Proceedings of Fourth Danish Human-Computer Interaction Research Symposium, 16th November 2004, Aalborg University, Denmark* (S. 4).

Clemmensen, T., & Goyal, S. (2005). *Cross cultural usability testing: The relationship between evaluator and test user*. Copenhagen Business School, C. B. S. Institut for Informatik I. N. F. Department of Informatics I. N. F. http://openarchive.cbs.dk/cbsweb/handle/10398/6474. Zugegriffen am 21.09.2016.

Dasgupta, S., & Gupta, B. (2010). Organizational Culture and Technology Use in a Developing Country: An Empirical Study. Paper presented at the Proceedings of SIG GlobDev Third Annual Workshop, Saint Louis, USA December 12, 2010.

Del Galdo, E. M., & Nielsen, J. (1996). *International user interfaces.* New York: Wiley.

DIN. (1996). *DIN EN ISO 9241-10 (1996): Ergonomische Anforderungen für Bürotätigkeiten mit Bildschirmgeräten – Teil 10: Grundsätze der Dialoggestaltung.* Berlin/Wien/Zürich: Beuth-Verlag.

DIN. (1999). *DIN EN ISO 9241,11 Ergonomische Anforderungen für Bürotätigkeiten mit Bildschirmgeräten Teil 11, Anforderungen an die Gebrauchstauglichkeit : Leitsätze = Guidance on usability = Lignes directrices concernant lutilisabilité* (Vol. DIN, Teil 11.). Berlin: Beuth.

DIN. (2006). *DIN EN ISO 9241-110 Ergonomics of humans-system interaction Part 110: Dialogue principles.* Berlin: Beuth.

DIN. (2010). *DIN EN ISO 9241-210 Ergonomische Anforderungen der Mensch-System-Interaktion Teil 210: Prozess zur Gestaltung gebrauchstauglicher Systeme.* Berlin: BeuthVerlag.

Dinet, J., Vivian, R., & Brangier, E. (2011). Towards future methods to take into account cross-cultural differences in design: An example with the „Expert Community Staff" (ECS). In *1st international conference on design, user experience and usability: Theory, methods, tools and practice, DUXU 2011, held as part of 14th international conference on human-computer interaction, HCI international 2011. (July 25, 2011).* Lecture Notes in Computer Science (including subseries Lecture Notes in Artificial Intelligence and Lecture Notes in Bioinformatics), 6769 LNCS(PART 1), S. 53–61.

Dix, A., Finaly, J., Abowd, G., & Beale, R. (2001). *Human-computer interaction* (2. Aufl., 11. Pr. ed.). London: Prentice Hall Europe.

Dybkjær, L., Bernsen, N., & Minker, W. (2004). Evaluation and usability of multimodal spoken language dialogue systems. *Speech Communication, 43*(1–2), 33–54. doi: 10.1016/j.specom.2004.02.001.

Fischer, K. (2006). *What computer talk is and is not: Human-computer conversation as intercultural communication* (Bd. 17). Saarbrücken: AQ-Verlag.

Fissgus, U., & Seewald-Heeg, U. (2005). Software localization. *IT-MUNCHEN, 47*(4), 220–225.

Floridi, L. (2004). *The Blackwell guide to the philosophy of computing and information.* Malden: Blackwell.

Frey, S., & Bente, G. (1989). Mikroanalyse Medienvermittelter Informationsprozesse zur Anwendung zeitreihen-basierter Notationsprinzipien auf die Untersuchung von Fernsehnachrichten. *Kölner Zeitschrift fur Soziologie und Sozialpsychologie. Sonderheft, 30*(1989), 515–533.

Fuchs, C., & Hofkirchner, W. (2002). Ein einheitlicher Informationsbegriff für eine einheitliche Informationswissenschaft. In C. Floyd, C. Fuchs & W. Hofkirchner (Hrsg.), *Stufen zur Informationsgesellschaft. Festschrift zum 65. Geburtstag von Klaus Fuchs-Kittowski* (Bd. 65, S. 241–281). Frankfurt am Main: Lang.

van der Geest, T., & Spyridakis, J. H. (2000). Developing Heuristics for Web Communication: An Introduction to This Special Issue. *Technical Communication, 47*(3), 301–310.

Hall, E. T. (1959). *The Silent language.* New York: Doubleday.

Hall, E. T., & Hall, M. R. (2009). *Understanding cultural differences: Germans, French and Americans.* Boston u. a: Intercultural Press.

Halpin, A. W., & Winer, B. J. (1957). A factorial study of the leader behavior descriptions. In R. M. Stogdill & A. E. Coons (Hrsg.), *Leader behavior: Its description and measurement* (S. 39–51). Columbus: Bureau of Business Research, Ohio State University.

Hammwöhner, R., & Kuhlen, R. (2004). *Wissen in Aktion: Der Primat der Pragmatik als Motto der Konstanzer Informationswissenschaft; Festschrift für Rainer Kuhlen* (Bd. 41). Konstanz: UVK Verl.-Ges.

Hassenzahl, M., Burmester, M., & Koller, F. (2003). AttrakDiff: Ein Fragebogen zur Messung wahrgenommener hedonischer und pragmatischer Qualität. In J. Ziegler & G. Szwillus (Hrsg.), *Mensch & Computer 2003. Interaktion in Bewegung* (S. 187–196). Stuttgart/Leipzig: B.G. Teubner.

Heimgärtner, R. (2005a). Messen von kulturellen Unterschieden in der Mensch-Computer-Interaktion. In A. Auinger (Hrsg.), *Workshop-Proceedings Mensch und Computer 2005* (S. 89–92). Vienna: OCG Vienna.

Heimgärtner, R. (2005b). Research in progress: Towards cross-cultural adaptive human-machine-interaction in automotive navigation systems. In D. Day & E. M. del Galdo (Hrsg.), *Proceedings of the seventh international workshop on internationalisation of products and systems (IWIPS 2005)* (S. 97–111). Amsterdam: Grafisch Centrum Amsterdam.

Heimgärtner, R. (2007a). *Cultural differences in human computer interaction: Results from two online surveys*. Paper presented at the Open innovation, Konstanz.

Heimgärtner, R. (2007b). Interkulturelles user interface design. In T. Paul-Stueve (Hrsg.), *Mensch & computer 2007* (Vol. Mensch & Computer 2007 workshopband, S. 11–14). Weimar: Verlag der Bauhaus-Universität.

Heimgärtner, R. (2012). *Cultural differences in human-computer interaction: Towards culturally adaptive human-machine interaction*. Munich: Oldenbourg.

Heimgärtner, R. (2013). Reflections on a model of culturally influenced human computer interaction to cover cultural contexts in HCI design. *International Journal of Human Computer Interaction, 29*, 205.

Heimgärtner, R. (2014). ISO 9241-210 and culture? – The impact of culture on the standard usability engineering process. In A. Marcus (Hrsg.), *Design, user experience, and usability. User experience design practice: Third international conference, DUXU 2014, held as part of HCI international 2014, Heraklion, Crete, June 22–27, 2014, proceedings, Part IV* (S. 39–48). Cham: Springer International Publishing.

Heimgärtner, R., & Tiede, L. W. (2008). Technik und Kultur: Interkulturelle Erfahrungen bei der Produktentwicklung für China. In O. Rösch (Hrsg.), *Interkulturelle Kommunikation* (Technik und Kultur, Bd. 6, S. 149–162). Berlin: Verlag News & Media.

Heimgärtner, R., Holzinger, A., & Adams, R. (2008). From cultural to individual adaptive end-user interfaces: Helping people with special needs. In K. Miesenberger, J. Klaus, W. L. Zagler & A. I. Karshmer (Hrsg.), *Computers helping people with special needs, 11th international conference, ICCHP 2008, Linz, July 9–11, 2008. Proceedings* (Bd. 5105, S. 82–89): Springer.

Heimgärtner, R., Tiede, L.-W., & Windl, H. (2011). *Empathy as key factor for successful intercultural HCI design*. Paper presented at the proceedings of 14th International Conference on Human-Computer Interaction, Orlando.

Herczeg, M. (1994). *Software-Ergonomie: Grundlagen der Mensch-Computer-Kommunikation* (1. Aufl.). Bonn: Addison-Wesley.

Herczeg, M. (2005). *Software-Ergonomie: Grundlagen der Mensch-Computer-Kommunikation* (2., vollst. überarb. Aufl.). München: Oldenbourg.

Hofstede, G. H., Hofstede, G. J., & Minkov, M. (2010). *Cultures and organizations: Software of the mind* (3. Aufl.). Maidenhead: McGraw-Hill.

Hohmann, S. (2003). *Mensch – Maschine – Interface: Studien zu einer Theorie der Mensch-Interaktion*. Ph.D., Duisburg-Essen. http://duepublico.uni-duisburg-essen.de/servlets/DocumentServlet?id=5483. Zugegriffen am 21.09.2016.

Holzinger, A. (2005). Usability engineering methods for software developers. *Communications of the ACM, 48*(1), 71–74. http://doi.acm.org/10.1145/1039539.1039541. Zugegriffen am 21.09.2016.

Honold, P. (1999a). „Cross-cultural" or „intercultural" – Some findings on international usability testing. In G. V. Prabhu & E. M. Del Galdo (Hrsg.), *Designing for global markets 1, first international workshop on internationalisation of products and systems, IWIPS 1999* (S. 107–122). Rochester/New York: Backhouse Press.

Honold, P. (1999b). *Cross-cultural usability engineering: Development and state of the art*. Paper presented at the proceedings of HCI international (the 8th international conference on human-computer interaction) on human-computer interaction: Ergonomics and user interfaces-volume I – volume I. http://dl.acm.org/citation.cfm?id=647943.742510&coll=DL&dl=GUIDE&CFID=145069547&CFTOKEN=47400189. Zugegriffen am 29.10.2016.

Honold, P. (1999c). Learning how to use a cellular phone: Comparison between German and Chinese users. *Journal of STC, 46*(2), 196–205.

Honold, P. (2000). *Interkulturelles Usabilityengineering: Eine Untersuchung zu kulturellen Einflüssen auf die Gestaltung und Nutzung technischer Produkte* (Als Ms. gedr. ed. Bd. 647). Düsseldorf: VDI Verl.

Hülzer-Vogt, H. (1995). *Metapher Grundlagen sprachlicher Kommunikation. Mensch – Welt – Handeln – Sprache – Computer* (S. 176–197). München: Wilhelm Fink Verlag.

Jacko, J. A., & Sears, A. (2003). *The human-computer interaction handbook: Fundamentals, evolving technologies and emerging applications*. Mahwah: Erlbaum.

Johnson-Laird, P. N. (1983). *Mental models: Towards a cognitive science of language, inference and consciousness* (Bd. 6). Cambridge, MA: Harvard University Press.

Kosma, F. (2011). *Konstruktion und Evaluation eines Culture Assimilators für die deutsch-indische Projektarbeit bei einem Automobilhersteller*. unveröffentlichte [He1] Diplomarbeit. Universität Potsdam.

Kraiss, K.-F. (1993). Mensch-Maschine Dialog. In H. Schmidtke (Hrsg.), *Ergonomie* (S. 446–458). München: Carl Hanser Verlag.

Kuhlen, R. (1991). Information and pragmatic value-adding: Language games and information science. *Language Resources and Evaluation, 25*(2), 93–101. http://dx.doi.org/10.1007/BF00124146

Kuhnert, I. (2004). *Business with the Japanese*. Offenbach: Gabal.

Maaß, S. (1993). Software-Ergonomie, Benutzer- und Aufgabengerechte Systemgestaltung. *Informatik-Spektrum, 16*, 191–205.

Marcus, A., & Baumgartner, V.-J. (2004). Mapping user-interface design components vs. culture dimensions in corporate websites. *Visible Language Journal MIT Press, 38*(1), 1–65.

Mutschler, B., & Reichert, M. (2004). Usability-Metriken als Nachweis der Wirtschaftlichkeit von Verbesserungen der Mensch-Maschine-Schnittstelle. Paper presented at the Proceedings of the IWSM/MetriKon Workshop on Software Metrics (IWSM/MetriKon'04), Königs Wusterhausen, Germany.

McTear, M. (2002). Spoken dialogue technology: Enabling the conversational user interface. *ACM Computing Surveys, 34*(1), 90–169. doi:10.1145/505282.505285.

Nielsen, J. (1994). *Usability inspection methods*. New York: Wiley.

Nielsen, J. (1997). *Usability engineering* (4. [print] ed.). Boston: AP Professional.

Nisbett, R. E., & Miyamoto, Y. (2005). The influence of culture: Holistic versus analytic perception. *Trends in Cognitive Sciences, 9*(10), 467–473.

Norman, D. A. (2002). *The design of everyday things*. London: Basic Books.

Paterson, B., Winschiers-Theophilus, H., Dunne, T. T., Schinzel, B., & Underhill, L. G. (2011). Interpretation of a cross-cultural usability evaluation: A case study based on a hypermedia system for rare species management in Namibia. *Interacting with Computers, 23*(3), 239–246. doi:10.1016/j.intcom.2011.03.002.

Piechulla, W., König, W., Gehrke, H., & Mayser, C. (2003). *Reducing drivers' mental workload by means of an adaptive man-machine interface*. http://www.sciencedirect.com/science/journal/13698478. Zugegriffen am 21.09.2016.

Preece, J., Rogers, Y., Sharp, H., Benyon, D., Holland, S., & Carey, T. (1994). *Human-computer interaction*. Wokingham: Addison-Wesley.

Preim, B., & Dachselt, R. (2010). *Interaktive Systeme – Band I: Grundlagen, Graphical User Interfaces, Informationsvisualisierung*. Berlin/Heidelberg: Springer Verlag.

Reeves, B., & Nass, C. (1998). *The media equation* (1. paperback ed.). Stanford: CSLI Publ.

Reischer, J. (2006). *Zeichen, Information, Kommunikation. Analyse und Synthese des Zeichen- und Informationsbegriffs*. http://epub.uni-regensburg.de/10483/. Zugegriffen am 21.09.2016.

Röbig, S., Didier, M., & Bruder, R. (2010). *Internationales Verständnis von Usability sowie Methodenanwendung im Bereich der Usability*. Paper presented at the Grundlagen – Methoden – Technologien, 5. VDI Fachtagung USEWARE 2010, Baden-Baden. http://tubiblio.ulb.tu-darmstadt.de/46312/. Zugegriffen am 29.09.2016.

Röse, K. (2002). *Methodik zur Gestaltung interkultureller Mensch-Maschine-Systeme in der Produktionstechnik* (Bd. 5). Kaiserslautern: Univ.

Röse, K. (2005). The development of culture-oriented human machine systems: Specification, analysis and integration of relevant intercultural variables. In M. Kaplan (Hrsg.), *Cultural ergonomics, advances in human performance and cognitive engineering research* (4. Aufl.). Amsterdam: Elsevier.

Röse, K., & Heimgärtner, R. (2008). Kulturell adaptive Informationsvermittlung im Kraftfahrzeug: 12 Uhr in München – Stadtverkehr, 18 Uhr in Schanghai – Stadtverkehr. *i-com, 7*(3 Usability und Ästhetik), 9–13.

Röse, K., & Zühlke, D. (2001, September 18–20). *Culture-oriented design: Developers' knowledge gaps in this area*. Paper presented at the 8th IFAC/IFIPS/IFORS/IEA Symposium on Analysis, Design, and Evaluation of Human-Machine Systems, Kassel, Vor Druck.

Röse, K., Zühlke, D., & Liu, L. (2001). Similarities and dissimilarities of German and Chinese users. In G. Johannsen (Hrsg.), *Preprints of 8th IFAC/IFIP/IFORS/IEA symposium on analysis, design, and evaluation of human-machine systems* (S. 24–29). Kassel, Vor Druck.

Rößger, P. (2003). An international comparison of the usability of driver-information-systems. In V. Röse, K. Honold, P. Coronado, J. Day, & D. Evers (Hrsg.), *Proceedings of the fifth international workshop on internationalisation of products and systems. IWIPS 2003, Germany, Berlin, 17–19 July 2003* (S. 129–134). Kaiserslautern: University of Kaiserslautern.

Rößger, P., & Rosendahl, I. (2002). *Intercultural differences in the interaction between drivers and driver-information-systems*. Paper presented at the SAE World Congress.

Sarodnick, F. F., & Brau, H. (2011). *Methoden der Usability Evaluation. Wissenschaftliche Grundlagen und praktische Anwendung* (2., überarb. u. aktualisierte Aufl.). Bern: Huber.

Schlungbaum, E. (1996). *Model based user interface software tools: Current state of declarative models*. Atlanta: Graphics, Visualization & Usability Center, Georgia Institute of Technology.

Schlungbaum, E. (1997). *Individual user interfaces and model-based user interface software tools*. Paper presented at the proceedings of the 2nd International Conference on Intelligent User Interfaces, Orlando.

Schomaker, L., Nijtmans, J., Camurri, A., Lavagetto, F., Morasso, P., Benoît, C., & Adjoudani, A. (1995). *A Taxonomy of Multimodal Interaction in the Human Information Processing System: Report of the Esprit Project 8579 MIAMI*. http://www.ai.rug.nl/~lambert/papers/TaxonomyMultimodalInteraction-RepEsprit-Project8579-MIAMI.pdf. Zugegriffen am 29.09.2016.

Schoper, Y., & Heimgärtner, R. (2013). Lessons from intercultural project management for the intercultural HCI design process. In A. Marcus (Hrsg.), *Design, user experience, and usability. Health, learning, playing, cultural, and cross-cultural user experience* (Bd. 8013, S. 95–104). Berlin/Heidelberg: Springer.

Searle, J. R., & Kiefer, F. (1980). *Speech act theory and pragmatics* (Bd. 10). Dordrecht/Holland: Reidel.

Shah, H., Nersessian, N. J., Harrold, M. J., & Newstetter, W. (2012). *Studying the influence of culture in global software engineering: Thinking in terms of cultural models*. Paper presented at the proceedings of the 4th International Conference on Intercultural Collaboration, Bengaluru.

Shannon, C. E. (1948). A mathematical theory of communication. *Bell Labs Technical Journal, 27*, 379–423, 623–656.

Shneiderman, B. (1998). *Designing the user interface*. Reading: Addison-Wesley.

Simon, S. J. (2000). The impact of culture and gender on web sites: An empirical study. *SIGMIS Database, 32*(1), 18–37. doi:10.1145/506740.506744.

Stary, C. (1994). *Interaktive Systeme* (1. Aufl.). Wiesbaden: Vieweg.

Symmonds, N. (2002). *Internationalization and localization using Microsoft .NET*. Berkeley: Apress.

Thomas, A. (1996). *Psychologie interkulturellen Handelns*. Seattle: Hogrefe.

Thomas, A., Kinast, E.-U., & Schroll-Machl, S. (2010). *Handbook of intercultural communication and cooperation. Basics and areas of application*. Göttingen: Vandenhoeck & Ruprecht.

Timpe, K.-P., & Baggen, R. (2000). *Mensch-Maschine-Systemtechnik* (1. Aufl., Stand: Oktober 2000 ed.). Symposion Publ.

Timpe, K.-P., & Kolrep, H. (2000). Das Mensch-Maschine-System als interdisziplinärer Gegenstand. In K.-P. Timpe, T. Jürgensohn, & H. Kolrep (Hrsg.), *Mensch-Maschine-Systemtechnik. Konzepte, Modellierung, Gestaltung, Evaluation* (S. 9–40). Düsseldorf: Symposium Publishing.

Trompenaars, F., & Hampden-Turner, C. (2012). *Riding the waves of culture: Understanding diversity in business* (Rev. and updated, 3. Aufl.). London [u. a.]: Nicholas Brealey Publ.

UXQB e.V. (Hrsg). (2015). CPUX-F Curriculum und Glossar Version 2.11 DE, 22. März 2016. http://uxqb.org/wp-content/uploads/documents/CPUX-F_Curriculum_und_Glossar.pdf. Zugegriffen am 29.10.2016.

Usability Professionals' Association, UPA. (2009). http://uxpa.org/. Zugegriffen am 29.09.2016.

VDMA. (2009). *Software-Internationalisierung Leitfaden*. Frankfurt a.M.: VDMA Fachverband Software.

Victor, D. A. (1998). *International business communication* (7. Aufl.). New York: Harper Collins.

Vöhringer-Kuhnt, T. (2002). *The influence of culture on usability*. M.A. master thesis, Freie Universität Berlin.

W3C. (2010). *W3C internationalization activity*. http://www.w3.org/International/questions/qa-mono-multilingual. Zugegriffen am 30.09.2016.

Wandmacher, J. (1993). *Software-Ergonomie* (Bd. 2). Berlin: de Gruyter.

Windl, H., & Heimgärtner, R. (2013). *Intercultural design for use – Extending usage-centered design by cultural aspects*. Paper presented at the HCII 2013, Las Vegas.

Winograd, T., & Flores, F. (1991). *Understanding computers and cognition: A new foundation for design* (6th printing. ed.). Reading: Addison-Wesley.

Wittig, T. (1979). Der Dialog zwischen Mensch und Maschine. In W. Heindrichs & G. C. Rump (Hrsg.), *Dialoge: Beiträge zur Interaktions-und Diskursanalyse* (S. 86–98). Hildesheim: Gerstenberg.

Yammiyavar, P., Clemmensen, T., & Kumar, J. (2008). Influence of cultural background on non-verbal communication in a usability testing situation. *International Journal of Design* [Online] 2(2). http://www.ijdesign.org/ojs/index.php/IJDesign/article/view/313. Zugegriffen am 30.09.2016.

User-Interface-Design 5

Inhalt

R. Heimgärtner, *Interkulturelles User Interface Design*,
DOI 10.1007/978-3-662-48370-1_5

Dieses Kapitel bietet den Rahmen für das Verständnis des Einflusses der Kultur auf die Entwicklung von Benutzungsschnittstellen. Nach der Darstellung des Einflusses der Kultur auf die MMI werden MMI-relevante Kulturdimensionen für die Entwicklung interkultureller Benutzungsschnittstellen präsentiert. Schließlich werden die wichtigsten Ansätze, Konzepte und Methoden für interkulturelles User-Interface-Design (IUID) dargestellt.

5.1 Mensch-Maschine-Interaktion im kulturellen Kontext

Es gibt zahlreiche Bücher zur interkulturellen Kommunikation, die Hinweise geben, wie man sich in Japan, China oder Indien verhalten soll. Neben dem Austausch von Informationen zwischen Menschen gibt es auch den Austausch von Informationen zwischen Mensch und Computer/Maschine. Die Interaktion eines Menschen mit einer Maschine wird oft auch als Mensch-Maschine-Kommunikation bezeichnet. Dieser Begriff macht die Parallelen zwischen der „Mensch-Mensch"-Kommunikation und der „Mensch-Maschine"-Kommunikation deutlich. Untersuchungen haben belegt, dass der Mensch bei seiner Interaktion mit dem Computer oder der Maschine gleiche Regeln anwendet, wie bei einer zwischenmenschlichen Kommunikation (s. Reeves und Nass 1998 bzw. Fischer 2006). Beide Situationen sind Prozesse, bei denen es um den Austausch von Information geht, also Kommunikationsprozesse (s. auch Kap. 2).

▶ Bei der MMI werden kulturelle Einflüsse wirksam, wie sie zum Teil aus den Untersuchungen zur interkulturellen Kommunikation zwischen Menschen bekannt sind. Die in diesem Bereich gesammelten Erfahrungen und Untersuchungsergebnisse lassen sich zwar nutzen, jedoch nicht 1:1 auf den Bereich der technisch orientierten Kommunikation zwischen Mensch und Maschine übertragen, sondern erfordert entsprechendes Know-How und passende Vorgehensweisen, um eine entsprechende Transformationsleistung durchführen zu können.

Kultur kann die MMI auf verschiedenste Weisen beeinflussen. Die kulturelle Distanz zwischen westlichen und asiatischen Regionen deutet darauf hin, dass kulturelle Unterschiede bei der MMI von Benutzern unterschiedlicher Regionen in Bezug auf Interaktionsstil, Denkweise und Handlungsmodelle zu erwarten sind. Daher sollten Design, Anwendung und der Gebrauch interaktiver Systeme nicht nur die generellen Verwendungskriterien berücksichtigen, sondern auch kulturelle Fälle mit einbeziehen, die relevante Themen wie Planung, Präsenz, Datenschutz, Berechtigung, Kontrolle, Bewusstsein, Sicherheit, Fehler, Vertrauen, Annehmlichkeit, Koordination, Konflikt, Kommunikation und Kollaboration ansprechen (vgl. Liang 2003).

▶ Interkulturelle Überschneidungssituationen (vgl. Honold 2000, S. 42 ff.) entstehen, wenn ein Produkt innerhalb einer Kultur definiert und geformt wird und dieses Produkt dann in eine andere Kultur transferiert wird und dort benutzt wird.

Weitere Formen interkultureller Überschneidungssituationen sind interpersonale interkulturelle zufällige Situationen sowie kulturvergleichende Untersuchungen, arrangiert mittels technischer Systeme mit direkten kulturellen Einflussfaktoren auf die MMI (vgl. Honold 2000, S. 42–43). Auf gleiche Weise präsentierte Information kann in unterschiedlichen Kulturen unterschiedliche Bedeutung haben, bedingt durch Erfahrungen bezüglich Werte, Symbole und Verhaltensmuster mit je der jeweiligen Kultur eigenen Bedeutungen und Interpretationen. Diese Aspekte haben einen Effekt auf die Codierung oder Decodierung von Nachrichten während der Kommunikation (vgl. Röse 2002, S. 21).

Auswirkungen der Kulturunterschiede bei der Produktnutzung können erkannt und über die Kulturen hinweg verglichen werden, indem das Verhalten in gleichen Handlungskontexten jener Fälle verglichen wird, in denen eine Person X in Kultur X ein System benutzt und eine Person Y in Kultur Y dasselbe System benutzt. Handlungskontexte werden geprägt z. B. durch Kommunikation, Verstehen, Konversationscode, Weltanschauung, Methoden, Prozesse, Web Of Belief (Netzwerk aller Glaubenssätze im Kopf, Glaubensnetz) und Empathie. Bei der kulturvergleichenden Betrachtung erfolgt kein kultureller Austausch. Es werden lediglich Merkmale einer Interaktion mit einem technischen System und die Ausprägung dieser Merkmale in der jeweiligen Kultur verglichen.

▶ Ein Entwickler aus Kultur X muss die Bedienung des Produkts verständlich für einen Benutzer aus Kultur Y gestalten (vgl. Röse 2002, S. 68 ff.) (vgl. auch Abb. 5.1).

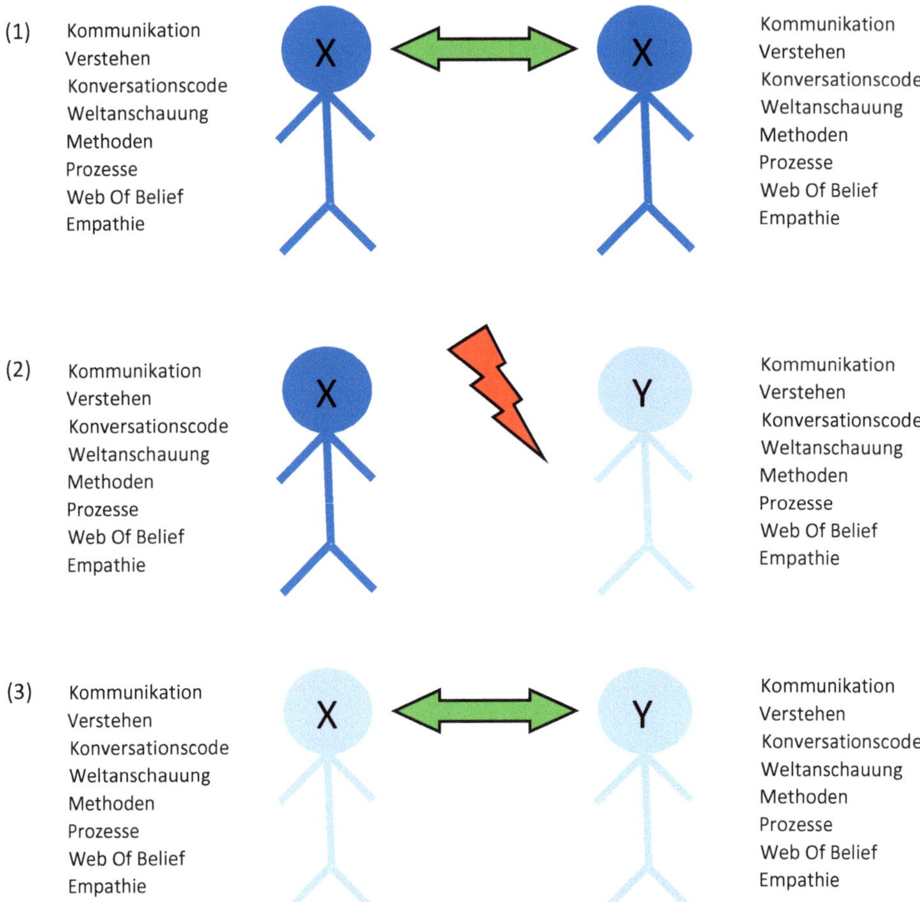

Abb. 5.1 Anpassung des Entwicklers (linke Figur) an den Benutzer (rechte Figur)

Beispiel (vgl. Abb. 5.1): Ein Proband X aus Kultur X (z. B. China) und ein Proband Y aus Kultur Y (z. B. USA) lösen die gleiche Aufgabe und ihre Lösungswege und Handlungen werden hinsichtlich vorher festgelegter Merkmale verglichen (2) und entsprechend angepasst (3) um ein gemeinsames Verständnis der Produktentwicklung und Produktbedienung zu erreichen. Innerhalb derselben Kultur ist diese Anpassung weniger stark notwendig (1).

Im Folgenden wird näher auf den Einfluss der Kultur auf die Interaktion des Benutzers eingegangen.[1]

---

[1] Ich möchte an dieser Stelle Fr. Dr. Kerstin Röse sehr herzlich für die Inhalte und teilweise Erstellung und Ausformulierung von Teilen der Abschn. 5.1.1 bis 5.1.3 danken. Ihr gebühren überwiegend die Lorbeeren für diese Abschnitte.

5.1.1 Benutzerinteraktion

Der Einfluss der kulturellen Prägung des Benutzers auf die Effizienz, die Effektivität und die Wahrnehmung der Arbeit mit einem interaktiven System lässt sich bereits leicht aus den vielfältigen Anforderungen durch die unterschiedlichen Sprachen und Schriften dieser Welt ablesen. Forschungsarbeiten aus der Psychologie und der Vergleich von ähnlichen Produkten aus unterschiedlichen Kulturkreisen zeigten darüber hinaus, dass sich kulturelle Unterschiede auch auf mentale Modelle, kognitive Prozesse und die Arbeitsweise auswirken.

▶ Die Berücksichtigung kultureller Aspekte sollte sich nicht nur auf visuelle Gestaltung und elementare UI-Komponenten beziehen, sondern auch auf die grundlegenden Designkonzepte, Metaphern und Arbeitsabläufe.

Betroffen sind hierbei vor allem Informationswahrnehmung, mentale Modelle, kognitive Stile, Kreativität, Problemlösestrategien, Sprache und Verhaltensunterschiede.

▶ Die Wahrnehmung von Informationen ist durch den kulturellen Kontext des Wahrnehmenden beeinflusst. Der darin dargestellte Filterungsprozess bei der Aufnahme von Information wird durch die erworbenen Regulationen der Kultur bestimmt.

Die Farbwahrnehmung ist kulturspezifisch. Menschen unterschiedlicher Kulturen sehen unterschiedliche Farben, da sie eine unterschiedliche Begriffsdefinition für die wahrgenommenen Farben haben. Diese Begriffswelten sind meist traditionell gewachsen und weisen deutliche regionale Unterschiede auf. „Jede Kultur legt mehr oder weniger willkürlich fest, wo man im Kontinuum des Farbspektrums Grenzen zieht und damit verschiedene Farben unterscheidet. Die Gründe für diese kulturspezifischen Eigenheiten liegen manchmal offenkundig in der Bedeutsamkeit, oft sind sie aber auch nicht zu erkennen.“ (Maletzke 1996, S. 50).

Zeitwahrnehmung kann gemäß (Thomas 1993a) anhand folgender Zeitdimensionen beschrieben werden:

- Zeitverlauf (zyklisch vs. linear)
- Abstraktheit der Zeit (konkret vs. abstrakt)
- Soziales Tempo (langsam vs. schnell).

Generell ist die Zuordnung der Kulturen zum Spektrum der Zeitdimensionen stets kontextspezifisch. So weisen die Kulturen auch für unterschiedliche Lebensbereiche (z. B. geschäftlich vs. privat) unterschiedliche Ausprägungen auf.

▶ Die kulturellen Rahmenbedingungen unter denen ein Mensch aufwächst, bestimmen mit, was im Gedächtnis dieses Menschen eingeprägt und aufbewahrt wird. Auch auf die Strukturierung und Erinnerung wird damit Einfluss genommen. Die resultierenden Handlungen – als Ergebnis des Informationsverarbeitungsprozesses – sind ebenfalls davon abhängig.

Kürzere Zugriffszeiten und weniger benötigte Speicherkapazität aufgrund kulturell verschiedener Sprachstrukturen und -Eigenschaften können als Ursache für bessere Gedächtnisleistungen z. B. bei Chinesen angesehen werden: „Chinesischsprachige Reize stellen offensichtlich für Chunking-Prozesse besonders günstige Voraussetzungen dar, und sie nehmen bei einer phonologischen Codierung die Kurzzeitgedächtniskapazität vergleichsweise wenig in Anspruch" (Lass 1997, S. 265)[2]. Jensen und Whang (1994) kommen bei der Untersuchung der Zugriffszeit auf das Langzeitgedächtnis zur Schlussfolgerung, dass einfaches Memorieren in der chinesischen Tradition schon früh mit Kindern geübt wird und sie deshalb bei einfachen Abrufaufgaben sehr schnell sind.

► Es gibt kulturelle Leistungsunterschiede im Bereich des Kurz- und Langzeitgedächtnisses. Kultur prägt damit auch die Lern- und Leistungsfähigkeit des Menschen. Auch die Benutzererwartung ist das Ergebnis kognitiver Verarbeitungs- und Lernprozesse des Benutzers und damit ebenso wie das Benutzererlebnis kulturell geprägt.

Kreative Fähigkeiten sind ebenfalls kulturell geprägt. Kuo et al. (1979) haben die Beschreibungsdimensionen für kreatives Denken (Gewandtheit, Flexibilität, Originalität, Ergänzung) definiert und somit ein Untersuchungsartefakt für Kreativität bestimmt. Amerikanische Studenten zeigten bessere Werte bei der ‚Originalität' und ‚Ergänzung', aber geringere Werte bei der Gewandtheit. D. h., die Individualität – als kulturelles Merkmal für mehr Freiraum zur Schaffung von kreativen Leistungen – war deutlich höher ausgeprägt, auch wenn die chinesischen Studenten eine höhere Anzahl von Ideen aufwiesen.

Neben den Aspekten der Informationsaufnahme und der kognitiven Interpretation sind im Zusammenhang mit der Informationsverarbeitung auch Problemlösestrategien interessant.

► Problemlösen ist ein mentaler Prozess der Erarbeitung und Integration neuer Handlungsstrategien auf der wissensbasierten Handlungsebene des Menschen (vgl. Handlungsebenenmodell von (Herczeg 2005) in Kap. 4.1.2).

Dabei wird neu eingehende Information mit vorhandenen Handlungsmustern verglichen. Ausgehend davon, dass es kein adäquates Handlungsmuster für das zu bearbeitende Problem gibt, müssen vorhandene Handlungsmuster entweder neu kombiniert oder ergänzt werden. Sollte dies nicht zum Erfolg führen, dann müssen ganz neue Handlungsmuster entwickelt werden. Dafür werden ‚Top-down' oder ‚Bottom-up'-Strategien benutzt. Unter

---

[2] Chunking bedeutet die Organisation von Information in sinnvolle Einheiten. Der Mensch kann im Kurzzeitgedächtnis etwa 7+–2 Chunks gleichzeitig behalten (Miller 1956).

der Annahme eines hierarchischen Bedingungsgefüges und der darauf basierenden Logik zur Abbildung der abstrakt-formalen Zusammenhänge sind somit zwei wesentliche Lösungswege gegeben: das induktive und das deduktive Schließen. Das induktive Schließen ist eine Form verallgemeinernden Denkens. Dabei wird vom Besonderen auf das Allgemeine geschlussfolgert (‚Bottom-up'-Strategie). Das deduktive Schließen ist eine Ableitung neuer Aussagen aus bereits vorhandenen Aussagen. Dabei wird vom Allgemeinen auf das Besondere geschlussfolgert (‚Top-down'-Strategie).

Diese Ansätze und Theorien sind sehr verbreitet und ‚Stand der Technik' in den westlichen Kulturkreisen. Die dargestellten Formen des Problemlösens sind so genannte *sukzessive* Formen des Problemlösens. Dabei gibt es ein hierarchisches Bedingungsgefüge mit abstrakten Beziehungen, die monokausal verknüpft sind.

Eine andere Form des Problemlösens ist das *simultane* Problemlösen. Dieses ist bestimmt durch ein relationales Bedingungsgefüge mit situativen Beziehungen und multikausalen Verknüpfungen. Diese Form des simultanen Problemlösens ist in den asiatisch-konfuzianistischen Kulturkreisen verbreitet und meist durch die Symbolik des ‚Yin-Yan' bekannt. Die Unterschiede von ‚sukzessiv vs. simultan' ‚mono-kausal vs. multi-kausal' und ‚Gegensatz vs. Relation' sind in Abb. 5.2 veranschaulicht.

Strohschneider hat dazu Untersuchungen im kulturellen Kontext durchgeführt (Strohschneider 2006). Tab. 5.1 verdeutlicht die Ergebnisse zum kulturell verschiedenen Problemlöseverhalten von indischen und deutschen Probanden innerhalb eines Usability-Engineering-Life-Cycles.

Inder haben einen größeren Bedarf an Hintergrund- bzw. Kontextinformationen als wesentliche Entscheidungsvoraussetzung. Hingegen wollen die Deutschen mehr Informationen

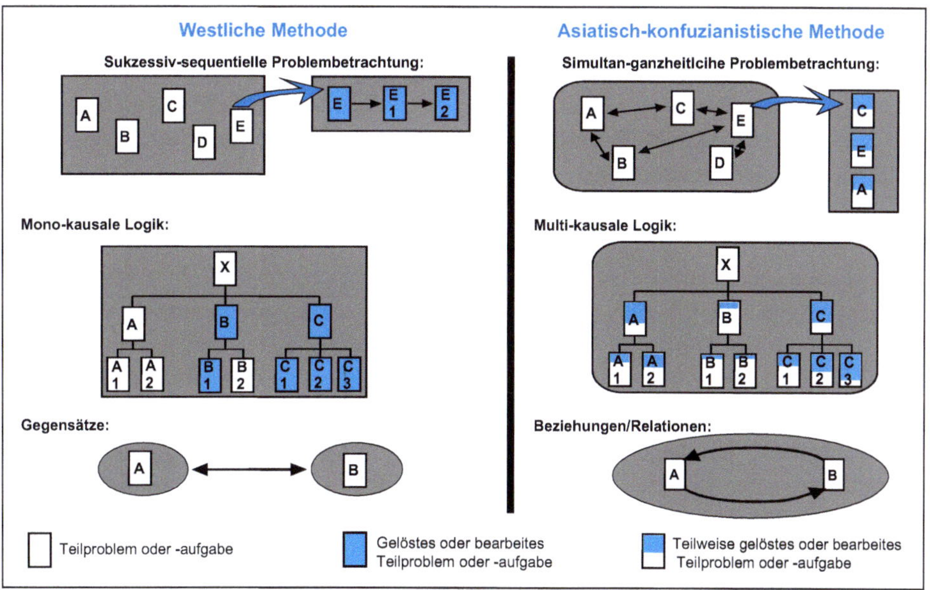

Abb. 5.2 Kulturell unterschiedliche Problemlösestrategien. (Quelle: Röse 2002, S. 37, Abb. 2.20)

Tab. 5.1 Ergebnisse kulturvergleichender Untersuchungen zwischen Indern und Deutschen zum Problemlöseverhalten (Strohschneider 2001)

Bereich	Indische Probanden	Deutsche Probanden
Coping-Strategie	bringen weniger Stressverhalten zum Ausdruck, lassen sich nicht aus der Ruhe bringen, geduldiges Herangehen an Problemlösung verschiedene Lösungswege mit Problemraumerweiterung	deutliches Stressverhalten, teilweise leichte Aggressionen, ungeduldiges unter Druck setzen Suche nach relevanten Systemparametern, Beschränkung auf Zusammenhänge im Problemraum
Problem-löse-Strategie	vielfältige inhomogene Lösungsansätze Probleme mit selbständigen Entscheidungen inflexible Strategien; einmal ausgewählte Strategie wurde beibehalten	homogenere Lösungsansätze keine Probleme mit Entscheidungen mehr Flexibilität der Strategien
Taktik & Entscheidung	mehr Hintergrundfragen zum Verständnis des Gesamtkontextes (Merkmal der ‚Unbestimmtheitsreduktion' da problemlösendes Handeln in Kontext eingebunden sein muss). Konzentration auf einige wesentliche Teilaspekte	mehr konkrete Ist-Zustandfragen und somit aktivere Nutzung der Interaktionsmöglichkeiten (Änderungsparameter) Berücksichtigung mehrerer Teilaspekte der Aufgabe

zu Systemparametern, um eine schnelle adäquate Handlung vornehmen zu können. Insgesamt wurde bei den deutschen Probanden der Studien eine höhere Entscheidungsintensität beobachtet.

▶ Sprache ist ein offensichtliches Merkmal zur Differenzierung von Kulturen. Asiatische Kulturen haben ein ‚oben/unten'-Schriftbild und westliche Kulturen ein ‚Links/Rechts'-Schriftbild. Dasselbe Anordnungsprinzip gilt auch für die horizontale oder vertikale Menüanordnung (vgl. Röse 2002 und Heimgärtner 2012).

Kulturbedingte Unterschiede im Verhalten sind für die Gestaltung von Mensch-Maschine-Systemen ebenfalls ausschlaggebend. Cole (1997) beschreibt die kulturellen Einflüsse auf das Verhalten als Ergebnis eines Modelllernprozesses. Das Kind imitiert Verhaltensweisen der Eltern. Die Eltern geben dem Kind entsprechende positive oder negative Rückmeldung zum Verhalten in Abhängigkeit von den durch die Großeltern vermittelten Werten und Verhaltensmustern. Dabei vergleichen sie die ihnen vermittelten Werte und Verhaltensmuster mit den eigenen sowie mit den vom Kind gezeigten. Somit erfolgt ein verhaltensbasierter Rückmeldungs-(Feedback-)Prozess in der kindlichen Entwicklung als ein „Enkulturationskreislauf" zwischen drei Generationen. Enkulturation bedeutet die Eingliederung eines einzelnen Individiuums in die Kultur durch Übernahme von Werten und Normen (vgl. Hansen 2003). Die derart erworbenen Prägungen sind sehr stabil, da sie durch einen meist intensiven positiven Feedbackprozess verstärkt wurden. Derartig erworbene Verhaltensmuster gelten auch als stabile kulturelle Einflussgrößen auf das Interaktionsverhalten gegenüber Mensch und Technik.

5.1.2 Benutzer(gruppen)

▶ Gemäß (Röse 2002) ist eine kulturelle Benutzergruppe eine Gruppe von Personen, welche bewusst (eigene Zuordnung) oder unbewusst (per Merkmal/Kontext/Rolle von außen zugeordnet) Werte, Regeln und Verhaltensmuster teilt und somit eine Kultur repräsentiert. Die Zuordnung zu einer kulturellen Benutzergruppe erfolgt durch die Zugehörigkeit zu einer Kultur und den damit implizit angenommenen Merkmalen. Dabei stehen nicht einzelne Individuen im Mittelpunkt der kulturellen Betrachtung sondern immer Benutzergruppen. Das heißt der Benutzer gilt als Individuum oder Repräsentant einer Gruppe/Rolle.

In vielen Fällen müssen mehrere Gruppen von Benutzern in Bezug auf ihre Aufgaben unterschieden werden. Zum Beispiel der Fall eines Bankautomaten. Ein Benutzertyp, der Bankkunde, führt seine Karte in die Maschine ein, um eine finanzielle Transaktion durchzuführen. Andere Benutzer sind speziell ausgebildete Leute, die das richtige Funktionieren der Maschine gewährleisten und sie mit Schiffsladungen Geld beliefert. Ihre Rolle ist die Instandhaltung der Maschine und das Auffüllen des Bargeldes. Anwälte könnten eine dritte Klasse von Benutzern konstituieren. Sie müssen abwägen, eine bestimmte Transaktion tatsächlich betrügerisch war. Sie müssten Zugriff haben auf einen Speicher oder eine Art Transaktions-Spur, die vom System aufrecht erhalten wird. Jeder dieser Benutzer hat eine andere Perspektive auf das richtige Funktionieren des Bankautomaten. Jede dieser Rollen wird eine leicht unterschiedliche Benutzungsschnittstelle bzw. Ausprägung der Benutzungsschnittstelle benötigen.

▶ Mehrere Benutzergruppen fordern unterschiedliche Ausprägungen der Benutzungsschnittstelle für dieselbe Anwendung und manchmal wird auch ein einzelner Benutzer unterschiedliche Ausprägungen der Benutzungsschnittstelle verlangen, um die gleiche Anwendung auszuführen.

Dies wäre beispielsweise der Fall, wenn der gleiche Benutzer auf die Anwendung über mehrere unterschiedliche Geräte zugreift: Handy, PDA, Laptop oder Desktop-PC (vgl. Responsive Design). Jedes dieser Geräte hat andere Charakteristika, wie zum Beispiel die Größe und Auflösung des Bildschirms, Anzahl und Typen von Knöpfen auf jedem Display als auch u.U. unterschiedliche Umgebung, in welcher jedes dieser Geräte verwendet werden könnte. Zum Beispiel kann der Benutzer in Eile sein, und ablenkenden Lärmquellen ausgesetzt sein, während er mit dem Handy arbeitet und parallel immer wieder den Desktop betrachtet bzw. nutzt. Technisch wirft der Multi-Gerätenutzer somit einige neue Herausforderungen auf, welche gerade im interkulturellen Kontext aufgrund der unterschiedlichen Benutzererwartungen zum Tragen kommen.

5.1.3 Nutzungskontext

Software-Systeme werden von Menschen benutzt. Dabei spielen kognitive Aspekte eine herausragende Rolle bezüglich der Effektivität der Arbeit der Benutzer mit dem System. Warum ist ein System verstehbarer oder benutzerfreundlicher als ein anderes? Die Entwicklung von Benutzungsschnittstellen erfordert mehr als nur die Größe und das Platzieren von Knöpfen und Menüs. Es müssen vielmehr Aspekte menschlicher Faktoren berücksichtigt werden, welche relevant für die Entwicklung interaktiver Systeme sind (vgl. URL=http://www.se.uni-hannover.de/).

Kultur hat Einfluss auf die Interaktion des Benutzers mit dem Computer aufgrund des Bewegens des Benutzers in einem kulturellen Umfeld (Röse 2002). Ausgehend vom soziotechnischen Hintergrund von Mensch-Maschine-Systemen ergeben sich entsprechende Dreiecksbeziehungen (Aufgabe, Mensch, Umgebung). Kulturelle Prägung, Analyse und Gestaltung gehen einher mit Normen, User Interface und Aufgaben. Um diese Anforderungen zu meistern, sind „interkulturelle UI-Designer" mit interkultureller Handlungskompetenz und fundierten Internationalisierungs- und Lokalisierungskenntnissen gefragt. Diese Kompetenzen erfordern Kenntnis über die jeweiligen kognitiven Strukturen und Philosophien in den Zielkulturen, wie bereits ausführlich in Kap. 2 dargestellt wurde.

Gedanken, Werte, Anschauungen, welche kulturell sehr verschieden sind, können nur über das Verhalten des jeweiligen Menschen erfahren oder durch Gespräche mit dem jeweiligen Menschen geklärt und verstanden werden. Eliza del Galdo verdeutlichte dies mit der Eisbergmetapher (s. Kap. 2 „Kultur und Kulturmodelle"). Die kulturelle Prägung des Benutzers erfolgt daher auf vielfältigste Weise abhängig von der Rolle des Benutzers im Leben und seiner Verortung in der Welt (lokal, regional, national oder international) als auch seinen Beziehungen zu seinen Kommunikationspartnern (intrasubjektiv, intersubjektiv, intrakulturell und interkulturell) (Abb. 5.3).

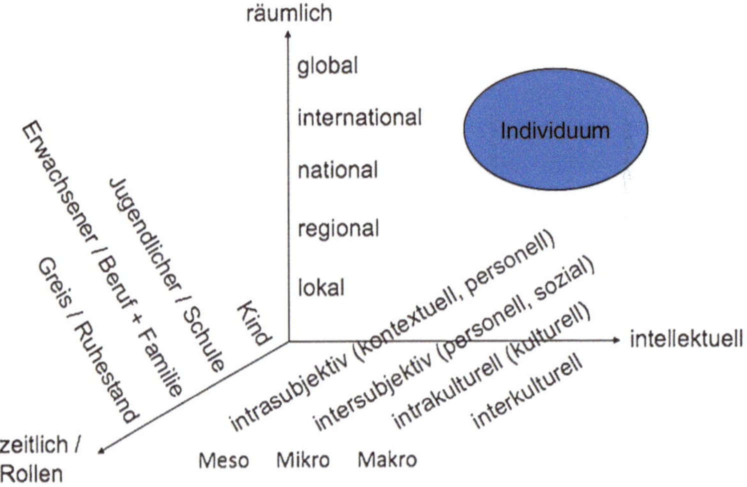

Abb. 5.3 Mehrdimensionale kulturelle Prägung eines Benutzers

Zu den kulturellen Benutzerspezifika zählen kognitive Besonderheiten bzw. Unterschiede, kulturell geprägte Präferenzen, Unterschiede im Technikumgang und kulturell variierende Benutzererwartungen.

▶ Kulturbedingte Unterschiede im Nutzungskontext (Unterschiedliche Benutzer, Aufgaben, Umgebung, Ressourcen) sind beim Design von Benutzungsschnittstellen zu berücksichtigen und sinnvoll in die Produktentwicklung zu integrieren.

5.2 Kulturmodelle für das MMI-Design

Kulturell abhängige Dimensionen (Kulturdimensionen) sind Teil von Kulturmodellen, die den Vergleich von menschlichem Verhalten unterschiedlicher Kulturen ermöglichen.

▶ Die mehrdimensionale kulturelle Prägung von Benutzern kann anhand von Kulturmodellen beschreiben werden.

Baumgartner (2003) befragte dreißig internationale Experten aus einundzwanzig unterschiedlichen Ländern über ihre Meinung zum Einfluss von Kulturdimensionen auf das User Interface Design und bat sie, die Dimensionen in Abhängigkeit ihrer Wichtigkeit für das MMI-Design zu bewerten. Ihre Ergebnisse gemäß der befragten Experten beinhalten eine Zusammenfassung der Folgenden relevanten Kulturdimensionen für das MMI-Design nach Wichtigkeit geordnet (Baumgartner 2003, S. 46):

- Kontext
- technologische Entwicklung (Kombination von Umwelt/Technologie und technologischer Entwicklung)
- Vermeidung von Unsicherheiten
- Wahrnehmung von Zeit
- Autoritätsauffassung.

Die Dimension „Kontext“ steht in Beziehung mit der benötigten Menge von Information, die nötig in einer Kultur in einer bestimmten Situation ist (vgl. Hall 1976). „Technologische Entwicklung“ deckt sowohl technologischen Fortschritt als auch die Erfahrung im Umgang mit Technologie, die in einer Kultur gefunden wird, ab. „Vermeidung von Unsicherheiten“ beschreibt die Umstände, inwieweit sich die Mitglieder einer Kultur von unbekannten Situationen bedroht fühlen (vgl. Hofstede 1991). „Zeitwahrnehmung“ bezieht sich auf mono-chrone Zeitorientierung, das heißt, Dinge eher geplant und sequenziell zu erledigen, und poly-chrone Zeitorientierung, Dinge eher willkürlich und parallel zu erledigen (vgl. Hall 1976, S. 17 ff.). „Autoritätsauffassung“ beinhaltet die Einstellung zu Machtdistanz, organisationeller Macht und Führerschaft, da sich Leute über die Mitglieder einer Organisation im Klaren sind (vgl. Hofstede 1991). Diese Resultate basieren auf Schätzungen von Usability-Experten und verlangen immer noch nach empirischer Validierung.

Da es eine Vielzahl an Kulturdimensionen gibt (s. Kap. 2), erfolgen nun Überlegungen dahingehend, welche Kulturdimensionen die relevantesten für die Entwicklung interkultureller Benutzungsschnittstellen sind und warum.

5.2.1 Reduktion der konzeptuellen Komplexität kultureller Modelle

Nach (Reimer 2005), S. 39 haben viele der Kulturdimensionen verschiedener Autoren ähnliche Qualitäten, was es ermöglicht, sie untereinander zu vergleichen (auch wenn sie in ihrer Benutzung variieren können). Zum Beispiel kann die Kulturdimension „Individualismus vs. Kollektivismus" dichotom oder holistisch genutzt werden. Darüber hinaus gibt es eine enge semantische Beziehung einiger Kulturdimensionen (vgl. Hodicová 2007, S. 38). Zum Beispiel entspricht die Kulturdimension „Rollen- vs. Beziehungsorientierung" stark Hofstede's Konzept des „Individualismus vs. Kollektivismus", was Gesellschaften mit loyalen Mitgliedern beschreibt. Auch entspricht sie Trompenaars Kulturdimension „Spezifität vs. Diffusion", was die Teilung von Arbeit und privaten Gebieten bedeutet (vgl. Hodicová 2007, S. 38).[3]

Einige Kulturdimensionen können offensichtlich nicht voneinander getrennt werden, weil sie von Natur aus verbunden sind. Gemäß (Kralisch 2006) beeinflussen im Unterschied zu vorangehenden Studien Individualismus und Machtdistanz das private Verhalten. Empirische Resultate erbrachten den Beweis, dass die Kombination beider Kulturdimensionen tatsächlich den stärksten Einfluss habe: „In contrast to previous studies, we argued that both Individualism and Power Distance affect privacy attitudes and cannot be considered independently from each other. Empirical results provided evidence that the combination of both cultural dimensions has in fact the strongest impact." (Kralisch 2006, S. 223).

Zusätzlich hat die Ohio State Leadship Study (vgl. Halpin und Winer 1957) eine ähnliche Kulturdimension aufgedeckt: Aufgaben- vs. Personenorientierung (vgl. Schriesheim et al. 1995). In aufgabenorientierten Kulturen, stellen Menschen mit einem Fokus auf Arbeit die Erledigung des Jobs als höchste Priorität vor jegliche Berücksichtigung von Personen, was in einem Kontrast zu personenorientierten Kulturen steht und den Auswirkungen der Dimension „Individualismus vs. Kollektivismus" ähnelt.

[3] Um die interkulturelle Kommunikation und Zusammenarbeit zu erklären, sind mehrere Kulturdimensionen gleichzeitig heranzuziehen (vgl. z. B. auch Rösch 2005).

Dies und die Reduktion auf einige kulturelle Hauptdimensionen wird auch von der Auswertung von (Cox 1993) unterstützt, der ebenfalls die Dimension Individualismus vs. Kollektivismus unverzüglich verbunden sieht mit Aufgabe-/Rollen- vs. Beziehungsorientierung. Viele Autoren von Kulturdimensionen beschreiben indirekt die Auswirkungen der die Individualismus vs. Kollektivismus Dichotomie (vgl. Cramer 2008, S. 37). Diese Folgerung kann auch auf die Arbeit von (Vöhringer-Kuhnt 2002) bezogen werden, die besagt, dass lediglich eine der fünf Dimensionen Hofstede's, nämlich „Individualismus vs. Kollektivismus", in einer wechselseitigen Beziehung zur Benutzerfreundlichkeit eines Systems steht (Vöhringer-Kuhnt 2002, S. 17), was darauf hindeutet dass diese Dimension größte Bedeutung für die interkulturelle MMI Gestaltung hat. Zusätzlich hat (Podsiadlowski 2002, S. 43) das eindimensionale Konstrukt „Individualismus vs. Kollektivismus" als Basis für seine Erweiterung zu einem multidimensionalen Konstrukt verwendet, um kulturelle und individuelle Subdimensionen ableiten zu können. Podsiadlowski (2002, S. 45) hebt auch Zeit und Raum sowie die Kommunikationsaspekte, hervor.

▶ Kulturdimensionen lassen sich auf eine grundlegende Kulturdimension (BCD – basic cultural dimension) reduzieren, in dem die sehr ähnlichen Dimensionen „Individualismus vs. Kollektivismus" „Aufgaben- vs. Personenorientierung" und „Rollen- vs. Beziehungsorientierung" kombiniert werden.

Dabei wird angenommen, dass die Unterschiede im Verhalten in beziehungsorientierten Kulturen *im Vergleich* zu aufgabenorientierten Kulturen größer sind als die Unterschiede im Verhalten *innerhalb* beziehungsorientierter oder aufgabenorientierter Kulturen. Zum Beispiel leben Chinesen und Franzosen in beziehungsorientierten Aspekten ähnliches Verhalten aus, da beide Kulturen stark beziehungsorientiert sind. Deutsche und US-Amerikaner legen in beziehungsorientierten Aspekten ebenfalls ein ähnliches Verhalten zu Grunde, weil beide Kulturen aufgabenorientiert geprägt sind. Es kann daher angenommen werden, dass die Unterschiede im Interaktionsverhalten zwischen Deutschen und US-Amerikanern oder zwischen Chinesen und Franzosen geringer sind als zwischen Deutschen/US-Amerikanern und Chinesen/Franzosen.

Die Kulturdimensionen „Aktivitätsorientierung" (machen – werden – sein), „Natur des Menschen" (gut, schlecht/wandelbar, nicht wandelbar), „instrumental vs. ausdrücklich" (abhängig von der Natur des Menschen), „Universalismus vs. Partikularismus" und alle Kulturdimensionen, die die Entwicklung eines Landes betreffen, sind schwerlich über die grundlegenden Kulturdimensionen hinaus zu subsumieren. Diese Dimensionen enthalten eher gemeinsame persönlich motivierte Zielsetzungen als gruppenmotivierte. Demnach können sie auf der gesellschaftsorientierten Ebene nicht so einfach in Rolle/Aufgabe/Individualismus oder Beziehung/Person/Kollektivismus-orientierte Kategorien eingeordnet werden.

5.2.2 Relevante Kulturmodelle für die MMI Gestaltung

▶ Für die Gestaltung interkultureller MMI sind jene kulturellen Modelle am interessantesten, die direkt mit Kommunikation, Information, Interaktion und Dialog-Design verbunden sind, d. h. z. B. diejenigen kulturellen Dimensionen, welche unmittelbar die kulturell unterschiedlichen Konzepte von Raum, Zeit und Kommunikation adressieren (Heimgärtner 2005, 2007, 2012).

Raum und Zeit sind physikalische Variablen, die das kommunikative Verhalten von Menschen beeinflussen, was die sozialen Prozesse einer Gruppe Menschen und deren Kultur formt: indem der Mensch bestimmte Verhaltensweisen erlernt, reift er in Hinblick auf seine kulturelle Umgebung. Deshalb ist der Einfluss von kultureller Prägung des Benutzers auf sein Verhalten in der Interaktion mit anderen Kommunikationspartnern immens.

Vöhringer-Kuhnt 2002 untersuchte den Einfluss von Kultur auf Benutzbarkeit. Der Individualismusindex von Hofstede ist signifikant verbunden mit dem Verhalten gegenüber der Zufriedenstellung des Benutzers und dem Verhalten gegenüber der Produktbenutzbarkeit. In seiner Schlussfolgerung schreibt Vöhringer-Kuhnt, „Individualismus/Kollektivismus ist verbunden mit und hat Auswirkungen auf Benutzbarkeit." (Vöhringer-Kuhnt 2002, S. 17).

Dazu kommt, dass Kommunikation in der MMI durch den Benutzer und das System definiert wird. Folglich können und müssen kulturelle Differenzen in der interpersonalen Kommunikation auf die Interaktion mit technischen Geräten transferiert werden (Röse 2002, S. 74 ff.).

Kulturelle Abhängigkeiten in Benutzer-System-Interaktionen betreffen vor allem das Interaktions- und Dialogdesign (vgl. Röse 2002). Laut Röse kann dieser Effekt auch beobachtet werden, wenn der Kommunikationspartner des Benutzers ein Computersystem ist: Kultur beeinflusst die Interaktion des Benutzers mit einem Computersystem oder einer Maschine aufgrund der Bewegung des Benutzers in einer kulturellen Umgebung (vgl. Röse 2002, S. 18). So hat kulturelle Prägung direkten Einfluss auf die Interaktion des Benutzers mit dem System.

Kulturdimensionen und spezifischen Werte sind indirekt relevant für das interkulturelle UI-Design und jene Kulturdimensionen, die direkt verbunden sind mit der komprimierten grundlegenden Kulturdimension (BCD), sind direkt und am relevantesten für die Entwicklung interkultureller Benutzungsschnittstellen, weil sie unterschiedliche Verhaltensmuster von Benutzern abhängig von seiner Rollen- oder Beziehungsorientierung aufzeigen.

▶ Von den 29 Kulturdimensionen (vgl. Abb. 2.7 in Kap. 2) wurden durch den Autor vor allem anhand analytischer Beweisführung vier Superkategorien gefunden, die unmittelbar relevant für interkulturelles User Interface Design sind (Heimgärtner 2012):

- Individualismus (Aufgabe) vs. Kollektivismus (Beziehung) (darin enthalten verwandte Kulturdimensionen wie Gesichtswahrung oder Machtdistanz)
- Non-verbale Kommunikation
- Raumwahrnehmung (z. B. Abstand zwischen Benutzer und System, Netzwerkdichte, Kontext)
- Zeitwahrnehmung (darin enthalten alle verwandten Kulturdimensionen wie Unsicherheitsvermeidung oder Kommunikationsgeschwindigkeit).

Diese Superkategorien überlappen sich überwiegend mit den Resultaten von (Baumgartner 2003). Darüber hinaus unterstützt (Khaslavsky 1998) die Relevanz der vier Superkategorien, indem er „ein Paket von neun beschreibenden Variablen, die nützlich für die Einschätzung von Kultur und Design sind" zur Verfügung stellt (Khaslavsky 1998, S. 365 seq.). Dieses Paket enthält wohlbekannte Kulturdimensionen von Hall (Kommunikationsgeschwindigkeit, Dichte von Informationsnetzen, persönlicher Freiraum und Zeitorientierung), Hofstede (Machtdistanz, Kollektivismus vs. Individualismus und Vermeidung von Unsicherheiten) und Trompenaars (diffus vs. spezifisch und Partikularismus vs. Universalismus). Aus diesem Paket von Kulturdimensionen können relevante Variablen für die interkulturelles MMI Gestaltung hergeleitet werden wie z. B. Geschwindigkeit, in der Menschen Nachrichten decodieren und darauf reagieren können (Nachrichtengeschwindigkeit) und der vom Kontext abhängigen Informationsmenge, in dem sie auftritt.

Tab. 5.2 präsentiert eine Zusammenfassung der wichtigsten Kulturdimensionen, die als relevant für interkulturelle Interaktionsanalyse (IIA) innerhalb der interkulturellen MMI Gestaltung angesehen werden können. Es ist klar, dass durch die Reduktion der Anzahl von Kulturmodellen ein Informationsverlust stattfindet. Jedoch ist für das Argument, Konzepte zu belegen und erste Tendenzen in kulturellen Unterschieden im MMI zu erhalten, die Reduktion gerechtfertigt und sinnvoll. Die gleiche Argumentation trifft auch auf MMI Dimensionen zu.

Die grundlegende Beziehung zwischen Kulturdimensionen und Variablen für die MMI Gestaltung liegt in den grundlegenden Dimensionen von Zeit und Raum (vgl. Hall 1959) und ist fundamental für die Herleitung aller anderen Variablen für die MMI Gestaltung.

▶ Alle analysierten Kulturdimensionen stellen raum- und zeitspezifische Aspekte zur Verfügung. Deshalb ist es sinnvoll, anzunehmen, dass Kulturdimensionen, die auf Zeit basieren, sich mit Interaktions- und Informationsverarbeitung im MMI befassen (z. B. Dialognutzung). Kulturdimensionen, die stattdessen auf den Raum referenzieren, betreffen die Informationspräsentation sowie die Struktur und das Layout von Benutzungsschnittstellen.

Tab. 5.2 Relevanteste Kulturdimensionen für interkulturelle Interaktionsanalyse (IIA) bei der interkulturellen MMI Gestaltung und deren Ausprägungen für China und Deutschland. (Quelle: eigene Darstellung)

Autoren von Kulturdimensionen	Für die MMI Gestaltung relevante Kulturdimension	China	Deutschland
Hofstede	Individualismus vs. Kollektivismus	Kollektivismus	Individualismus
Trompenaars	Rollen- vs. Beziehungsorientierung	Beziehung	Rolle
Halpin & Winer	Aufgaben vs. Personenorientierung	Person	Aufgabe
Hall	Kontext	hoch	niedrig
Hall	Kommunikationsgeschwindigkeit	hoch	niedrig
Hall	Zeitorientierung	poly-chron	mono-chron
Hall	Art der Aktionsketten	parallel	sequentiell
Hall	Dichte des Informationsnetzwerks	hoch	niedrig
Hall	Persönlicher Abstand	niedrig	hoch
Hall	Nichtverbale Kommunikation	stärker ausgeprägt	schwächer ausgeprägt

Die hervorstechendsten Kulturdimensionen bezogen auf diese Aspekte wurden von (Hall und Hall 1983) identifiziert, der voraussetzte, dass sieben Kulturdimensionen am relevantesten für die interkulturelle Interaktionsanalyse sind, da sie drei der vier für das User Interface Design relevanten Superkategorien bedienen. Darüber hinaus ist die Arbeit von (Hall und Hall 1983) die Grundlage für die wichtigsten interkulturellen Variablen für die MMI Gestaltung, da seine Kulturdimensionen direkt fünf der acht informationswissenschaftlichen Kategorien und die übrigen drei indirekt ansprechen.

Demnach ist das Kulturmodell von (Hall und Hall 1983) die kulturelle und informationswissenschaftliche Grundlage, weil es implizit kulturelle und informationswissenschaftliche Aspekte integriert. Raum, Zeit und Kommunikation sind zentrale Konzepte in Halls Kulturmodell. Nach (Hall und Hall 1983, S. 23) ist Zeit fundamental für Kommunikationssysteme. Die Brücke des Verständnisses zu Kultur ist Kommunikation, die auf den grundlegenden Kategorien von Raum und Zeit, die Kant 1789 voraussetzte (vgl. Kant 2006), basiert.

5.2.3 Implikationen der Kulturmodelle für interkulturelles MMI-Design

Nachrichten und einzelne Informationen müssen daher so gestaltet werden, dass der Benutzer aus Kultur Y diese ohne Probleme verstehen kann. Masao Ito und Kumiyo Nakakoji demonstrierten bereits 1996 den Einfluss von Kultur auf das User Interface Design für die Modi „hören" und „sprechen" zwischen Benutzer und System (vgl. Masao und Kumiyo 1996). Im „Hörmodus" findet die Präsentation von Information vom System an den Benutzer innerhalb der Phasen Aufnahme, Zusammenhang und

Schlussfolgerung statt. Von der ersten bis zur letzten Phase wächst die kulturelle Abhängigkeit: Farben und Formen in der Aufnahmephase hängen weniger stark von Kultur ab als Standards in der Sprache und Metaphern innerhalb der Zusammenhangsphase. Schließlich hängt der FolgerungsMechanismus in der letzten Phase, die auf logische und soziale Normen basieren, stark von der Kultur ab. Im „Sprechmodus" werden die Instruktionen für das System vom Benutzer in vier Phasen aufgeteilt. Zunächst erkennt der Benutzer die Möglichkeiten der Systemnutzung. Zum Beispiel versteht er die Bedeutung des Layouts, wählt Alternativen oder initiiert Funktionen. Dann testet er ihre Anwendbarkeit, indem er die semantische Konsequenz unter der Verwendung von Versuch und Error untersucht. In der dritten Phase determiniert er die Erwartung des Systems angesichts seiner Handlungen und erkennt die Systemanweisungen in der letzten Phase an. Diese Verarbeitungsphasen involvieren Zeitwahrnehmung, was sehr stark von der Kultur abhängt (vgl. Hall 1959). Zusätzlich wächst die kulturelle Abhängigkeit von Phase zu Phase. Zum Beispiel ist in Japan einerseits eine sehr kurze Systemantwortzeit (System Response Time) sehr wichtig. Andererseits sind japanische Benutzer offensichtlich geduldiger bei langatmigen Aufgaben als Benutzer aus europäischen Ländern.

▶ Kultur beeinflusst die MMI auf allen Ebenen des Interaktionsmodells (vgl. Handlungsebenenmodell nach (Herczeg 2005 und Heinecke 2004, sowie Norman und Draper 1986)).

Misskommunikation hat negative Auswirkungen auf die Benutzbarkeit des Produkts. Zahlreiche Wissenschaftler haben darauf hingewiesen, dass eine Veränderung der kulturellen Umwelt beim Transfer einer Technologie oder eines Produkts vom Herstellerland in ein anderes Land stattfindet und bei der Entwicklung interkultureller Mensch-Maschine-Interaktion berücksichtigt werden muss (vgl. Heimgärtner 2012; Clemmensen und Clemmensen 2012; Hoft 1995; Honold 2000; Hermeking 2001, S. 55; Röse 2002).

▶ Es ist wichtig, dass es eine Einigung zwischen dem Entwickler und den Benutzern in unterschiedlichen Kulturen über die Bedeutung und Interpretation von Information gibt – andernfalls entstehen Missverständnisse oder gar kein Verständnis (vgl. Kap. 2).

5.3 Interkulturelles User-Interface-Design (IUID)

In den letzten Jahren hat IUID stetig zugenommen. „Interkulturelle Forschung in Informationssystemen ist ein relativ neues Forschungsgebiet, das in den letzten Jahren an Wichtigkeit gewonnen hat […]" (Kralisch 2006, S. 17). Der Einfluss der Kultur wurde erkannt und bearbeitet (vgl. Snitker 2004).

Dennoch gibt es bisher keine finale allgemeingültige Theorie zum Einfluss der Kultur auf die MMI – auch wenn die Forschung in diesem Bereich die letzten Jahre erheblich an Fahrt gewonnen hat und in Kap. 6 ein möglicher Ansatz eines kulturabhängigen MMI-Modells vorgestellt wird.

Dies liegt zum großen Teil daran, dass der Kontext, der dabei berücksichtigt werden muss, sehr komplex ist (vgl. dazu die Ergebnisse des Dagstuhl Workshops im Jahre 2014 auf Schloss Dagstuhl).[4] Kontext umfasst Umstände, Umgebung und Hintergrundwissen (Geschichte), welcher die Bedeutung eines Ereignisses innerhalb eines interaktiven Systems bestimmt.

Feldstudien sind beispielsweise geeignet, um den Nutzungskontext zu erheben. (Honold 2000) hat indische Haushalte untersucht, um herauszufinden, warum bestimmte Waschmaschinen in Indien nicht akzeptiert wurden. Beobachtungen und Interviews mit indischen Familien ergab beispielsweise, dass der zu lange Waschzyklus der Waschmaschine nicht in den Tagesablauf der Inder passte, weil die Stromversorgung oder Diener gerade nicht zur Waschzeit verfügbar waren.

> ▶ Um als Produkthersteller auf dem Weltmarkt wettbewerbsfähig zu sein, ist es wichtig, dass die Benutzer das Produkt akzeptieren. Daher sind kulturelle Einflüsse während der Entwicklung von Produkten für andere Märkte zu berücksichtigen.

Damit der Benutzer das Gerät des Entwicklers versteht und es somit einfach und zufriedenstellend bedienen kann, ist es wichtig, dass der Entwickler den Benutzer versteht. Beide haben aber unterschiedlichen kulturellen Hintergrund. Daher müssen zumindest die folgenden Aspekte detailliert analysiert werden, bevor das Produkt entwickelt werden kann (vgl. auch Kap. 2):

- Weltanschauung (metaphysischer Ansatz) des Benutzers
- generelles Wissen (prozedurales und faktisches Wissen) des Benutzers
- der Kontext, in welchem das Produkt vom Benutzer verwendet wird,
- die Aufgaben, die der Benutzer durch den Gebrauch des Produkts erfüllen möchte.

Nur wenn diese Aspekte berücksichtigt werden und weitere Voraussetzungen vorliegen wie interkulturelle Kommunikation als eine essentielle Bedingung für interkulturelles Usability-Engineering, Benutzungsschnittstellendesign und Benutzererlebnis, dann wird eine Entwicklung interkultureller Benutzungsschnittstellen von Erfolg gekrönt sein und schließlich zu einem erfolgreichen internationalen Produkt führen können. Um dies zu erreichen, ist interkulturelles Know-How aus mehreren Ebenen erforderlich (Abb. 5.4).

[4] URL= https://www.dagstuhl.de/de/programm/kalender/semhp/?semnr=14131, Zugegriffen am 28.06.2016.

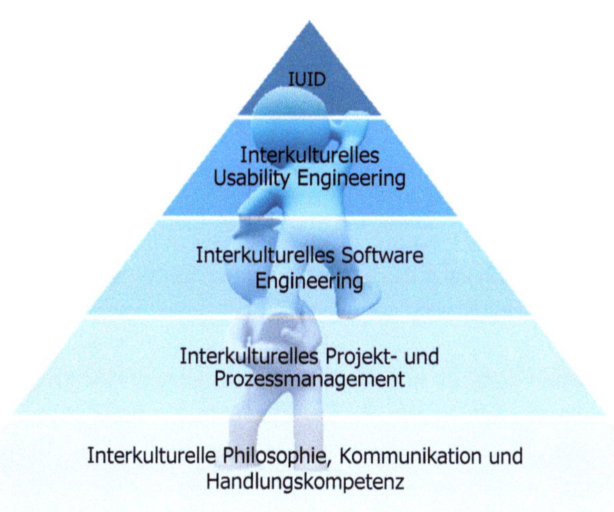

Abb. 5.4 Stufen auf dem Weg der erfolgreichen Entwicklung von interkulturellen Benutzungsschnittstellen. (Quelle: IUIC)

▶ Die Kommunikationsebene bildet den Basislevel, gefolgt von den Ebenen Projektmanagement, Software- und Usability-Engineering auf dem Weg zur erfolgreichen Entwicklung von interkulturellen Benutzungsschnittstellen (Abb. 5.4).

Demnach können interkulturelle Kommunikationsfähigkeiten auf dem Basislevel auf allen Ebenen (stark beeinflusst von der Philosophie der betroffenen Kulturen) zur Lösung von Problemen beitragen, die in den oberen Ebenen durch kulturelle Unterschiede auftreten. IUID baut auf den Ebenen 1–4 auf (Abb. 5.4).

5.3.1 Interkulturelles MMI-Design

Gemäß (Röse und Zühlke 2001), beschreibt kulturorientiertes MMI Design die kulturorientierte Gestaltung von interaktiven System und Produkten welche den kulturellen Kontext des Benutzers hinsichtlich der entsprechenden Aufgaben und Produktverwendung berücksichtigt (Röse 2002, S. 87). Honold präsentierte die Schritte dieses Prozesses, den sie „interkulturelles Nutzbarkeitsengineering" genannt hat (vgl. Honold 2000, S. 42–43). Diese Betrachtungsweise ist wissenschaftlich in der Literatur von 1990 bis 2000 gewachsen und aus den Prozessen der Globalisierung, Internationalisierung und Lokalisierung von Produkten hervorgegangen (vgl. Kap. 3). Interkulturelles Gebrauchstauglichkeitsengineering oder Usability-Engineering schließt Erkenntnisse aus der Mensch-Maschine-Interaktion, Softwareergonomie und vergleichender Kulturwissenschaft ein (vgl. Kap. 6).

> Interkulturelles MMI-Design beschreibt das nutzer- und kultur-orientierte Design von interaktiven Systemen und Produkten unter Einbeziehung des kulturellen Kontexts der Benutzer in Abhängigkeit von Aufgaben und Produktverwendung (Röse 2002, S. 87; Honold 2000, S. 42–43) und damit den „Prozess des MMI-Designs im kulturellen Kontext".

> Unter „Prozess des MMI Designs" ist im Allgemeinen der Prozess der menschzentrierten Gestaltung nach ISO 9241-210 und im Besonderen die Entwicklung von Benutzungsschnittstellen gemeint.

Kulturstudien befassen sich mit allen kulturellen Aspekten. Alle Disziplinen, die stark von Kultur beeinflusst sind, tragen zu Kulturstudien als multi-disziplinäre Fälle bei, z. B. Kunst, Literatur, Medien, Sprachwissenschaften, Philosophie, Religion, Psychologie oder Soziologie. Kulturstudien kümmern sich um die Erforschung von Kultur als menschliches Verhalten bildend in Verbindung mit sozialen, historischen, politischen, literarischen, künstlerischen, wirtschaftlichen, rechtlichen und räumlichen Bedingungen anhand der Untersuchung kultureller Unterschiede im Hinblick auf z. B. Geschlecht, Alter, Erziehung, Nationalität etc. (vgl. Straub 2007; Jäger 2004 und Hansen 2003). Ein wichtiges Phänomen, das Auswirkungen auf interkulturelle Interaktionssituationen hat, ist der Ethnozentrismus: Menschen tendieren dazu, ihre eigen Kultur als Zentrum der Welt sowie als Maßstab aller Dinge zu sehen (Maletzke 1996, S. 23–24, s. auch Kap. 2). Darüber hinaus werden andere Menschen aus ihrer eigener Sicht betrachtet, den Gebräuchen und die eigenen Normen, die als Standard für jede Beurteilung verwendet werden (vgl. Heimgärtner und Tiede 2008).

> Die Wahrnehmung und Berücksichtigung der Gebräuche und Anforderungen anderer Kulturen durch die Entwickler interkultureller Benutzungsschnittstellen ist eine der Hauptaufgaben innerhalb des interkulturellen MMI-Designs.

5.3.2 Ansätze des interkulturellen User Interface Designs

Es können zumindest folgende Konzepte bzw. Ansätze des IUID benannt werden, welche kulturelle Aspekte im MMI Design berücksichtigen:

- Intercultural HCI design ((Honold 2000), Röse und Zühlke 2001 (IUID in China), (Heimgärtner 2012))
- Cross-cultural HCI design (Marcus 2001; Rau et al. 2012)
- Culture-oriented HCI design (Röse und Zühlke 2001)
- Culture-centered HCI design (Shen et al. 2006)

Allerdings sind weniger deren Inhalte als die Konnotationen der Bezeichnungen der Ansätze unterschiedlich (Heimgärtner 2013a). Diese legen vornehmlich fest, wie unterschiedlich die Ansätze in verschiedenartigen Kontexten verwendet werden. Im Folgenden werden alle diese Ansätze unter dem Begriff „Intercultural User Interface Design" zusammengefasst.

> Interkulturelles User Interface Design (IUID) meint den Prozess der adäquaten Gestaltung der Mensch-Maschine-Interaktion (MMI) unter Berücksichtigung der kulturellen Anforderungen des Nutzungskontextes.

Für die Entwicklung erfolgreicher interkultureller Benutzungsschnittstellen ist eine passende Vorgehensweise notwendig, um Benutzungsschnittstellen mit guter Gebrauchstauglichkeit und gutem Benutzererlebnis im gewünschten kulturellen Kontext zu gewährleisten.

> Die Entwicklung interkultureller Benutzungsschnittstellen (Intercultural User Interface Development, vgl. Kap. 1) konzentriert sich auf ein bestimmtes Produkt oder eine Dienstleistung und auf deren Benutzung in einem bestimmten kulturellen Kontext. Es wird geprüft, ob die Benutzungsschnittstelle für deren Verwendung im jeweiligen kulturellen Kontext passend ist oder vom Benutzer entsprechend angepasst werden kann.

Galdo et al. (1996) sprechen 1996 von „international user interface design". Hier wird der Unterschied zwischen „international" und „interkulturell" deutlich: internationale Forschung untersucht vor allem Merkmale in Technik und Sprache, während die interkulturelle Forschung die interkulturell geprägte Kognition und deren Auswirkungen untersucht (vgl. Honold 2000).

> Interkulturelles User Interface Design ist eine notwendige Voraussetzung für die Verbesserung der interkulturellen Gebrauchsfähigkeit von Software, welche wiederum eine notwendige Voraussetzung für globale Absatzmöglichkeiten darstellt.

> Durch Methoden des interkulturellen Usability Engineerings lassen sich iterativ weitere Designrichtlinien aus den Ergebnissen der Tests und dem Feedback potenzieller Benutzer aus aller Welt für das interkulturelle User Interface Design ableiten.

Ein Softwareprodukt, das aufgrund des Einsatzes solcher Methoden effektiv und effizient von Benutzern unterschiedlichster Kulturen verwendet werden kann, erhöht sowohl die Kundenzufriedenheit mit dem Produkt als auch dessen funktionale Sicherheit. Die Nachfrage in der Industrie nach den Methoden des interkulturellen User Interface Designs wird im Zuge der Globalisierung entsprechend dem Exportmarkt (zunächst vor allem für Asien) noch weiter steigen und muss daher auch verstärkt in der Lehre in Wissenschaft und Industrie angeboten werden.

▶ Um in der Lage zu sein, Benutzungsschnittstellen für den globalen Markt zu gestalten, die den kulturellen Bedürfnissen der Benutzer gerecht werden (oder sich gar automatisch anpassen, vgl. „Culturally Aware HCI Systems", Heimgärtner 2016 (noch nicht erschienen)), ist der erste Schritt, die Unterschiede in den kulturellen Bedürfnissen der Benutzer und somit die kulturellen Unterschiede im MMI auf allen Ebenen der MMI-Lokalisierung (Oberfläche, Funktionalität und Interaktion) herauszufinden (Röse und Zühlke 2001). Gebiete wie die Informationspräsentation und Sprache oder Dialogdesign sowie das Interaktionsdesign sind davon betroffen (Lewandowitz et al. 2006) (vgl. Kap. 7).

▶ Für das interkulturelle User Interface Design sind Kulturdimensionen zu grob. Daher sind zusätzlich kulturelle Variablen nötig, die – bezogen auf das User Interface Design – die kulturellen Aspekte in kleinere Einheiten zergliedern (vgl. Röse 2002). Diese kulturellen Aspekte können mittels qualitativer und quantitativer Methoden empirisch ermittelt werden.

Qualitative Methoden wie Interviews, Fokusgruppen oder teilnehmende Beobachtung erfordern in der Regel eine höhere Interpretationsleistung bei geringerer Reliabilitätsgüte als quantitative Methoden, deren Daten objektiv nachprüfbar sind. Dazu zählen z. B. Logfile- oder Fragebogenerfassung und -analyse. Zu den hybriden Verfahren können z. B. Usability Tests gerechnet werden. Leider sind alle Verfahren hinsichtlich Hypothesenbildung, Gesamtauswertung und Implikationsbildung interpretationsbedürftig und daher immer mit einer gewissen Subjektivität und damit mit einer Unsicherheit bezüglich der objektiven Gültigkeit behaftet.

▶ Obwohl sich Kulturen ständig verändern, lassen sich für einen Produktlebensdauerzyklus von einigen Jahren zumindest Tendenzen und für spezielle Anwendungsfälle sogar trennscharfe Parameter ermitteln, die dem interkulturellen User Interface Design dienen.

Eine vielversprechende Methode diese Aufgabe zu bewältigen ist, das Interaktionsverhalten von Benutzern aus unterschiedlichen Kulturen mit dem System mit Hilfe eines angemessenen automatisierten Analysetools zu beobachten und unterschiedliche Interaktionsmuster bezüglich des kulturellen Hintergrunds der Benutzer festzulegen (vgl. Kap. 6 und Heimgärtner 2005). Mit diesem Tool erreicht man viele tausend Testpersonen und kann dabei beliebige Use Cases simulieren. Eine Studie, die dieses Tool nutzte, deckte unterschiedliche Interaktionsmuster bezüglich des kulturellen Hintergrunds der Benutzer im Hinblick z. B. auf Design (ausgiebig bis einfach), Informationsdichte (hoch bis gering), Menüstruktur (hohe Weite bis hohe Tiefe), Personalisierung (hoch bis niedrig), Sprache (Symbole versus Zeichen) und Interaktionsgeräte auf (Heimgärtner 2007).

> Es gibt Korrelationen zwischen dem Interaktionsverhalten des Benutzers und dessen Kultur bzw. zwischen den Kulturdimensionen und informationswissenschaftlichen Größen wie Informationsdichte oder Interaktionshäufigkeit auf Interaktionsebene (vgl. mittlere Ebene des „Eisbergs" in Abb. 6.3 in Kap. 6).

Die kulturellen Unterschiede in der MMI wurden dabei quantitativ ermittelt (Heimgärtner et al. 2007). Es können daher interkulturelle Usability-Metriken für das Design interkultureller (sogar adaptiver) Benutzungsschnittstellen verwendet werden (Heimgärtner 2013b).

5.3.3 Stufen des interkulturellen User Interface Designs

> Interkulturelles User-Interface-Design wird nach (Thissen 2008) in drei Stufen unterteilt.

> Auf der ersten Stufe (Zeichen) erfolgt die kulturelle Kodierung von Zeichen, d. h. Art und Weise der Informationsdarstellung (= semiotische Systeme einer Kultur – (Cassirer 1994)) – Zeichen als Ausdruck kultureller Werte („kulturelle Marker").

„Kulturelle Symbole, Zeichen oder Marker" werden innerhalb der Kultur nicht kulturspezifisch wahrgenommen und haben zwei Arten von Bedeutungen, welche beim Design nicht verwechselt werden dürfen, sondern gleichberechtigte Berücksichtigung finden sollten. Auf emotionaler Ebene werden das Zugehörigkeitsgefühl zur und die Identität mit der Kultur angesprochen und auf der semantischen Ebene die Zeichenbedeutung. Ziel der ersten Stufe ist es, durch bewussten Einsatz kulturspezifischer Zeichen das Verständnis von Information zu erleichtern und Vertrauen zu erzeugen. Zu den kulturspezifischen Zeichen gehören:

- Sprache
- Körpersprache
- Art und Weise, sich zu kleiden
- Gestaltung von Wohn-, Arbeits- und öffentlichen Räumen
- Heldenverehrung
- Schreibweise
- Typographie
- Bilder
- Symbole
- Farben.

Kulturelle Marker im MMI-Design sind die in einer Kultur angenommenen Elemente des Interface-Designs (Badre und Barber 1998) wie Icons und Metaphern, Farben, Bilder, Nationale Symbole, Gruppierung von Elementen, Sprachen, geographische Elemente, generelle Richtung, Ton, typographische Elemente, geometrische Elemente, Zeigen von Gebäuden. Sie beeinflussen die Nutzbarkeit von Software-Interfaces und Informationsprodukten stark: „Ultimately, we argue, cultural markers can directly impact user performance, hence the merging of culture and usability.“ (Badre und Barber 1998). Die Untersuchungen von (Sheppard und Scholtz 1999 sowie Sun 2001) bestätigten die Theorie kultureller Marker. Sie sind bedeutend, erkennbar, usability-erhöhend, kulturverschieden und werden daher künftig noch stärker verwendet.

▶ Auf der zweiten Stufe (soziales Verhalten) geht es um Formen der kulturellen Wahrnehmung beschrieben anhand von Kulturmodellen.

Dabei werden kulturelle Muster (patterns) definiert, welche Phänomene der Wirklichkeit modellhaft beschreiben. Alle Gesellschaften und Kulturen verfügen über die gleichen sozialen Grundprobleme (vgl. Mead 2005) und anthropologischen Grundprobleme (vgl. Inkeles und Levinson 1996). Dazu gehören z. B.:

- das Verhältnis des Individuums zu Autorität,
- die Beziehung des Individuums zur Gruppe,
- die Wahrnehmung von Maskulinität und Feminität,
- die Art und Weise des Umgangs mit Konflikten und Aggressionen,
- der Ausdruck von Gefühlen.

Die Ausprägungen dieser Grundprobleme können z. B. mittels Kulturdimensionen oder Kulturstandards beschrieben werden (s. Kap. 2).

▶ Auf der dritten Stufe des interkulturellen User Interface Designs wird Kultur in ihrer Gesamtheit und Komplexität erfasst und verstanden (Verstehen der Andersartigkeit/Fremdheit).

Probleme entstehen, wenn Anhänger unterschiedlicher Kulturen aufeinandertreffen und folgende Aktivitäten nicht beherrschen:

- Berücksichtigung der Fremdartigkeit anderer Kulturen
- Verstehen der Andersartigkeit
- Verstehen als Voraussetzung und Grundlage jeder Kommunikation

- Empathie und Ethnorelativismus:
  - die Welt mit den Augen des Anderen zu sehen
  - Sich-Einlassen auf den Anderen
- Mehr als nur die Zeichen (1. Stufe) oder sozialen Wertesysteme (2. Stufe) einer fremden Kultur wahrzunehmen
- Fremde Kultur wird teilweise zur eigenen
- Echter Dialog wird möglich.

Die von (Sundermeier 1996) entwickelten Begegnungsmodelle beschreiben diese komplexen Verhaltensweisen im Umgang mit anderen Kulturen noch näher (vgl. Sundermeier 1996).

5.4 IUID-Konzepte und -Methoden

Im Folgenden wird auf die wichtigsten Konzepte und Methoden zur Erlangung relevanten Wissens beim IUID eingegangen (kulturell abhängige Variablen, Dimensionen, Systemeigenschaften, Vorgehensweisen, Modelle und Theorien als auch Prozesse, Standards und Werkzeuge).

5.4.1 Interkulturelle und kulturelle Variablen

▶ Interkulturelle Variablen beschreiben die Unterschiede im MMI-Design bezüglich der Vorlieben der Benutzer aus verschiedenen Kulturen (Tab. 5.3)

„Interkulturelle" Variablen repräsentieren das relevante Wissen für die Internationalisierung von Software und Systemplattformen das gewonnen werden kann, indem man mindestens zwei Kulturen und deren Unterschiede beobachtet, d. h. interkulturelle Forschung betreibt (vgl. Honold 1999). Diese können vereinfacht auch „kulturelle" Variablen genannt werden, denn die Werte dieser Variablen repräsentieren das Wissen um eine spezifische Kultur (relevant für die System- und Softwarelokalisierung). Daher wird im Folgenden der Ausdruck „interkulturelle Variable" in Fällen verwenden, in denen der interkulturelle Forschungscharakter zur Gewinnung von Werten von Variablen gemeint ist und der Begriff „kulturelle Variable", wenn die Nutzung von Wert-Variablen eine spezifische Kultur betreffend im Vordergrund steht.

Es gibt „direkte" (DV) und „indirekte" (IV) Variablen (Abb. 5.5), die die MMI-Parameter entweder direkt (z. B. Interaktion, Informationsdarstellung oder Sprache) oder indirekt (z. B. durch Instandhaltung, Dokumentation oder technische Umgebung) beeinflussen.

Tab. 5.3 Interkulturelle Variablen nach (Röse 2002, S. 97 ff.) (geschätzte Werte hinsichtlich der Erkennungsschwierigkeit von Variablen wurden vom Autor hinzugefügt)

Interkulturelle Variable	Lokalisierungs-ebene	Beziehung zum MMI-Design	Wahrnehmbarkeit der Variablen	Geschätzte Erkennungs-Schwierigkeit [0 (einfach) – 10 (schwierig)]
Dialogdesign	Interaktion	direkt	Versteckt/Über lange Zeit und ausgiebiger Analysis	10
Interaktionsdesign	Interaktion	direkt	Versteckt/Über lange Zeit und ausgiebiger Analysis	9
Systemfunktionalität	Funktion	indirekt	Sichtbar/Sofort erkennbar	8
Service (Maintenance)	Funktion	indirekt	Sichtbar/Sofort erkennbar	7
Technische Dokumentation	Funktion	indirekt	Sichtbar/Sofort erkennbar	6
Informations-präsentation	Oberfläche	direkt	Sichtbar/Sofort erkennbar	4
Sprache	Oberfläche	direkt	Sichtbar/Sofort erkennbar	2
Allgemeines Systemdesign	Oberfläche	indirekt	Sichtbar/Sofort erkennbar	0

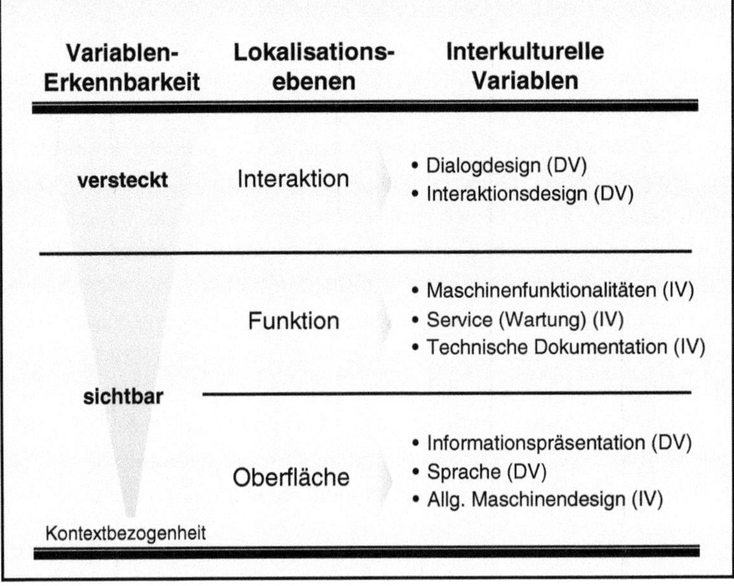

Abb. 5.5 Eigenschaften interkultureller Variablen. (Quelle: Abb. 4.28 aus Röse 2002)

▶ Direkte interkulturelle Variable haben direkten und wesentlichen Einfluss auf das MMI-Design. Laut (Röse 2002) können direkte Variable in sichtbare Variable (Oberflächenebenen) und versteckte Variable (Einfluss auf Interaktionsebenen) aufgeteilt werden (Abb. 5.5), die zusammen das Konzept der „Eisberg-Metapher" (vgl. Abb. 4.4 in Kap. 4) widerspiegeln.

Beide Arten von Variablen haben starken Einfluss auf das Design und die Determination der Benutzbarkeit als auch auf die Akzeptanz des Systems. Sichtbare interkulturelle Variablen (VIV) betreffen die Präsentations- (z. B. Farben, Zeit- und Datumsformat, Bildzeichen, Schriftgröße, Fenstergröße, Position der Navigationsleiste) und die Sprachenebene eines Produktes (z. B. Schriftart, Schreibrichtung, Benennungen), welche über der „Wasseroberfläche" zutage treten Sie können sehr leicht erkannt werden, weil sie weniger durch kulturellen Kontext definiert sind. Unsichtbare oder „versteckte" interkulturelle Variablen (NVIV) (unter der „Wasseroberfläche") beeinflussen das Dialog-Design (z. B. Menügestaltung und -Komplexität, Veränderung des Dialogformulars, Layout, Widget-Positionen, Informationsdarstellungsgeschwindigkeit, Häufigkeit der Dialogveränderung) und das Interaktionsdesign (z. B. Navigationskonzept, Systemstruktur, Interaktionsweg, Interaktionsgeschwindigkeit, Benutzung der Navigationsleiste, etc.), welche in einer engen Beziehung zum kulturellen Kontext stehen. Diese Variablen betreffen die Interaktions- und Dialogebene eines Produkts und verlangen eine hohe Forschungspriorität (z. B. durch Anwendung von besonderen Werkzeugen, wie von (Heimgärtner 2008) vorgeschlagen). Zusätzlich erweitert der zeitliche Aspekt die Definition von sichtbaren und versteckten interkulturellen Variablen und erschwert deren Erhebung.

▶ „Sichtbare" interkulturelle Variable (VIVs) sind unmittelbar wahrnehmbar zu einer bestimmten Zeit (Schrift, Farbe, Fenstergröße, Navigationsleiste, etc.).

Es ist sehr leicht nachzuvollziehen, dass interkulturelle Zusammenhänge statischer Aspekte für das MMI-Design leicht zu erkennen sind, denn sie stellen Kontraste im direkten Vergleich dar, d. h. wenn sie sich normalerweise nicht verändern, dann können sie leichter untersucht werden als jene Aspekte, die nur dann definiert werden können, indem man sie über einen gewissen Zeitraum beobachtet. Daher ist es relativ einfach, Zugang zu ihnen zu finden, wobei sie auch sehr leicht zu analysieren sind.

▶ „Nicht-sichtbare" (oder „versteckte") interkulturelle Variablen (NVIVs) sind nur über eine gewisse Zeitspanne erkennbar (Interaktionsgeschwindigkeit, Informationsdarstellungsdauer, Dialogdarstellungsfrequenz, Benutzung der Navigationsleiste, etc.). Daher ist es relativ schwierig, diese Variablen zu analysieren und Zugang zu ihnen zu finden (Tab. 5.3).

Zunächst benötigen dynamische Aspekte ein Erkennen durch überwachende Elemente der Aspekte über einen gewissen Zeitraum und brauchen darüber hinaus einen Vergleich der Muster, die aus den einzelnen Bestandteilen entstanden sind. Folglich muss hier das Augenmerk auf zeitabhängige Bestandteile gerichtet werden.

▶ Die Realisierung der Lokalisierung versteckter interkultureller Variable ist sehr schwer, denn die kontextuelle Relation zum kulturellen Hintergrund sowie zum Produkt ist für die Interaktion und das Dialog-Design sehr stark. Jedoch ist genau dieser kulturell ausgeprägte Kontext und folglich die Kulturabhängigkeit der Grund, weshalb diese Muster und nicht-sichtbaren interkulturellen Variablen so wichtig für die Informationsarchitektur und das Interaktionsdesign und für die daraus resultierenden Dialoge (und Dialogfenster) sind (Röse 2002, S. 98).

Daraus folgt, dass der entscheidende Grund, direkte versteckte interkulturelle Variablen zu erforschen, in ihrer hohen kontextuellen Abhängigkeit zum kulturellen Hintergrund liegt (höher als bei den direkt sichtbaren interkulturellen Variablen). Sie haben eine „angeborene Kultur", die sehr hilfreich dabei ist, die hauptsächlichen „kulturellen Auswirkungen" im Variablengehalt zu bestimmen. Tab. 5.4 zeigt einige Beispiele sichtbarer und nicht-sichtbarer direkter interkultureller Variablen sowie ihre vermuteten Werte, die teilweise durch die Literatur bestätigt wurden (s. Fußnoten in Tab. 5.4).

Tab. 5.4 Beispiele von sichtbaren und nicht-sichtbaren direkten interkulturellen Variablen mit ihren Ausprägungen für China und Deutschland (teilweise aus Röse (2002, S. 125 ff.), vom Autor um vermutete Charakteristiken/Werte ergänzt)[a]

	Charakteristik/Wert	
Variable/Parameter	Deutschland	China
Sichtbare interkulturelle Variable (VIV)		
Farbe von Warnungen[b]	rot	rot/orange
Farbe des normalen Betriebszustandes[c]	grün	gelb
Ausmaß des Farbgebrauchs[d]	gering	hoch
Neigung „Touch"-Geräte zu verwenden[e]	gering	hoch
Nicht-sichtbare interkulturelle Variable (NVIV)		
Anzahl von Informationseinheiten	gering	hoch
Anzahl von Systemmeldungen	gering	hoch
Anzahl von Mausbewegungen	gering	hoch
Anzahl von Wörtern in Meldungen	gering	hoch
Anzahl von Erklärungsdialogen	sehr wichtig	weniger wichtig
Argumentstruktur[f]	X, weil Y	Weil Y, X

[a]Die Schätzung der Werte für die Anzahl von Informationseinheiten, Systemmeldungen Mausbewegungen, Wörter in Meldungen und Erklärungsdialogen erfolgte anhand von Reflektionen des Autors basierend auf (Hall 1976)

[b]Vgl. Röse (2002, S. 125 ff.) und Vanka (1999)

[c]Vgl. Röse (2002, S. 31) und Courtney (1986, S. 90)

[d]Vgl. Röse (2002, S. 32) als auch die Ergebnisse der qualitativen Studie von (Heimgärtner 2012)

[e]Vgl. Rößger (2003)

[f]Vgl. Scollon und Scollon (1995)

5.4.2 Methode des kulturorientierten Designs

Nach (Röse 2002, S. 93–96), beschreiben interkulturelle Variablen die Unterschiede im MMI-Design hinsichtlich der Vorlieben der Benutzer aus unterschiedlichen Kulturen. „Interkulturelle" Variablen stellen Wissen dar, das ausschließlich durch Beobachtung mindestens zweier Kulturen und ihren Unterschieden erlangt werden kann, also durch interkulturelle Forschung (vgl. Honold 1999) mit dem Ziel, relevantes Wissen für die internationale Anpassung von Software und Betriebssysteme zu erfassen. (Röse 2002) schlug dazu die „Methode für kulturorientiertes Design" vor, welche die Faktoren von neuen Konzepten des kulturorientierten MMI-Designs und die Kenntnis kultureller Unterschiede in vorhandene Konzepte des MMI-Designs integriert.

▶ Röse (2002, S. 108) nutzt interkulturelle Variablen innerhalb ihrer „Methode des kulturorientierten Designs" (MCD), welche sie für die Entwicklung interkultureller Mensch-Computer-Systeme definiert hat (Abb. 5.6).

MCD integriert Faktoren aus etabliertem, kulturorientiertem Design in schon vorhandene Konzepte des MMI-Designs. Abb. 5.6 zeigt das Vorgehen der MCD. Wissen geht dabei über kulturelle Unterschiede in vorhandenen Methoden auf. Relevante kulturelle Variable für interkulturelles MMI-Design müssen hierbei analytisch anhand von Literaturrecherchen

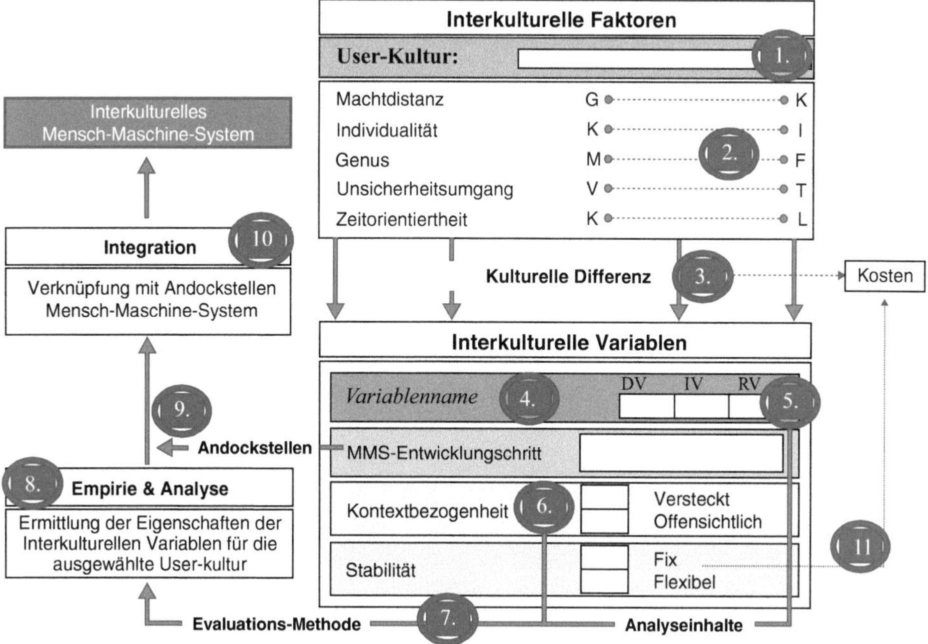

Abb. 5.6 Methode des kulturorientierten Designs (MCD) nach (Röse 2002). (Quelle: Abb. 5.5 aus Röse 2002, S. 108)

und Anforderungsstudien ermittelt werden. Ihre Werte stellen kulturabhängige Variationen dar, welche auf allen Ebenen der MMI-Lokalisierung (Oberfläche, Funktionalität und Interaktion) vorkommen (Röse 2002) und für das interkulturelle User Interface Design (IUID) genutzt werden können (Heimgärtner 2007).[5]

Jedoch sind die am stärksten kulturell beeinflussten Aspekte (wie Kognition oder Ethik) nicht direkt an der Oberfläche sichtbar. Vielmehr zeigen sich diese Aspekte im Verhalten des Benutzers. Daher gibt insbesondere die Analyse des Benutzerverhaltens Aufschluss über die kulturelle Prägung des Benutzers (Röse 2002). Eine der vielversprechendsten Methoden, um kulturelle Unterschiede in der MMI zu erhalten ist deshalb die Beobachtung und Analyse des Benutzerinteraktion mit dem System (s. Heimgärtner 2008). Empirische qualitative und quantitative Studien müssen zeigen, ob das kulturell geprägte Benutzerverhalten mit kulturellen Modellen korreliert. Schließlich können die Werte der kulturellen Variablen für Richtlinien des interkulturellen MMI-Designs und für interkulturelles Usability Engineering herangezogen werden (s. Heimgärtner 2013b).

5.4.3 Benutzungsschnittstellenmerkmale

Um Kulturdimensionen für das User Interface Design greifbar zu machen, entwickelte (Marcus 2001) charakteristische Faktoren für Benutzungsschnittstellen und gibt Beispiele, die einen Einfluss auf die Entwicklung von Benutzungsschnittstellen haben können.

▶ Die „Benutzungsschnittstellenmerkmale" (‚User Interface Characteristics') „Metapher", „Mentales Modell", „Navigation", „Interaktion" und „Präsentation" sind mit fünf von Hofstede's Kulturdimensionen (s. Kap. 2) verbunden.

Marcus nutzte einen rein deduktiven Ansatz, um diese Verbindungen zu erhalten. Viele Mögliche Empfehlungen für das Web Design wurden von (Marcus und Gould 2000) hauptsächlich aus Hofstede's Wissen ohne empirische Belegung dieser Verbindungen hergeleitet. Deshalb benötigt dieses Modell nach wie vor empirische Validierung (auch wenn mittlerweile empirische Arbeiten dazu existieren, vgl. z. B. (Marcus 2006)).

Laut (Marcus 2001 und Röse et al. 2001) sind chinesische Menschen (und demzufolge auch Benutzer) eher beziehungs- und familienorientiert, basierend auf traditionell mächtigen sozialen Hierarchiestrukturen. Im Gegensatz dazu werden deutsche Benutzer hinsichtlich Aktionen, Werkzeugen, Arbeit, Jobs und Wettbewerb eher als ereignisorientiert beschrieben. Sie sind unter Verwendung vorgeprägter Strukturen produkt- und aufgaben- sowie arbeits- und objektivorientiert.

Im Vergleich zu chinesischen Benutzern ist das Navigations- und Interaktionsverhalten deutscher Benutzer nicht von Rollen sondern von Benutzerprofilen abhängig. Dies drückt

[5] Ausführlichere Informationen zur MCD finden sich in (Röse 2002). Schulungen zur IUID-Thematik (inklusive der in diesem Kapitel adressierten IUID-Methoden) bietet der Autor z. B. über IUIC an (s. www.iuic.de).

sich in einem benutzerspezifischen Verhalten aus, welches spiel- und individualorientiert ist und distanzierte Kommunikation und flache Hierarchiestrukturen adressiert. Chinesische Benutzer respektieren Rollen und nehmen Praktikabilitäts-, Funktions-, Team- und Kooperationsorientierung an und bevorzugen face-to-face Kommunikation. Sie präferieren die Vermittlung von Intimität und die Mitgliedschaft in sozialen Gruppen mit hoher Kontextverbindung (d. h. sie müssen nicht viel sagen, um sich zu verstehen, da die Kommunikationspartner voneinander bereits viel aufgrund ihrer regelmäßigen früheren Kommunikation wissen). Im Gegensatz hierzu stehen deutsche Benutzer, die sich auf die Aufgabe oder das Produkt konzentrieren, während sie eine geringe Kontextverbindung an den Tag legen und überwiegend explizit kommunizieren.

Röse stellte die Benutzungsschnittstellenmerkmale für China und Deutschland etwas detaillierter einander gegenüber (Tab. 6.3 in Röse 2002, S. 138). Die Zusammenfassung der Attribute der Benutzungsschnittstellenmerkmale wurde von (Röse 2002) neu angeordnet, indem die Benutzungsschnittstellenmerkmale in zusätzliche Subkategorien eingeordnet wurden, um die für das MMI-Design relevanten kulturellen Aspekte klarer darzustellen (Tab. 5.5).

▶ Benutzungsschnittstellenmerkmale können in Verbindung mit empirischen Erhebungen zu ihren Ausprägungen für den entsprechenden kulturellen Zielkontext zur Ableitung von Empfehlungen für die Entwicklung interkultureller Benutzungsschnittstellen herangezogen werden.

Tab. 5.5 Unterschiede in Benutzungsschnittstellenmerkmalen (User Interface Characteristics) für China und Deutschland mit zusätzlichen Unterkategorien der Benutzungsschnittstellenmerkmale entsprechend der Tab. 6.3 in Röse (2002, S. 138)

Benutzungsschnitt-stellen-merkmale	Unterkategorie der Benutzungsschnittstellen-merkmale	China	Deutschland
Metapher	Orientierung	hierarchisch	Ereignis, Arbeit, Wettbewerb
		Beziehung	Ziel
		Rolle	Aufgabe
	Denken	konkret	abstrakt
	Struktur	fest	veränderbar
		hierarchisch	flach
Mentales Modell	Verweis auf priorisierte Daten	ja	nein
	Orientierung	Rolle	Aufgabe
	Struktur	sozial	Arbeit/Geschäft
	Mentales Modell	einfach	komplex
	Artikulation	klar	ambig
	Auswahlmöglichkeiten	begrenzt	vielfältig
	Art der Logik	binär	unscharf (fuzzy)

(*Fortsetzung*)

Tab. 5.5 (Fortsetzung)

Benutzungsschnitt-stellen-merkmale	Unterkategorie der Benutzungsschnittstellen-merkmale	China	Deutschland
Navigation	Auswahlmöglichkeiten	begrenzt	vielfältig
		vorbestimmt	arbiträr
	Pfade	begrenzt	offen
		vorbestimmt	individuell
	Navigation	rollenabhängig	rollenunabhängig
		nicht-uniform/ inkonsistent	uniform/konsistent
	Pfade	lang	kurz
		ambig	klar (referenziert, taxonomisch)
Interaktion	Art von Fehlermeldungen	direkt	unterstützend
	Hilfe	Wizards	Karten
	Suche	begrenzt	Suchwort
	Profile basieren auf	Rolle	Benutzer/Individuum
	Orientierung	Spiel	Funktion
		Team	Individuum
	Bevorzugte Interaktion	face-to-face	Abstand
	Meldungen	personalisiert	anonym
Präsentation	Sprache	formal	informal
	Kontext	hoch	gering
	Farben	feminin	maskulin
	Orientierung	Beziehung	Aufgabe

5.4.4 MMI-Dimensionen

Vieles in unserer Welt unterliegt Raum und Zeit und kann somit den Dimensionen „Raum“ und „Zeit“ zugeordnet werden – so auch Kulturdimensionen. Sowohl physische als auch materielle Dinge können in Raum unter dem Einfluss von Zeit wahrgenommen werden. Ideale und nicht-physische oder immaterielle Dinge sind Teil der mentalen Welt und beziehen nur die Zeit mit ein – benötigen mithin keinen Raum. Alle von den Dimensionen Raum und Zeit abgeleiteten Kategorien wie Dichte, Geschwindigkeit oder Häufigkeit sowie die Raumdimension selbst basieren auf der Zeitdimension (vgl. Kant 2006). Raum und Zeit als physikalische Basisgrößen haben auch Einfluss auf das Kommunikationsverhalten des Menschen, das sich wiederum auf die gesellschaftlichen Prozesse einer Gruppe von Menschen und damit auf deren Kultur auswirkt: durch das Erlernen bestimmter Verhaltensweisen entwickelt sich der Mensch entsprechend seiner kulturellen Umgebung. Für

(Hall 1959) sind der Umgang mit der Zeit, die Dichte des Informationsnetzes, das Kommunikationstempo und das Zeitverhalten von Aktionsketten Grundmuster solcher Verhaltensweisen.

▶ Informationswissenschaftliche Größen wie Informationsgeschwindigkeit (Verbreitungsgeschwindigkeit und Auftretenshäufigkeit von Information), Informationsdichte (Anzahl und Abstand von Informationseinheiten) oder Informationsordnung (Auftretensreihenfolge und Anordnung von Information) korrelieren mit kulturell verschiedenen Grundmustern von Verhaltensweisen.[6]

Dialoge, Interaktion, Informationspräsentation und somit die MMI unterliegen Zeit (Interaktion, Kommunikation) und Raum (Layout, Struktur) sowie mentalen Aspekten (Beziehungen, Gedanken). Weil die Sicht auf Raum, Zeit und mentale Aspekte stark kulturabhängig ist, unterliegt die MMI der Kultur (Heimgärtner 2007).

Physikalische Subdimensionen, die wichtig für das MMI-Design sind, können von den grundlegenden physikalischen Dimensionen (Raum und Zeit) abgeleitet werden und durch die Klassifizierung der Attribute von „Kultur" mittels Kulturmodellen, wie z. B. Kulturdimensionen, beschrieben werden (Heimgärtner 2007). Tab. 5.6 zeigt die abgeleiteten physikalischen Subdimensionen von den grundlegenden physikalischen Dimensionen als auch von welchem Kulturmodell und welcher Kulturdimension sie stammen.

Frequenz und Geschwindigkeit werden von der Zeit abgeleitet und sind abhängig von Zeitorientierung und Kommunikationsgeschwindigkeit. Handlungsketten können Anordnung und sequentielle Interaktionen erklären. Die Dichte von Kommunikationsnetzwerken und Kontextorientierung bestimmen den Nutzungskontext (vgl. Kap. 4) der MMI.

Weil Dialoge vorwiegend Information und Interaktion beinhalten, werden die physikalischen Subdimensionen anhand von informationsbezogenen und interaktionsbezogenen Kategorien zusammengefasst.

Zumindest folgende informationsbezogene Subdimensionen formen den Typ/Stil/die „Kultur" der Informationsverarbeitung des Benutzers:

- Frequenz (sequentielle Dichte)
- Dichte (statisch: räumliche Distanz, dynamisch: zeitliche Distanz)
- Reihenfolge/Sequentialität
- Struktur/Anordnung.

---

[6] Die richtige Anzahl und Anordnung von Informationseinheiten ist z. B. gerade bei Anwendungen sehr wichtig, bei denen die Anzeigeflächen sehr klein sind und gleichzeitig die mentale Belastung unbedingt optimal gehalten werden muss wie z. B. bei Fahrernavigationssystemen (vgl. Heimgärtner und Holzinger 2005) – und ist im interkulturellen Kontext natürlich zusätzlich von den kulturellen Anforderungen an das MMI-System abhängig (vgl. Heimgärtner et al. 2007).

Tab. 5.6 Physikalische Subdimensionen – hergeleitet von grundlegenden physikalischen Dimensionen und Kulturmodellen

Abgeleitete physikalische Subdimensionen [grundlegende physikalische Dimensionen]	Kulturelle(s) Modell(e)/ Konzept (e)	Kulturelle Dimension(en)
Frequenz [Zeit]	Hall: Umgang mit Zeit	Mono/poly-chrone Zeitorientierung Dichte des Informationsnetzwerks
Geschwindigkeit [Zeit]	Hall: Kommunikationsgeschwindigkeit	Dichte des Informationsnetzwerks
Sequentialität/Priorität/ Reihenfolge [Raum und Zeit]	Hall: Aktionsketten	Mono/poly-chrone Zeitorientierung
Kontext [Raum und Zeit]	Hall: Kontextdichte	Dichte des Informationsnetzwerks geringe vs. hohe Kontextorientierung
Dichte/Quantität [Raum und Zeit]	Hall: Kontextdichte	Dichte des Informationsnetzwerks geringe vs. hohe Kontextorientierung
Struktur [Raum und Zeit]	Alle kulturellen Modelle	Alle kulturellen Dimensionen
Komplexität [Alle Kategorien]	Alle kulturellen Modelle	Alle kulturellen Dimensionen
Qualität [Alle Kategorien und Benutzercharakteristiken]	Alle kulturellen Modelle	Alle kulturellen Dimensionen

Zumindest folgende interaktionsbezogene Aspekte bilden den Typ/Stil/die „Kultur"/Charakteristika der Interaktion des Benutzers:

- Frequenz
- Geschwindigkeit
- Reihenfolge/Sequentialität
- Art der Interaktionsmittel.

▶ MMI-Dimensionen (MMID) beschreiben das Verhalten eines Benutzers (MMI-Stil) mit einem interaktiven Informationsverarbeitungssystem (Heimgärtner 2007).

MMI-Dimensionen lassen sich aus den grundlegenden physischen Dimensionen Raum und Zeit ableiten. Aus den physikalischen Subdimensionen wie Geschwindigkeit, Frequenz oder Dichte lassen sich auch alle MMI-Variablen (Ausprägungen) der MMI-Dimensionen ableiten (Heimgärtner 2007). Dabei werden „Stil der Informationsverarbeitung" und „interaktionale Charakteristika" des Benutzers anhand von informationsbezogenen und interaktionsbezogenen MMI-Dimensionen repräsentiert (Tab. 5.7).

▶ MMI-Dimensionen repräsentieren Klassen von für das MMI-Design nützlichen MMI-Variablen (Ausprägungen der MMI-Dimensionen), welche anhand von (Interaktions-) Indikatoren in MMI-Metriken operationalisiert sind (Tab. 5.8).

Tab. 5.7 MMI-Dimensionen

Abgeleitete physikalische Subdimension [Physikalische Grunddimension]	Informationsbezogene MMI-Dimension	Interaktionsbezogene MMI-Dimension
Häufigkeit [Zeit]	Informationsfrequenz	Interaktionsfrequenz
Geschwindigkeit [Zeit]	Informationsgeschwindigkeit	Interaktionsgeschwindigkeit
Reihenfolge/Priorität/Ordnung [Zeit und Raum]	Informationsreihenfolge/ Informationsparallelität	Interaktionsreihenfolge/ Interaktionparallelität
Dichte/Quantität [Zeit und Raum]/Kontext [Zeit und Raum]	Informationsdichte	

Tab. 5.8 MMI-Dimensionen repräsentiert anhand bestimmter Ausprägungen und Indikatoren

MMI-Dimension	MMI-Variable(n) (Ausprägung(en) der MMI-Dimension)	MMI-Metrik(en) (Indikator(en) der Ausprägung(en) der MMI-Dimension)
Interaktionsfrequenz	Anzahl der Interaktionen pro Zeiteinheit	Mausklicks und Mausbewegungen pro Sekunde oder Sitzung
Informationsdichte	Anzahl von Informationseinheiten pro Raumeinheit	Anzahl der Wörter pro Meldung oder auf der Anzeige
Informations-/Interaktions-parallelität/reihenfolge	Reihenfolge der Erscheinung von Informationseinheiten	Anzahl und Reihenfolge von Dialogschritten (z. B. Anzahl von Meldungsfenstern für einen Systemfehler)

Der Indikator „Anzahl von Informationseinheiten pro Raumeinheit" gehört zur MMI-Dimension „Informationsdichte" und kann mittels der Anzahl von Wörtern auf der Anzeige ausgedrückt werden. Die MMI-Dimension „Interaktionsfrequenz" enthält die Variable „Anzahl von Interaktionen pro Zeiteinheit" repräsentiert anhand der Anzahl von Mausklicks pro Sekunde.

▶ Es muss mindestens ein potenzieller Indikator als Messvariable existieren, um die Ausprägung einer MMI-Dimension darstellen zu können. Zur realen Verwendung sollten allerdings mehrere empirisch bewährte Indikatoren verwendet werden.

Die Qualität der Informations- und Interaktionsverarbeitung wird hauptsächlich über ihre Effizienz und Effektivität definiert. Um diese Parameter messen zu können, müssen die spezifischen Werte der MMI-Dimensionen (MMIDs) sehr präzise und konkret sein.

► Werden MMI-Dimensionen durchweg anhand von kulturellen Variablen repräsentiert, kann man von „(Inter-)Kulturellen MMI-Dimensionen" sprechen, welche einen kulturell geprägten MMI-Stil zum Ausdruck bringen.

In Kap. 6 werden Gedanken zu einem Modell kulturabhängiger MMI präsentiert, welches die Relation zwischen Kulturdimensionen und MMI-Dimensionen anhand von kulturellen Interaktionsindikatoren (KIIs) modelliert und damit „interkulturelle MMI-Dimensionen" beschreibt.

5.4.5 Modelle und Theorien

Hoft (1996) entwickelte ein für internationales Benutzungsschnittstellendesign relevantes, kulturelles Model (Eisberg-Metapher) (s. Abb. 2.1 in Kap. 2). (Marcus 2000) bezog Benutzungsschnittstellenmerkmale auf Hofstede's kulturelle Dimensionen (wie oben beschrieben). Shi und Clemmensen (2007) konstruierten ein Verwandtschaftsmodel für das Testen von kultureller Anwendbarkeit. Kappos und Rivard (2008) postulierten ein Kulturmodel mit drei Perspektiven: Informationssystem, dessen Entwicklung und dessen Anwendung. Andere Autoren zogen Kulturmodelle heran, um das Verhältnis von Kultur zu MMI zu untersuchen. Shah et al. (2012) hielten sich an die Begriffe von Kulturmodellen bei der Erforschung der Einflüsse von Kultur auf die globale Softwareentwicklung.

Aufgrund der bisherigen Erkenntnisse im Bereich der IUID-Forschung (Heimgärtner 2012) dachte (Heimgärtner 2013b) über ein vorläufiges Modell kulturell beeinflusster MMI nach, um die kulturellen Kontexte in das MMI-Design einzubinden, die das Verhältnis zwischen kulturellen Dimensionen und MMI Dimensionen umspannen.

Im Einklang mit den Ergebnissen einer empirischen Untersuchung (s. Heimgärtner 2007) konnten einige der Korrelationen zwischen kulturellen Dimensionen und den MMI-Dimensionen bestimmt und numerisch bewertet werden (s. Heimgärtner 2010), was zum Konzept der MMI-Stilkoeffizienten führte (s. Heimgärtner 2014).

► Der MMI-Stilkoeffizient beschreibt den kulturell geprägten MMI-Stil eines Benutzers, indem er das durch die von Mitgliedern der vorgesehenen kulturellen Gruppe erwartete durchschnittliche Ausmaß an Informationsdichte, Informationsfrequenz, Interaktionshäufigkeit und Interaktionsgeschwindigkeit repräsentiert.

MMI-Stilkoeffizienten können ausgehend von Hofstede's Indizes (vgl. Kap. 2.1.4) für die vorgesehene Kulturgruppe berechnet werden. Je niedriger der normalisierte MMI-Stilkoeffizient im Bereich von 0 bis 100 ist, umso niedriger ist die zu erwartende Informationsmenge und umso niedriger fällt die Interaktionshäufigkeit aus. Die sich ergebende Stilkoeffizienten erlauben das Ermitteln von Ländern mit ähnlichen

Tab. 5.9 MMI-Stile

MMI Stil	Kulturelle Charakterisierung	MMI-Stil-Koeffizient
Asiatisch	PDI hoch, IDV niedrig, MAS mittel, UAI niedrig, LTO hoch	90
Indisch	PDI hoch, IDV mittel, MAS mittel, UAI mittel, LTO mittel	70
Afrikanisch	PDI hoch, IDV niedrig, MAS mittel, UAI mittel, LTO niedrig	60
Skandinavisch	PDI niedrig, IDV hoch, MAS niedrig, UAI mittel, LTO niedrig	40
Slawisch	PDI hoch, IDV mittel, MAS mittel, UAI hoch, LTO niedrig	30
Angelsächsisch	PDI niedrig, IDV hoch, MAS mittel, UAI niedrig, LTO niedrig	20
Deutsch	PDI niedrig, IDV mittel, MAS hoch, UAI mittel, LTO niedrig	10

Koeffizienten. Entsprechend dieser auf dem normalisierten MMI-Stilkoeffizient-Kontinuum identifizierten Ländergruppen (Gruppendurchschnitt) kann man erwarten, dass die Länder dieser Ländergruppen einen ähnlichen MMI-Stil aufgrund ihrer kulturellen Bestimmung mittels der Werte der Kulturdimensionen von Hofstede PDI, IDV, MAS UAI und LTO aufweisen (Tab. 5.9).

Diese taxonomischen Ergebnisse ähneln teilweise dem Befund bei (Galtung 1981) bezogen auf „saxonischen", „teutonischen", „gallischen" und „nipponischen" Verhaltensstile. Aber um zu einer Verallgemeinerung der postulierten Korrelation zu gelangen, bedarf es der Untersuchung weiterer Kulturgruppen. Um dieses zu erreichen, müssen sowohl die Werte der kulturellen Dimensionen vermittels empirischer Erhebungen z. B. mit Hilfe des value survey model (VSM, vgl. Hofstede 1994) und auch die Werte der MMI-Dimensionen (z. B. Anzahl präsentierter Informationseinheiten je Minute, vgl. (Heimgärtner 2012)) für jede gewünschte Kultur bestimmt werden. Das kann auch für indigene Gruppen erfolgen, wenn gleiche Benutzerfälle und Testumgebungen in willkürlichen kulturellen Interessengruppen herangezogen werden. Ein vom Autor entwickeltes Testwerkzeug kann dazu verwendet werden, um diese Erhebung zu unterstützen (s. Heimgärtner 2008). Solange keine empirisch erhobenen Werte für kulturelle Dimensionen auf der nationalen Ebene existieren als jene von Hofstede, müssen eben diese verwendet werden, um das Modell zu testen. Um empirische Ergebnisse zu bestätigen und um die entsprechenden MMI-Stil-Gewichtungen statistisch zu berechnen, welche sich durch die Gruppierung der Hofsted'schen Indizes nach MMI-Stil-Werten ergeben, kann eine faktorielle Analyse durchgeführt werden. Anhand der empirischen Resultate sollten dann die gegenwärtig gültigen Regeln, die das Verhältnis zwischen kultureller Prägung und dem MMI-Gruppenstil (mindestens 20 Mitglieder) beschreiben, verfeinert werden. Das Erklärungspotenzial dieses momentan noch rein beschreibenden Modells muss noch erarbeitet werden. Neben diesem deskriptiven Modell existieren einige weitere Ansätze zu einer Theorie kulturell beeinflusster MMI.

Martinsons und Westwood (1997) haben eine Erklärungstheorie für den Einsatz von Management-Informationssystemen innerhalb chinesischer Geschäftskultur entwickelt. Der Einsatz von Aktivitätstheorie spielt eine sehr prominente Rolle bei der Behandlung von kulturellen Kontexten (s. Nardi 1996, S. 1279; Kaptelinin und Nardi 2006, S. 956; Constantine 2009, S. 2242). Maier (2005) wandte angewandte Aktivitätstheorie als einen Rahmen an, in dem kulturelle Faktoren bei MMI-Untersuchungen angesiedelt werden können. Constantine (2009) integrierte die Aktivitätstheorie in einem benutzerzentriertem Designansatz, um Umweltkontexte abzudecken. Faiola (2006) zielte auf eine MMI-Theorie über kulturelle Kognition ab. Heimgärtner et al. (2011) arbeiteten daran, den benutzerzentrierten Designansatz zu erweitern, um kulturellen Kontexte auch abzudecken, indem ein Kulturmodell als neuer Bestandteil eingebunden wurde. Vatrapu (2010) umriss eine Theorie über sozio-technologische Interaktion, um damit Kultur zu erklären. Wyer et al. (2009) integrierten Theorie, Forschung und Anwendung, um die entsprechende Kultur zu verstehen. Clemmensen und Clemmensen (2009) verglich gängige Theorien miteinander, um eine Theorie zur „kulturellen Gebrauchstauglichkeit" abzuleiten.

▶ Dennoch existiert bis heute noch keine endgültige Theorie, die alle relevanten Faktoren erklärt, welche notwendig wären, um generelle Designempfehlungen für kulturzentriertes MMI-Design abzuleiten. Dies bleibt eine Herausforderung für die Zukunft.

5.4.6 Prozesse, Standards und Hilfsmittel

Auch wenn Betriebe viel in die Entwicklung und den Erwerb von Software investieren, verläuft die Verwendung der Software nicht immer reibungslos. Um die notwendige Gebrauchstauglichkeit von Software zu gewährleisten, wurden daher eine Reihe von Normen erarbeitet. Bevan (2001) beschreibt die internationalen Standards für MMI-Design und Usability Engineering.

▶ Der mensch-zentrierte MMI-Designprozess ist definiert in ISO 9241-210 und der entstehenden Erweiterung ISO 9241-220.

Zusätzlich kann z. B. auch die ISO 9241-171 herangezogen werden, um kulturelle Aspekte zu berücksichtigen, welche nötig sind, um Benutzungsschnittstellen für Benutzer mit besonderen Fähigkeiten für interkulturelle Kontexte zu entwickeln. Außerdem hat die Arbeitsgruppe „Qualitätsstandards" der deutschen UPA (German Usability and User Experience Professionals Association) einen Standard für Usabilityengineering ausgearbeitet, der mit den notwendigen Hilfsmitteln, Rollen, Aufgaben, Methoden und Dokumenten versehen und auf eine Weise erweitert werden könnte, um auch kulturellen Aspekten Rechnung zu tragen und im interkulturellen Kontext angewendet werden zu können. Gould und Marcus (2011) schlugen firmenweite Kulturaudits vor, um die Zusammenarbeit, Kommunikation und Kooperation von Entwicklungsteams zu verbessern. Heimgärtner (2008) entwickelte ein Tool zur interkulturellen Interaktionsanalyse (IIA-Tool), um Unterschiede in der MMI im kulturellen Kontext zu messen.

▶ Relevante Teile der ISO 9241-Reihe für Usability Professionals und User Interface Designer sind in einer zwei-bändigen Ausgabe des DIN-VDE-Taschenbuches 354 praktisch zusammengefasst.

Das DIN-VDE-Taschenbuch 354/1 enthält Normen mit grundsätzlichen Empfehlungen für die Produkt- und Prozessgestaltung, während das DIN-Taschenbuch 354/2 Normen mit konkreten Empfehlungen für die Interaktions- und Informationsgestaltung bereitstellt. Die vierzehn in diesem DIN-VDE-Taschenbuch 354 abgedruckten Normen sind allgemeiner Natur und enthalten Grundsätze der Dialoggestaltung, Prozesse und Bewertungsmaßstäbe im Rahmen der Entwicklung gebrauchstauglicher Software. Dabei wird auch die Gebrauchstauglichkeit von Medizinprodukten mit erfasst. Im DIN-VDE-Taschenbuch 354/1 sind folgende Standards abgedruckt:

- DIN EN 29241-2 Ergonomische Anforderungen für Bürotätigkeiten mit Bildschirmgeräten; Teil 2: Anforderungen an die Arbeitsaufgaben; Leitsätze (ISO 9241-2: 1992); Deutsche Fassung EN 29241-2: 1993
- DIN EN 62366 Medizinprodukte – Anwendung der Gebrauchstauglichkeit auf Medizinprodukte (IEC 62366: 2007); Deutsche Fassung EN 62366: 2008
- DIN EN ISO 9241-1 Ergonomische Anforderungen für Bürotätigkeiten mit Bildschirmgeräten – Teil 1: Allgemeine Einführung (ISO 9241-1: 1997) (enthält Änderung AMD 1: 2001); Deutsche Fassung EN ISO 9241-1: 1997 + A1: 2001
- DIN EN ISO 9241-11 Ergonomische Anforderungen für Bürotätigkeiten mit Bildschirmgeräten – Teil 11: Anforderungen an die Gebrauchstauglichkeit; Leitsätze (ISO 9241-11: 1998); Deutsche Fassung EN ISO 9241-11: 1998
- DIN EN ISO 9241-20 Ergonomie der Mensch-System-Interaktion – Teil 20: Leitlinien für die Zugänglichkeit der Geräte und Dienste in der Informations- und Kommunikationstechnologie (ISO 9241-20: 2008); Deutsche Fassung EN ISO 9241-20: 2009
- DIN EN ISO 9241-110 Ergonomie der Mensch-System-Interaktion – Teil 110: Grundsätze der Dialoggestaltung (ISO 9241-110: 2006); Deutsche Fassung EN ISO 9241-110: 2006
- DIN EN ISO 9241-171 Ergonomie der Mensch-System-Interaktion – Teil 171: Leitlinien für die Zugänglichkeit von Software (ISO 9241-171: 2008); Deutsche Fassung EN ISO 9241-171: 2008
- DIN EN ISO 9241-210 Ergonomie der Mensch-System-Interaktion – Teil 210: Prozess zur Gestaltung gebrauchstauglicher interaktiver Systeme (ISO 9241-210: 2010); Deutsche Fassung EN ISO 9241-210: 2010

- DIN EN ISO 14915-1 Software-Ergonomie für Multimedia-Benutzungsschnittstellen – Teil 1: Gestaltungsgrundsätze und Rahmenbedingungen (ISO 14915-1: 2002); Deutsche Fassung EN ISO 14915-1: 2002
- Technische Regel DIN SPEC 33441-100 Ergonomie der Mensch-System-Interaktion – Teil 100: Überblick über Normen zur Software-Ergonomie (ISO/TR 9241-100: 2010)
- ISO/TR 16982 Ergonomie der Mensch-System-Interaktion – Methoden zur Gewährleistung der Gebrauchstauglichkeit, die eine benutzer-orientierte Gestaltung unterstützen
- Vornorm ISO/TS 18152 Ergonomie der Mensch-System-Interaktion – Spezifikation für die Prozessbewertung von Mensch-System-Sachverhalten
- ISO/IEC TR 25060 Qualitätskriterien und Bewertung von Softwareprodukten (SQuaRE) – Gemeinsames Industrieformat (CIF) zur Gebrauchstauglichkeit – Allgemeine Rahmenbedingungen für Informationen zur Gebrauchstauglichkeit
- ISO/IEC 25062 Software-Engineering – Qualitätskriterien und Bewertung von Softwareprodukten (SQuaRE) – Gemeinsames Industrieformat (CIF) für Berichte über Gebrauchstauglichkeitsprüfungen.

Das DIN-Taschenbuch 354/2 enthält darüber hinaus Normen mit Empfehlungen für Interaktions- und Informationsgestaltung, die die notwendige Gebrauchstauglichkeit von Software gewährleisten sollen. Sie spiegeln die aktuelle Entwicklung in der Normung der Ergonomie von Benutzungsschnittstellen wider. Die Normen DIN EN ISO 9241-12 bis DIN EN ISO 9241-16 wurden vor der Umstrukturierung der Normenreihe DIN EN ISO 9241 erarbeitet. Sie beinhalten weiterhin gültige Gestaltungshinweise zur Informationsdarstellung, Benutzerführung, Menüs, Kommandosprachen und Manipulation. Die neu erarbeiteten Normen befassen sich mit Individualisierung, Bildschirmformularen, Benutzungsschnittstellen im World Wide Web und Sprachdialogsystemen.

5.5 Zusammenfassung, Fazit, Ausblick

Kulturbedingte Benutzerunterschiede sind beim Design von Benutzungsschnittstellen zu berücksichtigen und sinnvoll in die Produktentwicklung zu integrieren. Die Gestaltung interkultureller MMI hat viel mit interkultureller Kommunikation zu tun und erfordert entsprechendes Know-How und passende Vorgehensweisen. Interkulturelle Überschneidungssituationen (vgl. Honold 2000, S. 42 ff.) entstehen, wenn ein Produkt innerhalb einer Kultur definiert und geformt wird und dieses Produkt dann in eine andere Kultur transferiert und dort dann auch benutzt wird. Ein Entwickler aus Kultur X muss die Bedienung des Produkts verständlich für einen Benutzer aus Kultur Y gestalten (vgl. Röse 2002, S. 68 ff.). Eine kulturelle Benutzergruppe ist eine Gruppe von Personen, welche bewusst (eigene Zuordnung) oder unbewusst (per Merkmal/ Kontext/ Rolle von außen zugeordnet) Werte, Regeln und Verhaltensmuster teilt und somit eine Kultur repräsentiert. Die Zuordnung zu einer kulturellen Benutzergruppe erfolgt durch die Zugehörigkeit zu einer Kultur und den damit implizit angenommenen Merkmalen. Dabei stehen nicht einzelne Individuen im Mittelpunkt der kulturellen Betrachtung sondern immer Benutzergruppen. Das heißt, der Benutzer gilt als Individuum oder Repräsentant einer Gruppe/Rolle. Mehrere Benutzergruppen fordern unterschiedliche Ausprägungen der Benutzungsschnittstelle für dieselbe Anwendung. Umgekehrt kann auch ein einzelner Benutzer unterschiedliche Ausprägungen der Benutzungsschnittstelle verlangen, um die gleiche Anwendung auszuführen.

Die kulturellen Rahmenbedingungen unter denen ein Mensch aufwächst, bestimmten mit, was im Gedächtnis dieses Menschen eingeprägt und aufbewahrt wird. Auch auf die Strukturierung und Erinnerung wird damit Einfluss genommen. Die resultierenden Handlungen – als Ergebnis des Informationsverarbeitungsprozesses – sind ebenfalls direkt davon abhängig. Es gibt kulturelle Leistungsunterschiede im Bereich des Kurz- und Langzeitgedächtnisses. Kultur prägt damit auch die Lern- und Leistungsfähigkeit des Menschen. Sprache ist ein offensichtliches Merkmal zur Differenzierung von Kulturen. Asiatische Kulturen haben ein ‚oben/unten'-Schriftbild und westliche Kulturen ein ‚Links/Rechts'-Schriftbild. Dasselbe Anordnungsprinzip gilt auch für die horizontale oder vertikale Menüanordnung (vgl. Röse 2002 und Heimgärtner 2012). Die Berücksichtigung kultureller Aspekte sollte sich nicht nur auf visuelle Gestaltung und elementare UI-Komponenten beziehen, sondern auch auf grundlegende Designkonzepte, Metaphern und Arbeitsabläufe. Es besteht noch signifikanter Vermittlungsbedarf zwischen Wissenschaft und Industrie hinsichtlich kultureller und kognitiver Aspekte bei der Entwicklung interkultureller Benutzungsschnittstellen (IUID).[7]

Die mehrdimensionale kulturelle Prägung von Benutzern kann anhand von Kulturmodellen beschrieben werden. Für die Gestaltung interkultureller MMI sind jene kulturellen Modelle am interessantesten, die direkt mit Kommunikation, Information, Interaktion und Dialog-Design verbunden sind, d. h. diejenigen kulturellen Dimensionen, die umittelbar die kulturell unterschiedlichen Konzepte von Raum, Zeit und Kommunikation betreffen (Heimgärtner 2005, 2007, 2012):

- Individualismus (Aufgabe) vs. Kollektivismus (Beziehung) (darin enthalten verwandte Kulturdimensionen wie Gesichtswahrung oder Machtdistanz)
- Non-verbale Kommunikation
- Raumwahrnehmung (z. B. Abstand zwischen Benutzer und System, Netzwerkdichte, Kontext)
- Zeitwahrnehmung (darin enthalten alle zeitbezogenen Kulturdimensionen wie Unsicherheitsvermeidung oder Kommunikationsgeschwindigkeit).

[7] Dieses Buch soll dazu einen Beitrag leisten. Als Autor dieses Buches stehe ich Ihnen gerne für Fragen und Feedback zum Buch und zum Thema IUID mit Rat und Tat zur Seite. Weitere Informationen dazu finden Sie auch unter URL=http://www.iuic.de.

Alle analysierten Kulturdimensionen stellen raum- und zeitspezifische Aspekte zur Verfügung. Deshalb ist es sinnvoll, anzunehmen, dass Kulturdimensionen, die auf Zeit basieren, sich mit Interaktions- und Informationsverarbeitung in der MMI befassen (z. B. Dialognutzung). Kulturdimensionen, die sich stattdessen auf den Raum beziehen, betreffen die Informationspräsentation sowie die Struktur und das Layout von Benutzungsschnittstellen. Kultur beeinflusst die MMI auf allen Ebenen des Interaktionsmodells (vgl. Handlungsebenenmodell nach Herczeg 2005 und Heinecke 2004, sowie Norman und Draper 1986). Kulturdimensionen lassen sich auf eine grundlegende Kulturdimension (BCD – basic cultural dimension) reduzieren, in dem die sehr ähnlichen Dimensionen „Individualismus vs. Kollektivismus“, „Aufgaben- vs. Personenorientierung“ und „Rollen- vs. Beziehungsorientierung“ kombiniert werden. Es ist wichtig, dass es eine Einigung zwischen dem Entwickler und den Benutzern in unterschiedlichen Kulturen über die Bedeutung und Interpretation von Information gibt; andernfalls entstehen Missverständnisse oder gar kein Verständnis (vgl. Kap. 2). Um als Produkthersteller auf dem Weltmarkt wettbewerbsfähig zu sein, ist es wichtig, dass die Benutzer das Produkt akzeptieren. Daher sind kulturelle Einflüsse während der Entwicklung von Produkten für andere Märkte zu berücksichtigen. Die Kommunikationsebene bildet den Basislevel, gefolgt von den Ebenen Projektmanagement, Software- und Usability-Engineering auf dem Weg zur erfolgreichen Entwicklung von interkulturellen Benutzungsschnittstellen (Abb. 5.4). Um in der Lage zu sein, Benutzungsschnittstellen für den globalen Markt zu gestalten, die den kulturellen Bedürfnissen der Benutzer gerecht zu werden, ist der erste Schritt, die Unterschiede in den kulturellen Bedürfnissen der Benutzer und somit die kulturellen Unterschiede im MMI auf allen Ebenen der MMI-Lokalisierung (Oberfläche, Funktionalität und Interaktion) herauszufinden (Röse und Zühlke 2001). Gebiete wie die Informationspräsentation und Sprache oder Dialogdesign sowie das Interaktionsdesign sind davon betroffen (Lewandowitz et al. 2006) (vgl. Kap. 7). Bevan (2001) beschreibt die internationalen Standards für MMI-Design und Usability Engineering.

Interkulturelles MMI-Design beschreibt das nutzer- und kultur-orientierte Design von interaktiven Systemen und Produkten unter Einbeziehung des kulturellen Kontexts der Benutzer in Abhängigkeit von Aufgaben und Produktverwendung (Röse 2002, S. 87; Honold 2000, S. 42–43) und damit den „Prozess des MMI-Designs im kulturellen Kontext“. Unter „Prozess des MMI-Designs“ ist im Allgemeinen der Prozess der mensch-zentrierten Gestaltung nach ISO 9241-210 und im Besonderen die Entwicklung von Benutzungsschnittstellen gemeint. Die Wahrnehmung und Berücksichtigung der Gebräuche und Anforderungen anderer Kulturen durch die Entwickler interkultureller Benutzungsschnittstellen ist eine der Hauptaufgaben des interkulturellen MMI-Designs. Interkulturelles User Interface Design (IUID) meint den Prozess der adäquaten Gestaltung der MMI unter Berücksichtigung der kulturellen Anforderungen des Nutzungskontextes. Die Entwicklung interkultureller Benutzungsschnittstellen konzentriert sich auf ein bestimmtes Produkt oder eine Dienstleistung und auf deren

Benutzung in einem bestimmten kulturellen Kontext. Es wird geprüft, ob die Benutzungsschnittstelle für deren Verwendung im jeweiligen kulturellen Kontext passend ist oder vom Benutzer entsprechend angepasst werden kann. Interkulturelles User Interface Design ist eine notwendige Voraussetzung für die Verbesserung der interkulturellen Gebrauchsfähigkeit von Software, welche wiederum eine notwendige Voraussetzung für globale Absatzmöglichkeiten darstellt. Durch Methoden des interkulturellen Usability Engineerings lassen sich iterativ weitere Designrichtlinien aus den Ergebnissen der Tests und dem Feedback potenzieller Benutzer aus aller Welt für das interkulturelle User Interface Design ableiten. Interkulturelles Interface-Design wird nach (Thissen 2008) in drei Stufen unterteilt. Auf der ersten Stufe (Zeichen) erfolgt die kulturelle Kodierung von Zeichen, d. h. die Implementierung der Art und Weise der Informationsdarstellung (= semiotische Systeme einer Kultur – (Cassirer 1994)) – Zeichen als Ausdruck kultureller Werte („kulturelle Marker"). Auf der zweiten Stufe (soziales Verhalten) geht es um Formen der kulturellen Wahrnehmung beschrieben anhand von Kulturmodellen. Auf der dritten Stufe des interkulturellen User Interface Designs wird Kultur in ihrer Gesamtheit und Komplexität erfasst und verstanden (Verstehen der Andersartigkeit/Fremdheit).

Für das interkulturelle User Interface Design sind Kulturdimensionen zu grob. Daher sind zusätzlich kulturelle Variablen nötig, die – bezogen auf das User Interface Design – die kulturellen Aspekte in kleinere Einheiten zergliedern (vgl. Röse 2002). Diese kulturellen Aspekte und deren Ausprägungen können mittels qualitativer und quantitativer Methoden empirisch ermittelt werden. Obwohl sich Kulturen ständig verändern, lassen sich für einen Produktlebensdauerzyklus von einigen Jahren zumindest Tendenzen und für spezielle Anwendungsfälle sogar trennscharfe Parameter ermitteln, die dem interkulturellen User Interface Design dienen.Es gibt Korrelationen zwischen dem Interaktionsverhalten des Benutzers und dessen Kultur bzw. zwischen den Kulturdimensionen und informationswissenschaftlichen Größen wie Informationsdichte oder Interaktionshäufigkeit auf Interaktionsebene (vgl. mittlere Ebene des „Eisbergs" in Abb. 6.3 in Kap. 6).

Interkulturelle Variablen beschreiben die Unterschiede im MMI-Design bezüglich der Vorlieben der Benutzer aus verschiedenen Kulturen (Tab. 5.3). Direkte interkulturelle Variable sind am wichtigsten, denn sie haben direkten und wesentlichen Einfluss auf das MMI-Design. „Sichtbare" interkulturelle Variable (VIVs) sind unmittelbar wahrnehmbar zu einer bestimmten Zeit (Schrift, Farbe, Fenstergröße, Navigationsleiste, etc.). Im Gegensatz dazu sind „nicht-sichtbare" (oder „versteckte") interkulturelle Variablen (NVIVs) nur über eine gewisse Zeitspanne erkennbar (Interaktionsgeschwindigkeit, Informationsdarstellungsdauer, Dialogdarstellungsfrequenz, Benutzung der Navigationsleiste, etc.). Die Realisierung der Lokalisierung versteckter interkultureller Variable ist sehr schwer, denn die kontextuelle Relation zum kulturellen Hintergrund sowie zum Produkt ist für die Interaktion und das Dialog-Design sehr stark. Jedoch ist genau dieser kulturell ausgeprägte Kontext und folglich die Kulturabhängigkeit der

Grund, weshalb diese Muster und nicht-sichtbaren interkulturellen Variablen so wichtig für Informationsarchitektur und Interaktionsdesign und für die daraus resultierenden Dialoge (und Dialogfenster) sind (Röse 2002, S. 98). Röse (2002, S. 108) nutzt interkulturelle Variablen innerhalb ihrer „Methode des kulturorientierten Designs" (MCD), welche sie für die Entwicklung interkultureller Mensch-Computer-Systeme definiert hat (Abb. 5.6).

Die „Benutzungsschnittstellenmerkmale" (‚User Interface Characteristics') „Metapher", „Mentales Modell", „Navigation", „Interaktion" und „Präsentation" sind mit fünf von Hofstede's Kulturdimensionen (s. Kap. 2) verbunden. Benutzungsschnittstellenmerkmale können in Verbindung mit empirischen Erhebungen zu ihren Ausprägungen für den entsprechenden kulturellen Zielkontext zur Ableitung von Empfehlungen für die Entwicklung interkultureller Benutzungsschnittstellen herangezogen werden.

Informationswissenschaftliche Größen wie Informationsgeschwindigkeit (Verbreitungsgeschwindigkeit und Auftretenshäufigkeit von Information), Informationsdichte (Anzahl und Abstand von Informationseinheiten) oder Informationsordnung (Auftretensreihenfolge und Anordnung von Information) korrelieren mit kulturell verschiedenen Grundmustern von Verhaltensweisen. MMI-Dimensionen (MMID) beschreiben das Verhalten eines Benutzers (MMI-Stil) mit einem interaktiven Informationsverarbeitungssystem (Heimgärtner 2007). MMI-Dimensionen repräsentieren Klassen von für das MMI-Design nützlichen MMI-Variablen (Ausprägungen der MMI-Dimensionen), welche anhand von (Interaktions-)Indikatoren in MMI-Metriken operationalisiert sind (Tab. 5.8). Es muss mindestens ein potenzieller Indikator als Messvariable existieren, um die Ausprägung einer MMI-Dimension darstellen zu können. Zur realen Verwendung sollten allerdings mehrere empirisch bewährte Indikatoren verwendet werden. Werden MMI-Dimensionen durchweg anhand von kulturellen Variablen repräsentiert, kann man von „(Inter-)Kulturellen MMI-Dimensionen" sprechen, welche einen kulturell geprägten MMI-Stil zum Ausdruck bringen. Der MMI-Stilkoeffizient beschreibt den kulturell geprägten MMI-Stil eines Benutzers, indem er das durch die von Mitgliedern der vorgesehenen kulturellen Gruppe erwartete durchschnittliche Ausmaß an Informationsdichte, Informationsfrequenz, Interaktionshäufigkeit und Interaktionsgeschwindigkeit repräsentiert. Neben deskriptiven Modellen existieren einige weitere Ansätze zu einer Theorie kulturell beeinflusster MMI. Dennoch existiert bis heute noch keine endgültige Theorie, die alle relevanten Faktoren erklärt, welche notwendig wären, um generelle Designempfehlungen für kulturzentriertes MMI-Design abzuleiten. Erste Überlegungen zu einem Ansatz dazu werden in Kap. 6 präsentiert.

Der mensch-zentrierte MMI-Designprozess ist definiert in ISO 9241-210 und der detaillierten Erweiterung ISO 9241-220. Relevante Teile der ISO 9241-Reihe für Usability Professionals und User Interface Designer sind in einer zwei-bändigen Ausgabe des DIN-VDE-Taschenbuches 354 des Beuth-Verlages praktisch zusammengefasst.

Normen	√
DIN EN 29241-2	☐
DIN EN 62366	☐
DIN EN ISO 9241-1	☐
DIN EN ISO 9241-11	☐
DIN EN ISO 9241-20	☐
DIN EN ISO 9241-110	☐
DIN EN ISO 9241-171	☐
DIN EN ISO 9241-210	☐
DIN EN ISO 9241-220	☐
DIN EN ISO 14915-1	☐
DIN SPEC 33441-100	☐
ISO/TR 16982	☐
ISO/TS 18152	☐
ISO/IEC TR 25060	☐
ISO/IEC 25062	☐

Checkliste	√
Grundlagen des interkulturellen Benutzungsschnittstellenentwurfs sind bekannt (Kulturelle Einflüsse auf Nutzungskontext (PACT), Wesentliche neue Erkenntnisse aus Forschung sind verfügbar)	☐
Stufe 1 des interkulturellen Benutzungsschnittstellenentwurfs erreicht (Kulturelle Unterschiede hinsichtlich Sprache und Symbole berücksichtigt)	☐
Stufe 2 des interkulturellen Benutzungsschnittstellenentwurfs erreicht (Kulturelles Verhalten berücksichtigt)	☐
Stufe 3 des interkulturellen Benutzungsschnittstellenentwurfs erreicht (Kulturelle Werte berücksichtigt)	☐
Ebene 1 des TLCC-Modells ist umgesetzt (Technik)	☐
Ebene 2 des TLCC-Modells ist umgesetzt (Sprache)	☐
Ebene 3 des TLCC-Modells ist umgesetzt (Kultur)	☐
Ebene 4 des TLCC-Modells ist umgesetzt (Kognition)	☐
Relevante Kulturdimensionen für die MMI-Entwicklung sind bekannt	☐
User Interface Charakteristiken sind bekannt und werden angewandt	☐
MMI-Dimensionen sind bekannt und werden angewandt	☐
Beziehung zwischen Kulturdimensionen und MMI-Dimensionen wird reflektiert und in den Gestaltungsprozess mit einbezogen	☐
Interkulturelle Variablen sind bekannt und werden verwendet	☐
Methode des kulturorientierten Designs wird systematisch angewandt	☐
Herausforderungen in der Anwendung der Methoden und Ansätze des interkulturellen Usability Engineerings und entsprechende Lösungen sind bekannt (datengetriebene, hypothesengetriebene und hybride Ansätze)	☐
Vorgehensweise zur Erstellung von Erklärungsmodellen für den Zusammenhang zwischen Kultur und Mensch-Maschine Interaktion ist bekannt	☐
Empathie als Schlüsselfaktor der Entwicklung interkultureller Benutzungsschnittstellen ist bekannt und wird angewandt	☐
Die Möglichkeit der Nutzung agiler Methoden bei der Entwicklung von interkulturellen Benutzungsschnittstellen ist bekannt	☐

Literatur

Badre, A., & Barber, W. (1998). *Culturabilty: The merging of culture and usabilty proceedings of the 4th conference on human factors and the web*. Basking Ridge: AT and T Labs.

Baumgartner, V.-J. (2003). A practical set of cultural dimensions for global user-interface analysis and design. Fachhochschule Joanneum, Graz, Austria. http://www.mavas.at/val/education05_thesis00.asp. Zugegriffen am 29.09.2016.

Bevan, N. (2001). International standards for HCI and usability. *International Journal of Human-Computer Studies International Journal of Human-Computer Studies, 55*(4), 533–552.

Cassirer, E. (1994). *Wesen und Wirkung des Symbolbegriffs*. Darmstadt: Wissenschaftliche Buchgesellschaft.

Clemmensen, T., & Clemmensen, T. (2009). Towards a theory of cultural usability. *A comparison of ADA and CM-U theory* (5619), 416–425.

Clemmensen, T., & Clemmensen, T. (2012). Usability problem identification in culturally diverse settings. *Information Systems Journal, 22*(2), 151–175. doi:10.1111/j.1365-2575.2011.00381.x.

Cole, M. (1997). *Cultural psychology: A once and future discipline* (2. print. Aufl.). Cambridge: Belknap Press of Harvard University Press.

Constantine, L. (2009). Human activity modeling: Toward a pragmatic integration of activity theory and usage-centered design human-centered software engineering. In A. Seffah, J. Vanderdonckt, & M. Desmarais (Hrsg.), (S. 27–51). London: Springer.

Courtney, A. J. (1986). Chinese population stereotypes: Color associations. *Human Factors, 28*(1), 97–99.

Cox, T. (1993). *Cultural diversity in organizations: Theory, research, and practice*. San Francisco: Berrett-Koehler Publishers.

Cramer, P. D. T. (2008). *Interkulturelle Zusammenarbeit in multinationalen Teams*. München: GRIN Verlag OHG.

Del Galdo, E. M., & Nielsen, J. (1996). *International user interfaces*. New York: Wiley.

Faiola, A. (2006). Toward an HCI Theory of Cultural Cognition. In C. Ghaoui (Hrsg.), *Encyclopedia of Human Computer Interaction* (S. 609–614). Hershey, PA, USA: IGI Global.

Fischer, K. (2006). *What computer talk is and is not: Human-computer conversation as intercultural communication* (Bd. 17). Saarbrücken: AQ-Verlag.

Galtung, J. (1981). Structure, culture, and intellectual style: An essay comparing saxonic, teutonic, gallic and nipponic approaches. *Social Science Information, 20*(6), 817.

Gould, E., & Marcus, A. (2011). Company culture audit to improve development team's collaboration, communication, and cooperation design, user experience, and usability. Theory, methods, tools and practice. In A. Marcus (Hrsg.), (Bd. 6769, S. 415–424). Berlin/Heidelberg: Springer.

Hall, E. T. (1959). *The silent language*. New York: Doubleday.

Hall, E. T. (1976). *Beyond culture*. New York: Anchor Books.

Hall, E. T., & Hall, M. (1983). *Verborgene signale*. Hamburg: Gruner & Jahr.

Halpin, A. W., & Winer, B. J. (1957). A factorial study of the leader behavior descriptions. In R. M. Stogdill & A. E. Coons (Hrsg.), *Leader behavior: Its description and measurement* (S. 39–51). Columbus: Bureau of Business Research, Ohio State University.

Hansen, K. P. (2003). *Kultur und Kulturwissenschaft: Eine Einführung* (3., durchges. Aufl., Bd. 1846). Tübingen: Francke.

Heimgärtner, R. (2005). Messen von kulturellen Unterschieden in der Mensch-Computer-Interaktion. In A. Auinger (Hrsg.), *Workshop-Proceedings Mensch und Computer 2005* (S. 89–92). Vienna: OCG Vienna.

Heimgärtner, R. (2007). Cultural differences in human computer interaction: Results from two online surveys. In A. Oßwald (Hrsg.), *Open innovation* (Bd. 46, S. 145–158). Konstanz: UVK.

Heimgärtner, R. (2008). A tool for getting cultural differences in HCI. In K. Asai (Hrsg.), *Human computer interaction: New developments* (S. 343–368). Rijeka: InTech.

Heimgärtner, R. (2010). *Cultural differences in human-computer interaction – Towards culturally adaptive human-machine interaction.* PhD Dissertation, Universitätsbibliothek der Universität Regensburg.

Heimgärtner, R. (2012). *Cultural differences in human-computer interaction: Towards culturally adaptive human-machine interaction.* Munich: Oldenbourg.

Heimgärtner, R. (2013a). Intercultural user interface design – culture-centered HCI design – cross-cultural user interface design: Different terminology or different approaches? In A. Marcus (Hrsg.), *Design, user experience, and usability. Health, learning, playing, cultural, and cross-cultural user experience* (Bd. 8013, S. 62–71). Berlin/Heidelberg: Springer.

Heimgärtner, R. (2013b). Reflections on a Model of Culturally Influenced Human–Computer Interaction to Cover Cultural Contexts in HCI Design. *International Journal of Human–Computer Interaction, 29*(4), 205–219. doi:10.1080/10447318.2013.765761.

Heimgärtner, R. (2014). Intercultural user interface design. In K. Blashki & P. Isaias (Hrsg.), *Emerging research and trends in interactivity and the human-computer interface* (S. 1–33). Hershey: Information Science Reference (an imprint of IGI Global).

Heimgärtner, R., & Holzinger, A. (2005). Towards cross-cultural adaptive driver navigation systems. In A. Holzinger & K.-H. Weidmann (Hrsg.), *Empowering software quality: How can usability engineering reach these goals? 1st Usability symposium, HCI&UE workgroup, Vienna, 8 Nov 2005* (Bd. 198, S. 53–68). Vienna: Austrian Computer Society.

Heimgärtner, R., & Tiede, L. W. (2008). Technik und Kultur: Interkulturelle Erfahrungen bei der Produktentwicklung für China. In O. Rösch (Hrsg.), *Interkulturelle Kommunikation* (Technik und Kultur, Bd. 6, S. 149–162). Berlin: Verlag News & Media.

Heimgärtner, R., Tiede, L.-W., Leimbach, J., Zehner, S., Nguyen-Thien, N., & Helmut, W. (2007). Towards cultural adaptability to broaden universal access in future interfaces of driver information systems. In C. Stephanidis (Hrsg.), *Universal access in human-computer interaction. Ambient interaction, 4th international conference on Universal Access in Human-Computer Interaction, UAHCI 2007 Held as Part of HCI International 2007 Beijing, 22–27 July 2007 Proceedings, Part II* (Bd. 4555, S. 383–392). Heidelberg: Springer.

Heimgärtner, R., Tiede, L-W., & Windl, H. (2011). *Empathy as key factor for successful intercultural HCI design.* Paper presented at the proceedings of 14th International Conference on Human-Computer Interaction, Orlando.

Heinecke, A. M. (2004). *Mensch-computer-interaktion.* München: Fachbuchverl. Leipzig im Carl Hanser Verl.

Herczeg, M. (2005). *Software-Ergonomie: Grundlagen der Mensch-Computer-Kommunikation* (2., vollst. überarb. Aufl.). München: Oldenbourg.

Hermeking, M. (2001). *Kulturen und Technik.* München: Waxmann.

Hodicová, R. (2007). *Psychische Distanz und Internationalisierung von KMU: Empirische Untersuchung am Beispiel des Sächsisch-tschechischen Grenzraumes.* Duv.

Hofstede, G. H. (1991). *Cultures and organizations: Software of the mind.* London: McGraw-Hill.

Hofstede, G. (1994). *VSM94: Values survey module 1994 manual.* Tilberg: IRIC.

Hoft, N. L. (1995). *International technical communication: How to export information about high technology.* New York: Wiley.

Hoft, N. L. (1996). Developing a cultural model. In E. M. Del Galdo & J. Nielsen (Hrsg.), *International users interface* (S. 41–73). Wiley.

Honold, P. (1999). „Cross-cultural" or „intercultural" – some findings on international usability testing. In G. V. Prabhu & E. M. Del Galdo (Hrsg.), *Designing for global markets 1, first international workshop on internationalisation of products and systems, IWIPS 1999* (S. 107–122). Rochester/New York: Backhouse Press.

Honold, P. (2000). *Interkulturelles Usabilityengineering: Eine Untersuchung zu kulturellen Einflüssen auf die Gestaltung und Nutzung technischer Produkte* (Als Ms. gedr. Aufl. Bd. 647). Düsseldorf: VDI Verl.

Inkeles, A., & Levinson, D. J. (1996). *National character: A psycho-social perspective*. New Brunswick: Transaction Publishers.

Jäger, L. (Hrsg.). (2004). *Handbuch der Kulturwissenschaften* (Bd. 1). Stuttgart: Metzler.

Jensen, A. R., & Whang, P. A. (1994). *Speed of accessing arithmetic facts in long-term memory: A comparison of Chinese-American and Anglo-American children contemporary educational psychology* (Bd. 19, S. 1–12). New York: Academic-Press.

Kant, I. (2006). *Kritik der reinen Vernunft* ([Nachdr.] ed. Bd. 6461). Stuttgart: Reclam.

Kappos, A., & Rivard, S. (2008). A three-perspective model of culture, information systems, and their development and use. *MIS Quarterly, 32*(3), 601–634.

Kaptelinin, V., & Nardi, B. (2006). *Acting with technologie: Activity theory and interaction design*. Cambridge: MIT Press.

Khaslavsky, J. (1998). *Integrating culture into interface design*. Paper presented at the CHI 98 conference summary on Human Factors in Computing Systems, Los Angeles.

Kralisch, A. (2006). *The impact of culture and language on the use of the internet empirical analyses of behaviour and attitudes*. Dissertation, Berlin.

Kuo, You-Yuh, J., Paschal B., & Schurr, K. T. (1979). Creative thinking in Indiana and Taiwan College Students. *College Student Journal, 13*(4), 319–327.

Lass, U. (1997). Einfluss von Sprache auf Verarbeitungsprozesse im Kurzzeitgedächtnis – eine experimentelle Untersuchung mit deutschen und chinesischen Probenanden. In G. Lüers & U. Lass (Hrsg.), *Erinnern und Behalten: Wege zur Erforschung des menschlichen Gedächtnisses* (S. 244–268). Göttingen: Vanderhoeck & Ruprecht.

Liang, S. F. M. (2003). *Cross-Cultural Issues in Interactive systems*. Paper presented at the Proceedings of the International Ergonomics. Ergonomics in the Digital Age.

Lewandowitz, L., Rößger, P., & Vöhringer-Kuhnt, T. (2006). *Asiatische vs. europäische HMI Lösungen von Fahrerinformationssystemen Useware 2006* (Bd. 1946, S. 279–287). Düsseldorf: VDI.

Maier, E. (2005). Activity theory as a framework for accommodating cultural factors in HCI studies. In A. Auinger (Hrsg.), *Workshops-Proceedings der 5. fachübergreifenden Konferenz Mensch und Computer 2005. Internationalisierung von Informationssystemen: Kulturelle Aspekte der Mensch-Maschine-Interaktion* (S. 69–79). Wien.

Maletzke, G. (1996). *Interkulturelle Kommunikation: Zur Interaktion zwischen Menschen verschiedener Kulturen*. Opladen: Westdt. Verl.

Marcus, A. (2001a). Cross-cultural user-interface design. In M. J. S. G. Smith (Hrsg.), *Proceedings conferences, human-computer interface internat (HCII), New Orleans* (Bd. 2, S. 502–505). Mahwah: Lawrence Erlbaum Associates.

Marcus, A. (2001b). International and intercultural user interfaces. In C. Stephanidis (Hrsg.), *User interfaces for all: Concepts, methods, and tools* (S. 47–63). Mahwah: Lawrence Erlbaum.

Marcus, A. (2006). Cross-Cultural User-Experience Design. In D. Barker-Plummer, R. Cox & N. Swoboda (Hrsg.), *Diagrammatic Representation and Inference* (Vol. 4045, S. 16–24): Springer Berlin Heidelberg.

Marcus, A., & Gould, E. W. (2000). Crosscurrents: Cultural dimensions and global web user-interface design. *Interactions, 7*(4), 32–46.

Martinsons, M. G., & Westwood, R. I. (1997). Management information systems in the Chinese business culture: An explanatory theory. *Information Management, 32*(5), 215–228. doi:10.1016/s0378-7206(96)00009-2.

Masao, I., & Kumiyo, N. (1996). *Impact of culture on user interface design international users interface* (S. 105–126). New York: Wiley.

Mead, R. (2005). *International management: Cross-cultural dimensions* (3. Aufl.). Malden: Blackwell.

Nardi, B. A. (1996). *Context and consciousness: Activity theory and human-computer interaction*. Cambridge, MA: MIT Press.

Nisbett, R. E. (2003). *The geography of thought: How Asians and Westerners think differently ... why*. New York: Free Press.

Norman, D. A., & Draper, S. W. (1986). *User Centered System Design; New Perspectives on Human-Computer Interaction*. Hillsdale, NJ, USA: L. Erlbaum Associates Inc.

Podsiadlowski, A. (2002). *Multikulturelle Arbeitsgruppen in Unternehmen* (Bd. 12). Münster: Waxmann.

Rau, P.-L. P., Plocher, T. A., et al. (2012). *Cross-cultural design for IT products and services*. Boca Raton: Taylor & Francis.

Reeves, B., & Nass, C. (1998). *The media equation* (1. paperback Aufl.). Stanford: CSLI.

Reimer, A. (2005). *Die Bedeutung der Kulturtheorie von Geert Hofstede für das internationale Management*. Hochsch: Fachbereich Wirtschaft.

Rösch, O. (2005). Gemeinsame Ziele – unterschiedliche Wege? Über die Gleichzeitigkeit des Ungleichzeitigen in der deutsch-russischen Zusammenarbeit TRANS. *Internet Journal for Cultural Sciences, 14*. http://www.inst.at/trans/14Nr/roeschfv14.htm. Zugegriffen am 03.11.2016.

Röse, K. (2002). *Methodik zur Gestaltung interkultureller Mensch-Maschine-Systeme in der Produktionstechnik* (Bd. 5). Kaiserslautern: Univ.

Röse, K., & Zühlke, D. (2001, September 18–20). *Culture-oriented design: Developers' knowledge gaps in this area*. Paper presented at the 8th IFAC/IFIPS/IFORS/IEA Symposium on Analysis, Design, and Evaluation of Human-Machine Systems, Kassel.

Röse, K., Zühlke, D., & Liu, L. (2001). Similarities and dissimilarities of German and Chinese users. In G. Johannsen (Hrsg.), *Preprints of 8th IFAC/IFIP/IFORS/IEA symposium on analysis, design, and evaluation of human-machine systems* (S. 24–29). Kassel.

Rößger, P. (2003). An international comparison of the usability of driver-information-systems. In V. Röse, K. Honold, P. Coronado, J. Day, & D. Evers (Hrsg.), *Proceedings of the fifth international workshop on internationalisation of products and systems, IWIPS 2003, Germany, Berlin, 17–19 July 2003* (S. 129–134). Kaiserslautern: University of Kaiserslautern.

Schriesheim, C. A., Cogliser, C. C., & Neider, L. L. (1995). Is it „trustworthy"? A multiple-levels-of-analysis reexamination of an Ohio State leadership study, with implications for future research. *The Leadership Quarterly, 6*(2), 111–145.

Schumacher, R. M. (2010). *The handbook of global user research*. Burlington: Morgan Kaufmann.

Scollon, R., & Scollon, S. W. (1995). *Intercultural communication: A discourse approach* (Reprinted. Aufl., Bd. 21). Oxford: Blackwell.

Shah, H., Nersessian, N. J., Harrold, M. J., & Newstetter, W. (2012). *Studying the influence of culture in global software engineering: Thinking in terms of cultural models*. Paper presented at the Proceedings of the 4th International Conference on Intercultural Collaboration, Bengaluru.

Shen, S.-T., Woolley, M., & Prior, S. (2006). Towards culture-centred design. *Interacting with Computers, 18*(4), 820–852. doi:10.1016/j.intcom.2005.11.014.

Sheppard, C., & Scholtz, J. (1999). *The effects of cultural markers on web site use*. Paper presented at the proceedings of the 5th Conference on Human Factors and the Web, Gaithersburg.

Shi, Q., & Clemmensen, T. (2007). Relationship model in cultural usability testing usability and internationalization. In N. Aykin (Hrsg.), *HCI and culture* (Bd. 4559, S. 422–431). Berlin/Heidelberg: Springer.

Snitker, T. V. (2004). *Breaking through to the other side: Nyt Teknisk Forlag.*

Straub, J. (2007). *Handbuch interkulturelle Kommunikation und Kompetenz: Grundbegriffe – Theorien – Anwendungsfelder.* Stuttgart: Metzler.

Strohschneider, S. (2001). *Kultur – Denken – Strategie: eine indische Suite.* Bern [u. a.]: Huber.

Strohschneider, S. (2006). Kulturelle Unterschiede beim Problemlösen. In J. Funke (Hrsg.), *Enzyklopädie der Psychologie, Themenbereich C, Serie II, Band 8: Denken und Problemlösen* (S. 549–618). Göttingen: Hogrefe.

Sun, H. (2001). Building a culturally-competent corporate web site: An exploratory study of cultural markers in multilingual web design. In *Proceedings of the 19th annual international conference on computer documentation* (S. 95–102). Sante Fe: ACM.

Sundermeier, T. (1996). *Den Fremden verstehen: Eine praktische Hermeneutik.* Göttingen: Vandenhoeck & Ruprecht.

Thissen, F. (2008). Interkulturelles Informationsdesign. In W. Weber (Hrsg.), *Kompendium Informationsdesign* (S. 387–424). Heidelberg/Berlin: Springer.

Thomas, A. (1993). Wahrnehmungspsychologische Aspekte im Kulturvergleich. In A. Thomas (Hrsg.), *Kulturvergleichende Psychologie* (S. 147–171). Göttingen/Bern/Toronto/Seattle: Hofgrefe-Verlag.

Vanka, S. (1999). *Color tool: The cross cultural meanings of color.* In G.V. Prabhu & E.M. del Galdo (Hrsg.), Designing for global markets, 33–43. 1st International Workshop on Internationalization of Products and Systems. Rochester, N.Y. USA. May 20–22, 1999.

Vatrapu, R. (2010). Explaining Culture: An Outline of a Theory of Socio-Technical Interactions. In P. Hinds, A-M. Søderberg, & R. Vatrapu (Hrsg.), *Proceedings of the 3rd international conference on Intercultural collaboration 2010, Copenhagen, Denmark August 19–20, 2010.* (S. 111–120). http://research.cbs.dk/en/persons/ravi-vatrapu(93ba7069-df22-46b2-bf4f-5eb53175ef75)/publications.html. http://research.cbs.dk/en/publications/explaining-culture(453a3814-14eb-4960-8d05-c74ed9a29454).html. New York: Association for Computing Machinery. doi: //dx.doi.org/10.1145/1841853.1841871.

Vöhringer-Kuhnt, T. (2002). *The influence of culture on usability.* M.A. master thesis, Freie Universität Berlin.

Wyer, R. S., Chiu, Chi-yue, & Hong, Ying-yi. (2009). *Understanding culture: Theory, research, and application.* New York: Psychology Press.

IUID in der Theorie – Wissenschaftliche Forschung

6

Inhalt

R. Heimgärtner, *Interkulturelles User Interface Design*,
DOI 10.1007/978-3-662-48370-1_6

In diesem Kapitel werden zunächst der Stand der Forschung im Bereich der Entwicklung interkultureller Benutzungsschnittstellen aufgezeigt, dann die Verbindung zwischen Kultur und MMI vorgestellt und anschließend einige Hauptforschungsfragen hinsichtlich des kulturzentrierten MMI-Designs kategorisiert und erörtert. Anschließend eröffnet ein Blick auf den Zusammenhang zwischen Theorie und Praxis einen Weg zu einem Erklärungsmodell für kulturabhängige Mensch-Maschine Interaktion relevant für IUID. Dabei werden sowohl theoretische Erkenntnisse als auch Ergebnisse empirischer Studien herangezogen. Schließlich wird ein erstes mögliches Modell aufgezeigt, aus dem tendenzielle Empfehlungen für die Entwicklung interkultureller Benutzungsschnittstellen abgeleitet werden können.

6.1 Stand der IUID-Forschung

▶ Um die Paradigmen und neuesten Aspekte hinsichtlich Methodik, Technologietransfer und der Innovationsverbreitung einzufangen und einen Eindruck darüber zu erhalten, was die wichtigsten Aufgaben in der IUID-Forschung sein können, sollen oder müssen, ist es sinnvoll, die entsprechende Literatur zu kennen und zu analysieren.

6.1.1 Historische Entwicklung

Um die neuesten Aspekte des IUID z. B. zu Methodologie, Technologietransfer und der Diffusion der Innovation zu erhalten, wurde eine Literaturrecherche von (Heimgärtner 2012) u. a. basierend auf (Clemmensen und Roese 2010) durchgeführt. Gibt man beispielsweise „cross-cultural HCI" als Suchbegriff in der digitalen Bibliothek der ACM ein, erhält man etwa ab dem Jahr 2000 eine exponentiell ansteigende Anzahl von Publikationen in diesem Bereich (Abb. 6.1).

Es gibt einige Artikel, welche sich mit der Verwendung von Informationssystemen im kulturellen Kontext beschäftigen. Zwei der ersten wichtigen Bücher hinsichtlich Internationalisierung und vor allem Lokalisierung von Benutzungsschnittstellen (s. Kap. 3) sind „Designing User Interfaces for International Use" von (Nielsen 1990) und „International User Interfaces" von (Galdo und Nielsen 1996). Eine weitere sehr gute Einführung in die Erforschung kulturübergreifender MMI schrieb Day 1991. Day (1991) kompilierte die Forschungsmethoden, den Technologietransfer und die Innovationsausbreitung im Bereich kulturübergreifender Mensch-Computer Interaktion. „A Practical Guide to Software Localization" von (Esselink 1998) beschreibt, wie Software für andere Länder geschrieben werden soll. Dieser stellt eine hilfreiche Checkliste für diesen Zweck bereit. Einen Überblick über Kultur und ihre Auswirkungen auf MMI gibt (Cagiltay 1999). Auch Trends hinsichtlich interkultureller MMI werden eruiert (vgl. Jetter 2004). Leidner und Kayworth (2006) machten eine Literaturrecherche hinsichtlich der Verbindung von Kultur und Informationssystemen und postulierten eine Theorie eines Konflikts zwischen Kultur und Informationstechnologie. (Vatrapu und Suthers 2007) beleuchteten die Verbindung zwischen Kultur und Computern anhand einer Analyse des Konzeptes „Kultur" und der Implikationen auf interkulturelles kollaboratives Online-Lernen. (Clemmensen und Roese 2010) bieten einen Überblick über eine Dekade von Journalpublikationen zu Kultur und MMI.

▶ Aus der Analyse der Veröffentlichungen im Bereich interkulturelle MMI lassen sich einige IUID-„Hypes" identifizieren. Der erste Hype erfolgte in den frühen 1990ern. Der nächste war um 2000 und seit etwa 2010 hat die Forschung im Bereich interkultureller MMI bzw. des IUID sprunghaft zugenommen.

Innerhalb dieser „Hypes" ist die Publikationsanzahl hoch, was auf ein starkes Forschungsinteresse und entsprechend hohe Forschungsanstrengungen hinweist:

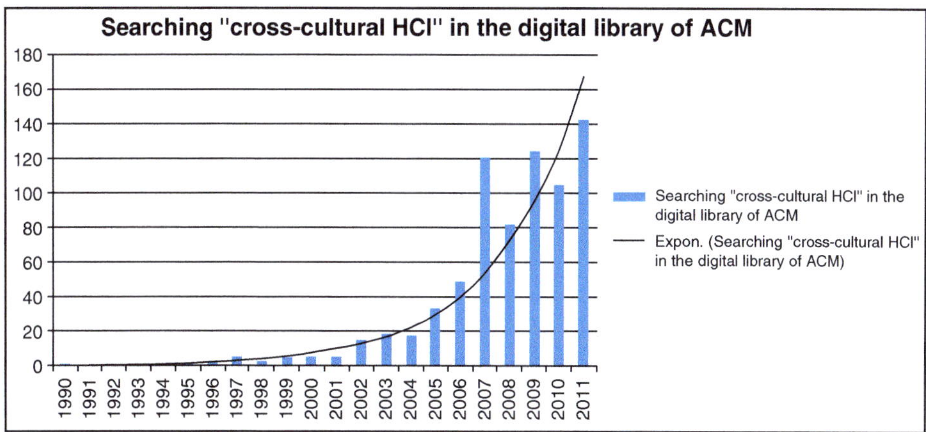

Abb. 6.1 Annähernd exponentieller Anstieg von Publikationen im Bereich des IUID

Vor 1990: fast keine Publikation verfügbar welche die Konzepte „Kultur“ und „MMI“ in Verbindung bringen würde,

1990–1999: (Pioniere): (Galdo und Nielsen 1996; Aykin 2004; Hoft 1996; Badre und Barber 1998),

2000–2004: (erste systematische Arbeiten): (Honold 2000a; Röse und Zühlke 2001; Hermeking 2001; Rößger und Hofmeister 2003; Marcus 2001; Sun 2001; Vöhringer-Kuhnt 2002),

2005–2010: (Erkunden des Feldes für erweitertes systematisches Arbeiten): (Clemmensen und Goyal 2004; Reinecke et al. 2007; Heimgärtner 2007; Shen et al. 2006; Clemmensen und Goyal 2004; Thissen 2008),

Seit 2010: (stark entwickelnde Forschung in diesem Bereich): (Abdelnour-Nocera et al. 2011; Rau et al. 2012; Heimgärtner 2012; Sun 2012; Lee et al. 2008).

6.1.2 Forschungsfragen und beteiligte Disziplinen

Die folgende Auswahl von Disziplinen und den damit verbundenen Tätigkeitsbereichen bzw. Aktivitäten kann bezüglich einiger Hauptfragen der Forschung im interkulturellen MMI-Design identifiziert werden:

(i) Was sind die unterschiedlichen kulturellen Benutzerpräferenzen?

   a. Kulturwissenschaft (kulturelle Dimensionen (Hall 1959; Hofstede 1991), kulturelle Standards (Thomas 1996)
   b. Kultur, Wahrnehmung und Entscheidungsbetrachtung bezüglich kognitiver Stile, Metaphern, Problemlösung, Wissensdarstellung, Informationserkenntnis und -verarbeitung (vgl. Heimgärtner 2008; Kaplan 1966; Oldenburg 1992: 31; Dörner 2001; Dong und Lee 2008)
   c. Kommunikationswissenschaft (interkulturelle Kommunikation (vgl. Gudykunst und Mody 2002), Redeanalyse, Dialoganalyse, Sprechanalyse („Unterhaltungen sind Dialoge“) (vgl. Heindrichs 1979), Rededarstellungstheorie (Kamp und Reyle 1993), Kommunikationsanalyse und Sprechakttheorie (Austin und Savigny 1962; Searle et al. 1980; Grewendorf 1979; Wunderlich 1978), Kommunikationsweisen, Kommunikationsarten, interaktionale Dialoge (Moeschler 1989), Sprachspiele (Wittgenstein und Schulte 2000)
   d. Linguistik (Überwachen und Analysieren von natürlicher Sprache (Reischer 2002), Kooperationsprinzip (Grice 1993), Dialogisches Redeverhalten, Illokution, Intentionalität (Searle et al. 1980), Konventionalität, Textanalyse („Dialoge sind Texte“), Semantik (Brekle 1972), kognitive Linguistik (Schwarz 2008), Übersetzen (Wilss 1988), linguistische Pragmatik (Wunderlich 1975)

e. Philosophie (Theorie des Handelns (Davidson 1993; Dennett 1998), universelle Pragmatik (Apel 2002; Habermas 2006), Hermeneutik (Gadamer 1975), „Meeting Models“ (Sundermeier 1996), interkulturelle Philosophie (Wimmer 2004)
f. Andere: Kognitive Technologie (Beynon et al. 2001), kognitive Sprachverarbeitung (Rickheit und Strohner 1993), Regionalstudien, angewandte Geografie und Dialektologie etc. (z. B. Sinologie, was auch ein Teil der Linguistik ist), kulturelles Engineering.

(ii) Welche Aspekte der MMI hängen von Kultur ab (d. h. welche Aspekte müssen in Bezug auf die kulturellen Bedürfnisse des Benutzers angepasst werden)?

Aspekte von MMI können vor allem aus den Gebieten der Informationswissenschaft und angewandten Computerwissenschaft (interkulturelles MMI-Design, Software-Ergonomie) gezogen werden:

- Informationswissenschaft (Informationstheorie Shannon 1948), Informationskonzept (z. B. Lyre 2002 oder Reischer 2006)
- MMI-Design (Sequenzmuster, Interaktionsdesign (vgl. Preece und Rogers 1994, Metakommunikation als Designprinzip für das Dialogdesign im MMI Galdo und Nielsen 1996; Shneiderman 1998))
- Interkulturelles MMI-Design: Variablen des interkulturellen MMI-Designs (z. B. Khaslavsky 1998; Badre und Barber 1998; Marcus 2001; Röse 2002; Fitzgerald 2004; Callahan 2005b).

(iii) Verbessern sich Gebrauchstauglichkeit und Benutzererlebnis (z. B. Einfachheit und Freude an der Benutzung) durch kulturelle Anpassung?

▶ Bis heute gibt es nur wenige qualitative Studien oder Tests zum interkulturellen Benutzererlebnis (User Experience), die vernünftige Antworten auf diese Fragen liefern würden (vgl. Jameson 2007). Auch wenn es mittlerweile einschlägige Literatur zum Usabilityengineering gibt (z. B. Nielsen 1993; Holzinger 2005 etc.), nimmt belastbare und vor allem generalisierende Literatur zum interkulturellen Usabilityengineering (z. B. zur Evaluation im interkulturellen Kontext (vgl. Clemmensen und Clemmensen 2012)) und vor allem zur interkulturellen UX nur sehr verhalten zu (vgl. Heimgärtner 2014).

6.1.3 Studien und Inhalte

▶ Die meisten Studien betreffen die Präsentation von Informationen auf Webpages (z. B. Hodemacher et al. 2005; Marcus 2003; Dormann 2005; Baumgartner 2003; Marcus und Gould 2000; Stengers et al. 2004; Sun 2001 und Callahan 2005a).

Erst seit etwa 2006 gibt es auch Studien, die alleinstehende Systeme und Applikationen, die keine Web-Anwendungen sind, untersuchen (z. B. Kralisch 2006; Kamentz 2006; Lewandowitz et al. 2006; Braun et al. 2007).[1]

In den Untersuchungen konzentrieren sich die meisten Forscher auf die „sichtbaren" kulturellen Variablen (VIVs, vgl. Kap. 5.4.1) wie Farben (NASA Farbstandard Currie und Peacock 2002 oder Ou et al. 2004), Ikone (Anwendung bildhafter oder abstrakter Ikone Röse 2002, S. 135), Datum und Zeit, Telefonnummer und Adressenformate, Orthografie, Typografie, Lese- und Schreibrichtungen und Sortierungsmethoden (Shneiderman et al. 2009, S. 23–24), Textlänge, Textverarbeitung, Anzahl der Schriftzeichen (Rätzmann 2004, S. 77) und Multimedia (Krömker 2000). (Isa et al. 2009) verglichen kulturelle Vorschriften und die Wahrnehmung der Informationsarchitektur bei Benutzern einer kulturbestimmten Webseite in einer Untersuchung von muslimischen Online-Benutzern. (Tateishi und Toma 2010) stellten die Frage bei der vergleichenden, kulturübergreifenden Betrachtung von Benutzungsschnittstellen, warum soziale Medien Meere überqueren können, nationalistische Tendenzen dies aber nicht können. (Endrass et al. 2008) bestätigen die Verbreitung des Sprichworts „Reden ist Silber, Schweigen ist Gold." in einigen kulturellen Kontexten durch eine kulturübergreifende Analyse des Einsatzes von Redepausen. Koda et al. (2008) führten eine kulturübergreifende Auswertung der Gesichtsausdrücke von Avataren durch, die von westlichen Grafikern entworfen wurden. (Lee 2007) untersuchte Kultur und ihre Auswirkung auf menschliches Interaktionsdesign zwischen Korea und Japan mit einem Schwerpunkt auf die kulturübergreifenden Perspektiven. (Kankanhalli et al. 2004) konzentrierten sich auf kulturübergreifende Unterschiede und die Werte von Informationssystementwickler.

Es gibt auf dem Gebiet des interkulturellen MMI-Designs auch einige Forschung bezüglich des Designs von interkulturellen Webpages und Forschung über internationales Produktdesign (vgl. internationale Workshops zur Internationalisierung von Produkten und Systemen (IWIPS)) sowie Richtlinien bezüglich der sichtbaren Gebiete von grafischen Benutzungsschnittstellen zur Internationalisierung und Lokalisierung von Software.

Es wird also im Bereich des interkulturellen MMI-Designs viel geforscht in Bezug auf kulturübergreifendes Design für Internetseiten und internationales Produktdesign (vgl. Internationaler Workshop für die Internationalisierung von Produkten und Systeme (IWIPS) sowie die mannigfachen Richtlinien zur internationalen und lokalen Software-Anpassung der sichtbaren Bereiche von grafischen Benutzungsschnittstellen (GUI)).

Kulturelle Einflüsse auf die Werte der direkt sichtbaren kulturellen Variablen (VIVs) der MMI (vgl. Kap. 5.4.1) sind in der Sekundärliteratur über Internationalisierung somit bereits empirisch belegt (vgl. Nielsen 1990; Evers und Day 1997) und zu einem großen Teil in Produkten auf Ebene der Benutzungsschnittstelle (in Bezug auf Informationsanzeige, Sprache und allgemeinem Hardwaredesign) und auf Ebene der funktionalen Lokalisierung (in Bezug auf maschinelle Funktionen, Wartung und technische Dokumentation) realisiert (z. B. in Betriebssystemen wie Windows oder iOS).

---

[1] Vgl. URL=http://www.usabilityblog.de/2013/11/nutzen-sie-kulturdimensionen-zur-erfolgreichen-internationalisierung-und-lokalisation/. Zugegriffen am 24.04.2014.

▶ Das TLCC-Modell von (Sturm 2002) zeigt die Internationalisierungs- und Lokalisierungsschritte im MMI-Design, dargestellt anhand von vier Ebenen: technische Angelegenheiten, Sprache, Kultur und Kognition (vgl. Kap. 7.4.3). Kulturelle Aspekte hinsichtlich Technik und Sprache werden in der Industrie berücksichtigt. Aspekte hinsichtlich speziellerer kultureller Merkmale und Kognition sind noch überwiegend in der Forschung angesiedelt (vgl. Abb. 6.2).

Der aktuelle Stand industrieller Produkte umfasst die Einbeziehung der kulturellen Aspekte im Design bis etwa zur ersten Hälfte des Modells (grüner Bereich in Abb. 6.2). Die andere Hälfte des Modells wird bislang überwiegend in der Forschung bearbeitet (roter Bereich in Abb. 6.2). Entsprechend lässt sich diese Entwicklung auch an heutigen industriellen Produkten ablesen.

Auf den untersten Ebenen der Technik (T) werden technische Aspekte (z. B. Netzstecker) angepasst und entsprechende Zeichensätze (z. B. Unicode) eingesetzt (vgl. z. B. die Checkliste von (Esselink 1998)), damit die Produkte in jedem Land verwendet werden können. Die Anpassung der Software an Unicode ist ein Beispiel einer Voraussetzung dafür, Asiatische Sprachen auf der Ebene Sprache (L) verwenden zu können. Anpassung auf der kulturellen Ebene (C) betrifft länderspezifische Aspekte einschließlich Format, Währung, Farben, Modalitäten, Menüstruktur, Inhalt der Menüs, Hilfe, Anzahl von Meldungen, Länge der Texte, Anzahl von Hinweisen, Grad der Unterhaltung oder Verhältnis von Information zu Unterhaltung. Auf der höchsten Ebene, der Kognition (C), müssen kognitive Stile berücksichtigt werden, welche die unterschiedlichen Arten des menschlichen Denkens wie Problemlösetechniken oder Entscheidungsprozesse umfassen (vgl. Nardi 1996; Norman und Draper 1986, s. auch Kap. 2).

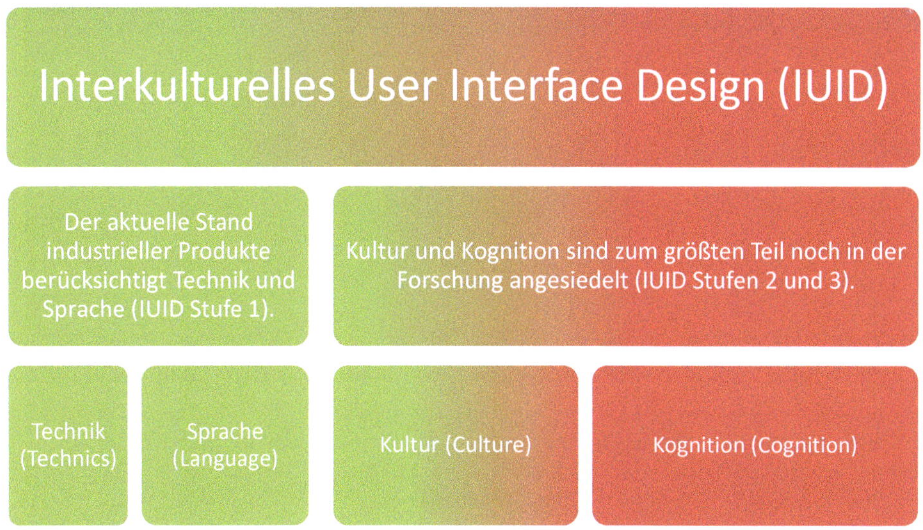

Abb. 6.2 Zusammenhang zwischen dem „TLCC"-Modell (nach Sturm 2002) und IUID (Heimgärtner 2014) (grün: produktiv in Industrie, rot: noch erforschend in Wissenschaft)

Die Verwendung von Internationalisierungskonzepten jenseits der technischen und sprachlichen Ebene wird in der Industrie jedoch nur langsam vorangetrieben. (Kersten et al. 2002; Aykin 2005 oder Law und Perez 2005) schlagen z. B. vor, wie man kulturübergreifende Informationssysteme implementieren soll. In der Industrie werden heute zumindest technische und sprachliche Aspekte beim Design von Produkten für andere Kulturen berücksichtigt, während in akademischen Ansätzen zusätzlich vor allem kulturelle und kognitive Aspekte Berücksichtigung finden (Abb. 6.2). Bisherige industrielle Vorgehensmodelle bei der Entwicklung interkultureller Benutzungsschnittstellen berücksichtigen interkulturelle Aspekte, welche über Sprache, Schrift und Datenformate hinausgehen, noch nicht in einem ausreichenden Maße. Auch fehlen häufig noch Evaluationstechniken für jene Kulturkreise, in denen die westlich geprägten Methoden versagen.[2]

- Es besteht noch signifikanter Vermittlungsbedarf zwischen Wissenschaft und Industrie hinsichtlich kultureller und kognitiver Aspekte bei der Entwicklung interkultureller Benutzungsschnittstellen (IUID).[3]

- Die detaillierte Analyse der aktuellen Forschung im Bereich des interkulturellen User Interface Designs zeigte, dass insbesondere versteckte kulturelle Variablen (NVIVs) (unter der Wasseroberfläche des Eisbergs) noch nicht gründlich genug untersucht wurden.

Die Sekundärliteratur in der IUID-Forschung deckt bisher kaum etwas Wesentliches zu verborgenen interkulturellen Variablen auf der Interaktionsebene ab. Der kulturelle Einfluss auf Mensch-Maschine-Interaktion bezogen auf Navigation, Systemstruktur und mentale Modelle sowie flexible Funktionalität wurde noch nicht eingehend mit der Absicht untersucht, optimale Produkte für spezifische Kulturen zu entwickeln. Darüber hinaus existiert wenig Literatur über die Verbindung zwischen kulturellen Aspekten und den verborgenen interkulturellen Variablen (NVIVs) für das MMI-Design. Das Literaturstudium enthüllt nicht viel über die Forschung zu direkt versteckten kulturellen Variablen auf der Lokalisierungsebene der Interaktion für das interkulturelle MMI-Design: Im Folgenden werden einige dieser interessanten Studien und deren Inhalte angesprochen.

Komlodi (2005) untersuchte die kulturellen Unterschiede in Informationssuchprozessen. Richtlinien sind zugänglich beim errichten einer IT-Architektur (vgl. Koning et al. 2002);

[2] Adaptive Systeme bzw. Agentensysteme bieten durch die Integration der kulturellen Prägung im verwendeten Benutzermodell einen vielversprechenden Ansatz für die erfolgreiche Globalisierung von Benutzungsschnittstellen (vgl. Heimgärtner 2012 und Dagstuhl Workshop 2014).

[3] Dieses Buch soll durch die Darstellung der wichtigsten Grundlagen des IUID einen initalen Beitrag dazu leisten. Als Autor stehe ich Ihnen für Fragen und Feedback zum Buch als auch zur IUID-Thematik generell gerne mit Rat und Tat zur Seite. Weitere Informationen dazu finden Sie auch unter www.iuic.de.

Evers et al. (1999) stellten kulturelle Unterschiede im Verstehen von Metaphern in Benutzungsschnittstellen fest. Da sich die wahre Welt von Kultur zu Kultur verändert, müssen die verwendeten Metaphern in der MMI, die sich auf die tatsächliche Welt beziehen, bei der Lokalisierung der Benutzungsschnittstelle auch berücksichtigt werden. Die Auswertung ergab, dass Versuchspersonen von unterschiedlichen Kulturen Metaphern unterschiedlich verstehen und ihre Erwartungen, die sie mit den Metaphern verbinden, auch unterschiedlich sind. Jedoch werden auch diese Variablen überwiegend als ein offenes Feld der Forschung im interkulturellen MMI-Design angesehen. Lee 2002 schrieb eine interkulturelle Studie über die Art und Weise, wie Benutzer und Entwickler ihre Benutzung von Informationssystemen erleben und fand Unterschiede in der Nutzung von mobilem Internet zwischen den Benutzern aus Japan (z. B. hoher E-Mail-Verkehr) und Korea (z. B. viele Downloads), was abhängig ist von unterschiedlichen von der Kultur auferlegten Wertestrukturen in Japan und Korea. Folglich ist eine Personalisierung und Adaption verschiedener Benutzerbedürfnisse notwendig. Gemäß (Lee 2002) sollten Internetstrategien auf einzigartige Kulturen lokalisiert oder angepasst werden, da Menschen unterschiedliche Werte sogar aus denselben Dienstleistungen in verschiedenen Kulturen erwarten. Mobile Internet Services müssen für individuelle Benutzer personalisiert werden, weil Wertestrukturen und Nutzungsmuster durch zahlreiche Faktoren in unterschiedlichen Ländern beeinflusst werden. Um personalisierte Services zu entwickeln, müssen Mobile-Internet-Provider ihre Benutzergruppen in kulturelle, demografische oder sozioökonomische Faktoren unterteilen und diese beobachten, was ihnen die Möglichkeit bieten kann, die sich schnell verändernden Bedürfnisse oder Werte der Benutzer effizient zu verfolgen. (Nisbett 2003) postulierte, dass die Gedankenmuster von Ostasiaten und Westler sich stark unterscheiden (holistisch vs. analytisch). Holistisch denkende Menschen neigen dazu, eine Szene global wahrzunehmen; sie sind eher Feld-abhängig. Analytisch denkende Menschen sind eher Feld-unabhängig, weil sie dazu neigen, ein Objekt abgekoppelt von der Szene wahrzunehmen und solche Objekte Kategorien zuzuweisen. Dong & Lee studierten die Beziehung zwischen kognitiven Stilen und Webpage-Perzeption. Sie legten das kulturell unterschiedliche Verhalten der Augenbewegung dar (Dong und Lee 2008). Die unterschiedlichen Sichtmuster von Chinesen, Koreanern und Amerikanern weist darauf hin, dass Webpage-Designer die kognitiven Unterschiede, die unter holistischen und analytischen Menschen existieren, nicht außer Acht lassen sollten, und dass Webpages so gestaltet werden sollten, dass sie den kognitiven Stilen der Benutzer entsprechen, um die Nutzbarkeit zu erhöhen. Holistische Menschen (z. B. Chinesen) überfliegen die gesamte Webpage nicht geradlinig. Folglich sollte die Inhaltsgestaltung den gesamten Kontext der Website aufzeigen, genauso wie die Harmonie zwischen Vorder- und Hintergrund sowie die Beziehungen zwischen den Inhaltsgebieten. Im Gegensatz dazu sollte das Webpage-Design für analytische Menschen (z. B. Deutsche) so simpel und klar wie möglich gehalten werden. Diese tendieren dazu, ein sequenzielles Leseverhalten anzuwenden und vom Zentrum der Page bis zur Peripherie zu lesen. Folglich muss der Aufbau aller Inhaltsgebiete vorsichtig berücksichtigt werden. Kategorien und Navigationselemente sollten so klar wie möglich benannt werden, da analytische Menschen solchen Elementen mehr Aufmerksamkeit schenken und so einen Gesamteindruck der Website erhalten.

In weiteren Studien wollen (Dong und Lee 2008) die Beziehung zwischen kognitiven Stilen und Webpage Layout Design definieren. Lee et al. (2008) haben das Benutzererlebnis anhand einer Länder- und produktübergreifenden Analyse der kulturellen Eigenschaften der Benutzer mittels Kulturdimensionen untersucht. Lee (2002) führte eine kulturübergreifende Studie durch über die Erfahrung von Benutzern und Entwicklern bei der Anwendung von Informationssystemen. Darüber hinaus verbesserte eine sondierende Untersuchung von (Rızvanoğlu und Öztürk 2009) mit französischen und türkischen Benutzer einer e-Learning-Website das kulturübergreifende Verständnis der dualen Struktur von metaphorischen Ikonen.

▶ Die Anzahl von Studien, die die Bedeutung der Berücksichtigung von kulturellen Aspekten bei der Entwicklung von Benutzungsschnittstellen unterstreichen, wächst stetig (s. Evers 2003; Smith et al. 2004). Es gibt auch Aktivitäten hinsichtlich der Untersuchung von Trends in der interkulturellen MMI (vgl. Jetter 2004; Clemmensen und Roese 2010; Heimgärtner 2014).

Das ist gleichermaßen der Fall z. B. in Bezug auf Fahrernavigationssysteme im Automobilbereich (Rößger und Hofmeister 2003). Jedoch gibt es kaum Sekundärliteratur darüber und es existieren nur wenige Richtlinien für interkulturelle Dialoge bzw. Designrichtlinien für interkulturelles Interaktionsdesign (Kamentz 2006; Kralisch 2006) und noch weniger für Spezialbereiche wie „embedded systems".

▶ Auf dem Gebiet des interkulturellen User Interface Designs nimmt die Erforschung diffiziler empfänglicher methodologischer interkultureller Faktoren wie unterschiedliche Gebräuche beim Umgang mit dem System, unterschiedliche Erwartungen bezüglich der Navigation innerhalb des Hyperraums oder unterschiedliche mentale Modelle erst jetzt langsam Fahrt auf, praxisrelevante Resultate zu erzielen.

Auch wenn es mittlerweile die ersten pragmatischen Richtlinien gibt, z. B. für interkulturelles Webdesign (vgl. Marcus und Gould 2000) oder interkulturelles MMI-Design (vgl. Röse 2001), gibt es keine, welche sehr leicht und effektiv von MMI-Designern angewandt werden könnten, weil diese Richtlinien sehr stark vom jeweils spezifischen Nutzungskontext abhängig sind. Dies wird auch im Überblick von (Sturm und Mueller 2003) sowie von (Fitzgerald 2004) und der Übersicht von Thiessen über interkulturelles Informationsdesign (vgl. Thissen 2008) gestützt, die viele Aktivitäten und Modelle für interkulturelles Website-Design vorstellen. (Röse 2002 und Zühlke und Röse 2000) erwähnen explizit interkulturelles MMI-Design sowie das Design von globalen Produkten für den chinesischen Markt. Erst seit kurzem gibt es auch neuere Erkenntnisse bezüglich interaktivem Design (z. B. Heimgärtner 2012).

▶ Abb. 6.3 fasst den aktuellen den Stand der Forschung bezüglich interkulturellem MMI-Design anhand der Eisbergmetapher zusammen.

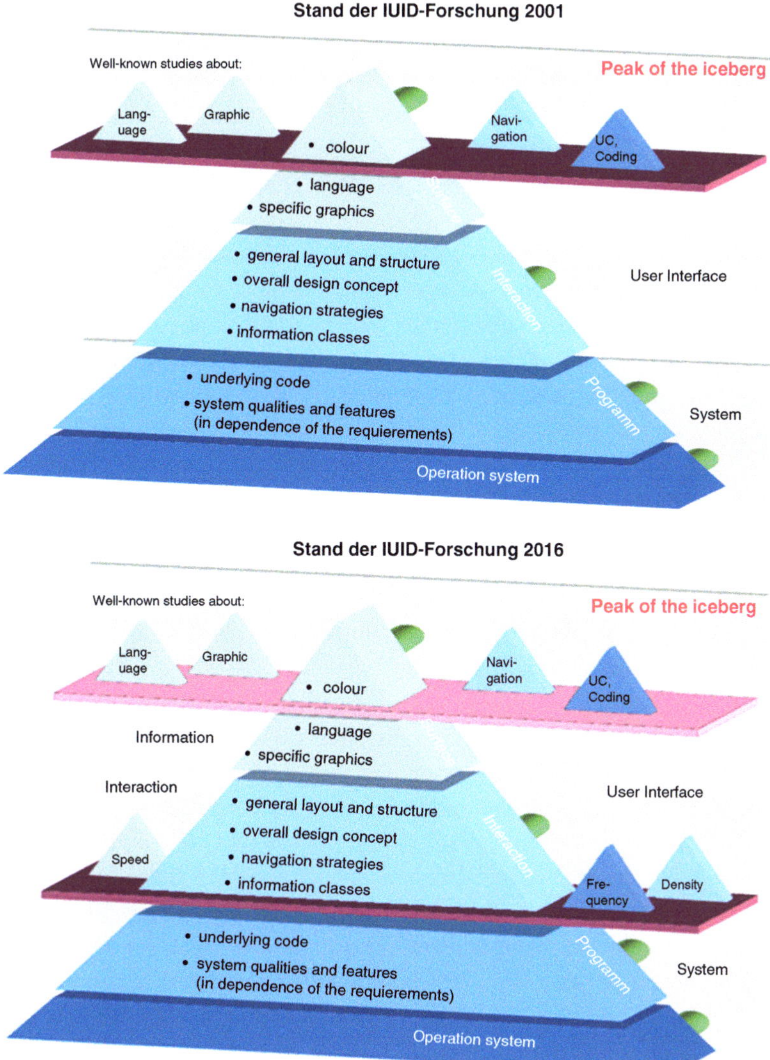

Abb. 6.3 Mangel an gut ausgearbeiteter theoretischer Arbeit basierend auf empirischen Resultaten im Gebiet der interkulturellen Interaktion und des Dialogdesigns im Hinblick auf nicht-sichtbare kulturelle Variable. (Quelle: Röse 2001, S. 161) (die hellrote Ebene zeigt den heutigen Stand der Dinge im interkulturellen MMI-Design auf; die dunkelrote Ebene deutet auf den wissenschaftlichen Fortschritt bis 2016 auf der Interaktionsebene hin) [In Anlehnung an die Eisbergmetapher von (Hoft 1995), wieder veröffentlicht in (Galdo und Nancy 1996), bearbeitet von (Röse 2001) und aktualisiert durch den Autor 2016]

Die Farben in Abb. 6.3 stehen in Beziehung zu den Lokalisierungsebenen (Oberfläche, Interaktion, Funktionalität (Programm und operierendes System)). Im Gegensatz zu sichtbaren kulturellen Variablen, welche die Oberfläche des User Interfaces (d. h. die sichtbaren Elemente der Benutzungsschnittstelle) beeinflussen, affektieren nicht-sichtbare kulturelle Variablen die Interaktionsebene. Zum Beispiel bezeichnet „UC, coding" im blauen Dreieck in Abb. 6.3 „Unicode-Kodierung". Es ist, ähnlich zum System, blau markiert, weil die Systemarchitektur geändert werden muss. Jedenfalls ist der Effekt an der Oberfläche sichtbar (z. B. die Darstellung chinesischer Symbole anstelle deutscher Schriftzeichen). Deshalb ist Unicode (UC) auf der Oberflächenebene der Lokalisierung zu finden (d. h. über der „Wasseroberfläche"). Die unterschiedlichen Farben (dunkelblau, blau, hellblau, türkis) zeigen, dass es unterschiedliche Beziehungen im gesamten System gibt, die im interkulturellen MMI-Design berücksichtigt werden müssen. Folglich ist es entscheidend für das interkulturelle User Interface Design, die Lücke zwischen kulturellen Aspekten und jenen für das User Interface Design zu schließen, z. B. der aktuelle Mangel an Forschung bezüglich kulturell geprägtem Interaktions- und Dialogdesign. Der Fortschritt der IUID-Forschung bis heute wird anhand der Verschiebung der dunkelroten Markierung verdeutlicht.

6.2 Methoden zur Erlangung eines Erklärungsmodells für kulturabhängige MMI

Usability (Gebrauchsfähigkeit) ist eine Produktqualität interaktiver Systeme. Die kulturellen Unterschiede in der MMI zu kennen hilft, die interkulturelle Usability von technischen Systemen zu verbessern. Empirische Studien zeigen, dass es Korrelationen zwischen der Interaktion der Benutzer mit dem Computer und der kulturellen Prägung der Benutzer gibt. Die Werte kultureller Variablen aus den Studien können für Richtlinien des interkulturellen MMI-Designs und für interkulturelles Usabilityengineering herangezogen werden. In einem Erklärungsmodell für kulturell beeinflusste MMI können die Relationen zwischen Kultur und MMI mittels kultureller Interaktionsindikatoren beschrieben und damit der Zusammenhang zwischen Kultur und MMI hergestellt und aufgezeigt werden.

Aufgrund der Notwendigkeit der Erhebung aktueller Anforderungen und Benutzerwünsche für den jeweiligen Kontext und die jeweilige Zielkultur ist ein stetiger Austausch zwischen Theorie und Praxis nötig: zum einen sind die neu erhobenen Ergebnisse in die weitere theoretische Forschung einzubeziehen, andererseits wirken sich neue theoretische Erkenntnisse auf die Methode der Erhebung und die Ergebnisinterpretation aus. Daher ist eine enge Verzahnung von Theorie und Praxis für die interkulturelle MMI-Forschung unabdingbar. Die Verknüpfung zwischen Theorie und Praxis ist gerade im interkulturellen Kontext von größter Bedeutung.

> Es gibt nichts Praktischeres wie eine gute Theorie, um von theoretischen Überlegungen zur praktischen Anwendung im interkulturellen User Interface Design zu gelangen.

Gerade für noch wenig erforschte Bereiche eignet sich die sogenannte „Grounded Theory“ (vgl. Kelle 2003). Die „Grounded Theory“ umschließt eine Methode, welche in Forschungsbereichen Anwendung findet, die noch nicht im Detail erschlossen sind – wie dies z. B. bei der Entwicklung interkultureller Benutzungsschnittstellen (IUID) der Fall ist. Die „Grounded Theory“ war nicht spezifisch als qualitative Methode gedacht, sondern eher als alternativer Ansatz zur generellen Theoriebildung in der sozialen Forschung. Da das hypothetische deduktive Modell des Hypothesentests nicht ausreicht, um die Essenz des Forschungsprozesses festzuhalten, sowohl in quantitativer als auch in qualitativer Hinsicht, gibt es heute immer noch eine große Nachfrage nach einem Konzept der empirisch belegten Theorienbildung in der sozialen Forschungsmethodologie (Kelle 2003, S. 1). Wegen des Fehlens von empirischen Daten und den immer noch großen Lücken in der Forschung im Bereich der interkulturellen MMI, ist es sinnvoll, den grundlegenden mehrstufigen Forschungsprozess der Grounded-Theory zu verwenden, um neue Theorien zu entwickeln. Durch die analytische Reflexion bereits bekannter Theorien, Modellen und intuitiven Ideen können Hypothesen für eine neue Integrationstheorie gebildet werden. Dann müssen empirische Daten ein grundlegendes Fundament (einleitende Position) begründen, um die Hypothesen zu Testen und zu verifizieren, um eine neue Theorie zu erhalten. Von dieser Theorie ausgehend können dann wiederum neue Hypothesen und Vorhersagen entwickelt werden, um diese wieder empirisch zu testen (vgl. Vollhardt et al. 2008).

> Die „Grounded Theory" stellt einen iterativen wissenschaftlichen Prozess, welcher den iterativen Softwareentwicklungszyklen (vgl. Balzert 2005) ähnelt. Dabei fußen die theoretisch basierten Prozesse überwiegend auf der „Grounded Theory" und die in der Praxis etablierten und bewährten Prozesse auf Softwareengineering

Die Erstellung eines Erklärungsmodells kulturabhängiger MMI liegt entsprechend nicht in der Sammlung loser Empfehlungen zur Gestaltung offensichtlicher Systembestandteile im Rahmen einer „Internationalisierung“. Es soll auch nicht der Versuch gestartet werden, eine Liste einfacher, den Kulturstandards zugeordneter statischer Regeln aufzustellen, nach denen generalistisch Systeme gestaltet werden. Vielmehr soll ein grundlegendes Vorgehen zur wissenschaftlichen Erstellung eines nachhaltigen Erklärungsmodells kulturell beeinflusster MMI vorgeschlagen und empirische Ergebnisse als Basis dafür verwendet werden. Sowohl qualitative als auch quantitative empirische Studien müssen anschließend zeigen, ob das kulturell geprägte Benutzerverhalten mit kulturellen Modellen korreliert. Wenn dem so ist, können die Aussagen des Erklärungsmodells als Richtlinien für interkulturelles MMI-Design und für interkulturelles Usability Engineering herangezogen werden.

Eine Verbesserung der Usability im kulturellen Kontext und der Methoden des interkulturellen Usabilityengineering lassen sich zum einen rein analytisch aus wissenschaftlichen Basiserkenntnissen ableiten. Aus der Reflektion des Zusammenhangs von Kulturdimensionen, die zur vergleichenden Beschreibung des Verhaltens von Menschen verschiedener Kulturen dienen, und MMI-Dimensionen, die den Interaktionsstil des Benutzers mit dem System repräsentieren, werden mögliche sogenannte „potenzielle kulturelle Interaktionsindikatoren (PKII)" gebildet. Diese stellen MMI-Variablen dar, deren Werte potenziell kulturabhängig sind (wie z. B. die Mausbewegungsgeschwindigkeit oder die Anzahl von Informationseinheiten pro Zeichenfläche).

▶ In einem Erklärungsmodell für kulturell beeinflusste MMI werden die Relationen zwischen Kultur und MMI anhand kultureller Interaktionsindikatoren beschrieben und damit der Zusammenhang zwischen Kultur und MMI aufgezeigt. Diese Relationen können insbesondere auf folgende Arten ermittelt werden: datengetrieben oder hypothesengetrieben.

▶ Beim datengetriebenen Ansatz werden zunächst Daten erhoben. Die daraus ermittelbaren Muster geben Aufschluss über die Verbindung zwischen Kultur und MMI.

Im hypothesengetriebenen Ansatz werden Hypothesen aus bereits vorhandenen kulturwissenschaftlichen Theorien abgeleitet und empirisch verifiziert. Schließlich werden beim hybriden Ansatz die Ansätze zusammengebracht und bei Bedarf um zusätzliche Methoden erweitert.

6.2.1 Datengetriebener Ansatz

▶ Datengetriebener Ansatz: Es werden aus bereits erhobenen Daten Hypothesen gebildet.

Um herauszufinden, an welchen Stellen die Art und Weise der Interaktion der aus verschiedenen kulturellen Gruppen stammenden Benutzer mit einem interaktiven System unterschiedlich ausfällt und um mögliche Korrelationen zwischen Kulturdimensionen und MMI-Dimensionen abzuleiten, wird das Interaktionsverhalten der Benutzer mit dem Computer beobachtet und analysiert. Mittels automatisierten analysierenden Werkzeugen können durch lückenlos-chronologisches Aufzeichnen des Benutzerverhaltens dynamische Aspekte der MMI gemessen werden (vgl. z. B. Nelius 2003).

▶ Um den kulturell unterschiedliche geprägten Benutzer zu einer Interaktion mit dem Computer zu bewegen und diese dann aufzeichnen und analysieren zu können, wurden Aufgabenszenarios entwickelt, welche in ein speziell dafür entwickeltes PC-Tool implementiert wurden (IIA-Tool, Heimgärtner 2008).

Dieses Werkzeug erlaubt die Messung der Werte kultureller Interaktionsindikatoren als auch die Ausprägungen relevanter Kulturdimensionen für das MMI-Design während der Interaktion des Benutzers mit dem System durch die Abarbeitung von Testaufgaben und der Anwendung des Fragebogens VSM94 von (Hofstede 1994) innerhalb des IIA-Tools.

Der Testfall „Map-Display" wurde z. B. generiert, um die Anzahl von Informationen auf der Landkartenanzeige zu messen (z. B. Restaurants, Straßen, POI usw.), welche einen Aspekt der Informationsdichte repräsentiert (Abb. 6.4).

Der Benutzer kann die Informationsmenge in der Landkartenanzeige mit Bildlaufleisten (Anzahl von POI, Anzahl von Manövern, usw.) einstellen. Das Testwerkzeug zeichnet die von den Benutzern eingestellten Werte auf. Auf Grundlage dieses Prinzips kann das Testwerkzeug auch benutzt werden, um die Werte von anderen kulturellen Variablen zu untersuchen, wie Geräteposition, Menü, Strukturierung von Layout und Dialogen, Geschwindigkeit des Informationsflusses usw. Es können Anzahl, Größe, Abstand sowie die Gleichmäßigkeit der Anordnung der Informationseinheiten eingestellt werden. Darüber hinaus können Parameter wie die Testdauer, die Abruptheit und Geschwindigkeiten der Mausbewegungen, die Reihenfolge und Schnelligkeit der Veränderungen der Regler (z. B. Scrollbars) und die gesamte Abfolge der Interaktionen aufgezeichnet sowie Durchschnittswerte oder Maxima und Minima ermittelt werden. Zusätzlich werden Messgrößen üblicher Usability-Metriken wie Aufgabenzeit, Fehleranzahl oder Anzahl der verwendeten Funktionen aufgezeichnet (vgl. Dix et al. 2001).

Anhand dieser Daten zeigt sich, welche Korrelationen zwischen dem Interaktionsverhalten des Benutzers und dessen Kultur bzw. den Kulturdimensionen auftreten und welche Implikationen daraus für das interkulturelle MMI-Design abgeleitet werden können.

2006 und 2007 wurden über zwei empirische Remote-Online-Studien mit insgesamt 14500 chinesisch (C), deutsch (D) und englisch (E) sprechenden Mitarbeitern von SiemensVDO weltweit Interaktionsdaten erhoben und festgestellt, welche kulturellen Unterschiede in der Mensch-Computer-Interaktion (MCI) quantitativ ermittelt werden können (Heimgärtner 2007). Anschließend wurden die Ergebnisse auf mögliche Implikationen für das interkulturelle Usability Engineering untersucht.

Während der Erledigung von Testaufgaben durch die Testpersonen an ihrem jeweiligen Arbeitsrechner (Windows-PC-System) wurde ihr Interaktionsverhalten aufgezeichnet. Knapp 1000 vollständige und gültige Datensätze konnten ausgewertet werden (Heimgärtner 2007).[4] Es konnten kulturell verursachte Unterschiede in der MMI anhand der gesammelten quantitativen Daten mit Hilfe von statistischen Mitteln sichtbar gemacht werden (z. B. Explorative Faktorenanalyse, Diskriminanzanalyse, ANOVA, Kruskal-Wallis-Test, Post-Hoc-Tests etc.). Darauf aufbauend können Usabilitymetriken (vgl. Nielsen 2001) von hohem empirischem Wert für das Messen relevanter quantitativer Variablen für die kulturell beeinflusste MMI abgeleitet werden.

---

[4] Versuchsanordnung, Datenauswertung und Ergebnisse sind im Detail in (Heimgärtner 2007) beschrieben.

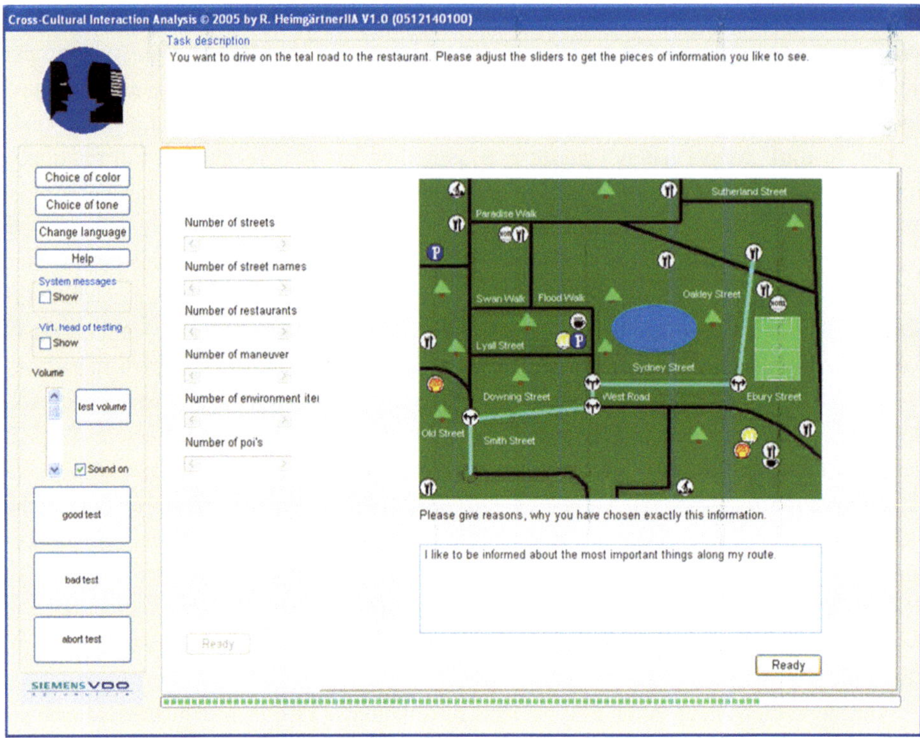

Abb. 6.4 Screenshot der „Map-Display-Testaufgabe" während der Testsitzung mit dem IIA-Tool

- Die Auswertung der erhobenen Daten in den Studien zeigte, dass es Korrelationen zwischen der Interaktion der Benutzer mit dem Computer und der kulturellen Prägung der Benutzer gibt (Heimgärtner 2007).

- Die kulturellen Unterschiede in der MMI zwischen chinesischen und deutschen Benutzern betreffen Layout (komplex vs. einfach), Informationsdichte (hoch vs. gering), Personalisierung (stark vs. gering), Sprache (Icons vs. Zeichen), Interaktionsgeschwindigkeit (höher vs. geringer) und Interaktionshäufigkeit (höher vs. geringer).

- Kulturelle Interaktionsindikatoren sind MMI-Parameter, welche mit Variablen korrelieren, die die Kultur des Benutzers repräsentieren. Die gefundenen kulturellen Interaktionsindikatoren in Tab. 6.1 betreffen hauptsächlich die Lokalisierungsebene der Interaktion.

- Es wurde empirisch gezeigt, dass die Interaktion des Benutzers mit dem System nicht nur von kulturell bezogenen Variablen wie Staatsangehörigkeit, Muttersprache, Geburtsland usw. beeinflusst wird, sondern auch von Parametern wie Erfahrung oder Alter (Heimgärtner 2007).

Tab. 6.1 Kulturelle Unterschiede in der MMI zwischen chinesisch (C) und deutsch (D) sprechenden Benutzern

Kultureller Interaktionsindikator (KII)	Verhältnis zwischen chinesisch (C) und deutsch (D) sprechenden Benutzern
Anzahl der Fehlerklicks (Klicks ohne funktionalen Effekt)	2:1
Anzahl offener Anwendungen	2:1
Geschwindigkeit der Mausbewegungen	1,6:1
Anzahl der Mausbewegungen	1,3:1
Anzahl von Mausklicks (linke Maustaste)	1,2:1
Interaktionspausen mit der Maus > 10s	1:1,22

Es ist schwierig, kulturelle Einflüsse von Erfahrung zu trennen, weil Erfahrung auch kulturell geprägt ist. Die Anwendung verschiedener statistischer Methoden zeigte jedoch, dass es bestätigende Aspekte gibt, welche für eine ausreichende Zuverlässigkeit und Validität der statistischen Ergebnisse der beiden Studien spricht: es liegt eine hohe Diskriminierungsrate von über 80 % für das Klassifizieren der Benutzer in (C) und (D) durch die kulturellen Interaktionsindikatoren vor.

Anhand der aus den empirischen Studien gewonnenen kulturellen Interaktionsindikatoren und der kulturellen Interaktionsmuster (repräsentiert durch das Konglomerat aller eruierten kulturellen Interaktionsindikatoren) ließen sich bedeutsame Korrelationen zwischen Kultur und MMI ableiten.

▶ Informationsdichte, Informations- und Interaktionshäufigkeit als auch Informations- und Interaktionsparallelität sind geringer für (D) als für (C) entsprechend der Beziehungsorientierung, der Dichte von Informationsnetzen und der Zeitorientierung der Benutzer.

Diese Tatsache scheint auch der Grund für die bedeutsamen Unterschiede beim Benutzen von anthropomorphen Agenten, beziehungsorientierten Dialogen und Nachrichteninhalten als auch von Chatprogrammen zwischen (D) und (C) zu sein.

▶ Die Art der Interaktion des Systems mit dem Benutzer innerhalb der MMI muss durch eine adäquate Änderung der Systemparameter entsprechend der Ausprägung der kulturellen Interaktionsindikatoren und der MMI-Dimensionen anpassbar sein.

Dadurch wird es dem System möglich, mit den Anforderungen des Benutzers hinsichtlich der MMI zurechtkommen, welche hauptsächlich von der kulturellen Prägung, Alter und Erfahrung des Benutzers als auch vom situationsbedingten Kontext abhängen.

Ähnliche kulturelle Unterschiede in der MMI (nicht nur auf China und Deutschland bezogen) finden sich auch in Studien von Röse (2002) oder Kralisch (2006) (vgl. auch Clemmensen und Roese 2010).

> Die ermittelten signifikanten kulturellen Interaktionsindikatoren (KIIs) in Tab. 6.1 betreffen das unterschiedliche Interaktionsverhalten in der MMI zwischen chinesisch (C) und deutsch (D) sprechenden Benutzergruppen.

In diesem datengetriebenen Ansatz geht es um die Korrelation von MMI-Daten und demografischen Variablen wie Staatsangehörigkeit, Muttersprache, Geburtsland usw. Dies ist ein überwiegend deskriptiver Ansatz, bei dem Kulturstandards oder Kulturdimensionen noch weitgehend außen vor gelassen werden und stattdessen demografische Variablen wie Nationalität oder Geburtsland zum Einsatz kommen. Sobald Erklärungen für das Verhalten des Benutzers mit dem System aus kultureller Sicht gefordert werden – wie dies im hypothesengetriebenen, explanativen Ansatz der Fall ist, welcher im nächsten Abschnitt erläutert wird – müssen kulturelle Modelle in die Überlegungen mit einbezogen werden.

Die hohe Diskriminierungsrate von über 80 % für das Klassifizieren der Benutzer in (C) und (D) durch die KIIs belegt die Validität der statistischen Ergebnisse. Die statistische Auswertung der empirischen Studien zeigte signifikante Korrelationen zwischen der Kultur entsprechender Benutzergruppen ((C) und (D)) (hier definiert über demografische Variablen wie Nationalität, Geburtsland und Muttersprache – (C) verwendeten Chinesisch als Testsprache, (D) verwendeten Deutsch als Testsprache) und der MMI.

Gemäß den empirisch ermittelten Werten der kulturellen Interaktionsindikatoren sind die Ausprägungen der MMI-Dimensionen Informationshäufigkeit, Informationsverarbeitungsparallelität, Informationsdichte, Interaktionsgeschwindigkeit und Interaktionshäufigkeit für Chinesen signifikant höher als Deutsche. Die Zahlen in Abb. 6.5 repräsentieren Verhältniswerte. Z. B. war die Interaktionsgeschwindigkeit bei (C) etwa doppelt so hoch wie bei (D): (0,57 zu 0,30).

Daraus lassen sich vorläufige Design-Empfehlungen hinsichtlich der Systemarchitektur ableiten:

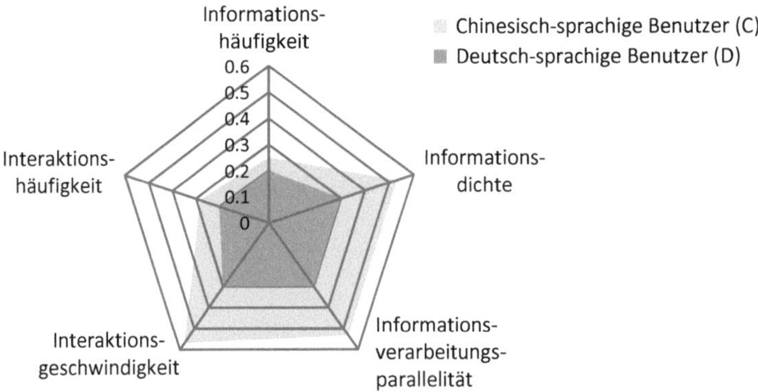

Abb. 6.5 Ausprägung der MMI-Dimensionen, welche die kulturabhängigen Unterschiede in der Interaktion des Benutzers mit einem Computersystem repräsentieren

▶ Die Art der Interaktion des Computers mit dem Benutzer muss so adaptierbar sein, dass das System mit den Nutzungsanforderungen zurechtkommt, welche von der kulturellen Prägung und Erfahrung des Benutzers ebenso abhängen wie von der aktuellen Situation. Die dafür notwendigen Variablen müssen im Design der Systemarchitektur entsprechend berücksichtigt werden.

Bei Fahrernavigationssystemen schlägt sich diese Designempfehlung z. B. in der Implementierung von zusätzlichen Variablen für die Anzahl der Darstellung von Points of Interest oder für die Anzahl von Farbstilen in der Kartenanzeige nieder.

Diese Ergebnisse dienen auch als Grundlage für die Optimierung der Methoden und Prozesse des interkulturellen Usability Engineerings, weil sie das Interaktionsverhalten der Benutzer während der Kommunikation mit technischen Systemen in Abhängigkeit der Kultur des Benutzers beschreiben.

6.2.2 Hypothesengetriebener Ansatz

▶ Hypothesengetriebener Ansatz: Es werden Daten zur Verifikation von Hypothesen erhoben.

Die mittels des datengetriebenen Ansatzes hervorgegangen Ergebnisse (vgl. Abschn. 6.2.1) führten zur Überzeugung, dass es berechtigt und sinnvoll ist, KIIs für die interkulturelle MMI Forschung zu verwenden, um vernünftige Hypothesen für kulturell beeinflusste MMI zu erhalten.

▶ Die Hypothesen basieren auf einigen der bestklassifizieren den KIIs, welche die Grundhypothese stützen, dass die Ausprägungen der MMI-Dimensionen von der kulturellen Prägung der Benutzer wie folgt abhängen: je höher die Beziehungsorientierung (Kollektivismus), desto höher sind Informationsdichte, Informationsgeschwindigkeit, Informationshäufigkeit, Interaktionshäufigkeit und Interaktionsgeschwindigkeit (und umgekehrt).

Heimgärtner 2007 untersuchte einige dieser Hypothesen und bestätigte die Tendenz, dass es solche Zusammenhänge gibt (vgl. auch Heimgärtner 2012). Obwohl diese Erkenntnisse noch nicht wirklich tragfähige Prognosehilfen im Rahmen eines hypothesengetriebenen Ansatzes sein können (weil kausale Relationen noch nicht vorliegen), ist es für die weitere Forschung notwendig, die bisher gefundenen tendenziellen Zusammenhänge in ein erstes Relationsmodell zu integrieren, um als Ausgangsbasis für Erklärungen der Zusammenhänge zwischen kultureller Prägung des Benutzers und seiner Interaktion mit dem System dienen zu können und so ein erstes vorläufiges Modell kulturabhängiger MMI zu etablieren.

Tab. 6.2 zeigt mögliche Zusammenhänge zwischen MMI-Dimensionen, kulturellen Interaktionsindikatoren und kulturellen Dimensionen bzw. Variablen kultureller Modelle.

Es wird z. B. basierend auf der Aktionskettenhypothese von Hall 1959 angenommen (s. Kap. 2), dass die Beantwortung der Fragen von deutschen Benutzern linear (d. h. eine

Tab. 6.2 Kulturelle Interaktionsindikatoren repräsentieren mögliche Zusammenhänge zwischen MMI Dimensionen und Variablen bzw. Dimensionen kultureller Modelle

MMI-Dimension	Kultureller Interaktionsindikator	Beispiele/Ausprägungen kultureller Interaktionsindikatoren	Kulturelle Dimension/ Variablen kultureller Modelle
Informations-häufigkeit	Anzahl von Informationseinheiten pro Zeiteinheit	Anzahl von Wörtern, Sätzen, Dialogen, Propositionen etc. pro Minute, Hinweisabstand	Unsicherheits-vermeidung, Aktionsketten, Netzwerkdichte
Informations-dichte	Abstand von Informationseinheiten zueinander, Anzahl simultan präsentierter Informationseinheiten	Bild-Text-Verhältnis, Anzahl von Orten von Interesse	Unsicherheits-vermeidung, Netzwerkdichte
Informations- bzw. Interaktions-parallelität	Sequentielle oder parallele Präsentation bzw. Rezeption von Informationseinheiten, Informationsanordnung	Anzahl paralleler Tasks, verworfene Systemmeldungen, Zeit bis zur Deaktivierung von virtuellen Agenten, Layout	Mono-chrone vs. poly-chrone Zeitorientierung,
Interaktions-geschwindigkeit	Dauer eines Interaktionsvorganges	Mausverwendung, Mausbewegungspausen kleiner als 1 ms, Länge der Mausspur pro Sekunde, Eingaben	Mono-chrone vs. poly-chrone Zeitorientierung
Interaktions-häufigkeit	Anzahl von Interaktionsvorgängen pro Zeiteinheit	Mausklickanzahl, Mausbewegungen, Funktions- oder Hilfeinitiationen pro Sitzung	Mono-chrone vs. poly-chrone Zeitorientierung

Frage nach der anderen) und von chinesischen Benutzern nicht-linear abgearbeitet werden (was anhand der Analyse der Mausbewegungen und der Felderreihenfolge beim Ausfüllen des Fragebogens ermittelt werden kann). Ferner könnte die Anzahl von Dialogschritten bis zur Beendigung der Aufgabe für deutsche Benutzer aufgrund deren hohen Aufgabenorientiertheit niedriger sein als für chinesische Benutzer. Für deutsche Benutzer wird angenommen, dass die Anzahl von Interaktionen während des Erledigens der Aufgabe wie z. B. Anzahl der Verwendung fakultativer Funktionen (z. B. Onlinehilfe oder Farbeinrichtung) für deutsche Benutzer wegen des Wunsches, sehr genau zu arbeiten, höher ist. Hingegen sollte die Anzahl der Mausbewegungen oder Klicks deutscher Benutzer aufgrund der hohen Unsicherheitsvermeidung und starken Aufgabenorientiertheit niedriger ausfallen als für chinesische Benutzer. Aus besagten Gründen dürfte auch ein Interaktionsschritt während des Erledigens der Aufgabe (und dadurch die gesamte Testdauer) für Deutsche länger dauern als für chinesische Benutzer. Chinesische Benutzer verwenden den Hilfeknopf möglicherweise nicht so oft wie deutsche Benutzer, um ihr

Gesicht zu wahren (face-saving, s. Victor 1998). Die Geschwindigkeit der Mausbewegungen könnte entsprechend hoher Unsicherheitsvermeidung und geringer Kommunikationsgeschwindigkeit bzw. niedriger Kontext- und Beziehungsorientierung niedriger für deutsche Benutzer sein.

Einige der aus der Literatur bekannten postulierten Verbindungen zwischen Kultur und MMI wurden mit Hilfe eines speziell dafür entwickelten Tools zur interkulturellen Interaktionsanalyse (IIA-Tool, (Heimgärtner 2008) überprüft.

Ein Benutzertest mit diesem Tool umfasste mehrere aufeinander folgende Teile. Zunächst wurden die demografischen Daten der Versuchsperson erhoben. Dann erfolgt die Aufgabenpräsentation: Die Versuchsperson sollte eine Reihe unterschiedlicher Aufgaben erledigen, wobei jede Aufgabe dazu diente, andere kulturelle Aspekte der MMI gemäß der Hypothesen zu untersuchen. Um die kulturelle Werthaltung der Versuchsperson ermitteln zu können, war im Anschluss ein entsprechender Fragebogen auszufüllen (vgl. Hofstede 1994). Im abschließenden Debriefing erfolgte die Aufklärung über den Zweck des Tests und es wurden abschließend Fragen gestellt zur Usability des Testsystems, zur Schwierigkeit der Tests und dazu, ob die Hypothesen bereits während des Tests erahnt wurden (und damit die Testvalidität verloren ging) oder nicht.

Die Überprüfung der Hypothesen erfolgte z. B. dadurch, dass Versuchspersonen unterschiedlicher Kulturen dieselbe Aufgabe präsentiert bekamen. Zum Beispiel könnte die Hypothese „es gibt eine hohe Korrelation von hoher Informationsdichte zu beziehungsorientierten Kulturen wie dem Chinesisch“ durch die Einstellung von mehr POI von deutschen Benutzern verglichen mit chinesischen Benutzern bestätigt werden.

Darüber hinaus liefert der demografische „Fragebogen“ übliche Kenntnis demografischer Forschung, die den kulturellen Hintergrund des Benutzers betrifft wie z. B. Muttersprache, weitere Sprachen, Staatsangehörigkeit, Auslandsaufenthalte, Bildungsniveau, Berufsbezeichnung, Alter und PC-Erfahrung. Durch das Ausfüllen des demografischen Fragebogens werden auch Parameter bezüglich der Interaktion des Benutzers mit dem System (zusätzlich zu den Inhalten der Fragefelder) ermittelt (Abb. 6.6).

Abb. 6.7 zeigt die Ergebnisse der Untersuchung anhand der Unterschiede in den Effektivwerten der Messvariablen im Gegensatz zu den Werten der in den Hypothesen vermuteten Parameter. Zum Beispiel wurde angenommen, dass die Anzahl von Interaktionen mit dem System pro Zeiteinheit (INH) von chinesischen Benutzern etwa viermal höher ist als die von deutschen Benutzern, (0.8 : 0.2 = 4). Jedoch ist das Verhältnis in Wirklichkeit nur 1,4 bezüglich der Anzahl von durchschnittlichen Mausbewegungen innerhalb einer Testsitzung (10566:7529). Dieses Verhältnis kann als Indikator für die Bestätigungsstärke der postulierten Hypothese betrachtet werden.

▶ Die Bestätigungsstärken von sechs aus acht Hypothesen wurden a priori annähernd richtig geschätzt, und alle postulierten acht Hypothesen wurden a posteriori anhand der Online-Studien unter Verwendung des IIA-Tools bestätigt. Dies zeigt, dass die analytische Vorarbeit und die verwendeten Methoden und Werkzeuge in den Studien korrekt waren und die Ergebnisse als plausibel und richtig angesehen werden können.

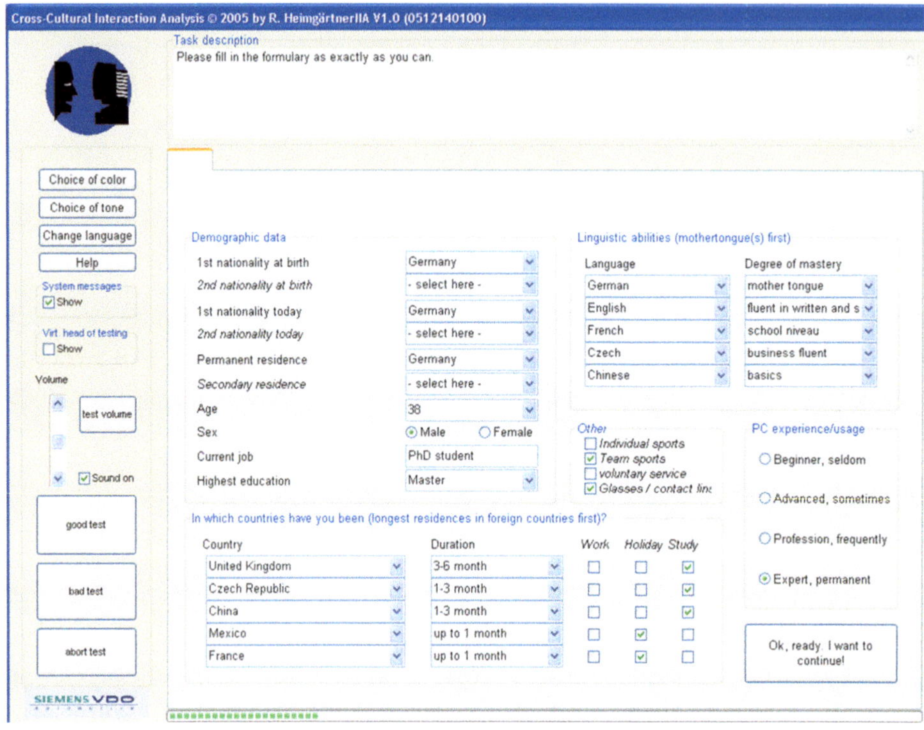

Abb. 6.6 „Spezieller" demografischer Fragebogen, der auch die Interaktion des Benutzers mit dem System aufzeichnet, während er den Fragebogen ausfüllt. (Quelle: Heimgärtner 2012)

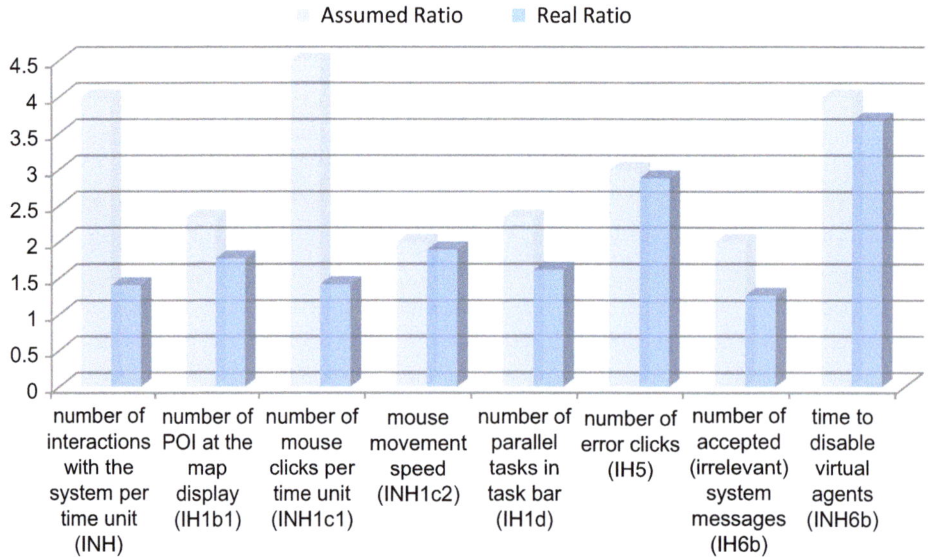

Abb. 6.7 Angenommenes und tatsächliches Verhältnis von Werten von kulturellen Interaktionsindikatoren bezüglich chinesisch und deutsch sprechender Benutzer. (Quelle: Heimgärtner 2012)

6.2.3 Hybrider Ansatz

Kulturelle Dimensionen und kulturelle Standards dienen dazu, kulturelle Systeme beschreiben und vergleichen zu können (vgl. z. B. Hall 1959; Thomas 1996; Victor 1998; Hofstede und Hofstede 2005). Die Ausprägungen kultureller Dimensionen haben Einfluss auf die User Experience und liefern Orientierung für den Usability Engineering Prozess (vgl. Kap. 5.2). Unterschiede zwischen Kulturen können durch die Analyse kritischer Interaktionssituationen zwischen Menschen herausgefunden werden (Thomas 1996); Honold (2000c) machte diese Methode für kulturelle Unterschiede in der MMI verfügbar. Dabei werden kritische Interaktionssituationen, welche sich aufgrund problematischer Benutzungsschnittstellen ergeben bzw. auf der vorgegebenen Systemfunktionalität beruhen, analysiert. Das mentale Modell des Benutzers über das System hängt von der Kultur des Benutzers, dessen Erwartungen über die Eigenschaften des Systems und dessen Interaktionserfahrung mit dem System ab. Vöhringer-Kuhnt (2002) stellte fest, dass z. B. Hofstede's Individualismus-Index mit Benutzerzufriedenheit und Gebrauchsfähigkeit des Produkts zusammenhängt und signifikanten Einfluss auf interkulturelle Usability hat. Röse (2002) schlug die „Methode für kulturorientiertes Design" vor, welche die Faktoren von neuen Konzepten des kulturorientierten MMI-Designs und die Kenntnis kultureller Unterschiede in vorhandene Konzepte des MMI-Designs integriert. Relevante kulturelle Variable für interkulturelles MMI-Design müssen analytisch anhand von Literaturrecherchen und Anforderungsstudien ermittelt werden. Ihre Werte stellen kulturabhängige Variationen dar, welche auf allen Ebenen der MMI-Lokalisierung (Oberfläche, Funktionalität und Interaktion) vorkommen und für das interkulturelle User Interface Design (IUID) genutzt werden können. Ähnlich fokussierte sich (Shen et al. 2006) auf das kulturorientierte Design. Weitere Methoden stellen die User Interface Charakteristiken von (Marcus 2006) oder die kulturellen Marker von (Badre und Barber 1998) dar. Neuere Ansätze basieren auf der Semiotiktheorie (z. B. Castro Salgado et al. 2013). Eine der vielversprechendsten Methoden, kulturelle Unterschiede in der MMI zu erhalten, ist die Beobachtung und Analyse der Benutzerinteraktion mit dem System (vgl. Heimgärtner 2008). Die Ergebnisse dieser Beobachtungen in Form von kulturellen Variablen und ihren Ausprägungen dienen als Grundlage für Richtlinien im interkulturellen MMI-Design und für interkulturelles Usabilityengineering (z. B. kulturelle Interaktionsindikatoren, vgl. (Abdelnour-Nocera et al. 2011)). Aufgrund von Feedback aus den bisher erfolgten Tutorien und Workshops zum Thema IUID (auf M&C, Interact, IHCI, SouthCHI, ICCHP, HCII) und der überarbeiteten Zusammenfassung des Forschungsstandes zu IUID in Heimgärtner 2013 erfolgte durch den Autor die Zusammenschau aller IUID-Methoden und die Synopsis der wichtigsten IUID-Methoden zu einem entsprechenden IUID-Methodenmix (bzw. IUID-Werkzeugkoffer). Abb. 6.8 zeigt beispielhafte Ergebnisse aus der Anwendung des IUID-Methodenmix und Abb. 6.9 Ausprägungen von IUID-Variablen.

Anwendung/ Use Case	Kultureller Aspekt/ Kulturdimension	Kulturelle Variable	UI Charakteristik	MMI Dimension	Kultureller Interaktions-indikator	IUID Implikation
Formular	Sprache	Direkt (Wortlänge), Layout	Präsentation, Layout			
E-Learning-System		Sichtbar	Präsentation, Zeichensatz			
Telefon	Kommunikations-geschwindigkeit, Dichte des Informations-netzwerks	Indirekt (Bedienungs-handbuch)	Präsentation, Tastengröße	Interaktions-geschwindig-keit und Interaktions-stil	Interaktions-pausen	Andere Eingabe-methode nötig (IME), anderer Sortier-algorithmus nötig

Abb. 6.8 Anwendung des IUID-Methodenmix (Arbeitsergebnisauszug eines IUID-Workshops des Autors)

▶ Ein hybrider Ansatz integriert mehrere IUID-Methoden zu einem IUID-Methodenmix (Heimgärtner 2014). Ausgehend von der Methode des kulturorientierten MMI-Designs (MCD, s. Röse 2002) werden anhand von Kulturdimensionen die kulturellen Unterschiede identifiziert und kulturelle Variable für das Projekt abgeleitet. Mit diesem Wissen um kulturelle Unterschiede und betroffener Aspekte des MMI-Systems werden anhand von User Interface Characteristics (s. Marcus 2006) und MMI-Dimensionen (s. Heimgärtner 2012) weitere Auswirkungen auf das MMI-Design hypothesengetrieben ermittelt und datengetrieben gestützt.

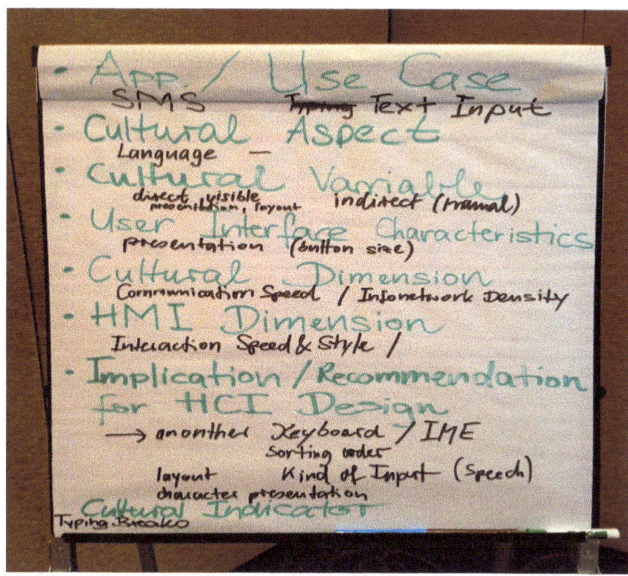

Abb. 6.9 Beispiele für Ausprägungen entscheidender Variablen für die Entwicklung interkultureller Benutzungsschnittstellen (Arbeitsergebnisauszug eines IUID-Workshops des Autors)

6.3 Weg zu einem Erklärungsmodell kulturabhängiger MMI

Einige in der Literatur postulierten kulturell beeinflussende Faktoren auf die MMI wurden mittels quantitativer empirischer Studien bestätigt (Heimgärtner 2012). Kulturelle Modelle und kulturelle Interaktionsindikatoren, die durch die Analyse der Benutzerinteraktion ermittelt wurden, können herangezogen werden, um die Bedürfnisse des Benutzers bezüglich der MMI abhängig von dessen Kultur zu beschreiben als auch ein Erklärungsmodell für kulturell beeinflusste MMI zu entwickeln und die Methoden des interkulturellen Usability Engineerings zu verbessern. Mit Hilfe eines Erklärungsmodells kulturabhängiger MMI lassen sich dann auch Beispiele von unterschiedlichem kulturell bedingtem Verhalten von Benutzern mit interaktiven Systemen erklären.

Hierzu sind die Erklärungsmodelle aus analytischen Überlegungen heraus zu ermitteln und anhand empirischer Daten mit Hilfe statistischer Methoden zu verifizieren. Dabei ist aufgrund mangelnder vorhandener Modellbildung und verfügbarer kultureller MMI-Theorien eine iterative, d. h. abwechselnd analytische und empirische Vorgehensweise notwendig (d. h. abwechselnd daten- und hypothesengetrieben), so dass allmählich ein „evolutionäres Erklärungsmodell" entsteht.

▶ Erfolgreiche Erklärungsmodelle können auf neue Beispiele bzw. Anwendungsfälle angewandt und damit verifiziert werden, wodurch sich wiederum prädiktiv Designempfehlungen generieren lassen. Schließlich können komplette Metriken zur Repräsentation der Benutzbarkeit von interaktiven Systemen (Benutzbarkeitsmaßsysteme, vgl. Nielsen 2001) von hohem empirischem Wert für die kulturell beeinflusste MMI abgeleitet werden.

Darüber hinaus kann die Analyse kultureller Modelle (Kulturdimensionen, Kulturstandards, etc.) im Rahmen von Erklärungsmodellen hinsichtlich des Usability Engineering Prozesses intensiviert und mit bekannten Methoden des Prozess- und Qualitätsmanagements (z. B. PDCA, FMEA, Six Sigma – vgl. (Lunau und Roenpage 2007) verbunden werden, um die Effizienz des interkulturellen Usabilityengineering Prozesses nachzuweisen, zu optimieren und dessen Kosten zu senken. Dadurch verlieren diese „neuen" Methoden des interkulturellen Usabilityengineerings und des interkulturellen User Interface Designs für die Industrie auch ihren offensichtlich immer noch „fremden" Charakter, nämlich dann, wenn sie in das bekannte Methodenportfolio der Unternehmen eingebettet werden können.

Einer der ersten Schritte in Richtung einer Theorie kulturell beeinflusster MMI erfolgte durch die Ermittlung von signifikant klassifizierenden kulturellen Interaktionsindikatoren (KII) (vgl. Heimgärtner 2007).

▶ Kulturelle Interaktionsindikatoren (KIIs) repräsentieren kulturelle Unterschiede im Interaktionsverhalten des Benutzers, indem sie die Beziehung zwischen den Werten kultureller Dimensionen und den Werten von MMI-Dimensionen ausdrücken.

Kulturdimensionen repräsentieren die kulturelle Prägung eines Benutzers und die MMI-Dimensionen das Benutzerinteraktionsverhalten (wie Informationsgeschwindigkeit, Informationsdichte, Interaktionsgeschwindigkeit und Interaktionshäufigkeit).

▶ MMI-Dimensionen repräsentieren die Charakteristik der jeweiligen MMI, indem sie den MMI-Stil des Benutzers mittels der Art der Informationsverarbeitung in der jeweiligen MMI als auch deren Interaktionscharakteristik beschreiben.

Bei der Informationsverarbeitung sind insbesondere Frequenz, Dichte, Reihenfolge und Struktur betroffen, bei der Interaktion vor allem deren Häufigkeit und Geschwindigkeit. Die Qualität der Informationsverarbeitung und der Interaktion wird durch deren Effektivität und Effizienz repräsentiert. Um die Parameter zu messen, müssen die Ausprägungen der MMI Dimensionen sehr genau und konkret sein. Daher werden die MMI-Dimensionen in vielen quantitativen Variablen operationalisiert, um ein grundlegendes Messinstrument zu erhalten und dieses mit kulturellen Dimensionen zu verknüpfen und so empirische Hypothesen zu generieren.

- Um die Interaktion des Benutzers mit dem System analysieren zu können, müssen dynamische Aspekte der MMI mittels automatisierter analysierender Werkzeuge durch lückenlos-chronologisches Aufzeichnen des Benutzerverhaltens gemessen werden. (Zu diesem Zweck kam das Tool zur interkulturellen Interaktionsanalyse (IIA Tool) (Heimgärtner 2008) zum Einsatz (s. Kap. 7.4.5)).

6.3.1 Vermutete Zusammenhänge zwischen Kulturdimensionen und MMI-Dimensionen

- Der kulturelle Einfluss auf das MMI-Design kann durch die Beziehungen zwischen den Ausprägungen von kulturellen Dimensionen und den Ausprägungen der für das MMI-Design relevanten Variablen dargestellt werden.

Mit Hilfe von kulturellen Dimensionen ist es möglich, Hypothesen abzuleiten, die für interkulturelles MMI-Design relevant sind. Heimgärtner 2012 leitete mehrere grundlegende Annahmen bezüglich der Verbindung zwischen kulturellen Dimensionen und MMI-Dimensionen vornehmlich ausgehend von der Arbeit von (Hall 1959) ab.

- Die empirischen Hypothesen betreffen Halls Kulturdimensionen als Verhaltensgrundmuster relevant für das Benutzerverhalten: Zeitorientierung, Dichte von Informationsnetzen, Kommunikationsgeschwindigkeit als auch Aktionsketten.

In dieser Hinsicht ist es vernünftig, anzunehmen, dass Variable, die mit MMI-Design verbunden sind wie Informationsgeschwindigkeit (Verteilungsgeschwindigkeit und Auftretenshäufigkeit der Information), Informationsdichte (Anzahl und Abstand von Informationseinheiten) oder Informationsstruktur (Reihenfolge und Anordnung von Informationseinheiten) in Beziehung stehen mit diesen kulturell verschiedenen Verhaltensgrundmustern. Wenn dies der Fall ist, implizieren die kulturellen Unterschiede, welche (Hall 1959) herausgefunden hat, auch Unterschiede in Informationsgeschwindigkeit („Dauer der Informationsdarstellung"), Informationsdichte („Anzahl von parallel dargestellter Informationseinheiten") und Informationshäufigkeit („Anzahl von Informationsdarstellungen pro Zeiteinheit") als auch Interaktionshäufigkeit und Interaktionsstil. Tab. 6.3 zeigt einige der generierten Hypothesen, welche empirisch überprüft wurden.

6.3.2 Ansätze zu einem Erklärungsmodell kulturell beeinflusster MMI

- Die in den Studien gefundenen Ergebnisse führten zur Überzeugung, dass es berechtigt und sinnvoll ist, kulturelle Interaktionsindikatoren für die interkulturelle MMI-Forschung zu verwenden, um ein vernünftiges Erklärungsmodell für kulturell beeinflusste MMI zu erhalten.

Daher wurden erste Überlegungen angestellt, welche die Beziehungen zwischen den MMI-Dimensionen und kulturellen Aspekten wiedergeben.

Tab. 6.3 Hypothesen für mögliche Zusammenhänge zwischen MMI Dimensionen und Variablen bzw. Dimensionen kultureller Modelle (Tab. 6.3 wird auf der nächsten Seite fortgesetzt)

Kulturdimension	Deutschland	China	MMI Dimension	MMI-Variable/ Operationalisierung (Metrik)	Deutschland	China
Kontextorientierung	gering	hoch	Informationsredundanz	Anzahl redundanter Informationseinheiten	gering	hoch
monochrone vs. polychrone Zeitorientierung	mono	poly	Informationsfrequenz	Zeit zwischen der Ausgabe zweier Informationseinheiten durch das System	gering	hoch
monochrone vs. polychrone Zeitorientierung	mono	poly	Interaktionssequentialität	Anzahl (quasi) paralleler Interaktionen/Anzahl, Länge und Geschwindigkeit von Mausklicksequenzen bzw. Mausbewegungen	gering	hoch
Dichte des Kommunikationsnetzwerks	gering	hoch	Informationsdichte (räumlich)	Anzahl parallel angezeigter Informationseinheiten (z. B. POIs auf der Kartendarstellung)	gering	hoch
Dichte des Kommunikationsnetzwerks	gering	hoch	Informationsdichte (zeitlich) (korrespondiert mit Informationsfrequenz)	Anzahl ausgegebener Informationseinheiten pro Zeiteinheit	gering	hoch
Dichte des Kommunikationsnetzwerks	gering	hoch	Interaktionsdichte (zeitlich)	Anzahl paralleler Aufgaben in der „Taskbar"/ Aufgaben-unterbrechungstoleranz	gering	hoch
Kommunikations-geschwindigkeit	gering	hoch	Informationsfrequenz	Anzahl intentionaler Interaktionen mit dem System pro Zeiteinheit	gering	hoch
Kommunikations-geschwindigkeit	gering	hoch	Interaktionsfrequenz	Anzahl von Interaktionen mit dem System pro Zeiteinheit (z. B. Mausklicks)	gering	hoch

Tab. 6.3 (Fortsetzung)

Kommunikations-geschwindigkeit	gering	hoch	Interaktions-geschwindigkeit	Geschwindigkeit von Interaktionen mit dem System (z. B. Mausbewegungs-geschwindigkeit)	gering	hoch
monochrone vs. polychrone Zeitorientierung	mono	poly	Informations-sequentialität	Anzahl paralleler Aufgaben in der „Taskbar“	gering	hoch
monochrone vs. polychrone Zeitorientierung	mono	poly	Interaktionssequentialität	Anzahl (quasi) paralleler Interaktionen/Anzahl, Länge und Geschwindigkeit von Mausklicksequenzen bzw. Mausbewegungen	mono/linear	poly/ nicht-linear
Dichte des Kommunikationsnetzwerks	gering	hoch	Informationsfrequenz	Anzahl gezeigter Informationseinheiten pro Zeiteinheit (NIT), Zeit zwischen der sequenziellen Anzeige zweier Informations-einheiten (TPI), Fehlerklicks	gering	hoch
Dichte des Kommunikationsnetzwerks	gering	hoch	Interaktionsfrequenz	Anzahl von Interaktionen mit dem System pro Zeiteinheit	gering	hoch
Unsicherheitsvermeidung	hoch	gering	Informations-sequentialität	Anzahl paralleler Aufgaben in der „Taskbar“	gering	hoch
Unsicherheitsvermeidung	hoch	gering	Informations-sequentialität	Anzahl paralleler Aufgaben in der „Taskbar“	gering	hoch
Unsicherheitsvermeidung	hoch	gering	Interaktionssequentialität	Anzahl paralleler Aufgaben in der „Taskbar“	gering	hoch
Unsicherheitsvermeidung	hoch	gering	Informationstoleranz	Anzahl akzeptierter irrelevanter Systemmeldungen	gering	hoch

(*Fortsetzung*)

Tab. 6.3 (Fortsetzung)

Kulturdimension	Deutschland	China	MMI Dimension	MMI-Variable/ Operationalisierung (Metrik)	Deutschland	China
Unsicherheitsvermeidung/ Beziehungs- versus Aufgabenorientierung	hoch	gering	Interaktions-/ Unterbrechungstoleranz	Zeit bis zur Abschaltung des virtuellen Agenten durch den Benutzer	gering	hoch
Beziehungs- versus Aufgabenorientierung	gering	hoch	Informationsfrequenz/ Geschwindigkeit	Anzahl parallel angezeigter Informationseinheiten (z. B. POIs auf der Kartendarstellung)	gering	hoch
Beziehungs- versus Aufgabenorientierung	gering	hoch	Interaktionsfrequenz/ Geschwindigkeit	Anzahl von Interaktionen mit dem System pro Zeiteinheit (z. B. Mausklicks)	gering	hoch
Beziehungs- versus Aufgabenorientierung	gering	hoch	Interaktionsstil	Anzahl von Interaktionspausen	hoch	gering
monochrone vs. polychrone Zeitorientierung	gering	hoch	Interaktionsstil	Länge von Interaktionspausen	hoch	gering
Gesichtswahrung	gering	hoch	Interaktionsgerät/frequenz	Maus, Touch Screen, Sprachkontrollknopf, funktionale Initiierungen, Anzahl von Dialogschritten	gering/ Maustaste	hoch/Touch Screen
face saving dimension	gering	hoch	Interaktionsfrequenz/stil	Anzahl der Hilfeaufrufe pro Zeiteinheit	hoch/direkt	gering/ indirekt
Beziehungs- versus Aufgabenorientierung	gering	hoch	Informations-geschwindigkeit	Dauer der Informations-präsentation („Informations-präsentationszeit“)	lang	kurz

▶ Tab. 6.4 gibt einen Überblick über mögliche Zusammenhänge zwischen MMI-Dimensionen und kulturellen Dimensionen basierend auf den ermittelten kulturellen Interaktionsindikatoren.

▶ Ziel ist es, die tatsächliche Verbindung zwischen den Interaktionsindikatoren und deren (postulierten kulturellen) Ursachen herauszufinden. Strukturgleichungsmodelle[5] können dazu verwendet werden, diese Beziehungen zwischen Kulturdimensionen und MMI-Dimensionen und deren Ausprägungen zu identifizieren.

Dabei werden die Beziehungen zwischen latenten, d. h. sich der unmittelbaren Beobachtung entziehenden Variablen (vgl. Byrne 2001 oder Bortz und Döring 2006) identifiziert sowie die Korrektheit der postulierten Beziehungen zwischen den Werten kultureller Dimensionen und den Werten der MMI-Dimensionen überprüft. Hierzu können auf der einen Seite der Strukturgleichungsmodelle kulturelle Variablen bzw. Ausprägungen kultureller Dimensionen und auf der anderen Seite Ausprägungen von MMI-Dimensionen dargestellt und mit den vermuteten Verbindungen sowohl untereinander als auch mit den entsprechenden Messvariablen verknüpft werden. Konfirmatorische Faktorenanalyse oder Regressionsanalyse können diesen Prozess unterstützen. Das Hauptziel ist es, die kausalen Relationen zwischen Kultur und MMI mittels kultureller Interaktionsindikatoren zu bestimmen. Eine auf den modellierten Variablen basierende Theorie hat dann die beste Erklärungsgüte, wenn sich linke und rechte Seite am besten entsprechen. Die Modellierung der Strukturgleichung erfolgt durch Hinzunahme oder das Entfernen von Variablen oder Relationen zum Zwecke der Verbesserung der Erklärungsgüte.

▶ Es wurde der Versuch unternommen, ein Strukturgleichungsmodell für die Beziehung zwischen MMI-Dimensionen und Kulturdimensionen zu erzeugen. Dabei wurden die Verbindungen zwischen kulturellen, informationsbezogenen und interaktionsbezogenen Dimensionen anhand interkultureller Interaktionsindikatoren modelliert. Das Erklärungsmodell kulturabhängiger MMI ist umso besser, je mehr Varianzen in den empirischen Daten statistisch durch die modellierten Strukturgleichungen erklärt werden können.

[5] Strukturgleichungsmodelle (SEM) zählen zu den statistischen Methoden der konfirmatorischen Faktorenanlyse. Ein SEM besteht aus einer Menge von Gleichungen. Auf der linken Seite der Gleichungen stehen die Effektvariablen und auf der rechten Seite die vermutlich diese Effektvariablen beeinflussenden Verursachungsvariablen (endogene Variablen) multipliziert um einen Kausalfaktor. Variablen ohne Effekt sind exogene Variablen. Gibt es keine Feedback-Schleifen, spricht man von einem hierarchischen SEM (Kenny 1979, S. 32 ff.). SEMs haben zwei grundsätzliche Elemente: Variablen und Parameter. Parameter variieren im Gegensatz zu Variablen nicht über Personen oder Gruppen, sondern beschreiben die gesamte Population (z. B. Durchschnitt oder Varianz). In SEMs werden Parameter mit Variablen multipliziert. Die Summe solcher Parameter-Variablen-Kombinationen entsprechen der Effektvariable. Die resultierende Gleichung wird Strukturgleichung genannt. AMOS ist eine Softwareanwendung zur grafischen Modellierung solcher Gleichungen. AMOS ist die Abkürzung für „analysis of moment structures". Einzelheiten zu AMOS finden sich in (Arbuckle 2005 oder Byrne 2001).

Tab. 6.4 Mögliche Zusammenhänge zwischen MMI Dimensionen und kulturellen Dimensionen

MMI Dimension	Verhältnis von (C):(D)	Kultureller Interaktionsindikator (KII)	Beispiele	Kulturelle Dimension
Informationsfrequenz	1,25	Hinweisabstand, Anzahl von Informations-einheiten pro Zeiteinheit	Anzahl von Wörtern, Sätzen, Dialogen, Propositionen etc. pro Minute	Unsicherheits-vermeidung, Aktionsketten, Netzwerkdichte
Informationsdichte	1,77	Anzahl von Orten von Interesse	Bild-Text-Verhältnis, Abstand von Informationseinheiten zueinander, Anzahl simultan präsentierter Informationseinheiten	Unsicherheits-vermeidung, Netzwerkdichte
Informations- bzw. Interaktionsparallelität	1,61	Anzahl paralleler Tasks, verworfene Systemmeldungen, Zeit bis zur Deaktivierung des virtuellen Agenten („life-like character“, z. B. „Merlin“ in Word)	Sequentielle oder parallele Präsentation bzw. Rezeption von Informationseinheiten und Informationsanordnung (z. B. Layout)	Alle zeitrelevanten kulturellen Dimensionen (wie Unsicherheits-vermeidung, Aktionsketten oder Zeitorientierung)
Interaktionsgeschwindigkeit	1,89	Mausbewegungspausen kleiner 1 ms	Mausverwendung, Tastatureingaben, Länge der Mausspur pro Zeiteinheit	Alle zeitrelevanten kulturellen Dimensionen
Interaktionsfrequenz	1,41	Mausklicks mit linker Maustaste, Anzahl Mausbewegungsereignisse	Gesamtanzahl von Mausklicks/Mausbewegungen oder Anzahl von Funktions- oder Hilfeinitiationen pro Sitzung	Alle zeitrelevanten kulturellen Dimensionen

Abb. 6.10 zeigt ein Teilmodell einer Seite eines vollständigen Strukturgleichungsmodells (modelliert in AMOS), das sich aus Literaturstudien, postulierten Hypothesen in (Heimgärtner 2007) und empirischen Ergebnissen aus (Heimgärtner 2012) herausgebildet hat. Es zeigt die Relationen zwischen Teilausprägungen von MMI-Dimensionen (z. B. Anzeigeparameter als Teil von Informationsdichte und Informationsfrequenz oder Interaktionsfehler als Teil der Interaktionsgenauigkeit). Es sind auch andere Kombinationen der kulturellen Interaktionsindikatoren (KIIs) für die Zuordnung zu MMI-Dimensionen möglich. Allerdings müssen weitere Modellierungen noch zeigen, welche der Möglichkeiten die sinnvollsten sind. Darüber hinaus ist auch die andere Seite des Strukturgleichungsmodells näher zu erforschen, auf der die kulturellen Dimensionen mit eingebracht und verbunden werden müssen.

▶ Das Erklärungsmodell basiert auf einigen der bestklassifizierenden kulturellen Interaktionsindikatoren, welche durch die Hypothese entstanden sind, dass die Ausprägungen der MMI-Dimensionen von der kulturellen Prägung der Benutzer abhängen, welche durch die Ausprägungen kultureller Dimensionen beschrieben werden können: je höher die Beziehungsorientierung (Kollektivismus), desto höher sind Informationsdichte, Informationsgeschwindigkeit, Informationshäufigkeit, Interaktionshäufigkeit und Interaktionsgeschwindigkeit (und umgekehrt).

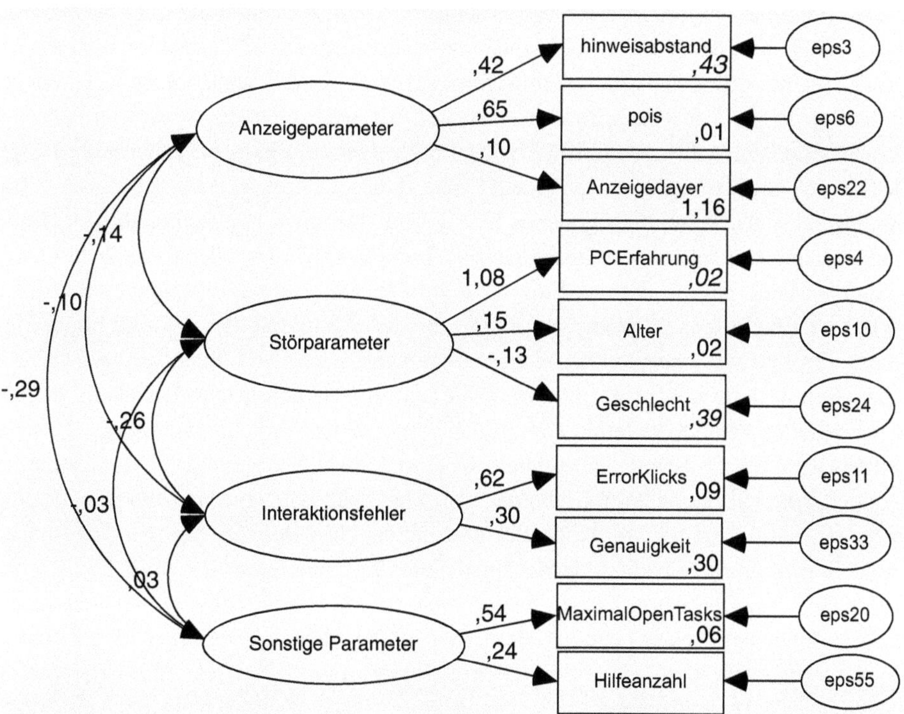

Abb. 6.10 Teilmodell zur Erklärung der Relation zwischen Vorstufen der MMI-Dimensionen und interkulturellen Interaktionsindikatoren (KIIs)

Das gesamte Modell für kulturell beeinflusste MMI besteht aus mehr als 300 potenziell hauptsächlich quantitativen Parametern, die für interkulturelles MMI-Design relevant sind und je nach Kultur aus dem Literaturstudium analytisch bestimmt wurden (s. Heimgärtner 2012). 118 quantitative Parameter wurden in das IIA-Tool implementiert und empirisch geprüft.

Tab. 6.5 zeigt einen Auszug der bisher bewährtesten Ergebnisse (Relationen zwischen MMI und Kultur) aus dem Erklärungsmodell zu einer kulturabhängigen MMI.

Das Modell in Tab. 6.5 wurde auch zum Teil in einem SEM modelliert. Dabei wurden auf der linken Seite des Strukturgleichungsmodells die kulturellen Variablen bzw. Ausprägungen von Kulturdimensionen (Abb. 6.11 links) und auf der rechten Seite des Strukturgleichungsmodells die Ausprägungen der MMI Dimensionen (Abb. 6.11 Mitte) modelliert und mit den vermuteten Verbindungen (Parameter-Variablen-Kombinationen) verknüpft. Dieser Ansatz zeigt die Relationen zwischen Teilausprägungen von MMI-Dimensionen (wie Informationsdichte und Informationsgeschwindigkeit basierend auf Anzeigeparametern oder Interaktionsfehlern basierend auf Interaktionsparametern) und der Benutzerkultur als auch zu Störgrößen wie Alter, Geschlecht oder PC-Erfahrung. In diesem Modell sind Informationsdichte, Informationsgeschwindigkeit und Interaktionsfehler latente Variable (Abb. 6.11 Mitte). Diese sind nicht direkt messbar, sondern nur über die kulturellen Interaktionsindikatorvariablen (Taskanzahl, Hilfeanzahl, POI-Anzahl, Hinweisabstand, Anzeigedauer, Funktionslose Mausklicks und Mausklickgenauigkeit) erfassbar (Abb. 6.11 rechts).

Die kulturelle Prägung des Benutzers wird in diesem Modellansatz über die Variable „Nationalität“ mit den MMI-Dimensionen verbunden. Der Effekt der Nationalität auf die Variablen „Interaktionsfehler“ und „Informationsdichte“ ist erheblich – auch wenn ein gegenläufiger Einfluss des Benutzeralters vorhanden ist. Demgegenüber wirken sich aber offensichtlich Geschlecht und PC-Erfahrung weit weniger auf die Informationsdichte in der MMI aus als die Nationalität. Man erkennt anhand dieses Strukturgleichungsmodells, dass Nationalität einen wesentlich höheren Einfluss auf Informationsgeschwindigkeit, Informationsdichte und Interaktionsfehler hat als Alter, PC-Erfahrung oder Geschlecht – auch wenn das Alter eine erhebliche Störgröße darstellt (allerdings nicht auf Interaktionsfehler). Darüber hinaus sind Interaktionsfehler (welche unmittelbar mit der Interaktion mittels des Interaktionsmediums „Maus“ zusammenhängen) wesentlich weniger von den Störgrößen beeinflusst als Informationsdichte und Informationsgeschwindigkeit.[6] Gemäß Hofstede besteht eine Korrelation zwischen Nationalität und Kollektivismus (vgl. Hofstede und Hofstede 2005). Somit repräsentiert die Variable „Nationalität“ in diesem Strukturgleichungsmodell in gewissen Maße die Variable „Kollektivismus vs. Individualismus“ (bzw. Machtdistanzindex von Hofstede). Die empirischen Befunde aus der dargestellten Studie in Abschn. 6.2.1 und der daraus abgeleiteten Hypothesen in Abschn. 6.2.2 (je höher die Beziehungsorientierung, desto höher sind Infodichte, Infogeschwindigkeit usw.), werden durch entsprechende Tendenzen in den Parameterausprägungen des Strukturgleichungsmodells widergespiegelt. Dies befördert die Annahme, dass sich mittels Strukturgleichungsmodelle weitere Verbindungen zwischen Kulturdimensionen und MMI-Dimensionen und kulturellen Interaktionsindikatoren modellieren und erklären lassen.

[6] Weitere Ausführungen zu diesen Strukturgleichungsmodellen und detaillierte Erläuterungen zur Parameterschätzung finden Sie in (Heimgärtner 2012).

Tab. 6.5 Modell für interkulturelles MMI-Design (enthält sowohl die vermuteten als auch die tatsächlichen Werte für chinesisch (C) bzw. deutsch (D) sprechende Benutzer)

MMI Dimension	Vermutetes Verhältnis (C):(D)	Wirkliches Verhältnis (C):(D)	Vermuteter normalisierter Wert (D)	Wirklicher normalisierter Wert (D)	Vermuteter normalisierter Wert (C)	Wirklicher normalisierter Wert (C)	Wirklicher Wert (D), absolut	Wirklicher Wert (C), absolut	Kultureller Interaktionsindikator (KII)	UMTM Messklasse(n)	Kultur-dimension
Informationsfrequenz (IF)	4	1,25	0,2	0,8	0,2	0,25	0,007	0,008	Meldungsabstand (MG), Anzahl von Informationseinheiten pro Zeiteinheit (NIT)	Anzahl von Wörtern/Dialogen/Sätzen/Propositionen pro Minute	BCD + UV + Aktionsketten + Kommunikationsnetz-werkdichte [ja]
Informationsdichte (ID)	2,333	1,77	0,3	0,7	0,3	0,53	19,91	35,26	Anzahl der Orte von Interesse (POI)	Anzahl von Bildern pro Seite, Anzahl von Wörtern/Sätzen/Propositionen pro Dialog, Bild-Text-Verhältnis bzw. Verteilung, Abstand von Informationseinheiten zueinander, Anzahl gleichzeitig angezeigter Informationseinheiten	BCD + UV + Kommunikationsnetz-werkdichte [ja]

(Fortsetzung)

Tab. 6.5 (Fortsetzung)

MMI Dimension	Vermutetes Verhältnis (C):(D)	Wirkliches Verhältnis (C):(D)	Vermuteter normalisierter Wert (D)	Wirklicher normalisierter Wert (D)	Vermuteter normalisierter Wert (C)	Wirklicher normalisierter Wert (C)	Wirklicher Wert (D), absolut	Wirklicher Wert (C), absolut	Kultureller Interaktionsindikator (KII)	UMTM Messklasse(n)	Kultur-dimension
Parallele Informationsverarbeitung (IP)	2,333	1,61	0,3	0,7	0,3	0,53	2,87	4,63	Maximal offene Aufgaben (PT), abgelehnte Systemaufforderungen, Zeit bis zur Abschaltung virtueller Agenten (TDA)	Sequentielle oder parallele Präsentation oder Rezeption von Informationseinheiten, Layout/Informationsanordnung (z. B. Widgetpositionen, Bild-Textanordnung)/ Informations-reihenfolge (z. B. Regelmäßigkeit, Ordnung, Anordnung, Priorität von Informationseinheiten)	BCD + alle zeitbetontenKultur-dimensionen (wie UV, Aktions-ketten, Zeit-orientierung) [nein]
Interaktionsgeschwindigkeit (INS)	2	1,89	0,3	0,6	0,3	0,57	3,27	6,19	Mikrointeraktionspausen von 1 ms (¬IN, MMS)	Mausklick-geschwindigkeit, Zeicheneingabegeschwindigkeit, Länge der Mausspur pro Sekunde	BCD + alle zeitbetonten Kultur-dimensionen [nein]
Interaktionsfrequenz (INF)	4,5	1,41	0,2	0,9	0,2	0,28	85,74	121,23	Mausklicks (MC), Mausbewegungen (MM)	Gesamtanzahl der Mausklicks/ Mausbewegungen/Funktions- oder Hilfeinitiierungen pro Sitzung	BCD + alle zeitbetonten Kultur-dimensionen [nein]

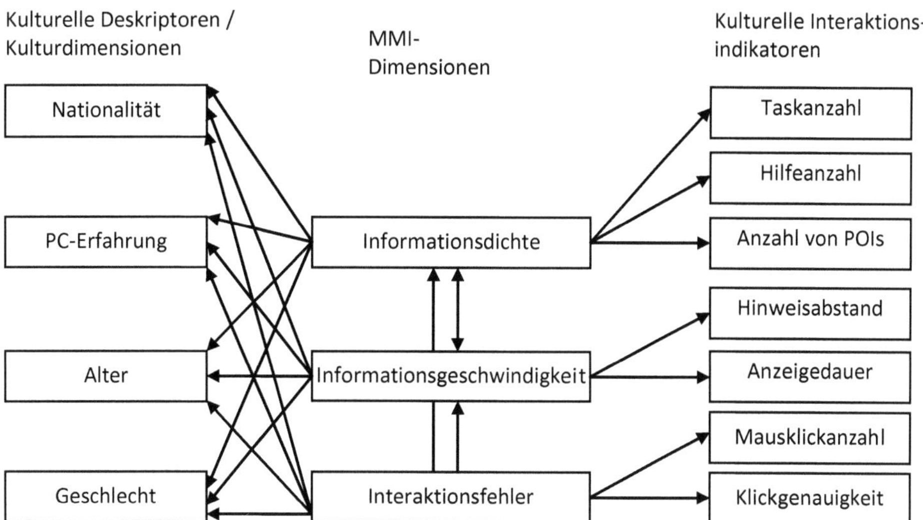

Abb. 6.11 Ansatz für ein Modell zur Erklärung der Relationen zwischen MMI-Dimensionen und kulturellen Interaktionsindikatoren sowie zwischen MMI-Dimensionen und Nationalität

6.3.3 Methodologische und empirische Probleme der Modellbildung

Die Korrektheit des Erklärungsmodells variiert stark mit der für jeweils eine MMI-Dimension verwendeten Anzahl von kulturellen Interaktionsindikatoren (KIIs). Die Erklärungsstärke des Modells ist noch sehr schwach, weil bisher die einzelnen MMI-Dimensionen nur von einigen wenigen KIIs gestützt werden und darüber hinaus lediglich manche der KIIs eine hohe Trennschärfe aufweisen. Dennoch ist es sinnvoll, den Weg weiterzuverfolgen, um die Zusammenhänge zwischen MMI und Kultur eines Tages zu verstehen. Bis dahin bleiben allerdings noch genügend Fragen offen.

Die Gefahr ist, dass man tatsächlich Unterschiede im Interaktionsverhalten findet, welche aber nicht kulturabhängig sind, sondern z. B. demografische Ursachen haben (unterschiedliches Interaktionsverhalten aufgrund von Altersunterschieden) oder in der Erfahrung im Umgang mit PCs begründet liegen. Um dieser Problematik zu entgehen, sind entsprechende Maßnahmen zu ergreifen (z. B. sinnvolle Stichprobe wählen, Datensätze bereinigen, Störvariablen konstant halten).

Überdies ist es schwierig, allgemein gültige Richtlinien aus den Ergebnissen wegen der gerade erörterten methodologischen Probleme beim interkulturellen MMI-Design abzuleiten. Die Ergebnisse der qualitativen Studien zur Interaktionsanalyse haben sehr subjektiven Charakter, da sehr dynamische Phänomene (wie Interaktionsgeschwindigkeit oder Informationshäufigkeit) nicht von Menschen ohne die Unterstützung spezieller Werkzeuge beobachtet und objektiv interpretiert werden können (z. B. IIA-Tool, vgl. Kap. 7.4.5). Deshalb zeigten die in Heimgärtner 2012 durchgeführten qualitativen Studien keine konkreten Designempfehlungen. Weiterhin ist erhebliche subjektive Interpretationsleistung notwendig (auch in quantitativen Studien) um überhaupt Implikationen aus den Ergebnissen schlusszufolgern.

In der Methodenwahl haben sowohl qualitative als auch quantitative Erhebungsmethoden ihre Vor- und Nachteile. Die qualitative Erhebung kann sehr viele verschiedene, vielfältige bzw. facettenreiche und nuancierte Meinungen sowie eine Varianz-Ermittlung zur Bewertung der „Durchschnittsmeinung" liefern. Allerdings lassen sich aus den erhobenen Daten nur bewusste Aussagen verwenden, wodurch keine verlässliche „Durchschnittsmeinung" impliziert werden kann. Das Problem dabei ist, dass nur explizites, kein implizites Wissen erhoben werden kann, letzteres aber für Kultur die weitaus wirksamere Wissenskategorie darstellen würde.

Dies bedeutet, dass eine angemessene Verwendung der Variable „Kultur" eine Herausforderung darstellt, da diese unterschiedlich repräsentiert werden kann (z. B. durch Nationalität, Geburtsland und Erstwohnsitz o. ä. oder anhand der Werte kultureller Dimensionen). Die offensichtliche kulturelle Prägung auf der „kulturellen Seite" des Strukturgleichungsmodells (Abb. 6.11 links) ist daher näher zu erforschen. Dabei sind nicht nur explizite demografische Variable wie z. B. „Geburtsland" (entspricht nicht zwangsläufig der „Nationalität") oder die Ausprägungen kultureller Dimensionen wie ‚hohe vs. geringe Unsicherheitsvermeidung' zu berücksichtigen, sondern es ist auch der implizite Einfluss der kulturellen Prägung auf alle anderen Variablen (sowohl auf die Interaktionsindikatoren als auch auf die Störvariablen) in das Modell einzubringen bzw. zu berücksichtigen.

Außerdem bestehen beim Testen von Systemen mit kausalen Hypothesen – wie dies in Strukturgleichungsmodellen der Fall ist – grundsätzliche Machbarkeitsprobleme, welche die Verifizierung der Hypothesen erschweren (vgl. Kenny 1979). Dies betrifft insbesondere die zugrunde liegenden Daten. Diese können verloren gegangen oder nicht erhoben worden sein, oder sind nicht aktuell (d. h. sind veraltet oder verändern sich) oder nicht adäquat (z. B. aufgrund unpassender Verteilung, fehlender Validität oder Kategorienfehlern).

Außerdem unterliegen Modelle aufgrund ihres Wesens einem entscheidenden Nachteil, wodurch es prinzipiell unmöglich ist, kulturelle Modelle in völlige Übereinstimmung mit Dimensionen der Mensch-Maschine-Interaktion (MMIDs) zu bringen: 1. können aufgrund der kulturellen Komplexität womöglich niemals alle möglichen Störvariablen in Betracht gezogen werden und 2. können Modelle die Wirklichkeit prinzipiell nicht vollständig beschreiben. Das heißt, das Erklärungsmodell als auch die durch das Erklärungsmodell erhaltenen Ergebnisse unterscheiden sich immer von der Wirklichkeit: Ein systematisches Zusammenfügen aller Erklärungen zu einem Gesamterklärungsmodell ist aufgrund der Vielfalt äußerer Einflüsse (da es sich bei dem Modell um ein nicht abgeschlossenes System handelt) und gegenseitiger Beeinflussung systeminterner Komponenten nur begrenzt und graduell möglich.

> Es ist problematisch, kulturelle Modelle völlig in Übereinstimmung mit MMI-Dimensionen zu bringen, da nicht alle möglichen Störvariablen aufgrund der kulturellen Komplexität in Betracht gezogen werden können und Modelle ob ihres Wesens die Realität nicht vollständig beschreiben können. Auch die durch das Erklärungsmodell erhaltenen Ergebnisse unterscheiden sich daher von der Realität.

So könnten z. B. unterschiedliche Verwendungsweisen von Chat-Systemen in Indien und Deutschland auf die kulturell bedingten Unterschiede in den Ausprägungen der MMI-Dimensionen „Informationsdichte", „Interaktionsgeschwindigkeit" und „Interaktionsfehler" (repräsentiert durch die kulturellen Interaktionsindikatoren in Abb. 6.11) zurückzuführen sein – es könnten aber auch andere kulturelle Interaktionsindikatoren und Kombinationen davon existieren, welche den MMI-Dimensionen (in Abb. 6.11 – oder auch anderen) zugeordnet werden können und dennoch ebenso plausible Erklärungen zur Folge haben könnten. Weitere Modellierungen müssen daher zeigen, welche kulturellen Interaktionsindikatoren und welche ihrer Kombinationen die höchste Erklärungsgüte liefern werden. Es sind daher noch detailliertere Studien nötig, um ein solches erstes Erklärungsmodell weiter verifizieren, verfeinern und optimieren zu können.[7]

> Nichtsdestotrotz dienen die bisherigen Ergebnisse (postulierte und bestätigte Hypothesen) dazu, eine Basis und einige bewährte Fakten zu offenbaren, die brauchbar sind, Empfehlungen für interkulturelles MMI-Design mit Tendenzcharakter im Allgemeinen und für kulturell-adaptive Systeme im Besonderen zu erhalten (s. Heimgärtner 2012). Außerdem ist es sehr vernünftig, wenn Weiterentwicklung und Forschung einige Daumenregeln in Betracht ziehen, selbst wenn diese als vorläufig betrachtet werden müssen und daher noch mit größtmöglicher Sorgfalt behandelt werden sollten.

---

[7] Dies erfordert insbesondere die Klärung und Abgrenzung der Unschärfe des Kulturbegriffes, was durch eine geeignete Arbeitsdefinition von Kultur erfolgen kann (vgl. Kap. 2.1), um ein klares und prägnantes Erklärungsmodell zu erhalten. Inwieweit letztlich kulturelle Interaktionsindikatoren systematisch aus Kulturmodellen abgeleitet werden bzw. ganz konkret und detailliert mit Kulturdimensionen in Verbindung gebracht werden können, muss ebenfalls die künftige Forschung aufzeigen.

Obwohl gerade in den letzten Jahren die Forschung an Methoden zum interkulturellen Usability Engineering zugenommen hat (Clemmensen und Roese 2010), bestehen immer noch nicht zu übersehende Lücken vor allem im Bereich des Usability Testings und der Usability Evaluation hinsichtlich der Verlässlichkeit und Interpretation der Ergebnisse (Hahn et al. 2009).

▶ Die Testmethodik des interkulturellen Usability Engineerings lässt immer noch Fragen offen und ist zuweilen ein kostenintensiver Faktor für Firmen, welche ihre Produkte an internationale Märkte anpassen möchten. Als zuverässigste und gewinnbringendste menschzentrierte Evaluationsmethode ist sie aber immer noch die Methode der Wahl für die Entwicklung interkultureller Benutzungsschnittstellen (vgl. Kap. 7.4).

Zwar können Leitfäden zur Gestaltung international anwendbarer Software und vereinzelt auffindbare länderspezifische Designempfehlungen Anhaltspunkte für die kulturelle Anpassung eines MMI-Systems liefern. Erstere sind jedoch recht allgemein gehalten und haben daher eingeschränkten handlungsrelevanten Wert, während letztere speziell auf bestimmte Absatzmärkte und Interfacetypen abgestimmt und daher nicht uneingeschränkt anwendbar sind. Damit entsteht eine Lücke, welche mittels eines produkt- und marktorientierten Usability Testings vor allem durch ein benutzerbezogenes Testing geschlossen werden kann.

Aber gerade dieses Gebiet wird in der Industrie aufgrund des hohen Aufwands gemieden – z. B. wegen qualitativer Vorortuntersuchungen – und ist daher als handlungsrelevantes Wissen für die Industrie häufig nicht verfügbar. Kulturelle Anpassungen an MMI-Systemen konzentrieren sich in der Industrie vorwiegend auf die technische und sprachliche Ebene (vgl. Sturm 2002; Heimgärtner 2007; Best 2009_ENREF_5) und basieren vorwiegend auf technozentrischen Kulturvergleichen. Anthropozentrisches Testing, welches tiefgründige kulturelle Unterschiede offenbart (vgl. Honold 2000c; Röse 2002), scheitert oft an den Mitteln, dem Zeitaufwand und den mangelnden Kenntnissen über kulturelle Unwegsamkeiten bei der Testdurchführung (vgl. Heimgärtner 2006).

▶ In Kap. 7.4 wird gezeigt, wie kulturunabhängige Methoden zu verlässlichen Ergebnissen führen und gleichzeitig Ressourcen gespart werden können.

6.4 Herausforderungen der IUID-Forschung

6.4.1 Komplexität kultureller Systeme

▶ Nach (Hall 1976) bestehen die methodologischen Probleme in der Erforschung der Kultur darin, dass die Übertragung bei einfachen Systemen einfacher ist als die Integration komplexer Systeme, die menschliche Kreativität erfordern.

Das bezieht sich vordergründig auf kulturelle Fragen, die den gesamten Kontext eines Mitglieds einer Kultur umfassen und integrieren. Dieses Problem stellt sich auch beim Design von interkulturellen Benutzungsschnittstellen, was eine Auseinandersetzung mit der Verbindung oder der Kombination von Kultur mit MMI-Design unumgänglich macht. Neben den gewöhnlichen Belangen und Herausforderungen in der MMI, beim MMI-Design (s. Chen 2001 und Reiterer 2008) und im Leben des Usability Engineering Prozesses (Andreas Holzinger, Karl-Heinz Weidmann (Hg.) 2005 – Empowering Software Quality 2005), entstehen Probleme, weil alles in einem spezifischen kulturellen Kontext funktionieren muss (s. Honold 2000a; Heimgärtner et al. 2011; Clemmensen 2012 oder Hertzum und Clemmensen 2012). Rehm et al. (2007) haben die Probleme der Anpassung der MMI an den kulturellen Hintergrund eines Benutzers untersucht. Viele Aspekte müssen gleichzeitig berücksichtigt werden, um mögliche kulturelle Erklärungen für ihren Einfluss auf die MMI zu gewinnen. Anders gesagt: Die Wirkung von Kultur auf die MMI kann aufgrund der Komplexität von Kultur nicht anhand eines einzigen Aspekts erklärt werden. Ein weiteres Problem aus der Kulturforschung entstammt der Unmöglichkeit, vorauszusagen, wie einzelne Teile des Kulturpuzzles zusammenpassen (s. Hall 1976, S.130). Diese Nicht-Voraussagbarkeit hat Konsequenzen für den Einsatz der Methoden interkulturellen MMI-Designs und interkulturellen Usabilityengineerings (s. Nielsen 2006).

6.4.2 Unterschiedliche Ansätze

> Die Bestimmung interkultureller Variablen und deren Werte erfolgt aufgrund verschiedener Forschungsansätze und komplexer kultureller Kontexte noch zu unsystematisch und zu selektiv.

Interkulturelle Faktoren für MMI-Design können mittels kultureller Dimensionen abgeleitet werden. Die so ermittelten Ergebnisse genießen diskursive und deduktive Geltung, ermangeln aber häufig empirischer Bestätigung (Marcus und Gould 2000). Cyr und Trevor-Smith (2004) stellten 2004 fest, dass die Verbindung zwischen kulturellen Dimensionen und MMI-Design nicht tief gehend genug untersucht wird. Entweder es schließen sich detaillierte empirische Untersuchungen der abgeleiteten Ergebnisse an oder diese Ergebnisse werden nur als Beispiele gelten dürfen, nicht aber als wissenschaftliche Basis für weitere Forschung. Das Pendant zum deduktiven Ansatz ist der induktive Ansatz: Kulturkennzeichen sind in empirischen Untersuchungen festgelegt worden (z. B. Badre und Barber 1998; Dormann 2006; Sun 2001), die sich auf eine spezifische Kultur beziehen und vorzugsweise in dieser Kultur verwendet werden. Badre und Barber (1998) zeigten den direkten Einfluss von Kulturkennzeichen auf die Leistung von Benutzern, die mit dem System interagierten, und belegten so die Verbindung zwischen Kultur und Gebrauchstauglichkeit (bestätigt durch die Untersuchungen von z. B. Sun 2001 und Vöhringer-Kuhnt 2002).

6.4.3 Hoher Forschungsaufwand

▶ Verborgene (versteckte) kulturelle Variable lassen sich schlecht identifizieren, weil sie erst über die Zeit hinweg erkennbar werden.

Der Grund für fehlende Ergebnisse zu direkten versteckten interkulturellen Variablen auf der Interaktionsebene liegt oft in den Schwierigkeiten bei deren Erfassung und Bemessung, was einen hohen Forschungsaufwand generieren kann. Um gegen diese methodologischen Hindernisse bei der Beobachtung von verborgenen Variablen voranzukommen, ist es bis zu einem gewissen Grad sinnvoll, Interaktionsdesign und Dialogdesign strikt zu trennen. Zuerst müssen die kulturellen Unterschiede bei der Interaktion des Benutzers mit dem System eruiert werden und dann kann beleuchtet werden, wie die Interaktion den Informationsfluss zwischen Benutzer und System beeinflusst. Dann kann das Dialogdesign für kulturell unterschiedliche Benutzer untersucht werden, was schließlich zu ersten Designempfehlungen für die Entwicklung interkultureller Benutzungsschnittstellen führen kann.

6.4.4 Fehlende empirische Bestätigung

▶ Keineswegs alle Empfehlungen hinsichtlich der fünf Bereiche von Benutzungsschnittstellenmerkmalen (Präsentation, Navigation, Metapher, Mentales Model, Interaktion) sind bis jetzt empirisch bestätigt worden – obwohl bereits einiges an Forschung in diesem Bereich vorliegt.

Röse et al. (2001) bestätigten einige von (Marcus und Gould 2000) hervorgehobenen Aspekten in qualitativen Untersuchungen aus China in Bezug auf unterschiedliche Seitenanordnung im Layout für chinesische und deutsche Benutzer (vgl. Kap. 7). Darüber hinaus werden wegen der hohen „Machtdistanz"-Werte in China eher hierarchische Taxonomien und Klassifizierungsmodelle als Metaphern verwendet als in Deutschland (vgl. Kap. 2). Die meisten vorgestellten Empfehlungen müssen noch getestet und in zusätzlichen Untersuchungen im Detail empirisch bestätigt werden, bevor sie als Musterlösung (Designpattern) oder gar Richtlinien (oder gar in Standards) vorgeschlagen werden können. Außerdem sind empirische Untersuchungen zu interkulturellen Benutzungsschnittstellenmerkmalen nötig. Genau genommen müssen einige unterschiedliche Systeme aus unterschiedlichen Kulturen verglichen und Gebrauchstauglichkeitstests unterzogen werden, um die Gebrauchstauglichkeit der unterschiedlichen Systeme festzustellen (Benchmarktests zur interkulturellen Usability).

▶ Die Ergebnisse dürfen daher noch nicht so weit verallgemeinert werden, dass sie für ein ganzes Land oder eine bestimmte kulturelle Gruppe gelten, da die Stichproben zu klein und zu selektiv sind und damit hochqualitative statistische

Resultate vereitelt werden. Das ist auch einer der Gründe, warum so wenig qualitative empirische Untersuchungen und noch weniger quantitative Forschungsberichte existieren (vgl. Smith et al. 2004; Maier et al. 2005; Heimgärtner 2012).

6.4.5 Einsatz kultureller Dimensionen

> Es herrscht Uneinigkeit bei den Wissenschaftlern über den Effekt der Verwendung von Kulturdimensionen bei der Entwicklung interkultureller Benutzungsschnittstellen.

Auf der einen Seite behaupten Kritiker von Hofstede, dass die Belege der originalen weltweiten IBM-Mitarbeiterbefragungsstudie von 1957–72 nicht repräsentativ seien. Sie würden keine Daten über nationale kulturelle Unterschiede zwischen Ländern liefern, sondern die Unterschiede innerhalb der Unternehmenskultur von IBM repräsentieren. Hofstede's Ansatz ignoriere außerdem Unterschiede innerhalb eines Volkes. Das Modell behandle ein Volk als eine homogene Sammlung von Individuen, die die gleiche Wertestruktur teilten. Das stimmt in den meisten Fällen nicht (s. House und Aditya 1997 und House 2004). Einige Untersuchungen, z. B. von (Komischke et al. 2003), weisen Inkonsistenzen zu Hofstede's Werten auf: Power distance index (PDI)-Werte für Japan, China und USA weichen ab von den Werten, welche Hofstede ermittelte. Weiterhin weist (Komischke et al. 2003) darauf hin, dass obwohl viel darüber gesagt wurde, was kulturell berücksichtigt werden sollte, tatsächlich wenig empirisch zu diesem Thema geforscht wird. Unterschiedliches Verhalten bedeute nicht zwangsläufig eine unterschiedliche kulturelle (z. B. propositionelle) Einstellung, z. B. einen anderen kognitiven Status im Netzwerk der geglaubten Inhalte (Propositionen innerhalb des Web of Belief). Nach (Rathje 2003) können eingeschränkte Einschätzung und Vermittlung der kulturellen Dimension und deren Modelle zu wirkungslosen und sogar einengenden Tätigkeitsstrategien führen. In diesem Fall erweist sich wenig kulturelles Verständnis als genauso nachteilig – oder schlimmer – als überhaupt kein kulturelles Verständnis. Deswegen plädiert (Rathje 2003) für kulturelle Modelle, die unabhängig von einer kulturellen Dimension sind, weil sie die Ableitung von konkreten Verhaltensmustern ermöglichen, deren Erklärung direkt der konkreten Erscheinungen der beschriebenen Kultur entstammen.[8]

[8] Dies wirkt sich besonders auf kulturell-adaptive MMI-Systeme aus. Zum Beispiel bedeutet die Verquickung von kulturellen Interaktionsindikatoren (KIIs) mit NLP-Prinzipien, mithin eine „kulturelle" Adaptation auf der individuellen Ebene – wie von (Heimgärtner 2012) vorgeschlagen. Die Kritik an die Gültigkeit von Hofstede's kultureller Dimensionen und ihrer Indizes schwächt das Vertrauen darin. Dies impliziert wiederum, dass es besser oder zumindest ratsam wäre, ein kulturell-adaptives MMI-System nicht auf Kulturdimensionen aufzubauen, sondern auf Parameter, die das unmittelbare Verhalten des Benutzers mit dem System reflektieren. Ein Lösungsvorschlag dazu findet sich in (Heimgärtner 2012).

Auf der anderen Seite lehnen die Anhänger von Hofstede's Theorie eine Distanzierung von Kulturdimensionen ab, weil zahlreiche unabhängige Replikationsstudien Hofstede's Ergebnisse verifiziert haben. Hofstede's Ergebnisse bezogen sich zudem auf unterschiedliche Untergruppen der entsprechenden Populationen und zeigten trotzdem Ähnlichkeiten bei nationalen Unterschieden – was mit Hofstede's Dimensionswerten übereinstimmt. Hofstede weist außerdem besonders auf die unterschiedlichen Kulturebenen hin, während er sich dabei von begleitenden Fragenlisten (VSM) distanziert. Nach (Hofstede 2006) war diese Distanzierung notwendig, weil eine Konsequenz seiner weiteren Forschung und deren Ergebnisse – und ein berechtigter Ansatzpunkt für Kritik – die „unreflektierte" Übernahme und Anwendung seines Kulturmodells war.

▶ Hofstedes Kulturmodell kann als ein brauchbares Forschungsinstrument (s. Bryan et al. 1994) und ein nützlicher Ausgangspunkt für die Erforschung von Benutzungsschnittstellen im kulturellen Kontext angesehen werden besonders wenn eine wohl begründete Theorie das beabsichtigte Ziel der Forschung ist.

6.4.6 Künftige Forschungsrichtungen

▶ Der Trend in der Erforschung von Kultur und MMI geht hin zum Verifizieren vorläufiger Modelle und Theorien durch extensive empirische Untersuchungen in unterschiedlichen kulturellen Kontexten sowie der empirischen Erhebung der Zusammenhänge zwischen Benutzer und System (MMI) in konkreten kulturellen Nutzungskontexten, um praxisrelevante und konkrete Empfehlungen für die Entwicklung interkultureller Benutzungsschnittstellen ableiten zu können.

Dabei wird die enge Beziehung zwischen Kultur und MMI-Design im Detail noch weiter herausausgearbeitet werden müssen. Der Schwerpunkt der Untersuchung von kulturellen Unterschieden wird sich verschieben von der nationalen Ebene zur regionalen bzw. zur individuellen Ebene, um alle kulturellen Kontexte abdecken zu können. Durch die Berücksichtigung empirischer Studien werden in naher Zukunft Methoden, Modelle und Theorien modifiziert und verbessert werden können, um so die Prozesse für interkulturelles MMI-Design und interkulturelle Gebrauchstauglichkeitstechniken zunächst abzuleiten und dann optimieren zu können. Auf diese Weise können dann auch internationale Normen etabliert und Instrumente entwickelt werden, die die internationalen Forschungsstandards ergänzen und so künftig kulturelle Kontexte in der MMI (hoffentlich zum Teil ganz automatisch bzw. unwillkürlich) in die Benutzungsschnittstellenentwicklung mit einbezogen und abgedeckt werden.[9]

[9] Durch die Mitarbeit des Autors beim DIN fließen entsprechende Erkenntnisse zum interkulturellen MMI-Design in deutsche und (über die ISO-Spiegelgremien beim DIN auch in) internationale Standards der Normenreihe 9241 mit ein.

Während der letzten Jahren ist die Forschung und die Literatur, welche kulturelle Kontexte beim MMI-Design einbeziehen, schnell angewachsen (Shen et al. 2006; Plocher et al. 2012). Bis vor kurzem, wurde Kultur in der MMI ausschließlich für eine Frage der Internationalisierung oder Lokalisierung gehalten (s. Clemmensen 2009). Wie von (Clemmensen 2009) formuliert, stellten sich diese traditionalen Ansätze zu Kultur und MMI allerdings als ernsthaft mangelhaft heraus, während der Computer sich in der Welt weiter ausbreitete. Nach (Honold 2000b und Röse 2002) reicht erfolgreiches interkulturelles Design weit über die üblichen Designprozesse hinaus, da unterschiedliche Mentalitäten, Gedankenmuster und Problemlösungsstrategien in der jeweiligen Kultur verankert sind. Anwendungsmuster unterscheiden sich je nach Kultur in Bezug auf unterschiedliche Machtstrukturen (s. Hofstede et al. 2010 flach gegenüber hierarchisch). Problemlösungsstrategien können eher linear oder nicht-linear sein (s. Röse et al. 2001; Honold 2000b). Deswegen muss der Designfachmann genau wissen, was der Benutzer braucht oder will (d. h. warum und in welchem Kontext, s. Holzinger 2005). Darüber hinaus müssen Designingenieure vor Ort allgemeine MMI-Methoden an ihre Bedürfnisse anpassen (s. Clemmensen et al. 2009; Röbig et al. 2010; Bidwell et al. 2011b).

▶ Interkulturelles MMI-Design muss künftig so umgestellt werden, dass kulturelle Aspekte sowohl auf der lokalen Ebene (indigener, lokaler kultureller Kontext) als auch auf der nationalen Ebene beachtet werden (vgl. Abdelnour-Nocera et al. 2011).

Innerhalb kulturell diverser Gruppen muss die Abhängigkeit von Kontext, Situation und Erfahrung berücksichtigt werden (vgl. Bidwell et al. 2011b). Solches Wissen kann am präzisesten festgehalten werden mit Erhebungsansätzen oder -methoden, die auf Kommunikation basieren, wie Interviews, Fokusgruppen oder Fragebögen (vgl. Hampe-Neteler 1994). Darüber hinaus wird es Aufgabe künftiger IUID-Forschung sein, alle Elemente des UI-Designs User Experience Designs im interkulturellen Kontext zu beleuchten und für die Entwicklung interkultureller Benutzungsschnittstellen verfügbar zu machen. Schwerpunkte dieser Überschneidungsbereiche stellen dabei das User Interface Design sowie das Usability Engineering dar (obere beiden Ebenen der IUID-Pyramide, vgl. Abb. 5.4 in Kap. 5)[10].

6.5 Zusammenfassung, Fazit, Ausblick

Aus der Analyse der Veröffentlichungen im Bereich interkulturelle MMI lassen sich einige IUID-„Hypes" identifizieren. Der erste Hype erfolgte in den frühen 1990ern. Der nächste war um 2000 und seit etwa 2010 hat die Forschung im Bereich interkultureller MMI

[10] Erste Ansätze in dieser Richtung wurden 2010 am IAD in Darmstadt mit entsprechenden Workshops unternommen (vgl. Röbig et al. 2010).

bzw. des IUID sprunghaft zugenommen. Bis heute gibt es allerdings nur wenige qualitative Studien oder Tests zum interkulturellen Benutzererlebnis (User Experience), die vernünftige Antworten auf diese Fragen liefern würden (vgl. Jameson 2007). Die Anzahl von Studien, die die Bedeutung der Berücksichtigung von kulturellen Aspekten bei der Entwicklung von Benutzungsschnittstellen unterstreichen, wächst stetig (s. Evers 2003; Smith et al. 2004). Es gibt auch Aktivitäten hinsichtlich der Untersuchung von Trends in der interkulturellen MMI (vgl. Jetter 2004; Clemmensen und Roese 2010; Heimgärtner 2014). Auch wenn es mittlerweile einschlägige Literatur zum Usabilityengineering gibt (z. B. Nielsen 1993; Holzinger 2005 etc.), nimmt belastbare und vor allem generalisierende Literatur zum interkulturellen Usabilityengineering (z. B. zur Evaluation im interkulturellen Kontext (vgl. Clemmensen und Clemmensen 2012)) und vor allem zur interkulturellen UX nur sehr verhalten zu (vgl. Heimgärtner 2014). Die meisten Studien betreffen die Präsentation von Informationen auf Webpages (z. B. Hodemacher et al. 2005; Marcus 2003; Dormann 2005; Baumgartner 2003; Marcus und Gould 2000; Stengers et al. 2004; Sun 2001 und Callahan 2005a). Die detaillierte Analyse der aktuellen Forschung im Bereich des interkulturellen User Interface Designs zeigt auch, dass insbesondere versteckte kulturelle Variablen (NVIVs) (unter der Wasseroberfläche des Eisbergmodells, vgl. Abschn. 6.1.3 und Abb. 6.3) noch nicht gründlich genug untersucht wurden.

Das TLCC-Modell von (Sturm 2002) zeigt die Internationalisierungs- und Lokalisierungsschritte im MMI-Design, dargestellt anhand von vier Ebenen: technische Angelegenheiten, Sprache, Kultur und Kognition (vgl. Abb. 6.2). Es besteht noch signifikanter Vermittlungsbedarf zwischen Wissenschaft und Industrie hinsichtlich kultureller und kognitiver Aspekte bei der Entwicklung interkultureller Benutzungsschnittstellen (IUID).[11]

Es gibt nichts Praktischeres wie eine gute Theorie, um von theoretischen Überlegungen zur praktischen Anwendung im interkulturellen User Interface Design zu gelangen. Der Prozess der „Grounded Theory" ist ein iterativer wissenschaftlicher Prozess, der iterativen Softwareentwicklungszyklen (vgl. Balzert 2005) ähnelt. Dabei fußen die theoretisch basierten Prozesse überwiegend auf der „Grounded Theory" und die in der Praxis etablierten und bewährten Prozesse auf Softwareengineering. In einem Erklärungsmodell für kulturell beeinflusste MMI werden die Relationen zwischen Kultur und MMI anhand kultureller Interaktionsindikatoren beschrieben und damit der Zusammenhang zwischen Kultur und MMI aufgezeigt. Diese Relationen können insbesondere auf folgende Arten ermittelt werden: datengetrieben oder hypothesengetrieben. Beim datengetriebenen Ansatz werden zunächst Daten erhoben. Die daraus ermittelbaren Muster geben Aufschluss über die Verbindung zwischen Kultur und MMI. Im hypothesengetriebenen Ansatz werden Hypothesen aus bereits vorhandenen kulturwissenschaftlichen Theorien abgeleitet und empirisch

[11] Dieses Buch soll durch die Darstellung der wichtigsten Grundlagen des IUID einen initalen Beitrag dazu leisten. Als Autor stehe ich Ihnen für Fragen und Feedback zum Buch als auch zur IUID-Thematik generell gerne mit Rat und Tat zur Seite. Nähere Informationen dazu finden Sie auch unter www.iuic.de.

verifiziert. Schließlich werden beim hybriden Ansatz die ersten beiden Ansätze mit weiteren Methoden zusammengebracht.

Datengetriebener Ansatz: Es werden aus bereits erhobenen Daten Hypothesen gebildet. Um den kulturell unterschiedliche geprägten Benutzer zu einer Interaktion mit dem Computer zu bewegen und diese dann aufzeichnen und analysieren zu können, wurden Aufgabenszenarios entwickelt, welche in ein speziell dafür entwickeltes PC-Tool implementiert wurden (IIA-Tool, Heimgärtner 2008). Es wurden vom Autor zwei Online-Studien mit annähernd 15000 chinesisch (C), deutsch (D) und englisch (E) sprechenden Testpersonen durchgeführt. Die Auswertung der erhobenen Daten der Studien zeigte, dass es Korrelationen zwischen der Interaktion der Benutzer mit dem Computer und der kulturellen Prägung der Benutzer gibt (Heimgärtner 2007). Die kulturellen Unterschiede in der MMI zwischen den getesteten chinesischen und deutschen Benutzern betreffen Layout (komplex vs. einfach), Informationsdichte (hoch vs. gering), Personalisierung (stark vs. gering), Sprache (Icons vs. Zeichen), Interaktionsgeschwindigkeit (höher vs. geringer) und Interaktionshäufigkeit (höher vs. geringer). Es wurde empirisch gezeigt, dass die Interaktion des Benutzers mit dem System nicht nur von kulturell bezogenen Variablen wie Staatsangehörigkeit, Muttersprache, Geburtsland usw. beeinflusst wird, sondern auch von Parametern wie Erfahrung oder Alter (Heimgärtner 2007). Informationsdichte, Informations- und Interaktionshäufigkeit als auch Informations- und Interaktionsparallelität sind geringer für (G) als für (C) entsprechend der Beziehungsorientierung, der Dichte von Informationsnetzen und der Zeitorientierung der Benutzer. Die Art der Interaktion des Systems mit dem Benutzer innerhalb der MMI muss durch eine adäquate Änderung der Systemparameter entsprechend der Ausprägung der kulturellen Interaktionsindikatoren und der MMI-Dimensionen anpassbar sein. Die ermittelten signifikanten kulturellen Interaktionsindikatoren (KIIs) in Tab. 6.1 betreffen das unterschiedliche Interaktionsverhalten in der MMI zwischen chinesisch (C) und deutsch (D) sprechenden Benutzergruppen. Es wurde empirisch bestätigt, dass die Interaktion des Benutzers mit dem System nicht nur von Variablen beeinflusst wird, welche die kulturelle Zugehörigkeit der Benutzer beschreiben wie Staatsangehörigkeit, Muttersprache, Geburtsland usw., sondern auch von Parametern wie Erfahrung oder Alter (Heimgärtner 2007). Die Art der Interaktion des Computers mit dem Benutzer muss so adaptierbar sein, dass das System mit den Benutzeranforderungen zurechtkommt, welche von der kulturellen Prägung und Erfahrung des Benutzers ebenso abhängen wie von der aktuellen Situation. Die dafür notwendigen Variablen müssen im Design der Systemarchitektur entsprechend berücksichtigt werden. Kulturelle Interaktionsindikatoren (KIIs) sind z. B. derartige MMI-Variablen, welche mit Variablen korrelieren, die die Kultur des Benutzers repräsentieren. Sie repräsentieren kulturelle Unterschiede im Interaktionsverhalten des Benutzers, indem sie die Beziehung zwischen den Werten kultureller Dimensionen und den Werten von MMI-Dimensionen ausdrücken. MMI-Dimensionen repräsentieren die Charakteristik der jeweiligen MMI, indem sie den MMI-Stil des Benutzers mittels der Art der Informationsverarbeitung in der jeweiligen MMI als auch deren Interaktionscharakteristik beschreiben.

Hypothesengetriebener Ansatz: Es werden Daten zur Verifikation von Hypothesen erhoben. Die empirischen Hypothesen betreffen grundlegendes Benutzerverhalten: Zeitorientierung, Dichte von Informationsnetzen, Kommunikationsgeschwindigkeit als auch Aktionsketten. Die Hypothesen basieren auf einigen der bestklassifizieren den KIIs, welche die Grundhypothese stützten, dass die Ausprägungen der MMI-Dimensionen von der kulturellen Prägung der Benutzer wie folgt abhängen: je höher die Beziehungsorientierung (Kollektivismus), desto höher sind Informationsdichte, Informationsgeschwindigkeit, Informationshäufigkeit, Interaktionshäufigkeit und Interaktionsgeschwindigkeit und umgekehrt. Die Bestätigungsstärken von sechs aus acht Hypothesen wurden a priori annähernd richtig geschätzt, und alle postulierten acht Hypothesen wurden a posteriori anhand der Online-Studien bestätigt. Dies zeigt, dass die analytische Vorarbeit und die verwendeten Methoden korrekt waren und die Ergebnisse als plausibel und richtig angesehen werden können. Um die Interaktion des Benutzers mit dem System analysieren zu können, müssen dynamische Aspekte der MMI mittels automatisierter analysierender Werkzeuge durch lückenlos-chronologisches Aufzeichnen des Benutzerverhaltens gemessen werden. Zu diesem Zweck kam das Tool zur interkulturellen Interaktionsanalyse (IIA Tool) (Heimgärtner 2008) zum Einsatz (s. Kap. 7.4.5).

Ein hybrider Ansatz integriert mehrere IUID-Methoden zu einem IUID-Methodenmix (Heimgärtner 2014). Ausgehend von der Methode des kulturorientierten MMI-Designs (MCD, s. Röse 2002) werden anhand von Kulturdimensionen die kulturellen Unterschiede identifiziert und kulturelle Variable für das Projekt abgeleitet. Mit diesem Wissen um kulturelle Unterschiede und betroffener Aspekte des MMI-Systems werden anhand von User Interface Characteristics (s. Marcus 2006) und MMI-Dimensionen (s. Heimgärtner 2012) weitere Auswirkungen auf das MMI-Design hypothesengetrieben ermittelt und datengetrieben gestützt.

Der kulturelle Einfluss auf das MMI Design kann durch die Beziehungen zwischen den Ausprägungen von kulturellen Dimensionen und den Ausprägungen der für das MMI-Design relevanten Variablen dargestellt werden. Die in den Studien gefundenen Ergebnisse führten zur Überzeugung, dass es berechtigt und sinnvoll ist, kulturelle Interaktionsindikatoren für die interkulturelle MMI Forschung zu verwenden, um ein vernünftiges Erklärungsmodell für kulturell beeinflusste MMI zu erhalten. Erfolgreiche Erklärungsmodelle können auf neue Beispiele bzw. Anwendungsfälle hin angewandt und damit verifiziert werden, wodurch sich wiederum prädiktiv Designempfehlungen generieren lassen. Schließlich können komplette Metriken zur Repräsentation der Benutzbarkeit von interaktiven Systemen (Benutzbarkeitsmaßsysteme, vgl. (Nielsen 2001)) von hohem empirischem Wert für die kulturell beeinflusste MMI abgeleitet werden. Ziel ist es, die tatsächliche Verbindung zwischen den Interaktionsindikatoren und deren (postulierten kulturellen) Ursachen herauszufinden. Strukturgleichungsmodelle können dazu verwendet werden, diese Beziehungen zwischen Kulturdimensionen und MMI Dimensionen und deren Ausprägungen zu identifizieren. Es wurde der Versuch unternommen, ein Strukturgleichungsmodell für die Beziehung zwischen MMI Dimensionen und Kulturdimensionen zu erzeugen. Dabei wurden die Verbindungen zwischen kulturellen, informationsbezogenen und interaktionsbezogenen Dimensionen anhand interkultureller Interaktionsindikatoren modelliert. Das Erklärungsmodell kulturabhängiger MMI ist umso besser, je mehr Varianzen in den empirischen Daten statistisch durch die modellierten Strukturgleichungen erklärt werden können. Das resultierende Erklärungsmodell basiert auf einigen der bestklassifizierenden kulturellen Interaktionsindikatoren, welche durch die Hypothese entstanden, dass die Ausprägungen der MMI-Dimensionen von der kulturellen Prägung der Benutzer abhängen, welche durch die Ausprägungen kultureller Dimensionen beschrieben werden kann: je höher die Beziehungsorientierung (Kollektivismus), desto höher sind Informationsdichte, Informationsgeschwindigkeit, Informationshäufigkeit, Interaktionshäufigkeit und Interaktionsgeschwindigkeit (und umgekehrt).

Im Bereich des interkulturellen Benutzungsschnittstellendesigns stehen die schwierigen Untersuchungen von methodologischen interkulturellen Faktoren noch am Anfang: es müssen noch Daten und Ergebnisse für Phänomene wie unterschiedliche Systeminteraktionsgewohnheiten, unterschiedliche Erwartungen in Bezug auf Navigation in Hyperspace oder unterschiedliche mentale Modelle gesammelt werden. Im Bereich des interkulturellen Benutzungsschnittstellendesigns bleibt daher die Kluft zwischen kulturellen Aspekten und spezifischen technischen Aspekten noch zu überbrücken.

Nach (Hall 1976) bestehen die methodologischen Probleme in der Erforschung der Kultur darin, dass die Übertragung bei einfachen Systemen einfacher ist als die Integration komplexer Systeme, die menschliche Kreativität erfordern. Die Bestimmung interkultureller Variablen und deren Werte erfolgt aufgrund verschiedener Ansätze und komplexer kultureller Kontexte noch zu unsystematisch und selektiv. Es ist problematisch, kulturelle Modelle völlig in Übereinstimmung mit MMI-Dimensionen zu bringen, da nicht alle möglichen Störvariablen aufgrund der kulturellen Komplexität in Betracht gezogen werden und Modelle die Realität nicht vollständig beschreiben können: die durch das Erklärungsmodell erhaltenen Ergebnisse unterscheiden sich von der Realität. Nichtsdestotrotz dienen die bisherigen Ergebnisse (postulierte und bestätigte Hypothesen) dazu, eine Basis und einige bewährte Fakten zu offenbaren, die brauchbar sind, Empfehlungen für interkulturelles MMI-Design mit Tendenzcharakter im Allgemeinen und für kulturell-adaptive Systeme im Besonderen zu erhalten (s. Heimgärtner 2012). Außerdem ist es sehr vernünftig, dass Weiterentwicklung und Forschung einige Daumenregeln in Betracht ziehen, selbst wenn sie als vorläufig betrachtet werden müssen und mit größtmöglicher Sorgfalt behandelt werden sollten. Die Ergebnisse aus diesen Ansätze dürfen nicht so weit verallgemeinert werden, dass sie für ein ganzes Land oder eine bestimmte kulturelle Gruppe gelten, da die Versuchsmenge zu klein und die beschränkte Vertretbarkeit der Versuchspersonen hochqualitative statistische Resultate vereitelt. Das ist auch einer der Gründe, warum so wenig qualitative empirische Untersuchungen und noch weniger quantitative Forschungsberichte existieren (vgl. Smith et al. 2004) sowie (Maier et al. 2005 und Heimgärtner 2012). Darüber hinaus lassen sich verborgene (versteckte) kulturelle Variable schlecht identifizieren, weil sie erst über Zeit hinweg erkennbar werden. Keineswegs alle Empfehlungen hinsichtlich der fünf Bereiche von Benutzungsschnittstellenmerkmalen (Präsentation, Navigation, Metapher, Mentales Model, Interaktion) sind bis jetzt empirisch bekräftigt worden, obwohl einiges an Forschung in diesem Bereich vorliegt. Die Testmethodik des interkulturellen Usability Engineerings lässt immer noch Fragen offen und ist zuweilen ein kostenintensiver Faktor für Firmen, welche ihre Produkte an internationale Märkte anpassen möchten. Es herrscht Uneinigkeit bei den Wissenschaftlern über den Effekt der Verwendung von Kulturdimensionen bei der Entwicklung interkultureller Benutzungsschnittstellen.

Die empirischen Ergebnisse der beschriebenen Studie bestätigen zum Teil die in Literatur postulierten Beziehungen zwischen MMI-Dimensionen und Kulturdimensionen. Es gibt ein Maßsystem, das sich aus kulturellen Interaktionsindikatoren (KIIs) zusammensetzt, um kulturell beeinflusste MMI zu messen. Die Ausprägungen der KIIs eröffnen interessante Tendenzen im Benutzerinteraktionsverhalten bezogen auf die kulturelle Prägung des Benutzers. Diese erste grundlegende Forschung hat anhand der Analyse kultureller Modelle die zehn relevantesten Kulturdimensionen und daraus berechenbare kulturabhängige MMI-Stile hervorgebracht, welche bei der Entwicklung interkultureller Benutzungsschnittstellen bzw. im interkulturellen MMI Gestaltungsprozess beachtet werden sollten (Heimgärtner 2012). Dabei kamen auch verborgene kulturelle Variablen der Mensch-Maschine-Interaktion und zwar Informationsgeschwindigkeit und Informationsfrequenz sowie Interaktionsgeschwindigkeit und Interaktionsfrequenz zum Vorschein. Das bisher gewonnene Erklärungsmodell kulturell abhängiger MMI-Variablen kann mit Hilfe statistischer Methoden (wie Faktorenanalyse oder Strukturgleichungsmodellen) durch Überarbeiten der Beziehungen zwischen Benutzerinteraktion und Benutzerkultur optimiert und weiterentwickelt werden. Hier ist jedoch noch viel Arbeit zu leisten (was z. B. die Trennschärfe der KIIs oder die Erklärungsstärke des Modells angeht). Diese Variablen bleiben aber trotz Allem ein offener Forschungsbereich bei Mensch-Maschine-Interfacedesign, weil noch zu wenig empirische Belege existieren.

Die Untersuchung und Berücksichtigung verborgener kultureller Variabler für das interkulturelle MMI-Design ist immer noch nicht abgeschlossen. Das ist besonders der Fall in Bezug auf den gegenwärtigen Mangel an Forschung, der sich auf kulturell geprägte Interaktion und Dialogdesign bezieht und sich auf empirische Untersuchungen gründet. Selbst wenn die Forschung in Bezug auf kulturzentriertes MMI-Design enorm gewachsen ist, bleibt es äußerst wichtig, dass die Ergebnisse empirischer Studien zu kulturellen Kontexten beim MMI-Design integriert werden und dadurch sowohl die Basis der Inputdaten für die Modell- und Theorieansätze liefern als auch die Basis des bemessenen Maßstabes bereitstellen, mit dem sie verifiziert werden können. Dennoch existiert ein vernünftiger Ansatz in Richtung eines Erklärungsmodells für kulturell beeinflusste MMI, wovon Bereiche wie interkulturelles Usability Engineering und interkulturelles User Interface Design (IUID) in dem Maße profitieren können, in dem das Modell weiterentwickelt und validiert wird.

Der Trend in der Erforschung von Kultur und MMI geht hin zum Verifizieren vorläufiger Modelle und Theorien durch extensive empirische Untersuchungen in unterschiedlichen kulturellen Kontexten sowie der empirischen Erhebung der Zusammenhänge zwischen

Benutzer und System (MMI) in konkreten kulturellen Nutzungskontexten, um praxisrelevante und konkrete Empfehlungen für das die Entwicklung interkultureller Benutzungsschnittstellen ableiten zu können. Interkulturelles MMI-Design muss insofern künftig umgestellt werden, dass kulturelle Aspekte sowohl auf der lokalen Ebene (kultureller Kontext/indigen) als auch auf der nationalen Ebene beachtet werden (vgl. Abdelnour-Nocera et al. 2011).

Normen	√
9241-171	☐
9241-210	☐
9241-220	☐
Checkliste	√
Einblick in den Stand der IUID-Forschung wurde gewonnen	☐
Datengetriebener Ansatz ist bekannt und wird angewandt	☐
Hypothesengetriebener Ansatz ist bekannt und wird angewandt	☐
Hybrider Ansatz (IUID-Methodenmix) ist bekannt und wird angewandt	☐
• Kulturelle Modelle	☐
• Interkulturelle Variable	☐
• Benutzungsschnittstellenmerkmale	☐
• MMI-Dimensionen	☐
• Method of Culture Oriented Design (MCD)	☐
Mögliche Zusammenhänge zwischen MMI Dimensionen und Kulturdimensionen sind bekannt	☐
Konzepte "kulturabhängiges Erklärungsmodell" und "Strukturgleichungsmodell" sind bekannt	☐
Methodologische Herausforderungen des IUID sind bekannt	☐
• Kulturelle Komplexität	☐
• Unterschiedliche Ansätze	☐
• Erhöhter Forschungsaufwand	☐
• Geringe empirische Bestätigung	☐
• Einsatz vonKulturdimensionen umstritten	☐
Einblick in die künftige IUID-Forschung wurde gewonnen	☐

Literatur

Abdelnour-Nocera, J., Kurosu, M., Clemmensen, T., Bidwell, N., Vatrapu, R., Winschiers-Theophilus, H., Yeo, A. et al. (2011). *Re-framing HCI through local and indigenous perspectives*. Paper presented at the Lecture Notes in Computer Science. Berlin/New York.

Apel, K-O. (2002). *Sprachanalytik, Semiotik, Hermeneutik* (Bd. 164, 1. Aufl., [6. Nachdr.]). Frankfurt a. M.: Suhrkamp.

Arbuckle, J. L. (2005). *AMOS 6.0 user's guide*. Chicago: SPSS.

Austin, J. L., & von Savigny, E. (1962). *Zur Theorie der Sprechakte* (Bd. 9396/9398). Stuttgart: Reclam.

Aykin, N. (2005). *Usability and internationalization of information technology*. Mahwah: NJErlbaum.

Aykin, N. (Hrsg.). (2004). *Usability and internationalization of information technology*. Lawrence Erlbaum Associates.

Badre, A., & Barber, W. (1998). *Culturabilty: The merging of culture and usabilty proceedings of the 4th conference on human factors and the web*. Basking Ridge: AT and T Labs.

Balzert, H. (2005). *Lehrbuch Grundlagen der Informatik: Konzepte und Notationen in UML 2, Java 5, C++ und C, Algorithmik und Software-Technik, Anwendungen; mit CD-ROM und e-learning-Online-Kurs* (2. Aufl.). München: Elsevier Spektrum Akad. Verl.

Baumgartner, V-J. (2003). A practical set of cultural dimensions for global user-interface analysis and design. Fachhochschule Joanneum, Graz. http://www.mavas.at/val/education05_thesis00.asp. Zugegriffen am 30.09.2016.

Best, R. (2009). *Software-Internationalisierung*. Frankfurt a. M.: VDMA-Verlag.

Beynon, M., Nehaniv, C. L., & Dautenhahn, K. (2001). *Cognitive technology: Instruments of mind – proceedings of the international cognitive technology conference*. Warwick: Springer-Verlag.

Bidwell, N. J., Winschiers-Theophilus, H., Koch Kapuire, G., Rehm, M. (2011b). Pushing personhood into place: Situating media in the transfer of rural knowledge in Africa. *International Journal of Human-Computer Studies*. (Hrsg.), Cheverst, K., Willis, K., Special Issue on Locative Media, *69*(10), 618–631.

Bortz, J., & Döring, N. (2006). Forschungsmethoden und Evaluation: Für Human- und Sozialwissenschaftler. 4., überarbeitete Aufl. http://dx.doi.org/10.1007/978-3-540-33306-7 bzw. http://link.springer.com/book/10.1007%2F978-3-540-33306-7. Zugegriffen am 29.09.2016.

Braun, B.-M., Röse, K., & Rößger, P. (2007). Localizing for the Korean Market: „Actually being there with a multi-method approach". In V. Evers, C. Sturm, M. Alberto, M. Rocha, E. Cambranes Martinez & T. Mandl (Hrsg.), *Designing for global markets 8, IWIPS 2007, Actually being there, June 28–30 2007, Merida, Mexico, proceedings of the eighth international workshop on internationalisation of products and systems* (S. 55–62). Product & Systems Internationalisation.

Brekle, H. E. (1972). *Semantik: Eine Einführung in die sprachwissenschaftliche Bedeutungslehre* (Bd. 102). München: Fink.

Bryan, N. B., McLean, E. R., Smits, S. J., & Burn, J. (1994). *The structure of work perceptions among Hong Kong and United States IS professionals: A multidimensional scaling test of the Hofstede cultural paradigm proceedings of the 1994 computer personnel research conference on Reinventing IS: Managing information technology in changing organizations: Managing information technology in changing organizations* (S. 219–230). Alexandria: ACM.

Byrne, B. M. (2001). *Structural equation modeling with AMOS: Basic concepts, applications, and programming*. Mahwah: Lawrence Erlbaum.

Cagiltay, K. (1999). Culture and its effects on human-computer-interaction. In B. Collis & R. Oliver (Hrsg.), *Proceedings of world conference on educational multimedia, hypermedia and telecommunications 1999* (S. 1626–1626). Chesapeake: AACE.

Callahan, E. (2005a). Cultural similarities and differences in the design of university web sites. *Journal of Computer-Mediated Communication, 11*(1), 239–273.

Callahan, E. (2005b). Interface design and culture. *Annual Review of Information Science and Technology, 39*(1), 255–310.

Castro Salgado, L. C., Leitão, C. F., & Souza, C. (2013). *Semiotic engineering and culture a journey through cultures* (S. 19–42). London: Springer.

Chen, Q. (2001). Human computer interaction issues and challenges. http://search.ebscohost.com/login.aspx?direct=true&scope=site&db=nlebk&db=nlabk&AN=60706.

Clemmensen, T. (2009). A framework for thinking about the maturity of cultural usability. /z-wcorg/database

Clemmensen, T. (2012). Usability problem identification in culturally diverse settings. *Information Systems Journal, 22*(2), 151–175. doi:10.1111/j.1365-2575.2011.00381.x.

Clemmensen, T., & Goyal, S. (2004). *Studying cross cultural think-aloud usability testing–some suggestions for an experimental paradigm.* Paper presented at the Proceedings of the Fourth Danish Human-Computer Interaction Research Symposium 16th November 2004, Aalborg University, Denmark.

Clemmensen, T., & Roese, K. (2010). An overview of a decade of journal publications about culture and Human-Computer Interaction (HCI). In D. Katre, R. Ørngreen, P. Yammiyavar, T. Clemmensen (Hrsg.), *Human Work Interaction Design: Usability in Social, Cultural and Organizational Contexts. IFIP Advances in Information and Communication Technology*, (Bd. 316, S. 98–112). Heidelberg: Springer.

Clemmensen, T., Hertzum, M., Hornbæk, K. A. S., Shi, Q., Yammiyavar, P., Clemmensen, T., Yammiyavar, P. et al. (2009). Cultural cognition in usability evaluation. *Interacting with Computers, 21*(3), 212–220. doi:10.1016/j.intcom.2009.05.003.

Currie, N. J., & Peacock, B. (2002, September). International space station robotic systems operations-a human factors perspective. *In Proceedings of the Human Factors and Ergonomics Society Annual Meeting* (Vol. 46, No. 1, S. 26–30). SAGE Publications.

Cyr, D., & Trevor-Smith, H. (2004). Localization of web design: An empirical comparison of German, Japanese, and United States web site characteristics. *Journal of the American Society for Information Science and Technology, 55*(13), 1199–1208.

Davidson, D. (1993). *Der Mythos des Subjektiven: Philosophische Essays* (Bd. 8845). Stuttgart: Reclam.

Day, D. L. (1991). *The cross-cultural study of human-computer interaction: A review of research methodology, technology transfer, and the diffusion of innovation.*

Dennett, D. C. (1998). *The intentional stance* (7. printing. Hrsg.), Cambridge: MIT Press.

Dix, A., Finaly, J., Abowd, G., & Beale, R. (2001). *Human-computer interaction.* (2. Aufl. 11. Pr. Aufl.). London: Prentice Hall Europe.

Dong, Y., & Lee, K. (2008). A cross-cultural comparative study of users' perceptions of a webpage: With a focus on the cognitive styles of Chinese, Koreans and Americans. http://www.ijdesign.org/ojs/index.php/IJDesign/article/view/267/163. Zugegriffen am 21.09.2016 from International Journal of Design [Online] 2:2.

Dormann, C. (2006). Cultural representations in web design: Differences in emotions and values. In T. McEwan, D. Benyon & J. Gulliksen (Hrsg.), *People and computers XIX – The bigger picture* (S. 285–299). London.

Dormann, C. (2005, September 5–9 2005). *Cultural Representations in Web Design.* Paper presented at the People and Computers XIX-The Bigger Picture: Proceedings of HCI 2005, Edinburgh.

Dörner, D. (2001). *Bauplan für eine Seele* (Bd. 61193). Reinbek bei Hamburg: Rowohlt-Taschenbuch-Verl.

Empowering Software Quality. (2005). How can Usability Engineering reach these goals? 1st Usability symposium, HCI&UE workgroup, Vienna, 8 Nov 2005 (Bd. 198). Austrian Computer Society.

Endrass, B., Rehm, M., André, E., & Nakano, Y. (2008). *Talk is silver, silence is golden: A cross cultural study on the usage of pauses in speech.* Paper presented at the Proceedings of the IUI workshop on Enculturating Conversational Interfaces (2008).

Esselink, B. (1998). *A practical guide to software localization: For translators, engineers and project managers* (Bd. 3). Amsterdam: Benjamins.

Evers, V. (2003). Cross-cultural aspects of user understanding and behaviour: Evaluation of a virtual campus website by user from North America, England, the Netherlands and Japan. In V. Evers, K. Röse, P. Honold, J. Coronado & D. Day (Hrsg.), *Proceedings of the fifth international workshop on internationalisation of products and systems* (S. 189–210). IWIPS 2003, Berlin, 17–19 July 2003. Kaiserslautern: University of Kaiserslautern.

Evers, V., & Day, D. (1997). The role of culture in interface acceptance. In *Proceedings of the IFIP TC13 international conference on human-computer interaction* (S. 260–267). Chapman & Hall.

Evers, V., Kukulska-Hulme, A., & Jones, A. (1999). *Cross-Cultural Understanding of Interface Design: A Cross-Cultural Analysis of Icon Recognition.* Paper presented at the Proceedings of the International Workshop on Internationalisation of Products and Systems. IWIPS 1999, Rochester, NY.

Fitzgerald, W. (2004). *Models for Cross-Cultural Communications for Cross-Cultural Website Design.* http://nparc.cisti-icist.nrc-cnrc.gc.ca/eng/view/fulltext/?id=c34a8e11-1943-4cd3-9d5e-0dfcca40f8a8. Zugegriffen am 29.09.2016.

Gadamer, H.-G. (1975). *Wahrheit und Methode: Grundzüge einer philosophischen Hermeneutik* (4. Aufl., unveränd. Nachdr. der 3., erw. Aufl.). Tübingen: Mohr.

Galdo, D., Elisa, M., & Nielsen, J. (1996). *International user interfaces.* New York: Wiley.

Grewendorf, G. (1979). *Sprechakttheorie und Semantik* (Bd. 276, 1. Aufl.). Frankfurt a. M.: Suhrkamp.

Grice, P. (1993). *Studies in the way of words* (3. print. Aufl.). Cambridge: Harvard University Press.

Gudykunst, W. B., & Mody, B. (2002). *Handbook of international and intercultural communication* (2. Aufl.). Thousand Oaks: Sage.

Habermas, J. (2006). *Zur Kritik der funktionalistischen Vernunft* (Bd. 2, [Nachdr.]). Frankfurt a. M.: Suhrkamp.

Hahn, S., Didier, M., & Bruder, R. (2009). *Usability, Gebrauchstauglichkeit, utilitsabilité, användbarhet … eine einzige Bedeutung oder nationale Spezifität? Der Mensch im Mittelpunkt technischer Systeme.* Tagungsband der 8. Berliner Werkstatt Mensch-Maschine-Systeme 7.-9. Oktober.

Hall, E. T. (1959). *The silent language.* New York: Doubleday.

Hall, E. T. (1976). *Beyond culture.* New York: Anchor Books.

Hampe-Neteler, W. (1994). *Software-ergonomische Bewertung zwischen Arbeitsgestaltung und Softwareentwicklung* (Bd. 2). Frankfurt a. M.: Lang.

Heimgärtner, R. (2006). Zur Notwendigkeit interkulturellen Usability Engineerings beim Design von Fahrerinformationssystemen. *i-com, 5*(2), 66–67. doi:10.1524/icom.2006.5.2.66.

Heimgärtner, R. (2007). *Cultural differences in human computer interaction: Results from two online surveys.* Paper presented at the Open innovation, Konstanz.

Heimgärtner, R. (2008). A tool for getting cultural differences in HCI. In K. Asai (Hrsg.), *Human computer interaction: New developments* (S. 343–368). Rijeka: InTech.

Heimgärtner, R. (2012). *Cultural differences in human-computer interaction: Towards culturally adaptive human-machine interaction.* Munich: Oldenbourg.

Heimgärtner, R. (2014). Intercultural user interface design. In K. Blashki & P. Isaias (Hrsg.), *Emerging research and trends in interactivity and the human-computer interface* (S. 1–33). Hershey: Information Science Reference (an imprint of IGI Global).

Heimgärtner, R., Tiede, L.-W., & Windl, H. (2011). *Empathy as key factor for successful intercultural HCI design.* Paper presented at the proceedings of 14th International Conference on Human-Computer Interaction, Orlando.

Heindrichs, W. (1979). *Dialoge: Beiträge zur Interaktions- und Diskursanalyse.* Hildesheim: Gerstenberg.

Hermeking, M. (2001). *Kulturen und Technik.* München: Waxmann.

Hertzum, M., & Clemmensen, T. (2012). How do usability professionals construe usability? *International Journal of Human-Computer Studies, 70*(1), 26–42. doi:10.1016/j.ijhcs.2011.08.001.

Hodemacher, D., Jarman, F., & Mandl, T. (2005). *Kultur und Web-Design: Ein empirischer Vergleich zwischen Großbritannien und Deutschland*. Paper presented at the Mensch & Computer 2005: Kunst und Wissenschaft – Grenzüberschreitungen der interaktiven ART., Wien.

Hofstede, G. H. (1991). *Cultures and organizations: Software of the mind*. London: McGraw-Hill.

Hofstede, G. (1994). *VSM94: Values survey module 1994 manual*. Tilberg: IRIC.

Hofstede, G. (2006). What did GLOBE really measure? Researchers' minds versus respondents' minds. *Journal of International Business Studies, 37*(6), 882.

Hofstede, G., & Hofstede, J. G. (2005a). *Cultures and organizations: Software of the mind* (2. Aufl.). New York: McGraw-Hill.

Hofstede, G., & Hofstede, G. J. (2005). *Cultures and organizations: Software of the mind*; [intercultural cooperation and its importance for survival] (Rev. and expanded 2nd. Aufl.). New York: McGraw-Hill.

Hofstede, G. H., Hofstede, G. J., & Minkov, M. (2010). *Cultures and organizations: Software of the mind* (3. Aufl.). Maidenhead: McGraw-Hill.

Hoft, N. L. (1995). *International technical communication: How to export information about high technology*. New York: Wiley.

Hoft, N. L. (1996). Developing a cultural model. In E. M. Del Galdo & J. Nielsen (Hrsg.), *International users interface* (S. 41–73). Wiley.

Holzinger, A. (2005). Usability engineering methods for software developers. *Communications of the ACM, 48*(1), 71–74. doi:10.1145/1039539.1039541.

Honold, P. (2000a). Intercultural usability engineering: Barriers and challenges from a German point of view. In D. Day, E.del Galdo & G. V. Prabhu (Hrsg.), *Designing for global markets 2. Second international workshop on internationalisation of products and systems* (S. 137–147).

Honold, P. (2000b). Culture and context: An empirical study for the development of a framework for the elicitation of cultural influence in product usage. *International Journal of Human-Computer Interaction, 12*(3/4), 327–345.

Honold, P. (2000c). Interkulturelles Usabilityengineering: Eine Untersuchung zu kulturellen Einflüssen auf die Gestaltung und Nutzung technischer Produkte (Bd. 647, Als Ms. gedr.). Düsseldorf: VDI Verl.

House, R. J. (2004). *Culture, leadership, and organizations: The globe study of 62 societies*. Sage.

House, R. J., & Aditya, R. N. (1997). The social scientific study of leadership: Quo vadis? *Journal of Management, 23*(3), 409.

Isa, Wan Abdul Wan Mohd, Noor, Nor Laila Md., & Mehad, S. (2009). *Cultural prescription vs. User perception of information architecture for culture centred website: A case study on Muslim online user*. Paper presented at the proceedings of the 3d International Conference on Online Communities and Social Computing: Held as Part of HCI International 2009, San Diego.

Jameson, A. (2007). Adaptive interfaces and agents. In J. A. Jacko (Hrsg.), *Human-computer interaction. interaction design and usability, 12th international conference, HCI international 2007*, Beijing, 22–27 July 2007, Proceedings, Part I (Bd. 4550, S. 305–330). Springer.

Jetter, H.-C. (2004). Interkulturelles UI Design und UI Evaluation. term paper. Universität Konstanz.

Kamentz, E. (2006). *Adaptivität von hypermedialen Lernsystemen: Ein Vorgehensmodell für die Konzeption einer Benutzermodellierungskomponente unter Berücksichtigung kulturbedingter Benutzereigenschaften*. PhD Univ., Hildesheim. http://d-nb.info/986457256/34. Zugegriffen am 30.09.2016.

Kamp, H., & Reyle, U. (1993). *From discourse to logic: Introduction to modeltheoretic semantics of natural language, formal logic and discourse representation theory* (Student Aufl., Bd. 42). Dordrecht: Kluwer.

Kankanhalli, A., Tan, B. C. Y., Wei, K.-K., & Holmes, M. C. (2004). Cross-cultural differences and information systems developer values. *Decision Support Systems, 38(2)*, 183–195. doi:10.1016/S0167-9236(03)00101-5.

Kaplan, R. B. (1966). Cultural thought patterns in inter-cultural education. *Language Learning, 16*(1–2), 1–20.

Kelle, U. (2003). „Grounded Theory" als Beitrag zur allgemeinen Methodenlehre der Sozialforschung. In J. Behrens (Hrsg.), *Hallesche Beiträge zu den Gesundheits- und Pflegewissenschaften* (Bd. 12, S. 1–24).

Kenny, D. A. (1979). *Correlation and causality*. New York: Wiley.

Kersten, G. E., Kersten, M. A., & Rakowski, W. M. (2002). Software and culture: Beyond the internationalization of the interface. *Journal of Global Information Management, 10*(4), 86–101.

Khaslavsky, J. (1998). *Integrating culture into interface design. Student posters: Design: Applications and approaches (Summary)*. Paper presented at the proceedings of ACM CHI 98: Conference on human factors in computing systems, Los Angeles.

Koda, T., Rehm, M., & Andre, E. (2008). Cross-cultural evaluations of Avatar facial expressions designed by western designers. *Lecture Notes in Computer Science, 5208*, 245–252.

Komischke, T., McGee, A., Wang, N., & Wissmann, K. (2003). Mobile phone usability and cultural dimensions: China, Germany & USA. In L. Mühlbach (Hrsg.), *Human factors in telecommunication. Proceedings of the 19th international symposium on human factors in telecommunication (HFT 03)*. Berlin.

Komlodi, A. (2005). *Cross-cultural study of information seeking*. Paper presented at the proceedings of the international conference on human-computer interaction (HCII 2005). First international conference on usability and internationalization, Las Vegas.

Koning, H., Dormann, C., & van Vliet, H. (2002). *Practical guidelines for the readability of IT-architecture diagrams*.

Kralisch, A. (2006). *The impact of culture and language on the use of the internet empirical analyses of behaviour and attitudes*. Dissertation, Berlin.

Krömker, H. (2000). Introduction. *International Journal of Human-Computer Interaction, 12*(3&4), 281–284.

Law, W. K., & Perez, K. (2005). Cross-cultural implementation of information system. *Journal of Cases on Information Technology, 7*(2), 121–130.

Lee, K.-P. (2002a). Development of tool for on-line usability testing of information appliances. *The Japanese Journal of Ergonomics, 38*, 80–83.

Lee, Y. (2002). Introduction. http://www.csulb.edu/web/journals/jecr/issues/20024/paper3.pdf.

Lee, K.-P. (2007). Culture and its effects on human interaction with design: With the emphasis on cross-cultural perspectives between Korea and Japan. http://hdl.handle.net/2241/5979. Zugegriffen am 19.09.2016.

Lee, I., Choi, G. W., Kim, J., Kim, S., Lee, K., Kim, D., An, Y. et al. (2008). Cultural dimensions for user experience: Cross-country and cross-product analysis of users' cultural characteristics. *People and Computers, 1*(22), 3–12.

Leidner, D. E., & Kayworth, T. (2006). Review: A review of culture in information systems research: Toward a theory of information technology culture conflict. *MIS Quarterly, 30*(2), 357–399.

Lewandowitz, L., Rößger, P., & Vöhringer-Kuhnt, T. (2006). *Asiatische vs. europäische HMI Lösungen von Fahrerinformationssystemen Useware 2006* (Bd. 1946, S. 279–287). Düsseldorf: VDI.

Lunau, S., & Roenpage, O. (2007). *Six Sigma + Lean Toolset: Verbesserungsprojekte erfolgreich durchführen*. Berlin: Springer.

Lyre, H. (2002). *Informationstheorie: Eine philosophisch-naturwissenschaftliche Einführung* (Bd. 2289). München: Fink.

Maier, E., Mandl, T., Röse, K., Womser-Hacker, C., & Yetim, F. (2005). Internationalisierung von Informationssystemen: Kulturelle Aspekte der Mensch-Maschine-Interaktion. In A. Auinger (Hrsg.), *Workshops-Proceedings der 5. fachübergreifenden Konferenz Mensch und Computer 2005* (S. 57–58). Wien.

Marcus, A. (2003). Global and intercultural user-interface design. In A. J. Julie & S. Andrew (Eds.), *The human-computer interaction handbook*. (S. 441–463): L. Erlbaum Associates Inc.

Marcus, A. (2006). Cross-cultural user-experience design. In D. Barker-Plummer, R. Cox & N. Swoboda (Hrsg.), *Diagrammatic representation and inference* (Bd. 4045, S. 16–24). Berlin/Heidelberg: Springer.

Marcus, A., & Gould, E. W. (2000). Cultural dimensions and global web user-interface design: What? So what? Now what? http://bamanda.com/cms/uploads/media/AMA_CulturalDimensionsGlobalWebDesign.pdf. Zugegriffen am 30.09.2016.

Moeschler, J. (1989). *Modélisation du dialogue: Représentation de l'Inférence Argumentative.* Paris: Hermès.

Nardi, B. A. (1996). *Context and consciousness: Activity theory and human-computer interaction.* Cambridge: MIT Press.

Nelius, M. (2003). *Mousemap-basierte Erkennung der Problemfelder von Anwendern bei der Bedienung von Software.* Dipl. Master Thesis, University of Rostock, Rostock.

Nielsen, J. (1990). *Designing user interfaces for international use* (Bd. 13). Amsterdam: Elsevier.

Nielsen, J. (1993). *Usability engineering.* Boston: Academic Press.

Nielsen, J. (2001). Usability metrics. nngroup. https://www.nngroup.com/articles/usability-metrics/. Zugegriffen am 19.09.2016.

Nielsen, J. (2006). *Usability engineering* ([Nachdr.]). Amsterdam: Kaufmann.

Nisbett, R. E. (2003). *The geography of thought: How Asians and Westerners think differently ... why.* New York: Free Press.

Norman, D. A., & Draper, S. (Hrsg.). (1986). *User centered system design: New perspectives on human-computer interaction.* Lawrence Erlbaum Associates.

Oldenburg, H. (1992). *Angewandte Fachtextlinguistik* (Bd. 17). Tübingen: Narr.

Ou, L. C., Luo, M. R., Woodcock, A., & Wright, A. (2004). A study of colour emotion and colour preference. Part I: Colour emotions for single colours. *Color Research & Application, 29*(3).

Plocher, T., Patrick Rau, P.-L., & Choong, Y.-Y. (2012). *Cross-cultural design handbook of human factors and ergonomics* (S. 162–191). Wiley.

Preece, J., Rogers, Y., et al. (1994). *Human-computer interaction* (Reprinted. Aufl.). Wokingham: Addison-Wesley.

Rathje, S. (2003). Ist wenig kulturelles Verständnis besser als gar keins? – Problematik der Verwendung von Dimensionsmodellen zur Kulturbeschreibung. Interculture-Online. www.interculture-online.info.

Rätzmann, M. (2004). *Software-testing & internationalisierung* (2. Aufl.). Bonn: Galileo Press.

Rau, P.-L. P., Plocher, T. A., et al. (2012). *Cross-cultural design for IT products and services.* Boca Raton: Taylor & Francis.

Rehm, M., Bee, N., Endrass, B., Wissner, M., & André, E. (2007). *Too close for comfort?: adapting to the user's cultural background.* Paper presented at the Proceedings of the international workshop on Human-centered multimedia, Augsburg, Bavaria, Germany.

Reinecke, K., Reif, G., & Bernstein, A. (2007). Cultural user modeling with CUMO: An approach to overcome the personalization bootstrapping problem. In *First international workshop on cultural heritage on the Semantic web at the 6th international semantic web conference (ISWC 2007), Busan.*

Reischer, J. (2002). *Die Sprache: Ein Phänomen und seine Erforschung.* Berlin: de Gruyter.

Reischer, J. (2006). Zeichen, Information, Kommunikation. Analyse und Synthese des Zeichen- und Informationsbegriffs. http://www.opus-bayern.de/uni-regensburg/volltexte/2006/740.

Reiterer, H. (2008). *Seminar reader: Future challenges and trends in HCI* [Seminar Reader]. Human-Computer Interaction Group. University of Konstanz.

Rickheit, G., & Strohner, H. (1993). *Grundlagen der kognitiven Sprachverarbeitung: Modelle, Methoden, Ergebnisse* (Bd. 1735). Tübingen: Francke.

Rızvanoğlu, K., & Öztürk, Ö. (2009). *Cross-cultural understanding of the dual structure of metaphorical icons: An explorative study with French and Turkish users on an E-learning site.* Paper presented at the proceedings of the 3rd International Conference on Internationalization, Design and Global Development: Held as Part of HCI International 2009, San Diego.

Röbig, S., Didier, M., & Bruder, R. (2010). *Internationales Verständnis von Usability sowie Methodenanwendung im Bereich der Usability*. Paper presented at the Grundlagen – Methoden – Technologien, 5. VDI Fachtagung USEWARE 2010, Baden-Baden. http://tubiblio.ulb.tu-darmstadt.de/46312/. Zugegriffen am 29.09.2016.

Röse, K. (2001). *Kultur als Variable des UI Design*. Paper presented at the Mensch & Computer 2001, Stuttgart.

Röse, K. (2002). *Methodik zur Gestaltung interkultureller Mensch-Maschine-Systeme in der Produktionstechnik* (Bd. 5). Kaiserslautern: Univ.

Röse, K., & Zühlke, D. (2001). *Culture-oriented design: Developers' knowledge gaps in this area*. Paper presented at the 8th IFAC/IFIPS/IFORS/IEA symposium on analysis, design, and evaluation of human-machine systems, 18–20 Sept 2001, Kassel.

Röse, K., Zühlke, D., & Liu, L. (2001). Similarities and dissimilarities of German and Chinese users. In G. Johannsen (Hrsg.), *Preprints of 8th IFAC/IFIP/IFORS/IEA symposium on analysis, design, and evaluation of human-machine systems* (S. 24–29). Kassel.

Rößger, P. (2003). *An International Comparison of the Usability of Driver-Information-Systems: Tools, Results and Implications*. http://dx.doi.org/10.4271/2003-01-2273.

Saffer, D. (2008). *Designing gestural interfaces: Touchscreens and interactive devices* (S. 247). Canada: Reilly Media.

Schwarz, M. (2008). *Einführung in die kognitive Linguistik* (3., vollst. überarb. und erw. Aufl., Bd. 1636). Tübingen: Francke.

Searle, J. R., Kiefer, C. F., & Lang, M. B. (1980). *Speech act theory and pragmatics*. Dordrecht: Reidel.

Shannon, C. E. (1948). A mathematical theory of communication. *Bell System Technical Journal, 27*, 379–423, 623–656.

Shen, S.-T., Woolley, M., & Prior, S. (2006). Towards culture-centred design. *Interacting with Computers, 18*(4), 820–852. doi:10.1016/j.intcom.2005.11.014.

Shneiderman, B. (1998). *Designing the user interface: Strategies for effective human-computer interaction* (3. Aufl.). Reading: Addison-Wesley.

Shneiderman, B., Plaisant, C., Cohen, M., & Jacobs, S. (2009). *Designing the user interface: Strategies for effective human-computer interaction* (5. Aufl., Bd. Hardcover). Addison Wesley.

Smith, A., Dunckley, L., French, T., Minocha, S., & Chang, Y. (2004). A process model for developing usable crosscultural websites. *Interacting with Computers, 16*(1), 63–91.

Stengers, H., Troyer, O., Baetens, M., Boers, F., & Mushtaha, A. (2004). *Localization of web sites: Is there still a need for it?* Paper presented at the International Workshop on Web Engineering (HyperText 2004 Conference), Santa Cruz.

Sturm, C. (2002). *TLCC-Towards a framework for systematic and successful product internationalization*. Paper presented at the International Workshop on Internationalisation of Products and Systems, Austin/Texas.

Sturm, C., & Mueller, C. H. (2003). Putting theory into practice: How to apply cross-cultural differences to user interface design? In M. Rauterberg, M. Menozzi & J. Wesson (Hrsg.), *Human-computer interaction: INTERACT '03 ; IFIP TC13 international conference on human-computer interaction*, 1st-5th Sept 2003 (S. 1051–1052). International Federation for Information Processing.

Sun, H. (2001). *Building a culturally competent corporate web site: An exploratory study of cultural markers in multilingual web design*. Paper presented at the proceedings of SIGDOC, New York.

Sun, H. (2001b). Building a culturally-competent corporate web site: An exploratory study of cultural markers in multilingual web design. In *Proceedings of the 19th annual international conference on Computer documentation* (S. 95–102). Sante Fe: ACM.

Sun, H. (2012). *Cross-cultural technology design: Creating culture-sensitive technology for local users*. Oxford/New York: Oxford University Press.

Sundermeier, T. (1996). *Den Fremden verstehen: Eine praktische Hermeneutik*. Göttingen: Vandenhoeck & Ruprecht.

Tateishi, M., & Toma, T. (2010). A cross-cultural comparative study of user interface in social media: Why social media can cross seas but not nationalisms. http://koara.lib.keio.ac.jp/xoonips/modules/xoonips/detail.php?koara_id=KO40002001-00002010-0037. Zugegriffen am 30.09.2016.

Thissen, F. (2008). Interkulturelles Informationsdesign. In W. Weber (Hrsg.), *Kompendium Informationsdesign* (S. 387–424). Berlin/Heidelberg.

Thomas, A. (1996). *Psychologie interkulturellen Handelns*. Göttingen/Seattle: Hogrefe.

Vatrapu, R., & Suthers, D. (2007). Culture and computers: A review of the concept of culture and implications for intercultural collaborative online learning. *Lecture Notes in Computer Science, 4568*, 260.

Victor, D. A. (1998). *International business communication* (7. Aufl.). New York: Harper Collins.

Vöhringer-Kuhnt, T. (2002). *The influence of culture on usability*. M.A. master thesis, Freie Universität Berlin.

Vollhardt, J. K., Migacheva, K., & Tropp, L. R. (2008). *Social cohesion and tolerance for group differences handbook on building cultures of peace* (S. 139–152). New York: Springer.

Wilss, W. (1988). *Kognition und Übersetzen: Zu Theorie u. Praxis d. menschl. u. d. machinellen Übers*. (Bd. 41). Tübingen: Niemeyer.

Wimmer, F. M. (2004). *Interkulturelle Philosophie: Eine Einführung* (Bd. 2470). Wien: WUV.

Wittgenstein, L., & Schulte, J. (2000). *Tractatus logico-philosophicus. Tagebücher 1914–1916. Philosophische Untersuchungen* (Bd. 501, 1. Aufl., [Nachdr.]). Frankfurt a. M.: Suhrkamp.

Wunderlich, D. (1975). *Linguistische Pragmatik* (Bd. 12, 2. Aufl., verb. Nachdr.). Wiesbaden: Athenaion.

Wunderlich, D. (1978). *Studien zur Sprechakttheorie* (Bd. 172, 2. Aufl., 6. – 8. Tsd.). Frankfurt a. M.: Suhrkamp.

Zühlke, D., & Röse, K. (2000). *Design of global user-interfaces: Living with the challenge proceedings of the IEA 2000/HFES 2000 congress*, July 29th trough August 4th 2000 (Bd. 6, S. 154–157). San Diego.

IUID in der Praxis – Industrielle Entwicklung 7

Inhalt

R. Heimgärtner, *Interkulturelles User Interface Design*,
DOI 10.1007/978-3-662-48370-1_7

Zunächst werden Aspekte zum prozessualen Vorgehen von IUID in der Praxis dargestellt. Anschließend werden die wesentlichen Phasen (Anforderungsanalyse und Konzeptentwicklung, Designelemente und Implementierung, Evaluation und Test) des Prozesses für die Entwicklung interkultureller Benutzungsschnittstellen (IUID) im Hinblick auf kulturelle Unterschiede zu den etablierten Entwicklungsprozessmodellen (V-Modell und agile Methoden sowie UCD und U-CD) näher beleuchtet. Highlights sind der um ein kulturelles Modell erweiterte U-CD-Ansatz, die Verwendung eines Modelles für kulturabhängiges MMI-Design zur Ableitung von Designempfehlungen und deren Beschreibung, die Verwendung eines automatisierten Tools zur interkulturellen Interaktionsanalyse und schließlich die Unterscheidung und Darstellung von kulturabhängigen und kulturunabhängigen Evaluationsmethoden.

7.1 Prozess

Die Entwicklung physischer Produkte folgt oft dem „Stagegate-Prozess" (Cooper et al. 2007), in den aus der Forschung oftmals eine Anzahl von Entscheidungspunkten (Gates) in den Entwicklungsprozess eingespeist werden.

- In der Entwicklung digitaler Produkte und Dienstleistungen erfolgen die Entwicklungsprozesse häufig nach dem V-Modell – ein sequenziell-iteratives Vorgehensmodell – oder nutzen agile Softwareentwicklungsmethoden wie z. B. Scrum oder auch Kombinationen solcher Ansätze.
- Fortschrittliche Softwareentwicklungsprozesse verfügen ebenfalls über entsprechende Gates (z. B. hinsichtlich Qualität: Quality Gates/Hurdles).
- Oft wird die Qualität dieser Prozesse anhand von Reifegradmodellen überprüft (z. B. CMMI, SPICE).

Den Wettbewerb im Hinterkopf auf der Suche nach Flexibilität und einer übergreifenden Aufwandsreduktion in MMI-Designprojekten, war man in der Vergangenheit besonders bemüht, gleich zu Anfang der Entwicklung alle Anforderungsdokumente für das Gesamtprojekt durch den Kunden freigegeben zu bekommen. Dieses Vorgehen ist aber nicht möglich, wenn:

- die Produktanforderungen am Anfang nicht deutlich sind – was bei Vorlaufprojekten der interkulturellen Entwicklung sehr wahrscheinlich ist,
- die Anforderungen erst während der Entwicklungsphase generiert werden und sich oft verändern – was bei der Entwicklung interkultureller Benutzungsschnittstellen aufgrund iterativer Evaluation der Fall ist (vgl. Kap. 4).

Etwa die Hälfte aller Aufwände eines Softwareentwicklungsprojektes bezieht sich auf die Benutzungsschnittstelle, die andere Hälfte auf den Rest der Anwendung. Bei der Entwicklung interkultureller Benutzungsschnittstellen ergeben sich zwangsweise auch Einflüsse der Kultur auf den dafür notwendigen Entwicklungsprozess. Der Softwareengineeringprozess für die Erstellung von Benutzungsschnittstellen wird meist systematisch gelebt, da er häufig dem V-Modell (vgl. Balzert 2008) oder agilen Methoden (vgl. Ferreira 2012) folgt, während der Usability-Engineering-Prozess in der Praxis nicht selten unsystematisch vonstatten geht.

▶ Ziel muss es sein, den Usability-Engineering-Prozess durch Anwendung der mensch-zentrierten Gestaltungsprinzipien (vgl. ISO 9241-210) genauso systematisch zu leben wie den Software-Engineering-Prozess.

Dazu muss der Bedarf der menschzentrierten Gestaltung für den jeweiligen interkulturellen Kontext identifiziert werden. Der Standard V-Modell-Prozess, der auf einem Wasserfall-Modell basiert, ist für interkulturelle MMI-Designprojekte weniger passend, weil die Produktanforderungen am Anfang noch zu unklar sind (vor allem bei Produktneuentwicklungen) und die Anforderungen iterativ während der Entwicklungsphasen entwickelt werden und damit oft Änderungen erfahren. Außerdem muss bei der menschzentrierten Gestaltung das Feedback der Benutzer, bis zur letzten Phase der Entwicklung der Benutzungsschnittstelle permanent mit einbezogen werden.

Mit agilen Methoden kann diesen Herausforderungen gut begegnet werden. Sie erfordern allerdings einen nachhaltigen Wechsel in der kulturellen Denkweise, welcher mit entsprechenden Trainings der Teams (langfristig) erreicht werden kann.[1]

Im praktischen Einsatz und bei entsprechender Entfaltung einiger agilen Prinzipien und Methoden liegt der Fokus oft eher auf dem ständigen iterativen (wiederholten, stufenweisen) Erzielen von richtigen Ergebnissen (Produktqualität) als auf dem richtigen Erzielen von Ergebnissen (Prozessqualität) (vgl. auch Kap. 3). Dennoch können bei gleichzeitiger

[1] Schneller und erfolgreicher geht es, wenn Managementrollen in den Projekten (z. B. Product-Owner und Scrum-Master) von Anfang an mit interkulturell erfahrenen Teammitgliedern besetzt werden.

Aufrechterhaltung der Kompatibilität des ‚process capability model' von SPICE[2] auch die Prinzipien des ‚agile manifesto' eingehalten werden[3]:

- Individuelle Interaktionen über Prozesse und Tools
- Funktionierende Software über umfangreiche Dokumentation
- Kundenbeteiligung über Vertragsverhandlung.

Für viele Prozessbereiche ist es möglich, SPICE ‚capability level 3 von 5' zu erlangen, wenn die agilen Entwicklungsprozesse mit entsprechenden Hilfsprozessen unterstützt werden:

- Lieferantenprozesse, die sich auf Produktfreigabe und -akzeptanz beziehen, werden vom Product-Owner durchgeführt.
- Technologische Prozesse insbesondere bezüglich Software (aber auch auf Systemebene), wie Anforderungsanalyse, Design, Umsetzung/Erstellung/Implementierung, Integration und Test konstatieren den Kern agiler Methoden. Sie werden von der funktionsübergreifenden Kernmannschaft durchgeführt und vom Produkteigner auf der Systemebene verwaltet.
- Ressourcenverwaltung, Ausbildung und Projektinfrastruktur sind wesentliche Anforderungen agiler Methoden und werden von Product-Owner, Scrum-Master und weiteren Interessenvertretern administriert.
- Prozessverbesserung steht im ständigen im Fokus bei der agilen Entwicklung, was eine ständige Beobachtung der Lernkurve und Effizienz bedingt (‚Retrospectives').
- Produktevaluation und Modifikationsmanagement (einschließlich Problemlösungsmanagement) wird durch Abstimmungsgespräche innerhalb des Teams hinsichtlich Anforderungen und Fehlerbehebung bei der Festlegung eines ‚sprint'-Plans optimiert.
- Prozessbezogene Dokumentation und Konfigurationsverwaltung wird soweit getrieben, bis die erwünschte Reife des Produktes bzw. Fertigkeitsebene des Teams verfügbar ist.

Um alle Prozessattribute bis SPICE-Level 3 in allen Prozessbereichen erfüllen zu können, sind zusätzliche Dokumentation sowie eine intelligente Erweiterung der schon vorhandenen SCRUM-Vorlagen unabdingbar (auch schon um bidirektionale Traceability auf SPICE-Level 1 zu erreichen).

▶ **Darüber hinaus spielt bei der Entwicklung interkultureller Benutzungsschnittstellen das frühzeitige Erkennen und Berücksichtigen kultureller Unterschiede in der Produktentwicklung eine entscheidende Rolle.**

---

[2] Das ‚process capability model' von SPICE umfasst 6 ‚Prozessreifegrade': 0 - unvollständig, 1 - gelebt, 2 - gemanagt, 3 - etabliert, 4 - messbar, 5 - optimiert. Eine kurze und handlungsrelevante Einführung in SPICE findet sich in Heimgärtner 2016. Sehr ausführlich wird SPICE in der ISO 15504 erläutert. Wenn SPICE mit SCRUM abgebildet wird, können einige der generischen Praktiken der Prozessattribute 3.1 und 3.2 zum größten Teil oder ganz erreicht werden.

[3] Unterschiedliche Interpretationen des hier sehr verkürzt, da kurz und knapp angedeuteten ‚agile manifesto' werden häufig durch unterschiedlichen Methodeneinsatz (wie SCRUM, XP, Lean Driven, Kanban) repräsentiert.

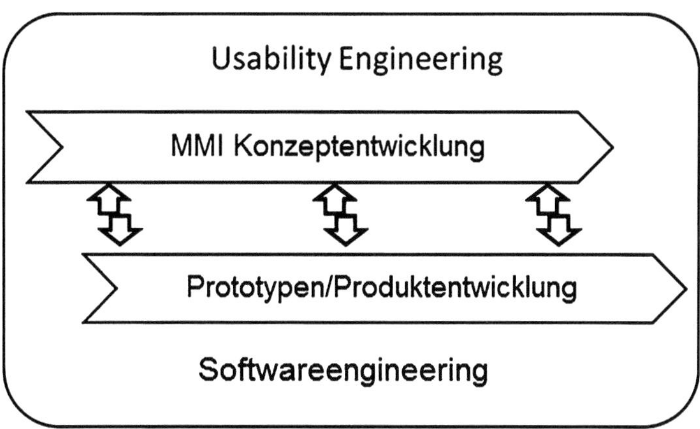

Abb. 7.1 Zusammenhang zwischen Usability Engineering und Softwareengineering

Dies erfolgt mittels eines planmäßigen Prozesses (Engineering), der die Interaktion zwischen Benutzern und Produkt optimiert und die Gebrauchstauglichkeit (Usability) des Produktes unter Berücksichtigung regionaler und kulturellen Einflussfaktoren (interkulturell) erhöht (vgl. Kap. 4). Dieser Prozess umfasst die Ermittlung der notwendigen Nutzungsanforderungen („User Requirements Engineering"), System- und Funktionsdesign (Konzeptentwicklung z. B. Informationsarchitektur, Interaktionskonzept), die verständliche Gestaltung der Funktionen im Hinblick auf das Bedienkonzept („User Interface Design") sowie die Bewertung von Funktionalität und Bedienkonzept („Usability Evaluation") (ISO 9241-210, Honold 2000, vgl. auch Kap. 4.6: Interkulturelles Usabilityengineering).

Projekt und Entwicklungsprozess verfügen dabei immer über die Eigenschaften der MMI-Konzeptentwicklung und der Prototypen bzw. Produktentwicklung. Abb. 7.1 veranschaulicht den Zusammenhang zwischen Usability Engineering und Softwareengineering.

Zunächst wird mit der MMI-Konzeptentwicklung (bestehend aus Nutzungsanforderungsanalyse und Erstellung des Konzeptes möglicher Designlösungen) begonnen. Sobald dieses spezifiziert ist, kann es in einem Prototypen umgesetzt bzw. implementiert werden. Entsprechend permanenter Evaluationsschleifen werden sowohl MMI-Konzeptspezifikationen als auch Prototypen iterativ optimiert.

Wenn in einem Projekt nur wenig über den Einfluss der Kultur auf die Engineeringprozesse bekannt ist, dann werden die Ergebnisse aus dem Prozess (Arbeitsprodukte) verzerrt, unerwartet oder unzureichend sein. Eine entsprechende kulturelle Sensibilität der Prozessbeteiligten in allen Phasen des interkulturellen Usability Engineerings ist daher unabdingbar für eine hohe Qualität der Forschungs- und Entwicklungsergebnisse als auch deren Gültigkeit.

Im Folgenden wird daher erläutert, an welchen Stellen Kultur die einzelnen Phasen des Softwareengineerings wie beeinflusst, welche Probleme dabei auftreten können und welche Lösungen es gibt, diese Herausforderungen zu meistern, um adäquate interkulturelle Benutzungsschnittstellen zu erhalten.

Grundsätzlich entsprechen die Phasen des interkulturellen Softwareengineerings (s. Kap. 3) auch den Phasen des Softwarengineerings wie (Balzert 2008) sie im V-Modell beschreibt. Darüber hinaus ist die enge Anbindung an den Usability-Engineering-Prozess (s. Kap. 4) unerlässlich (fett darsgestellt):

- Analysephase (Anforderungsanalyse, Spezifikationen, **Nutzungskontextbeschreibung, Nutzungsanforderungsspezifikation**)
- Designphase (Systemarchitektur, Softwaredesign, **Informationsarchitektur, Interaktionsdesign, UI Design/Styleguide**)
- Implementierungsphase (Erzeugung eines Prototypen bzw. des Produktes)
- Testphase (Softwaretest, **Heuristische Evaluation, Usability Test**).

Bevor man also mit der Entwicklung interkultureller Benutzungsschnittstellen beginnt, sollte man sich Gedanken über den Gesamtprozess machen und die einzelnen Schritte innerhalb des Entwicklungsprojektes planen. Im Folgenden werden die wesentlichen Aspekte (Anforderungensanalyse und Konzeptentwicklung; Designelemente und Implementierung; Evaluation und Test) des Prozesses für die Entwicklung interkultureller Benutzungsschnittstellen beleuchtet.

▶ Die Einführung von agilen Methoden (s. Kap. 7) kann den Prozess der Entwirrung vielfältiger und sich verändernder Stakeholder-Interessen aus verschiedenen Kulturen beschleunigen.

7.2 Anforderungsanalyse und Konzeptentwicklung

▶ Die Anforderungsanalyse bei der Entwicklung von Benutzungsschnittstellen besteht im Wesentlichen aus dem Verstehen und Beschreiben von Nutzungskontext und der Ableitung und Spezifikation von Nutzungsanforderungen als Grundlage für die Erstellung von Designlösungen interaktiver Systeme.

Der Benutzer eines interaktiven Systems muss bestimmte Aufgaben erledigen. Innerhalb der Aufgabendomäne haben Aufgaben eine gewisse Struktur (zum Beispiel das Senden elektronischer Post oder das Vorbereiten von Dokumenten). Die MMI sollte dann dieselbe Struktur besitzen. Als Teil des User Interface-Designs wird deshalb das Entdecken der Struktur der Aufgabendomäne gesehen. Dieser Entdeckungsprozess und seine Übersetzung in Benutzungsschnittstellen erfordert eine spezielle Expertise (vgl. Kap. 4).

▶ In der Anforderungsanalyse sind entsprechend des MMI-Handlungsebenenmodells (vgl. Kap. 4) die Geschäftsprozesse mit einzubeziehen um die Analyse der Anforderungen des interaktiven Systems im Kontext der gesamten Arbeitsorganisation zu erreichen (Abb. 7.2). Alle diese Fragen sollten bei der Entwicklung interkultureller Benutzungsschnittstellen für die jeweiligen kulturellen Zielkontexte beantwortet werden.

Bei der Anforderungsanalyse werden Fakten über die Benutzer mit ihren individuellen Bedürfnissen, Aufgaben und Zielen sowie die typische Nutzungsumgebung gesammelt. Die anschließende Formulierung von Nutzungsszenarien bildet dann die Basis zur Anforderungsdefinition. Methodisch stehen Befragungen und Beobachtungen zur Verfügung, welche persönlich, online, telefonisch oder als Gruppengespräch (Fokusgruppen) durchgeführt werden können. Es ist dabei eine Vielzahl von Variablen zu definieren, die in ihrer Kombination zu brauchbaren Ergebnissen führen, z. B. Überlegungen zur Zusammensetzung der Stichprobe oder zur quantitativen oder qualitativen Herangehensweise. Die Beobachtung von Benutzern erfolgt bei der Arbeit mit vergleichbaren Produkten oder bei der Erledigung vergleichbarer Aufgaben vor Ort, in einem Usability Teststudio oder remote. Ein geschulter Usability Professional (z. B. User Requirement Engineer oder Usability Engineer, s. Kap. 4.4.4) beobachtet und analysiert u. a. Aufgaben, Handlungsabläufe inklusive Stolperfallen und das Nutzungsumfeld. Der oder die Benutzer werden entweder bei ihrer typischen Arbeit beobachtet oder der Usability Professional entwirft konkrete Nutzungsszenarien, zugeschnitten auf die Fragestellungen der User Research Studie. Normalerweise werden Befragungen

	Aufgaben-angemessenheit	Vollständigkeit	Tätigkeits-spielraum	schöpferisches Arbeiten	Explorierendes Lernen
Pragmatiche Ebene	✓ Besteht ein genereller Bezug zur Aufgabe? ✓ 1st die Software mit anderen Organisationseinheiten kompatibel/vernetzbar? ✓ 1st die Software funktional erweiterbar?	✓ Können übergeordnete Ziele selbstständig in Teilziele unterteilt und in der Software abgebildet werden? ✓ Werden Funktionen nicht zerstückeit sondern in Handlungszusammenhänge gestellt?	✓ Kann die Software an individuelle Eigenschaften angepasst werden(z. B. Schriftgröße, Sprache)? ✓ Führen mehrere Funktionsketten zum Ziel?	✓ Sind Softwaremodule klar zuzuordnen? ✓ Können eigene Module der Software angelegt and kombiniert werden? ✓ Führen mehrere Modul- und Funktionsketten zum Ziel?	✓ Sind die Ordnungs- und Merkkriterien des Benutzers innerhalb der Software generierbar? ✓ Stimmen softwareinterne mit mentaten Modellen überein?
Semantische Ebene	✓ Dient die Ausführung von Funktionen der Zielerreichung?	✓ Wird die Auswirkung einer Funktion an den Benutzer zurückgemeldet? ✓ Kann die Übereinstimmung einer Softwareaktion mit den Handlungszielen überpruft werden? ✓ Bietet die Softawre Kommunikationsmöglichkeiten?	✓ Kann zwischen verschiedenen Funktionen gewählt werden? ✓ Kann zwischen verschiedenen Dialogarten und -tieten gewählt werden? ✓ Sind Exit- und Abbruch-Möglichkeiten vorhanden?	✓ Sind die Funktionsauswirkungen vollständig erkennbar? ✓ Sind die nötigen Denkprozesse auch nicht-algorithmischer Art? ✓ Kann bzw. muss vorhandenes Erfahrungs- und Handlungswissen eingebracht werden?	✓ Werden unterschiedliche Lernstrategien unterstützt? ✓ Sind die Funktionen analog zu bisherigen (nicht-computerisierten) Tätigkeiten? ✓ Können fehlerhafte Ausführungen einer Funktion rückgängig gemacht werden?
Syntaktische Ebene	✓ Entsprechen die Befehlbezeichnungen dem Aufgabenvokabular? ✓ Bildet die Vernetzungsstruktur der Software die Organisationsstruktur ab? ✓ Werden Funktionen organisationsweit gleich bezeichnet?	✓ Sind die verwendeten Begrifte und Funktionsberschreibungen dem Benutzer aus seinem Arbeitsumfeld vertraut? ✓ Sind diese Bezeichnungen dem Lebensalter der Benufzer angepasst?	✓ Kann zwischen Menüsteuerung und Kommandoeingabe gewählt werden?	✓ Werden gleiche Parameter gleich bezeichnet? ✓ Können Bezeichnungen modulübergreifend individualisiert werden?	✓ Wird ein Wiederauffrischen des bereits Gelernten ermöglicht? ✓ Repräsentieren die Befehlsbezeichnungen die jeweiligen Funktionen (sinnvolle Aktivierung mentaler Modelle)?
Physikaliche Ebene	✓ Sind Art und Form der Ein- und Ausgabe der Aufgabe angepasst?	✓ Wechsein Art und Form der Ein- bzw. Ausgabe? ✓ Werden monotone Tätigkeiten (z. B. Dateneigabe) möglichst reduziert?	✓ Kann zwischen der Eingabe per Tastatur bzw. Maus gewählt werden? ✓ Sind Tastenbelegungen (Shortcuts) modifizierbar?	✓ Sind Menüstruktur und Tastenbelegung einheitlich? ✓ Kann die Ausgabe individualisiert werden?	✓ Werden Lern- und Aufgabeninhalte deutlich voneinander abgegrenzt? ✓ Kann die fehlerhafte Eingabe von Daten (Tippfehler) leicht korrigiert werden?

Abb. 7.2 Für den kulturellen Nutzungskontext zu prüfende Anforderungen aus dem Handlungsebenenmodell von Herczeg 2005. (Quelle: Herczeg 2005)

und Beobachtungen kombiniert. Zur Erhebung von Benutzererfordernissen aus welchen sich die Nutzungsanforderungen ableiten lassen, gibt es verschiedene Ansätze wie z. B.

- Aufgabenanalyse (Hackos und Redish 1998),
- Kontextanalyse (Beyer und Holtzblatt 2007),
- Aktivitätstheore (Kaptelinin und Nardi 2012).

Fraglich ist im Moment immer noch, ob Modelle zur Aufgabenanalyse wie CTT, GOMS, TaskModL und Design Rationale wie problembasierte Informationssysteme (IBIS) oder Questions, Options, Criteria (QOC) sowie patterns auch im interkulturellen Kontext problemlos funktionieren.

▶ Auch wenn es bereits einige Studien zur Analyse geeigneter Methoden für den kulturellen Kontext gibt, werden bisher noch überwiegend folgende Techniken der Benutzerpartizipation für frühe Entwicklungsphasen genutzt, welche sich für den kulturellen Kontext eignen: Fokusgruppen (Honold 2000), Interviews (Winschiers-Theophilus et al. 2010) und Feldbeobachtungen (Röse 2002; Honold 2000).

Schwerpunkt des interkulturellen Usability Engineerings und damit des interkulturellen UI-Designs ist die Durchführung interkultureller empirischer Studien (Benutzerstudien oder User Research Studien). Interkulturelles User Research bedeutet die systematische Erforschung der Benutzer eines Produkts, ihrer jeweiligen Nutzungssituationen und ihrer Anforderungen an das Produkt im interkulturellen Kontext (vgl. auch Kap. 5.1).

Um Ressourcen im Prozess der Datenerhebung zu sparen, sind Vorgehensweisen gefragt, welche eine Analyse des Benutzers gewährleisten, ohne ein Testing vor Ort vornehmen zu müssen z. B. durch Online-Studien oder Remote-Testing (vgl. Heimgärtner 2008). Dies ist aber aus verschiedenen Gründen nicht unproblematisch. Es fehlen beispielsweise der Einblick in die Arbeitsumgebung und der Blick des Testleiters (z. B. eines Usability Testers, s. Kap. 4.4) auf die kulturellen Unterschiede vor Ort.

Da vor einer geplanten Lokalisierung des Produktes (s. Kap. 3) in den meisten Fällen aber bereits Mitarbeiter (z. B. Vertriebsingenieure, Einrichtungsingenieure, etc.) im Zielumfeld arbeiten, empfiehlt es sich deshalb Interviews mit diesen Mitarbeitern in den entsprechenden Niederlassungen über die örtlichen Gegebenheiten durchzuführen.

Der häufig erlebte „Kulturschock" und die sich darin manifestierten Erfahrungen dieser Personen tragen auch dazu bei, dem Systementwickler ein realeres Bild vom Benutzer des Systems zu vermitteln.

▶ Neben statistischen Daten über den Länderdurchschnitt (vgl. etwa das „World Fact Book" des CIA) können auf diese Weise Informationen gesammelt werden, welche aus dem Produktionsumfeld stammen und bereits erste Schnittpunkte oder Problematiken bezüglich Benutzeranforderungen und demografischer Daten aufgedeckt werden.

Dieses Wissen ist eine wesentliche Messlatte bei der Entwicklungs- und Gestaltungsarbeit des die Anforderungen erfüllenden interaktiven Systems bzw. der interkulturellen Benutzungsschnittstelle – denn der Anspruch ist, dass das Produkt sich dem Menschen anpassen muss und nicht andersherum (vgl. Kap. 4).

Interkulturelles User Research ist vor und während der Entwicklung in einem iterativen Prozess sinnvoll. Vor, bzw. am Anfang einer Entwicklung steht die Sammlung von Anforderungen und Erwartungen der Benutzer. Sobald erste Bedienkonzepte entwickelt worden sind, müssen diese erfahrbar gemacht werden (Prototyping), um die Passung der Konzepte auf die zuvor erhobenen Anforderungen und Erwartungen der Benutzer zu evaluieren. Durch iterative Optimierung auf Grundlage des Wissens aus User Research Aktivitäten (s. Kap. 4) entsteht ein Produkt mit optimaler Usability.

> Ziel ist letztlich ein strukturierter Prozess für interkulturelles MMI-Design. Bis heute gibt es im Allgemeinen nur wenige vollständige und durchgängige systematisierte Methoden im MMI-Designprozess, welche den Designer bei der Erstellung von Benutzungsschnittstellen (UIs) unterstützen – insbesondere für die Berücksichtigung kultureller Aspekte.

Um dieser schwierigen Aufgabe zu begegnen, ist es sinnvoll einen modellbasierten systematischen Ansatz zu wählen. Eine modellorientierter Ansatz, welche viele dieser Ansätze innerhalb einer strukturierten Arbeitsweise vereint, ist der Usage Centered Design Ansatz (vgl. Constantine und Lockwood 2003). Aufgrund einer konsequent strukturierten Arbeitsweise können mit diesem modellbasierten Ansatz auch kulturelle Aspekte systematisch in den Produktentwicklungsprozess mit einbezogen werden (Windl und Heimgärtner 2013).

Dabei kann auch die Usecase-Modellierung (UML) als Geschäftsprozess- und Workflowmodellierung nach BPMN mit entsprechenden Aktivitätsdiagrammen eingesetzt werden. Aufgabe aller Prozessbeteiligten dabei ist es, zu analysieren, an welchen Stellen des Prozesses kulturelle Einflüsse zum Tragen kommen, um möglichen Hindernissen in interkulturellen Projekten entgegenzuwirken (Hoffmann et al. 2004).

> Die Einbeziehung kultureller Aspekte im MMI-Design spielt insbesondere bei der Analyse der Benutzer- und Systemanforderungen eine entscheidende Rolle, da sich hier ein Mangel auf den gesamten weiteren UI-Entwicklungsprozess negativ in Form von höheren Fehlerraten und Projektkosten niederschlagen kann. Dies wird durch ein systematisches interkulturelles Entwurfsverfahren ermöglicht. Darüber hinaus hilft ein solches Verfahren Entwicklern von Benutzungsschnittstellen

- den Entwicklungsprozesses erfolgreich zu starten (d. h. festzulegen, was getan werden muss und in welcher Reihenfolge),
- eine Anleitung zu haben, von Anforderungen zur Spezifikation zu kommen,
- bessere Systeme zu entwickeln.

7.2.1 Exkurs: Usage-Centered Design Ansatz zur systematischen Modellbildung

Ein hybrider Modellansatz integriert die Activity Theorie in den bewährten und erfolgreichen Usage Centered Design Ansatz für die systematische modellbasierte Anforderungsanalyse und erweitert diesen um kulturelle Modelle, um kulturelle Aspekte in der Gestaltung von MMI-Systemen zu berücksichtigen und kulturelle Kontexte abzudecken (Windl und Heimgärtner 2013). Dadurch wird eine klare und saubere Führung durch den gesamten Design-Prozess zu einer interkulturellen Benutzungsschnittstelle sichergestellt und so eine Alternative zu try-and-error-Ansätzen geboten, welche versuchen, Mängel und Probleme eines schlechten Designs durch iteratives Testen und Reparieren zu finden und zu beheben. Im Gegensatz zum User-Centered Design, das zunächst den Benutzer in den Vordergrund stellt und dann über die Aufgaben zur Systemgestaltung übergeht, beginnt Usage-Centered Design mit den Aufgaben und geht dann vom Benutzer zur Systemkonzeption über.

> Interkulturelles Usage-Centered Design (IU-CD) dient als systematische und modellbasierte Methode zur Ermittlung der Nutzungsanforderungen für die Gestaltung interkultureller Benutzungsschnittstellen (vgl. Windl und Heimgärtner 2013).

Dieser Ansatz hilft Entwicklern interkultureller Benutzungsschnittstellen direkt mit der Arbeit loszulegen und anhand strukturierter Orientierungshilfen während des gesamten Konstruktionsprozesses den Überblick sowie Einblicke in wiederverwendbare Modelle zu behalten und damit zu besseren interkulturellen Systemen zu gelangen. Usage-Centered Design (Constantine und Lockwood 1999) ist ein systematischer Prozess mit abstrakten Modellen, um Benutzungsschnittstellen für Softwaresysteme zu entwerfen, welche alle Aufgaben unterstützen und damit den Benutzer vollständig erreichen. Die Benutzungsschnittstellen leiten sich direkt und systematisch aus einer Reihe von miteinander verbundenen Kernmodellen ab. Mittelpunkt des Prozesses ist das robuste, feinkörnige Aufgabenmodell (Task Model), das eine Sicht der Benutzer hinsichtlich der Funktionalität des Systems umfasst und im Wesentlichen in Use Cases ausgedrückt wird. Usage-Centered Design (U-CD) hat einen klaren Fokus auf User-Performance. Mit diesem Ansatz entstehen Systeme, welche den Benutzern erlauben, ihre Aufgaben genauer, zuverlässiger und in kürzerer Zeit zu erledigen (vgl. Constantine 2004). Erstmals in den frühen 1990er-Jahren entwickelt, ist U-CD eine bewährter, industriestarker Ansatz, der verwendet wurde, um alles von industriellen Automatisierungssystemen (vgl. Windl 2002) und der Unterhaltungselektronik bis hin zu Bank-und Infotainment-Applikationen zu entwickeln (vgl. Constantine und Windl 2009). Dies ist möglich, weil U-CD ein schlanker, von einfachen Modellen getriebener Prozess ist, der gut skalierbar ist. Dieser Ansatz wurde für Projekte von wenigen Personen Monaten Dauer bis hin zu Großprojekten verwendet (Constantine und Lockwood 1999; Ferr et al. 2001).

> Das Usage-Centered Design-Verfahren (U-CD) wird in Analyse- und Entwurfsphase aufgeteilt (Abb. 7.3). Rollen- und Aufgabenmodell sind die Ergebnisse der Benutzer- und Aufgabenanalyse. Das Inhaltsmodell (Content Model) zusammen mit dem Umsetzungsmodell (Implementation Model) sind die Ergebnisse aus der Design-Phase.

Das Usage-Centered Design gruppiert sich um drei einfache Kernmodelle, die die Beziehungen zwischen Benutzer und System (Rollenmodell), die Benutzeraufgaben (Aufgabenmodell) und den Inhalt und die Struktur der Benutzungsschnittstelle (Inhaltsmodell) repräsentieren. Das Inhaltsmodell leitet sich direkt aus dem Aufgabenmodell ab, das wiederum aus dem Rollenmodell abgeleitet ist. Alle Modelle bestehen jeweils aus zwei Teilen, einer Beschreibung und einem zusätzlichem Modell, das die Beziehung zwischen den Beschreibungen modelliert.

Beim Blick auf die kulturellen Aspekte finden wir eine Vielfalt unterschiedlicher Aspekte. Interkulturelle Variablen (Röse und Zühlke 2001), Eigenschaften der Benutzungsschnittstelle (Marcus 2001) und MMI-Dimensionen (Heimgärtner 2012) lassen sich mit kulturellen Aspekten verbinden und repräsentiern so mehr oder weniger überlappende spezifische kulturelle MMI-Design Regeln und Richtlinien, welche das visuelle Design und das Interaktionsdesign eines Systems beeinflussen (vgl. Kap. 5). Da diese statisch sind (d. h. unabhängig vom Zweck des Systems), gelten sie für fast alle Systeme und sind nicht spezifisch für ein bestimmtes System. Systemspezifische kulturelle Aspekte sind speziell für ein bestimmtes System ausgelegt. Die Aspekte sind in der Regel das Ergebnis von Nutzungsanforderungs- und Aufgabenanalyse und werden von Benutzerrollen und Aufgabenstrukturen beeinflusst. Zum Beispiel hat eine Benutzerrolle verschiedene markante

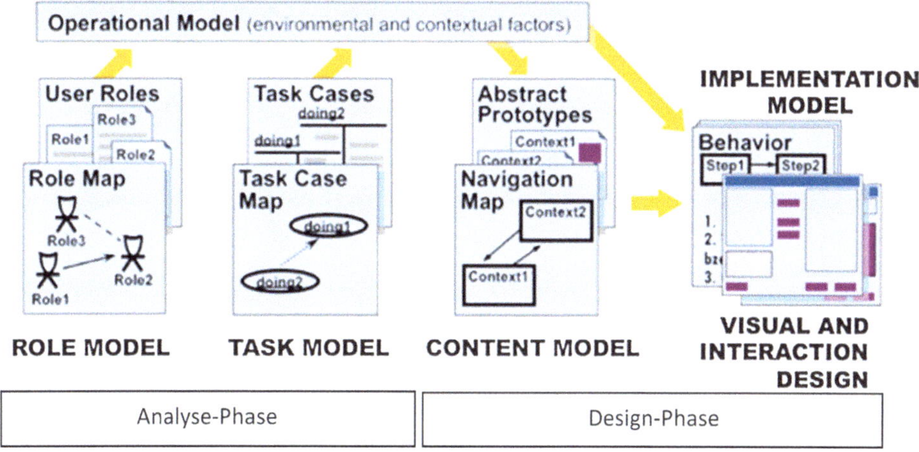

Abb. 7.3 Hauptbestandteile des Usage-Centered Design (UC-D) Prozesses. (Quelle: Windl und Heimgärtner 2013)

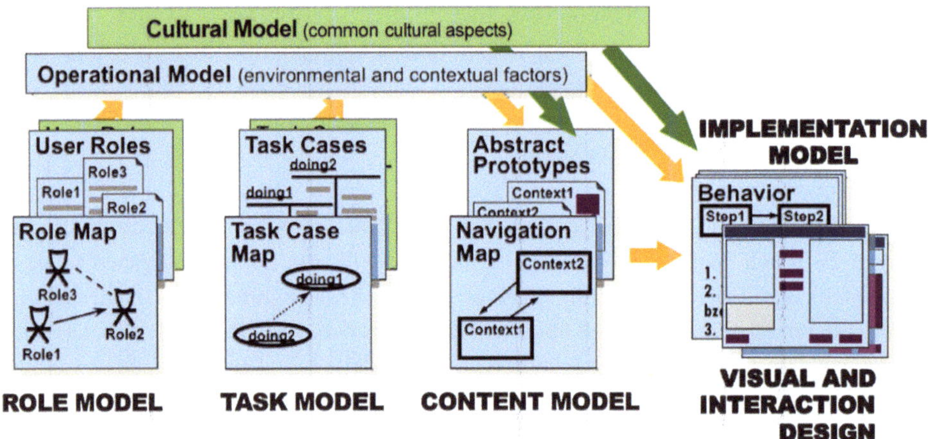

Abb. 7.4 Erweiterter Usage-Centered Design Prozess durch ein kulturelles Modell. (Quelle: Windl und Heimgärtner 2013)

Hintergründe in verschiedenen Ländern und erfordert daher unterschiedliche Aufgabenstrukturen in verschiedenen Ländern. Ein weiteres Beispiel wäre, dass ein und dieselbe Aufgabe einen radikal anderen Verlauf in verschiedenen Ländern aufweist. Ein Beispiel dafür ist die Adresseingabe in ein GPS-Navigationssystem in den USA und in China. In China ist die übliche Strategie, um eine Position zu finden, nicht die Postanschrift zu verwenden, sondern entweder eine Straßenkreuzung oder über einen Point of Interest (POI, vgl. Kap. 6) in der Nähe der gewünschten Stelle zu suchen. Welches Verfahren dabei verwendet wird ist auch abhängig davon, an welcher Stelle man sich gerade in China befindet, an der das Navigationssystem verwendet wird. Neben den verschiedenen Arten von kulturellen Aspekten ist es wichtig, Methoden der Lokalisierung und Internationalisierung innerhalb eines interkulturellen UI-Designs zu berücksichtigen, um künftige Entwicklungszeiten der Software zu reduzieren.

> Um die kulturellen Aspekte und die Internationalisierungsanforderungen in U-CD zu integrieren, ist es notwendig, diesen zu erweitern und Anpassungen am bestehenden Verfahren an verschiedenen Stellen vorzunehmen. Die gemeinsamen Aspekte für das interkulturelle UI-Design werden in einem kulturellen Modell ähnlich dem bestehenden „Operationsmodell" aufgenommen (Abb. 7.4).

Da der Inhalt des kulturellen Modells das visuelle Design und das Interaktionsdesign beeinflusst, wird dieses neue Modell die Übergänge vom Aufgabenmodell zum Inhaltsmodell und vom Inhaltsmodell zum Umsetzungsmodell beeinflussen. Das kulturelle Modell erfasst die gemeinsamen Regeln für jene Kulturen, für die das System ausgelegt werden soll.

Culture

Appearance (Color, Layout, Font, Density...)

Navigation (Hierarchy, Menu Tree, Structure...)

Metaphors (Sound, Icons, Symbols...)

Mental models (Context, Cognitive Style, Metaphysics...)

Interaction (Speed, Frequency...)

Abb. 7.5 Qualitativer Inhalt des kulturellen Modells. (Quelle: Windl und Heimgärtner 2013)

Abb. 7.6 Notation für einen kulturellen Identifikator, welche die Gültigkeit für alle Kulturen außer China ausdrückt

> Für jede Kultur wird je ein eigenes kulturelles Modell verwendet (Abb. 7.5). Der Inhalt des kulturellen Modells ist vor allem auf die Eigenschaften der Benutzungsschnittstelle (vgl. Marcus 2007) und die MMI-Dimensionen (vgl. Heimgärtner 2012) bezogen und beschreibt eine Benutzerschnittstelle auf abstrakter Ebene, welche mit den speziellen Werten für die gewünschte Kultur gefüllt wird.

In internationalisierten Systemen, welche in verschiedenen Kulturen eingesetzt werden, ist es notwendig, verschiedene Kulturen auf der Ebene der Rollen- und Aufgabenmodelle zu implementieren, da es hier kulturabhängige Versionen der gleichen Benutzerrollen als auch der Aufgabenstrukturen geben kann. Die Rollen- und Aufgabenmodelle für verschiedene Kulturen werden mit einem kulturellen Identifikator erweitert, der mit einem Rhombus auf Länderebene mit dem ISO-Ländercode übereinstimmt (Abb. 7.6).

> Um auch kulturelle Aspekte abdecken zu können, welche nicht in dieses Landesschema passen (wie religiöse Nennungen, Einheimische, oder jegliche andere kulturelle Zielgruppen), ist es möglich, projektspezifische kulturelle Identifikatoren zu verwenden.

Die Task-Case-Map enthält alle Task-Cases und als auch die Beziehungen zwischen den Task-Cases. Dabei werden die Task-Cases mit ihrem Namen inklusive keinem, einem oder mehreren kulturellen Identifikatoren versehen (Abb. 7.7).

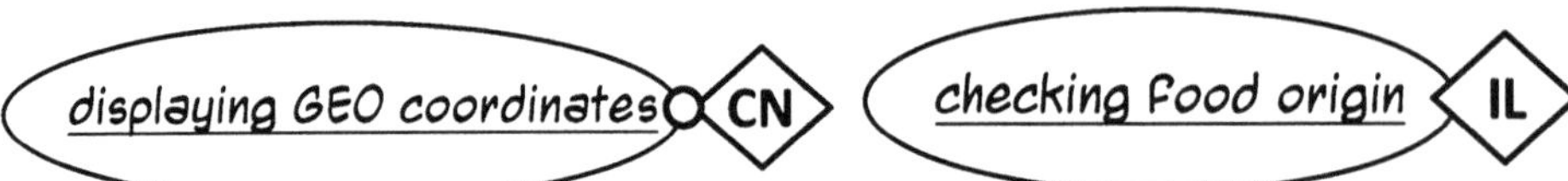

Abb. 7.7 Task Cases mit unterschiedlichen kulturellen Identifikatoren. (Quelle: Windl und Heimgärtner 2013)

▶ Der Ansatz des interkulturellen Usage-Centered Designs (IU-CD) hilft den Entwicklern interkultureller Benutzungsschnittstellen System- und Nutzungsanforderungen systematisch zu erheben und zu modellieren und anhand exakter Modelle passende interaktive Systeme von hoher Usability und UX zu erstellen.

7.2.2 Nutzungskontext und Nutzungsanforderungen

▶ Die Gebrauchstauglichkeit eines Systems hängt stark davon ab, wie der Benutzer mit dem System zurechtkommt (vgl. DIN 2006). Der Grad des Zurechtkommens kann zum Beispiel durch Beobachten und Befragung eines Benutzers während der Interaktion mit dem System ermittelt werden (vgl. Nielsen und Molich 1990 und Nielsen 1990).

In diesem Fall versprachlicht der Benutzer seine Wünsche und damit auch seine Bedürfnisse hinsichtlich der Usability des Systems. Beobachtung ist eine Technik für das Sammeln von Kontextinformationen bezüglich Erfordernissen. Während einer Beobachtung sieht der User Requirements Engineer dem Benutzer bei der Ausführung von Aufgaben am interaktiven System zu. Der User Requirements Engineer greift nicht ein, außer es besteht die Notwendigkeit zu einer klärenden Frage. Ein Interview (kontextuell) ist eine Technik zur Sammlung von Informationen über den Nutzungskontext und Erfordernissen. Der Interviewer (der User Requirements Engineer) stellt dem Benutzer Fragen über gegenwärtige Abläufe im Lichte des geplanten interaktiven Systems. Das Interview findet dort statt, wo die Interaktion des Benutzers mit dem interaktiven System üblicherweise stattfindet, z. B. am Arbeitsplatz des Benutzers.[4] Dabei stellt eine schriftliche Interviewcheckliste mit passenden Fragen und Hinweisen, die während eines Interviews verwendet wird, sicher, dass alle relevanten Themen berücksichtigt werden.

Kommen diese Methoden innerhalb des MMI-Designs nicht zum Einsatz, fehlen dem User Requirement Engineer als auch dem Entwickler das Wissen über die Benutzerbedürfnisse. Können dann nicht alle erforderlichen Erfordernisse und Nutzungsanforderungen abgeleitet werden oder sind sie falsch, erhält man ein Produkt mit minderwertigem Design.

[4] Das kontextuelle Interview hat daher immer einen Kontextbezug und wird daher oft ‚contextual inquiry' bezeichnet.

Die Folgen liegen auf der Hand: Der Benutzer zeigt kein Interesse am Produkt, weil es seine Bedürfnisse nicht abdeckt oder er kann das Produkt nicht ordnungsgemäß verwenden, weil wesentliche Bestandteile der Benutzungsschnittstelle fehlen und dadurch eine spezifische Aufgabenbearbeitung zu lange dauert oder Aufgaben gar nicht gelöst werden können.

- Der individuelle kulturelle Nutzungskontext muss für relevante Nutzungssituationen spezifiziert werden, um ein vertieftes Verständnis der individuellen kulturspezifischen Bedürfnisse des Benutzers zu entwickeln. Über qualitative Techniken der Markforschung hinaus sind auch quantitative Methoden einzusetzen. Dabei sind auch internationale Anforderungen zu berücksichtigen.

Zum Beispiel könnte es im Falle von Navigationssystemen sein, dass Geschäftsführer weltweit ähnliche Anforderungen an implementierte Funktionen stellen, wie E-Mail-Empfang und regelmäßig aktualisierte Nachrichten, während Taxifahrer im Kontrast dazu eine präzise Voraussage von Verkehrshindernissen benötigen. Detaillierte Beobachtungen des Benutzers ‚*in situ*', d. h. in typischen Verhaltensszenarien, sind hier sinnvoll.[5] Auf dieser Basis können dann die MMI-Dimensionen, die UI-Charakteristiken, die interkulturellen Variablen und die kulturellen Dimensionen innerhalb des Nutzungskontextes beschrieben werden.

- Die Bestimmung aller unterschiedlichen Anforderungen von allen Stakeholder-Gruppen erfordert, dass alle Anforderungen der vorhergehenden Prozessschritte identifiziert und diese Anforderungsspezifikationen unabhängig von ihrer Herkunft gesammelt und entsprechend konsolidiert (d. h. geklärt und bereinigt) werden.

Es sind alle Bedürfnisse, Interessen, Erwartungen und Verhaltensmuster der unterschiedlichen Benutzergruppen zu erfassen. In einem internationalen Kontext ist es wichtig festzustellen, dass nicht eine einzige homogene Benutzergruppe vorliegt, sondern dass es weltweit tausende oder gar Millionen individueller Benutzer gibt, wie z. B. im Fall eines Verbraucherprodukts wie dem Mobiltelefon. Um die Komplexität dieser Erhebung besser in den Griff zu bekommen, werden diese Benutzer verdichtet zu erdachten Benutzergruppen. Eine erdachte, spezifische und konkrete Darstellung des Zielbenutzers (‚Persona') hilft den Produktteams den Benutzer besser zu verstehen und daher ihre Produkte zu verbessern (vgl. Cooper 1999 und Cooper et al. 2007). Der IUID-Prozess erfordert mehr als eine einzige Persona; differenzierende Personas vertreten kulturell unterschiedliche Benutzergruppen. Eine

[5] Dabei können z. B. Prinzipien des „design thinking" zum Einsatz kommen. In diesem Beispiel könnte zum Beispiel ermittelt werden, wann, wo, wie und wie lange ein Benutzer Daten in das Navigationssystem eingibt.

Untersuchung des menschzentrierten Gestaltungsprozesses (vgl. ISO 9241-210) zeigte (s. Kap. 4), dass der gegenwärtige Prozess diese Anforderungen nicht vollständig erfüllt (vgl. Heimgärtner 2014). Wenn die Nutzungsanforderungen nicht ganz am Anfang des Entwicklungsprozesses vollständig verstanden werden, besteht die Gefahr, dass keine einheitliche allgemeine Grundstruktur entwickelt werden kann, die dann an die lokalen kulturspezifischen Anforderungen angepasst werden kann (entsprechend der Prinzipien der Lokalisierung und Internationalisierung, s. Kap. 3).

Darüber hinaus müssen Anforderungen mit den strategischen Zielen der Herstellerfirma des Produktes verglichen werden und diejenigen Anforderungen, die nicht der Unternehmensstrategie entsprechen, müssen entfernt werden. Weiterhin müssen alle Interessenskonflikte bei der Anforderungserhebung gelöst werden (z. B. kleiner Bildschirm vs. großer Bildschirm, touch-screen vs. Tastatur).

▶ Die konsolidierten Anforderungen geben die Produktionsziele des Projekts vor. Die Befolgung dieser von ihren Lösungen abgekoppelten Ziele sind schließlich durch Erfüllung der Anforderungen gemäß dem SMART-Prinzip zu erreichen: spezifisch, messbar, erreichbar (attainable), realistisch und zeitnah (timely).

7.3 Komponenten eines Lokalisierungsprojektes

Im diesem Abschnitt werden die Komponenten, die beteiligten Personen und die Lokalisierungsprozesse in einem herkömmlichen Softwarelokalisierungsprojekt und damit die Einbettung direkt nutzbaren handlungsrelevanten Wissens in die Prozesse der Internationalisierung und Lokalisierung von Software vorgestellt. Die Grundvoraussetzung für ein Lokalisierungsprojekt ist ein zu lokalisierendes Softwareprodukt. Auch wenn jedes Lokalisierungsprojekt einzigartig ist, kann man aufgrund von Faktoren wie Art der Software, Kundenanforderungen, Budget, und Zeitplan einige Komponenten identifizieren, die typisch für ein Lokalisierungsprojekt sind (Abb. 7.8):

▶ Im Normalfall beinhalten Softwareprodukte zwei Hauptkomponenten: Software und Dokumentation.[6]

Zur Dokumentation gehören nach (Esselink 2000) gedruckte Dokumentation, Online-Dokumentation, Webseiten, Online-Handbücher und Online-Hilfe. Zu Softwareprodukten gehören normalerweise auch ein bis zwei gedruckte Handbücher: für gewöhnliche eine Installationsanleitung (die dem Benutzer erklärt, wie die Installation zu erfolgen hat) und

[6] Diese Unterscheidung verschwindet zunehmend mit der Verwendung integrierter Lokalisierungswerkzeuge (vgl. Kap. 7).

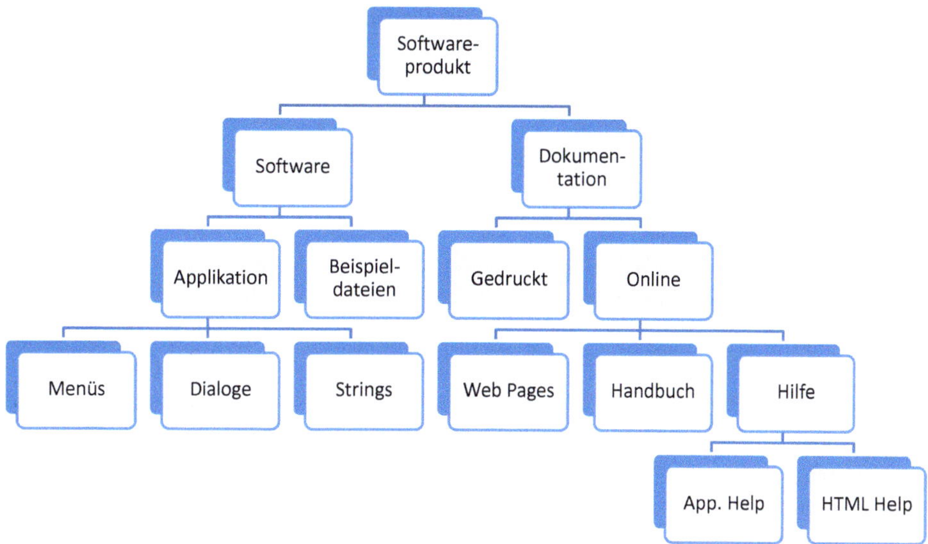

Abb. 7.8 Typische Komponenten eines Lokalisierungsprojekts. (Quelle: eColore-WebSite der Universität Saarbrücken, http://fr46.uni-saarland.de/index.php?id=662. Zugegriffen am 26.10.2016)

eine Anleitung über die ersten Schritte (sie bietet eine kurze Einführung in die Anwendung). Andere gedruckte Dokumente, die mit einem Softwareprodukt geliefert werden können, sind Referenzkarten, Marketingmaterial, Registrierungskarten, Produktverpackungen etc. Softwareanbieter bevorzugen oft die Online-Dokumentation, da dies die Druckkosten senkt und die Verbreitung von Updates oder die Überarbeitung über das Internet einfacher ist. Online-Dokumentation beinhaltet Webseiten, Online-Handbücher und Online-Hilfe. Webseiten ermöglichen es den Softwareunternehmen, Texte und andere Informationen über ihre Softwareanwendungen dynamisch und interaktiv im Internet zu veröffentlichen. Online-Handbücher erscheinen üblicherweise in einem elektronischen Austauschformat (z. B. als Portable Document Format (PDF)). Sie können entweder mit einem entsprechenden Programm geöffnet und gelesen oder ausgedruckt werden. Online-Hilfe ist von der Softwareanwendung aus auf dem Bildschirm direkt zugänglich. Sie ermöglicht es den Benutzern, nach bestimmten Themen zu suchen und zwischen verschiedenen Themen hin- und herzuspringen.

▶ Lokalisierungsprojekte beginnen meist mit der Softwareübersetzung, was die Übersetzung der Komponenten der grafischen Benutzungsschnittstelle einer Anwendung wie Menüs, Dialogboxen und Strings (Fehlermeldungen, Fragen etc.) und alle Beispieldateien beinhaltet, welche mit der Software möglicherweise zu Demonstrationszwecken zur Verfügung gestellt werden. Die Übersetzung der Dokumentation sollte iterativ und parallel zum Reifegrad der Software erfolgen.

7.3.1 Kernelemente der Übersetzung und Lokalisierung

▶ Bei der Internationalisierung und Lokalisierung von Software sollten sich alle Beteiligten der Kernelemente der Lokalisierung stets bewusst sein und diese entsprechend berücksichtigen, da sie sonst mögliche Problemquellen darstellen, welche im Entwicklungsprozess Aufwände und Inakzeptanzen beim Benutzer hervorrufen können.

Zu Lokalisierungselementen gehören z. B. Terminologie, Symbole, Diagramme, Grafiken und Fotos, Farben, Zeichensätze, Schriftarten/Typografie, Sprache und Stil, Formate und weitere Aspekte bezüglich Platzbedarf, Anordnung im Layout, Menüanpassung, Icongestaltung, Metaphernverwendung sowie Navigationsdesign. Eine ausführliche Präsentation von Lokalisierungselementen und -richtlinien findet sich z. B. in Fernandes (1995) und Tuthill und Smallberg (1997).[7]

Die Lokalisierung eines Softwareproduktes enthält die Lokalisierung all seiner Komponenten (Applikation, Dokumentation, sonstige Materialien). Eine Softwareanwendung besteht aus einem Programmcode und einer MMI-Spezifikation bzw. MMI-Elementen. Der Programmcode enthält die Befehle, um die Leistung und Funktionen des Programms zu überwachen.

MMI-Elemente bilden die Grundlage für die „Kommunikation" zwischen Benutzer und Programm. Sowohl Programmcode als auch MMI-Elemente müssen lokalisiert werden. Im Programmcode sind z. B. Datum, Uhrzeit, Anzahl, Währung und Papierformat, Hotkey- oder Shortcut-Kombinationen und Zeichensätze und in den MMI-Elementen Button-Labels, Tooltipps, Menüs, Untermenüs, Dialogfelder und deren interne Elemente (Optionen, Listen, usw.), Systemmeldungen (Fehler- oder Statusmeldungen), usw. anzupassen.

Die Anpassung der Dokumentation umfasst die Softwaredokumentation und lokalisierbaren Text in der Anwendung. Die Auslagerung dieser Dokumente und den MMI-Elementen zur Übersetzung erfolgt mit sogenannten Austauschformaten (z. B. inx-Format (InDesign Interchange Format) oder XML) (vgl. eColore WebSite Universität Saarbrücken), wodurch die Unterscheidung von Software- und Dokumentlokalisierung immer mehr verschwindet ((Schildhauer 2000), Fa. Passolo, Fa. Linguatec).

▶ In Zeiten der Globalisierung ist es sehr wichtig für Unternehmen, Einrichtungen oder Produkte, im Internet präsent zu sein. Diese Präsenz in Form einer Webseite sollte auch auf die lokalen Zielmärkte abgestimmt sein.

[7] In Kap. 7 wird auf wesentliche Aspekte der Lokalisierung näher eingegangen.

Eine vielsprachige Webseite ist oft anfangs nicht geplant und daher steht die Lokalisierung dann mit zunehmendem Markt später an. Webseiten bestehen aus mehreren Elementen, die zu übersetzenden Text enthalten können oder die an den Zielmarkt angepasst werden müssen, wie bspw. Textblöcke, Grafiken, Audio- oder Video-Aufnahmen, Schaltflächen, Animationen, Hyperlinks und Navigationselemente. Diese Elemente sind eng miteinander verknüpft und bilden einen komplexen Text. Webseiten können statisch oder dynamisch sein, je nach Art des in ihnen dargestellten Textes. Statische Webseiten bestehen aus statischem Text in HTML-Dateien. Dynamische Webseiten enthalten Texte, die aus Datenbanken erstellt wurden und regelmäßig aktualisiert werden. Daher ist bei der Vorbereitung eines Lokalisierungsprojektes für eine Webseite eine Analyse von Sprache und Design, Dateiformate sowie der Strategien für die Verwendung der Dateiformate (HTML, XML, ASP, JSP etc.) und Inhalte (Text, Grafik, Animation, Audio, Video etc.) nötig, um z. B. festzustellen, welche übersetzbaren Text oder kulturspezifische Inhalte enthalten sind, die angepasst werden müssen.

▶ Da sich der Inhalt von Websites sehr oft ändert, ist es empfehlenswert, einen Lokalisierungsarbeitsablauf zu entwickeln und zu systematisieren.

Zu diesem Zweck können Content-Management-Systeme (CMS) verwendet (z. B. Typo3, Joomla etc.) verwendet werden. Mit diesen Plattformen ist es möglich, Inhalte zu entwickeln und zu organisieren, so dass neuer oder veränderter Text extrahiert und an Übersetzer weitergeleitet werden kann. CMS ermöglichen auch eine Versionskontrolle, d. h. es werden zum Beispiel nur die aktuellsten Versionen der Website angezeigt (vgl. Zerfaß 2005).

Nach Lokalisierung einer Website müssen folgende Aspekte beachtet werden, um die Qualität des Endprodukts (d. h. der lokalisierten Website) zu sichern:

- Überprüfen, dass sie Navigation der lokalisierten Website korrekt funktioniert
- Alle Links überprüfen
- Alle lokalisierten Grafiken und Symbole anzeigen um zu sehen, ob sie korrekt angezeigt werden
- Dynamische Sites überprüfen, z. B. ob Benutzerabfragen, die von Datenbankfunktionen abhängen, korrekt funktionieren
- Verschiedene Browser auszuprobieren, um zu überprüfen, dass die lokalisierte Website korrekt angezeigt wird
- Aktualisierung.

7.3.2 Lokalisierungs-Kits (LocKits) / L10N-KIT

▶ Ein „Locale" ist die kulturabhängige Komponente der Software und ist reich an Einheiten, die spezifisch für eine bestimmte Zielkultur sind.

Diese Elemente fassen Dinge wie Dialog und Fehlermeldungen und Menünamen zusammen, die übersetzt und in einem eigenen Ordner gespeichert werden. Es gibt einen Ordner für jede Kultur, was eine Adaptierung der Seitenorientierung (von links nach rechts auf Dänisch oder Englisch und von rechts nach links auf Arabisch) und an das Vokabular erlaubt („color" im American English und „colour" im British English). Ist eine Schnittstelle in einer neuen Sprache erforderlich, dann findet die Lokalisierung in den kulturabhängigen Komponenten statt – lediglich die Ordner werden lokalisiert; es gibt keine Modifizierung der kulturunabhängigen Komponente der Software.

▶ Ein Lokalisierungs-Kit (LocKit) sollte alle Informationen enthalten, die der Übersetzer zur Lokalisierung benötigt. (Zerfaß 2005) gibt schrittweise Tipps zur Erstellung eines LocKits (vgl. auch die I18N-L10N-Checkliste in Anhang B dieses Buches).

LocKits sind zielorientiert angelegt und beinhalten – neben den zu lokalisierenden Dateien – eine Beschreibung des Arbeitsablaufs, der Ressourcen (Glossare, Stilrichtlinien für Benutzungsschnittstellen, usw.) und teilweise auch Tools für die Lokalisierung (L10N-Tools, Translation-Memories, Editoren, usw., - oftmals als kostenlose Übersetzungsversionen, die nur dem Übersetzer erlaubt, das entsprechende Projekt zu bearbeiten und die keine Erstellung neuer eigener Projekte ermöglicht) (Müller 2005). Natürlich erfordern Softwarelokalisierungsprojekte viele organisatorische Details, um die sich der Projektmanager kümmert.

▶ Eine Möglichkeit, Kommunikationsprobleme innerhalb eines Lokalisierungsteams zu vermeiden ist es, allen Beteiligten an dem Projekt mittels eines L10N-Plans einen Überblick über sämtliche Projektphasen zu geben.

Der Lokalisierungsplan bietet einen Überblick über alle Projektphasen. Er enthält die Produktbeschreibung (Produktname, Gebrauch, Website, frühere Versionen und Wortanzahl), frühere Versionen (in welchen Sprachen liegen verfügbare frühere Versionen vor, wer war für die Lokalisierung verantwortlich?), das Team (Name und Verantwortungsbereich der Teammitglieder; Organisationstabelle) sowie das Sachziel eines Projektes als auch den Zeitplan. Ein Überblick über zu übersetzende Dateien und Dateistruktur ermöglicht jedem Teammitglied zu erfahren, wer für Erstellung, Änderung und Übersetzung jeder Datei verantwortlich ist, falls Änderungen vorgenommen werden müssen oder Fragen bzgl. der Terminologie auftauchen, usw.

7.4 Designelemente und ihre Implementierung

7.4.1 Kultureller Einfluss auf Informationsarchitektur und Interaktionsdesign

Kulturdimensionen repräsentieren einen Aspekt einer Kultur, der messbar in Abhängigkeit zu anderen Kulturen ist (s. Kap. 2). Kulturdimensionen sind gute Indikatoren für mögliche Unterschiede zwischen Kulturen (vgl. Hofstede 1991). Darüber hinaus sind Empfehlungen verfügbar in Bezug darauf, welche Kulturdimensionen am interessantesten für interkulturelle MMI Design sind (s. Kap. 5.2.2). Das Wissen über die Werte von Kulturdimensionen vermittelt einen Eindruck über die möglichen Kulturen, zu denen ein Benutzer gehören könnte. Zum Beispiel erlauben beziehungsorientierte Kulturen hohe Informationsgeschwindigkeiten im Gegensatz zu aufgabenorientierten Kulturen, die sich gerne auf ihre Aufgaben konzentrieren, anstatt Zeit damit zu verschwenden, sich mit anderen Menschen zu Unterhalten, wenn die Kommunikation nicht mit der Aufgabe zu tun hat (vgl. Halpin und Winer 1957; Hall 1959). Aufgabenorientierte Benutzer bevorzugen innerhalb der Arbeitszeit die Erfüllung von Aufgaben anstatt der Pflege von Beziehungen. Das Wissen, ob der Benutzer eher beziehungsorientiert oder aufgabenorientiert ist, kann anhand des Interaktionsverhaltens des Benutzers ersehen werden. Zum Beispiel erhöht das sehr exakte Drücken von Knöpfen und das sehr direkte Navigieren ohne Störungen oder Unterbrechungen zu erlauben die Wahrscheinlichkeit, dass der Benutzer aufgabenorientiert ist und die Aufgabe sehr ernst nimmt.

- Tendenzen in Bezug auf kulturelle Unterschiede können sowohl für die Entwicklung und Gestaltung interkultureller Benutzungsschnittstellen als auch für weitere Reflexion und Forschung genutzt werden.

So erarbeitete (Marcus 2001) charakteristische Faktoren für Benutzungsschnittstellen mit dem Ziel, kulturelle Dimensionen für Benutzungsschnittstellendesign zugänglich zu machen. Er bietet Beispiele für Auswirkungen auf das Design von Benutzungsschnittstellen (vgl. Kap. 5.4.3). Die fünf folgenden Charakteristika sind verbunden mit den fünf kulturellen Dimensionen von Hofstede: ‚Metapher', ‚mentales Model', ‚Navigation', ‚Interaktion' und ‚Präsentation'. Marcus verfolgte dabei einen reinen deduktiven Ansatz, um diese Verbindungen herzustellen. Marcus und Gould (2000) haben daher mögliche Empfehlungen für das Web-Design hauptsächlich auf der Basis von Hofstedes Kulturdimensionen abgeleitet – ohne empirische Fundierung der Verbindungen. Dieses Modell bedarf daher noch der empirischen Absicherung. Röse bestätigte beispielsweise durch qualitative Studien in China, z. B. unterschiedliches Layout für chinesische und deutsche Benutzer (vgl. Röse 2001). Chinesische Benutzer sind nach (Marcus 2001) und (Röse et al. 2001) wegen der traditionell stark hierarchischen Sozialstrukturen eher beziehungs- und familienorientiert. Im starken Kontrast dazu werden deutsche Benutzer in Bezug auf Handlungen, Werkzeuge, Arbeit, Beschäftigung und Wettbewerb als ereignisorientiert bzw. aufgabenorientiert beschrieben. Tab. 7.1 zeigt eine Zusammenfassung implizierter genereller Empfehlungen für interkulturelles User Interface Design basierend auf (Röse 2002).

Es gibt allerdings auch einige Empfehlungen, die nicht sehr intuitiv und klar sind, da sie sich teilweise gegenseitig sowie in der Literatur widersprechen. Zum Beispiel kommen deutsche Benutzer mit unscharfer Logik und Doppeldeutigkeiten besser zurecht als chinesische Benutzer. Diese Ansicht kann auch in der Literatur für kognitive Stile gefunden werden (vgl. Beynon et al. 2001; Houghton 2005), was den Attributen aus Tab. 2 und 3 in Röse 2002, S. 138 widerspricht.

Darüber hinaus, werden Metaphern, Taxonomie als hierarchische und klassifizierende Instrumente aufgrund der hohen Machtdistanz Werte eher in China als in Deutschland angewandt. Trotzdem müssen die aufgezeigten Empfehlungen im Detail empirisch getestet werden, bevor sie für Praktiken oder sogar hilfreiche Richtlinien zur Verfügung stehen.

Tab. 7.1 Empfehlungen für interkulturelles MMI-Design gemäß der Benutzungsschnittstellenmerkmale von China und Deutschland (vom Autor zusammengefasst basierend auf ‚table 6–3' in (Röse 2002), S. 138 sowie (Röse 2002), S. 305–317)

Benutzungsschnittstelle	China	Deutschland
Metapher	Klare Hierarchien und konkrete Darstellung statt Abstraktion verwenden	Flache Hierarchie und Abstraktion verwendbar
Mentales Modell	Viele Verweise ohne relevante Anordnung in einfachen mentalen Modellen verwenden; klare Formulierungen, eingeschränkte Interaktionsoptionen und binäre Logik	Wenige Verweise aus einer relevanten Reihenfolge; „fuzzy" Logik
Navigation	Eingeschränkte, vordefinierte Optionen bei Navigation verwenden	Offenen Zugang, beliebige Auswahl und individuelle Zielangabe bei Navigation verwenden
Interaktion	Personalisierte, aber Team bezogene Systeme verwenden, die direkte Fehlermeldungen, angeleitete Assistenz und Interaktion von Angesicht zu Angesicht liefern	Distanzierte, aber hilfreiche Fehlermeldungen verwenden, die offene und flexible Interaktion mit dem System ermöglichen
Präsentation	Formalen Sprachstil mit stark kontextueller, beziehungsbezogener Information sowie „feminine" Farben verwenden	Informellen Sprachstil mit wenig kontextueller, dafür aber stark zielorientierter Information sowie „maskuline" Farben verwenden

▶ Neben dem Lesen von Literatur sind empirische Untersuchungen bezüglich interkultureller User-Interface-Charakteristika notwendig, um die interkulturelle Usability der Systeme herauszufinden (z. B. indem man mehrere Systeme unterschiedlicher Kulturen vergleicht und Gebrauchstauglichkeitstests durchführt).

Beispielsweise zeigt sich bei der Gestaltung von Hinweisreizen Interkulturalität in der Bewertung der Reize selbst, aber auch in der Wirksamkeit dieser Reize für nachfolgende Handlungstendenzen. Überzeichnete Sicherheitsfeatures wie starke Schnappschlosssymboliken oder gar bedrohlich gestaltete „Wachmänner", die den Benutzer vom Auslösen einer bestimmten Handlungsoption abhalten sollen, werden unter Akzeptanzaspekten durch deutsche Benutzer signifikant negativer bewertet als von indischen Personen einer vergleichbaren Population (Brau 2009). Es ergeben sich eindeutige Hinweise darauf, wie sich Ausprägungen einer individualistischen Kultur im Vergleich zu denen einer hierarchisch-autokratisch bestimmten Kultur bei der Systemwahrnehmung auswirken. Direkte Ableitungen auf die Wirksamkeit solcher Hinweisreize lassen sich dennoch nicht ziehen. Es zeigt sich z. B., dass sich Benutzer in Deutschland und den BeNeLux-Ländern weniger als indische Benutzer durch reale Beschränkungen (z. B. von Nutzungsberechtigungen) gestört fühlen und seltener versuchen, sich über Begrenzungen hinwegzusetzen (Brau 2009).

▶ Bei der Entwicklung von interkulturellen Benutzungsschnittstellen sind alle jene Aspekte im kulturellen Kontext zu betrachten, welche die Eigenschaften der Benutzungsschnittstelle betreffen:

- Wireframes. Schematischer Aufbau, Layout und Navigationsstruktur
- Sieben Dimensionen der visuellen Gestaltung: Form, Größe, Sättigung, Textur, Farbe, Orientierung, Position
- Layout
- Navigation
- Papierbasierte Mockups
- Codierungsformen, Informationsdsichte, Textdarstellung, Farben, (im Kontext)
- Gestaltgesetze
- Icons.

▶ Aber auch die Methoden zur Erlangung interkultureller Benutzungsschnittstellen und deren Evaluation bedürfen der kulturellen Inspektion:

- Benutzerpartizipation und eingesetzte Methoden wie z. B. Think aloud etc.
- Heuristiken.
- Card-Sorting-Tests
- Interaktionstechniken.

Erste Ansätze in diese Richtung wurden in Kap. 6 beschrieben (s. Kap. 6.4.6, vgl. auch Röbig et al. 2010).

7.4.2 Modell für kulturabhängiges MMI-Design

Kulturell beinflusste Grundvariablen im MMI-Design sind Frequenz, Dichte, Anordnung und Struktur. Sie sind ganz besonders beteiligt bei der Verarbeitung von Information und bei der Interaktionsaktivität.

- MMI-Dimensionen dürfen als Hauptfaktoren beim MMI-Design betrachtet werden, weil sie die grundlegenden Klassen der für das MMI-Design relevanten Variablen bezeichnen und somit bei der Entwicklung interkultureller Benutzungsschnittstellen zu berücksichtigen und zu verwenden sind.

- Die Sicht auf Raum, Zeit und mentale Perspektiven ist stark kulturabhängig (vgl. Hall 1959). MMI ist also auch kulturabhängig, weil MMI-Dialoge, Interaktion und Informationsdarstellung stark an Zeit (Interaktion, Kommunikation) und Raum (Layout, Struktur) sowie mentale Aspekte (Beziehungen, Gedanken) gebunden sind (vgl. Preim und Dachselt 2010; Honold 2000; Röse 2002). Mindestens ein potenzieller Indikator als Messvariable muss existieren, um die Ausprägung einer MMI-Dimension zu verwirklichen. Tab. 7.2 präsentiert einige Beispiele von Indikatoren für einige MMI-Dimensionen.

Beispielsweise gehört der Indikator „Anzahl der Informationseinheiten je Raumeinheit" zur MMI-Dimension „Informationsdichte" und kann ausgedrückt werden durch die Anzahl der auf dem Bildschirm angezeigten Wörter. Die MMI-Dimension „Interaktionsfrequenz" enthält die Variable „Anzahl der Interaktionen pro Zeiteinheit", die ausgedrückt werden kann durch die Anzahl der Mausklicks pro Sekunde.

Tab. 7.2 Auszug aus dem Modell für interkulturelles MMI-Design – Ausprägungen der MMI-Dimensionen werden repräsentiert durch bestimmte Indikatoren. (Quelle: Heimgärtner 2012)

MMI Dimension	Ausprägungen	Indikator(en)
Interaktionsfrequenz	Anzahl der Interaktionen je Zeiteinheit	Maus-Clicks und Mausbewegungen je Sekunde bzw. je Sitzung
Informationsdichte	Anzahl der Informationseinheiten je Raumeinheit	Anzahl der Wörter je Nachricht bzw. auf dem Bildschirm
Information/Interaktions-parallelität/Anordnung	Erscheinungssequenz der Informationseinheiten	Anzahl und Sequenz der Dialogschritte (z. B. die Anzahl der Message-Fenster, die zur Darstellung einer einzigen Systemfehlermeldung angezeigt werden)

7.4.3 Designelemente

(Mandel 1997) listet eine Reihe von Aspekten auf, die bei der Gestaltung von grafischen Schnittstellen international vertriebener Systeme hinsichtlich kultureller Einflüsse zu beachten sind:

- Großschreibung
- Tabellen-Beschriftungen
- Datumsformate
- Schriftsätze
- Zeitformate
- beschreibende Texte
- geeignete Tastaturkürzel (Shortcuts)
- Person und Ansprache
- Navigation über den ersten Buchstaben von Befehlen
- Währungsformate
- Gestaltung von Ikons
- Numerische Formate
- Verwendung von Farben
- Verwendung von Symbolen
- Formate für Papiergrößen
- Eingabeaufforderungen („Prompts")
- Formate für Telefonnummern
- Formate für Trennungszeichen
- geeignete Funktionstastenbelegung
- Tastatur-Kombinationen Akronyme
- Textlänge
- Abkürzungen
- Informationssortierung
- Humor
- bidirektionale Sprache
- Maßangaben-Formate
- Auswahl von Gedächtnisstützen.

Neben diesen teilweise offensichtlichen Gestaltungsaspekten, die sich häufig aus Sprachunterschieden oder landestypischen Maßeinheiten ergeben, sind in der Praxis Wirkfaktoren auf die Usability zu beobachten, die kaum oberflächlich zu erkennen sind und sich daher der vorausschauenden Gestaltung von Personen, die sich außerhalb der Zielkultur befinden, teilweise oder ganz entziehen (vgl. Eisbergmetapher in Kap. 2 und versteckte direkte interkulturelle Variablen (NVIVs) in Kap. 5).

▶ Es sind sowohl offensichtliche als auch auf den ersten Blick nicht sichtbare Gestaltungsaspekte zu berücksichtigen.

Tab. 7.3 Auswirkung kultureller Unterschiede auf Bedienelemente (aus Dr. International 2003)

Bedienelement	Auswirkung kultureller Kontexte auf das Bedienelement
Schaltfläche (Button)	Beschriftung rechtsbündig, Leserichtung RTL (right to left)
Kontrollkästchen (Checkbox)	Kästchen steht auf der rechten anstatt auf der linken Seite des Textes
Kombinationsfeld (Combobox)	Text rechtsbündig, Leserichtung RTL, Aufklapppfeil auf der linken Seite
Menu (Menü)	Menüs werden rechtsbündig dargestellt, ebenfalls die Einträge in den Menüs, Leserichtung RTL
Reiter (Tab Views)	Rechtsbündige Darstellung, Leserichtung RTL
Listen und Datentabellen (List Views & Data Grids)	Texte rechtsbündig angeordnet, Laufleisten (Scrollbar) auf der linken Seite, Tabellen und Listen werden gespiegelt
Fortschrittsanzeige (Progress Bar)	Läuft von rechts nach links (RTL)

Die Ausprägungen der Interkulturalität sind weit weniger eindeutig als zunächst angenommen werden mag, weswegen sich keine allgemeingültigen Richtlinien für die Gestaltung von interkulturell „korrekten" Systemen ableiten lassen. Dennoch sind die Auswirkungen kultureller Kontexte auf Bedienelemente (Tab. 7.3) klar.

Als Bereiche eines Softwareprodukts, die – zusätzlich zu einer funktionalen Übersetzung des Textes – einer Lokalisierung bedürfen, sind vor allem Elemente der formalen Sprachebene sowie sichtbare Bestandteile der Layoutgestaltung zu nennen. Hierzu gehören u. a. Zeichensysteme, Schreib- und Leserichtungen, Regeln der Interpunktion, Kalendertypen, Sortierregeln, nationale Formate für Datums- und Zeitangaben, Maße und Gewichte, Zahlen, Währungseinheiten, aber auch komplexere Angaben wie die Schreibweise von Titeln und Adressen. In den Bereich der Layoutgestaltung fallen insbesondere Elemente wie der Einsatz von Farben oder das Design von Icons und Symbolen.

Fernandes (1995, S. 2) ordnet die Elemente der ersten Gruppe der „national localization" zu, während er Aspekte der Layoutgestaltung zu dem Bereich der „cultural localization" rechnet (vgl. TLCC-Modell in Kap. 4). Beim Design interkultureller Benutzungsschnittstellen müssen alle Komponenten eines Lokalisierungsprojektes hinsichtlich ihrer kulturellen Aspekte berücksichtigt werden (vgl. Abschn. 7.4.3).

Im Folgenden werden einige zu berücksichtigende Unterschiede dieser Bereiche anhand von Beispielen aufgezeigt.

7.4.3.1 Terminologie

► Da die Benutzer eines bestimmten Zielmarktes in ihrer Muttersprache angesprochen werden sollen (und wollen), stellt die Terminologie in der Zielsprache einen wichtigen Aspekt in der Softwarelokalisierung dar.

Bei der Lokalisierung von Software kommt es häufig vor, dass Terminologie in der Zielsprache nicht existiert. Deshalb muss die Terminologie der Ausgangssprache strukturiert und mögliche zielsprachliche Äquivalente noch vor Projektbeginn festlegt werden. Nur so kann eine konsistente Verwendung der Terminologie von Projektbeginn bis hin zur Abschlussphase sichergestellt werden – eine Grundvoraussetzung in der Softwarelokalisierung.

Ein weiterer Grund für die Festlegung der zu verwendenden Terminologie schon in der Anfangssphase von Projekten liegt darin, dass Softwarelokalisierungsprojekte oft komplex sind und innerhalb sehr knapper Fristen bearbeitet werden müssen. Gleichzeitig sind mehrere Akteure am Projekt beteiligt (vgl. Schmitz und Wahle 2000; Schmitz 2005, S. 9–10).

▶ Kontextinformationen und die zur Verfügung stehenden Referenzmaterialien sind sehr wichtig für die Terminologiearbeit.

Übersetzer sollten den Kontext von Textelementen kennen, die z. B. auf der Benutzungsschnittstelle auch als Einzelelemente auftreten können. Auch sollte ihnen der Software-Kontext bekannt sein, also das Umfeld, dem die Software angehört, denn dies kann die Verwendung einer speziellen, vorgegebenen Terminologie erfordern – z. B. Windows-Terminologie. Als Kontext bzw. Referenz können z. B. folgende Materialien herangezogen werden (vgl. Ottmann 2002; Ottmann 2005, S. 149):

- Glossare zu Betriebssystemen
- Hilfe-Dateien, Online-Hilfe
- Referenzhandbücher mit Beschreibungen einzelner Elemente
- Betriebssystem in der Zielsprache
- Aktuelle Version der Anwendung in der Zielsprache
- Frühere Version der Anwendung in der Zielsprache.

▶ Allgemein verwendete Terminologiedatenkategorien (z. B. ISO12620 1999) reichen für die Terminolgiearbeit in der Softwarelokalisierung nicht aus, weil innerhalb der Software ein einziger Term sich je nach seinem unmittelbaren Kontext (z. B. in einem Menü, einem Dialogfenster oder einer Fehlermeldung) auf verschiedene Begriffe beziehen kann.

Software-Dokumentation kann als „normaler" Fachtext bezeichnet werden, der Termini enthält, die als begriffsorientierte terminologische Einträge behandelt werden können. Wenn man jedoch z. B. bestimmte Terminologie, wie sie in Benutzungsschnittstellen verwendet wird, betrachtet – wie etwa „Speichern unter", „Tabelle einfügen", „Indexeintrag festlegen", usw. und andere Arten von Systemmeldungen – so ist es nicht einfach, den Begriffsinhalt (entsprechend den Regeln der Terminologielehre) solcher „Termini" festzulegen.

▶ Es gibt Unterschiede zwischen der Terminologie, die in der Software-Dokumentation verwendet wird (Online-Hilfe und Webseiten) und derjenigen, die in der Benutzungsschnittstelle verwendet wird.

Dieses Problem kann teilweise dadurch gelöst werden, dass man solche Benutzungsschnittstellen-Terminologie (z. B. Systemmeldungen) mit Hilfe von Translation-Memory-Tools (TM-Tools) verwaltet statt mit Terminologieverwaltungssystemen. TM-Tools jedoch bieten nicht die Möglichkeit, Lokalisierungseinheiten anhand von Datenkategorien genau zu beschreiben. Eine weitere Möglichkeit ist es, spezielle Datenkategorien für Lokalisierungseinheiten zu verwenden. Tab. 7.4 zeigt den Vorschlag von (Reineke und Schmitz 2005) zur Einführung lokalisierungsspezifischer Datenkategorien. Sie sind auf allen Ebenen des terminologischen Eintrags angesiedelt und ermöglichen eine terminologische Beschreibung von Elementen in Benutzungsschnittstellen (vgl. Schmitz 2005; Zerfaß 2005, S. 42–44):

Esselink (2000), S. 28 rät folgendes für die Terminologiearbeit bei der Softwarelokalisierung:

- Legen Sie ein Glossar oder (noch besser) eine Terminologiedatenbank mit produkt-, unternehmens- oder branchen-bezogenen Termini für das jeweilige Lokalisierungsprojekt an.
- Verwenden Sie einfache und prägnante Sätze. So sollten Sie von Anfang an festlegen, ob Sie z. B. „anklicken", „klicken", „wählen" oder „auswählen" bei der Beschreibung von Befehlen verwenden wollen.
- Verwenden Sie Terminologie konsistent in allen Software-Komponenten – Software (Benutzungsschnittstelle) und Dokumentation (Online-Hilfe, gedruckte Dokumentation und produktbezogene Webseiten).

Tab. 7.4 Datenkategorien für die Softwarelokalisierung nach Reineke (anzugeben für jeden Term/jede Lokalisierungseinheit). (Quelle: Schmitz 2005, S. 44)

Lokalisierungstyp	Art der Lokalisierungseinheit (main resource type) (Menü, Dialogfenster, Systemmeldung etc.)
Menütyp	Art des Menüelements (menu type) (Menüleiste, Menüoption etc.)
Dialogfenstertyp	Art des Elements des Dialogfensters (control type) (Kontrollkästchen, Schaltfläche, statisches Element etc.)
Meldungstyp	Art der Systemmeldung (string type) (Meldung, Statusleiste etc.)
Umgebungsteilbestand	Angabe zur Gültigkeit innerhalb einer bestimmten Umgebung (environment subset) (z. B. Windows)
Produkt-Teilbestand	Angabe zur Gültigkeit für ein bestimmtes Programm (product subset) (z. B. Notepad)
Lokalisierungsnummer	Eindeutige Nummer der Lokalisierungseinheit (resource ID) (eigentlich Eintragsebene, wichtig für den Datenaustausch)
Lokalisierungsursprung	Gebietsschema der Originalsoftware (localization source) (z. B. en-US)
Lokalisierungsziel	Gebietsschema der lokalisierten Software (localization target) (z. B. de-DE)

7.4.3.2 Icons und Symbole

Kulturbedingte Unterschiede in der Bedeutung von Icons und Symbolen stellen eine Herausforderung an die Entwickler von grafischen Benutzungsschnittstellen (GUIs) für internationale Zielgruppen dar – insbesondere dann, wenn sie auf den Einsatz von international verständlichen Piktogrammen verzichten wollen und den Entwurf von spezifischen Icons und Symbolen planen, deren Bedeutung in mehreren Kulturen verstanden werden soll. Der Unterschied zwischen Icons und Symbolen besteht im Grad der Abstraktion. Während mit Icons bildartige Zeichen, die vertraute Objekte oder Personen repräsentieren, gemeint sind, bewegen sich Symbole auf einer abstrakteren Ebene. Deren spezifische Bedeutung muss im Zuge der jeweiligen kulturspezifischen Sozialisation erst erlernt werden (vgl. Marcus 1996, S. 257). Soll beispielsweise der Aufruf der Mail-Funktion mit Hilfe eines Icons gekennzeichnet werden, so ist es günstiger, sich für die Darstellung eines Briefumschlags zu entscheiden, da dieser Gegenstand weltweit mit Post in Verbindung gebracht wird. Die Abbildung eines Briefkastens ist dagegen problematisch. Wie die folgenden Beispiele in Abb. 7.9 zeigen, unterscheidet sich das Aussehen von Briefkästen zwischen einzelnen Ländern erheblich, sodass die Bedeutung eines Icons, das einen bestimmten länderspezifischen Briefkasten-Typ darstellt, von den Benutzern der Software aus anderen Kulturen entweder nicht erkannt oder sogar mit einem anderen Gegenstand verwechselt wird.

Dieses Beispiel gehört zu den sichtbaren bzw. relativ leicht herauszuarbeitenden Elementen eines kulturspezifischen Werte- und Normensystems.

Hoft (1995) weist jedoch auf die Notwendigkeit hin, die Anpassung auch für solche Elemente vorzunehmen, die für Außenstehende weniger oder sogar völlig unsichtbar sind, die aber gleichzeitig für Angehörige einer bestimmten Kultur Selbstverständlichkeiten darstellen, derer sie sich zudem oftmals kaum bewusst sind.

Die Tatsache, dass Text übersetzt werden muss, bedeutet, dass die Grafiken bearbeitet werden müssen, was eine sehr zeitaufwendige Aufgabe darstellen kann.

Sehr oft ist der zu übersetzende Text in den Programmcode eingebettet, sodass bei einer Aktualisierung der Anwendung alle Strings erneut bearbeitet werden müssen und hier das Risiko besteht, dass Übersetzer versehentlich Kodierungen ändern oder löschen. Es ist auch schwieriger für die Übersetzer, den zu übersetzenden Text zu identifizieren, wenn

Abb. 7.9 Unterschiedliche Briefkästenicons. (Quelle: VDMA 2009, S. 37)

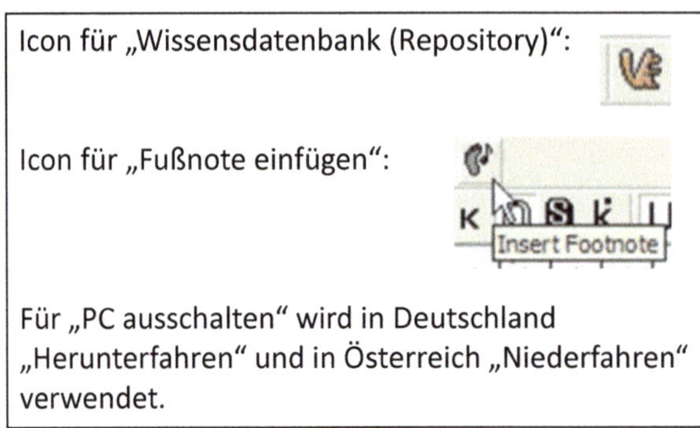

Abb. 7.10 Beispiele misslungener Internationalisierung. (Quelle: Zerfaß 2005, S. 44 und Heimgärtner et al. 2011)

dieser mit dem Programmiercode vermischt ist. Um zu überprüfen, dass Code und Text getrennt vorliegen, können Entwickler und Texter Evaluierungstools (z. B. Entwicklertools, Internationalisierungstools, Lokalisierungstools) verwenden (vgl. Kap. 7.4.4).

Bei der Verwendung von Variablen in Nachrichten sollten Entwickler und Texter beachten, dass die Grammatik der Zielsprache eine Neuordnung der Parameter verlangen könnte.

Die Verwendung von Symbolen aus allgemeinen Lebensbereichen für die Darstellung abstrakter Ideen mit konkreten Beispielen und als Ersatz für zu lokalisierende sprachliche Elemente sind im Bereich der Software-Entwicklung und Internationalisierung gängige Praxis.

▶ Besonders problematisch bei der Softwarelokalisierung ist die Verwendung von Anspielungen und Wortspielen (Bezug auf andere Begriffe über Homonyme) und das Einbinden von Symbolen in die Benutzungsschnittstelle, da das Editieren und Anpassen dieser Symbole ein komplizierter und zeitaufwendiger Prozess sein kann.

Die Darstellungen in Abb. 7.10 zeigen Beispiele gelungener und misslungener Internationalisierung (vgl. Zerfaß 2005, S. 44 und Heimgärtner et al. 2011):

7.4.3.3 Diagramme, (animierte) Grafiken, Fotos

Diagramme, Grafiken und Fotos können sich genau wie Symbole auf kulturspezifische Situationen (z. B. Religion, Erscheinungsbild, Kleidung) beziehen und müssen in der Software oder ihren Komponenten bei der Lokalisierung angepasst oder ersetzt werden. Ein typischer Fehler bei der Internationalisierung ist die Verwendung sprachlicher Elemente in Diagrammen, Grafiken oder Fotos. Dies sollte vermieden werden, um nicht zeitaufwendig neue Grafikdateien erstellen zu müssen.

Gleichermaßen können sich Diagramme, Grafiken und Fotos auf bestimmte Produkte beziehen, die auf unterschiedlichen Zielmärkten verschieden aussehen – so kann etwa ein Auto je nach Land das Lenkrad auf der linken oder rechten Seite haben. Außerdem können die Gepflogenheiten bei der Darstellung von Diagrammen, Grafiken und Fotos ebenfalls je nach Zielmarkt variieren, z. B. in der Reihenfolge der Darstellung und im Layout (vgl. Schmitz 2005, S. 11–12).

Bei der Lokalisierung von Grafiken ist es wichtig zu wissen, ob die Grafik kulturell akzeptierbar und verständlich ist oder ob sie angepasst werden muss, ob Farben und Hintergrund zu der im Text enthaltenen Information passen und ob der in den Grafiken enthaltene Text zu übersetzen ist.

Die Lokalisierungs-freundlichsten Grafiken sind jene, welche aus mehreren Schichten zusammengesetzt sind, d. h., bei denen Text, Hintergrund und Bild in unterschiedlichen Schichten gespeichert sind. Zur Bearbeitung dieser Art Dateien werden Anwendungen wie Paint.NET benötigt. Bei der Lokalisierung animierter Grafiken wie z. B. Flash, müssen die einzelnen Grafiken angepasst werden und eventuell vorhandener Text muss in separate Textdateien übersetzt werden (auch mit Hilfe von Translation-Memory-Systemen). Normalerweise müssen auch Audio- und Video-Dateien auf der Grundlage des übersetzten Textes neu erstellt werden.

7.4.3.4 Zeichensysteme

Um ein Softwareprodukt bereits von Anfang an für den internationalen Markt zugänglich zu machen, wird in Deutschland häufig in englischer Sprache entwickelt. Dieses Verfahren bringt jedoch zwei Nachteile mit sich, die die Qualität des Produktes negativ beeinflussen. Zum einen sind Softwareentwickler keine Autoren und man kann von ihnen nicht die konsistente Verwendung von Terminologie oder Kenntnisse über Standardformulierungen und Schreibstil erwarten. Zum anderen haben nicht muttersprachliche Softwareentwickler oft nur technische Englischkenntnisse, die für die Kunden eines Produktes zuweilen zu eher belustigenden Resultaten führen.

Die Qualität einer Übersetzung ist stark von der Güte der Texte der Quellsprache abhängig. Nicht Selten wird aber erst zu Beginn der Lokalisierung von den Übersetzern festgestellt, wie schlecht die Qualität in der Quellsprache ist. Häufig behelfen sich die Unternehmen dann mit einer Vorabübersetzung von „Entwicklerenglisch" in „korrektes Englisch", die dann auch die Basis für die Übersetzung weitere Sprachen bildet.

▶ Wer die Qualität und Konsistenz der Quellsprache von Anfang an sicherstellen will, sollte in der Muttersprache entwickeln lassen und kann dem Entwicklungsteam zusätzlich einen technischen Autor (z. B. aus der Dokumentationsabteilung) beistehen. Dieser ist in der Lage, bereits während der Entwicklung eine hochwertige Übersetzung der textuellen Elemente der Benutzerschnittstelle zu gewährleisten.

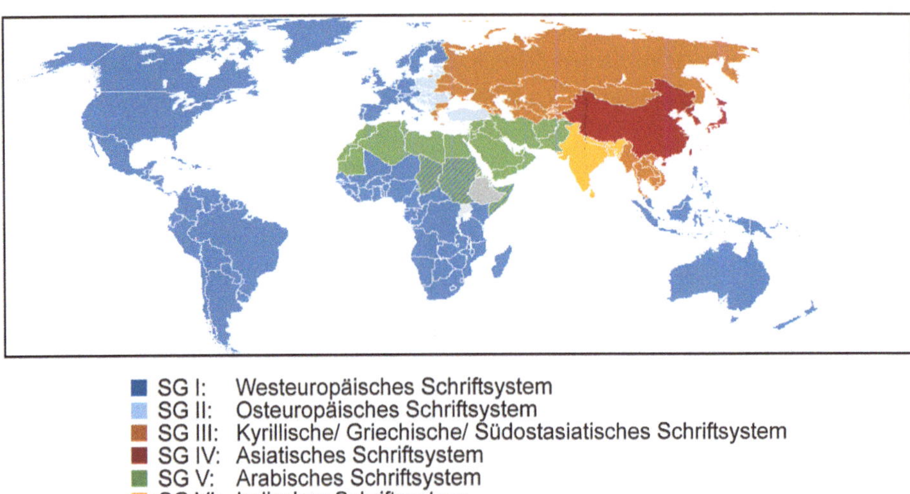

Abb. 7.11 Verteilung der Schriftsysteme. (Quelle: DCC GmbH in VDMA 2009, S. 18)

Es wird generell zwischen phonetischen und ideografischen Zeichensystemen unterschieden. Während in phonetischen Zeichensystemen, wie in dem lateinischen, kyrillischen, griechischen, hebräischen oder arabischen Alphabet, ein Zeichen oder eine Zeichengruppe für einen Laut steht, enthalten die ideografischen Zeichensysteme Symbole (Ideogramme), die einzelne Morpheme repräsentieren (z. B. Hanzi in China, Kanji in Japan und Hanja in Korea).

▶ Für die Entwicklung interkultureller Benutzungsschnittstellen aus deutscher/westeuropäischer Sicht lassen sich weltweit zumindest sechs Schriftsysteme bilden (Abb. 7.11). Mit zunehmender Schriftsystemnummer nehmen Internationalisierungs- und Lokalisierungsaufwand zu (Tab. 7.5).

Das Schriftsystem I (Westeuropa) ist gekennzeichnet durch 256 Zeichen, der Zeichensatz umfasst 128 ASCII-Zeichen plus 128 für die westeuropäische Erweiterung. Die Zeicheneingabe erfolgt direkt über Tastatur. Für die Zeichencodierung wird eine einheitliche Codepage verwendet. Sollen Schriften aus Mittel-/Osteuropa oder der Türkei dargestellt werden (Schriftsystem II), so ist eine andere Codepage erforderlich. Für die Implementierung bedeutet dies die Umschaltung der Codepage. Die Zeichen sind für Westeuropäer weiterhin lesbar. Auch für das Kyrillische/Griechische/Südostasiatische Schriftsystem III ist eine Codepageumschaltung erforderlich. Weiterhin sind diese Buchstaben für die meisten Westeuropäer nicht mehr lesbar. Für das Schriftsystem IV (Asiatische Schriften) sind mehr als 256 Zeichen notwendig. Dies bedingt eine Mehrbytekodierung für die Zeichenverwaltung und einen Eingabeeditor für die Zeicheneingabe. Auch ist die Zeichenmatrix der asiatischen Zeichen größer als bei europäischen Zeichen. Im Schriftsystem V

Tab. 7.5 Aufwand für Lokalisierung unterschiedlicher Sprachräume. (Quelle: DCC GmbH in VDMA 2009, S. 18)

Schriftsysteme						
	I Westeuropa	II Osteuropa	III Kyrillische Sprachen/ Griechisch	IV Asiatische Sprachen	V Arabische Sprachen/ Hebräisch	VI Indische Sprachen
Sprachen	Deutsch, Französisch, Englisch, Spanisch, Portugiesisch, Niederländisch, Italienisch, …	Polnisch, Ungarisch, Tschechisch, Slowenisch, Slowakisch, Estnisch, Lettisch, Litauisch, Türkisch, …	Kyrillische Schriften (Russisch) und Griechisch	Chinesisch, Japanisch und Koreanisch	Arabische und Persische Sprachen, Hebräisch	Nord- und Südindische Sprachen wie Hindi und Bengali
Aufwand (Punkte)	1	2	3	4	3	3
Technische Anpassungen	Datum-/ Zahlenformate	Datum-/ Zahlenformate Zeichensatz Zeichenkodierung	Datum-/Zahlen-formate Zeichensatz Zeichenkodierung	Datum-/Zahlenformate Zeichenverwaltung für mehr als 256 Zeichen Zeichenmatrix größer als in Europa Zeichencodierung: Eingabe-Editor (Input Methode Editor – IME)	Datum-/Zahlenformate Änderung der Schreibrichtung und des Layouts auf rechts-nach-links Zeichenausgabe durch Layout-Engines	Datum-/ Zahlenformate Zeichenausgabe durch Layout-Engines
Aufwand (Punkte)	1	3	3	5	4	3

(Fortsetzung)

Tab. 7.5 (Fortsetzung)

Schriftsysteme						
	I Westeuropa	II Osteuropa	III Kyrillische Sprachen/ Griechisch	IV Asiatische Sprachen	V Arabische Sprachen/ Hebräisch	VI Indische Sprachen
Oberflächen-layout	Anpassung der Oberfläche wg. unterschied-licher Lauflänge der Texte	Anpassung der Oberfläche wg. unterschied-licher Lauflänge der Texte	Anpassung der Oberfläche wg. unterschiedlicher Lauflänge der Texte	Anpassung der Oberfläche wg. unterschiedlicher Lauflänge der Texte kulturelle Unter-schiede bei Farben und Icons	Anpassung der Oberfläche wegen Schreibrichtung von rechts-nach-links Icons mit Bewegungs-richtung müssen angepasst werden	kulturelle Unterschiede bei Farben und Icons
Aufwand (Punkte)	1	1	1	2	5	2
Zeichen-satzumfang	Latin I (ISO 8859-1)	Latin-2, Latin-5 (ISO 8859-2, ISO 8859-9) Umschaltung Codepage und Zeichensatz erforderlich Zeichen basieren auf lateinischen Zeichen ergänzt um diakritische Zeichen	ISO8859-5 (kyrillisch), ISO 8859-7 (Griechisch) Umschaltung Codepage und Zeichensatz erforderlich Griechische und kyrillische Zeichen für Westeuropäer nicht lesbar	GB12345, Shift-JIS, BIG5, KSC Je Land ein sprach-und kulturangepasster Zeichensatz Zeichencodierung: Unicode Zeichensatzumfang von 8.000 bis 80.000 zu verwenden Zeichen für Europäer nicht lesbar	ISO 8859-6 Zeichensatz muss zur Layout-Engine passen Zeichen für Europäer nicht lesbar	Zeichensatz muss zur Layout-Engine passen Zeichen für Europäer nicht lesbar
Aufwand (Punkte)	0	0	0	3	3	1
Gesamt-aufwand (Punkte)	3	6	7	14	15	9

(Arabische Sprachen) ist die Schreibrichtung von rechts nach links. Darüberhinaus werden die Zeichen abhängig vom Kontext der umgebenen Zeichen unterschiedlich geschrieben. Für Indische Sprachen (Schriftsystem VI) ist eine konzeptabhängige Schreibweise der Zeichen mit Umsortieren der Reihenfolge bei der Zeichenausgabe notwendig (erfordert ebenfalls eine Layout-Engine).

Weitere Hinweise zur Zeichencodierung (z. B. auch zu Unicode) finden sich in den Checklisten im Anhang B dieses Buches.

Somit ergibt sich folgende Aufwandsreihenfolge für die Internationalisierung der Schriftsystem von interkulturellen Benutzungsschnittstellen (vom höchsten zum geringsten Aufwand):

1. Hebräische Sprachen
2. Arabische Sprachen
3. Indische Sprachen
4. Osteuropäische Sprachen
5. Westeuropäische Sprachen.

7.4.3.5 Formate

▶ Schreibweisen zur Darstellung von Formaten wie Datum, Uhrzeit, Zahlen, Währungs- oder Maßeinheiten unterliegen länderspezifischen Konventionen.

Auch Papierformate müssen angepasst werden. Ebenso können Maßeinheiten (wie Entfernungen, Gewichte und Füllmengen) in Anwendungsprogrammen eine Rolle spielen. Ihre Anpassung oder Umrechnung in ein äquivalentes Maß für die Zielsprache erfolgt in Abhängigkeit von der Funktion der jeweiligen Information (vgl. Schmitz 2005, S. 16, Abb. 7.12).

Bei manchen Lokalisierungsprojekten macht die Anpassung von Beispieldateien und Vorlagen, die das Anwendungsprogramm begleiten, einen Großteil des Projektumfangs aus. So kann etwa bei einem Projekt zur Lokalisierung eines Textverarbeitungsprogramms für den Übersetzer auch die Lokalisierung der Vorlagen für Standardbriefe anfallen. Geht es um eine Software zur Erstellung von Visitenkarten, müssen die Vorlagen für Visitenkarten, typische Beispielnamen, Orte, Adressen usw. lokalisiert werden (vgl. Schmitz 2005, S. 17).

EN:	Allow at least 6 inches of clearance on all sides and 12 inches above the printer. *(6 inches = 15,24 cm)*
DE:	An allen Seiten des Druckers muss ein Mindestabstand von 15 cm und oberhalb ein Abstand von 30 cm eingehalten werden.

Abb. 7.12 Beispiel für Währungsanpassung

Tab. 7.6 Unterschiedliche Zahlenformate in ausgewählten Ländern (aus Fernandes 1995, S. 54)

Zahlenformat	Land
1 234, 56	Frankreich, Luxemburg, Portugal, Schweden
1.234,56	Argentinien, Belgien, Dänemark, Griechenland, Niederlande, Deutschland, Irland, Italien, Spanien
1.234 56	Russland
1'234.56	Schweiz
1,234.56	USA, Kanada, Großbritannien, China

Tab. 7.7 Unterschiedliche Datumsformate in ausgewählten Ländern (aus Fernandes 1995, S. 61)

Datumsformat	Land
31.1.95	Österreich, Deutschland, Belgien, Kanada, Irland, Italien, Norwegen, Portugal, Großbritannien
31.01.95	Frankreich, Deutschland, Norwegen, Portugal
31.1.'95	Island
95/1/31	Arabische Länder
95-1-31	Schweden
1/31/95	USA

Hinsichtlich des Zahlenformats beispielsweise können Unterschiede in der Kodierung des Dezimaltrennzeichens und des Symbols für Zifferngruppierung festgestellt werden (Tab. 7.6).

Datumsformate unterscheiden sich in Bezug auf die Kodierung des Datumstrennzeichens und die Reihenfolge der Darstellung (Tab. 7.7).

7.4.3.6 Farben

▶ Da auch Farben in unterschiedlichen Kulturen verschiedene Bedeutungen haben, sollten diese ebenfalls an die Zielkultur angepasst werden, da sie sonst falsch interpretiert werden.

Tab. 7.8 zeigt die Unterschiede zwischen einzelnen Ländern hinsichtlich der Bedeutung von Farben, wobei diese Zusammenstellung keinen Anspruch auf Vollständigkeit erhebt. So wäre beispielsweise zusätzlich die Bedeutung von Grün als der Farbe des Islam hervorzuheben.

Bestimmte Farben haben mehrere kulturspezifische Bedeutungen, aufgrund derer sie in bestimmten Kontexten sogar unerwünscht sind, da sie negative Assoziationen hervorrufen können. Das von Land zu Land unterschiedliche ästhetische Empfinden macht länderspezifische Anpassungen erforderlich. Auch ist es weitverbreitete Praxis, beispielsweise bei der Erstellung von Webseiten die Nationalfarben zu verwenden – z. B. die Farben der Landesflagge eines bestimmten Landes.

Tab. 7.8 Kulturspezifische Bedeutungen von Farben (aus Hoft 1995, S. 26; Russo und Boor 1993, zit. nach Tuthill und Smallberg 1997, S. 30 ff., vgl. auch Schmitz 2005, S. 13 sowie VDMA 2009)

Farbe	Land	Bedeutung
Rot	Ägypten	Tod
	China	Wohlstand, Reichtum, Glück, Fröhlichkeit
	Frankreich	Maskulinität, Aristokratie
	Großbritannien	Der erste Platz, Maskulinität
	Indien	Leben, Kreativität
	Japan	Zorn, Gefahr
	USA	Macht, STOP, Gefahr
Grün	Ägypten	Fruchtbarkeit, Kraft
	China	Ming-Dynastie, Religion
	Frankreich	Kriminalität, Kosmetik
	Republik Irland	Patriotismus
	USA	Fortschritt, Kapitalismus, Neid, Sicherheit
	Viele westliche Länder	Hoffnung, umweltfreundlich
Weiß	Ägypten	Freude
	China	Tod, Reinheit
	Christliche Länder	Reinheit, Glaube, Unschuld
	Frankreich	Neutralität
	Japan und viele asiatische Länder	Tod und Trauer
		Reinheit
	Moslems und Hindus	Reinheit und Frieden
Blau	Ägypten	Wahrheit, Tugend, Glaube
	China	Himmel, Unsterblichkeit
	Frankreich	Freiheit, Frieden
	Ghana	Freude
	Indien	Göttliche Erleuchtung
	Japan	Abscheulichkeit
	USA	Der erste Platz, Maskulinität, Stabilität
	Viele europäische Länder	Ruhe, Schlaf
Gelb	Ägypten	Fröhlikeit, Besitz
	China	Freude, Wohlstand, Autorität, Geburt, Kraft, Gesundheit
	Europa, Kanada, Australien, Neuseeland	Glück und andere positive Konnotationen
	Frankreich	Vergänglichkeit
	Indien	Erfolg
	Japan	Edelmut, Gnade
	USA	Vorsicht, Warnung vor physischer Gefahr, Feigheit

7.4.3.7 Zeichensätze und Schriftarten

▶ Die angemessene Darstellung und Verarbeitung der Zielsprachen unter Verwendung entsprechender Zeichensätze bzw. Zeichencodierung und passender Schriftarten ist Grundvoraussetzung für die Lokalisierung sprachlicher Elemente eines Produkts.

Zeichencodierung kann definiert werden als die Darstellung eines Zeichensatzes mit Hilfe eines anderen Zeichensatzes, z. B. das Darstellen natürlicher Sprachzeichen (wie etwa eines Alphabets) durch einen Satz anderer Werte wie beispielsweise Ziffern oder elektrische Impulse. Da Maschinen nicht direkt mit den Zeichen aus den verschiedenen Schriftsystemen der Menschen arbeiten können, wird jedes Zeichen einem binären Wert zugeordnet. Dies wird durch die Zeichencodierung ermöglicht. Deshalb muss jedes in der menschlichen Schrift verfügbare Zeichen verschlüsselt werden, um von einer Maschine erkannt werden zu können.

Die Zeichen werden daher innerhalb verschiedener Betriebssystemen, z. B. Microsoft Windows und Apple iOS unterschiedlich kodiert. Es wird eine Verbindung zwischen einem Zeichen und seiner Verschlüsselung hergestellt, indem man jedem Zeichen einen Zahlenwert, einen so genannten Codepoint, zuteilt. Die Anzahl der verfügbaren Codepoints hängt von der Anzahl der verfügbaren Bits ab. Ein 8-Bit kodierter Zeichensatz kann 256 Zeichen verschlüsseln.

Ein zweiter Problembereich sind Schriftarten, die dazu dienen, Zeichen anzuzeigen und zu drucken. Obwohl eine Anwendung in der Lage sein mag, eine bestimmte Zeichencodierung zu interpretieren, kann sie möglicherweise ein bestimmtes Zeichen nicht anzeigen, weil sie keine passende Schriftart finden kann. Selbst ein Text, der überwiegend oder in Gänze in einer Sprache wie Englisch gehalten ist, in der das lateinische Alphabet ohne diakritische Zeichen benutzt wird, ist nicht unbedingt frei von Problemen bezüglich der Zeichencodierung. Ein englischer Text aus dem Gebiet der Mathematik kann griechische Buchstaben enthalten. Zudem ist z. B. das britische Pfundzeichen (£) nicht in allen Kodiersystemen verfügbar.

UNICODE ist eine einheitliche und einzigartige Grundlage für den Umgang mit Zeichensätzen (nahezu) aller Sprachen der Welt. Daher ist die Verwendung von UNICODE-Normen bei der Entwicklung von Software-Produkten allgemein üblich. Vor UNICODE und nach Einführung von Betriebssystemen und deren lokalisierter Versionen für die asiatischen Märkte wurden verschiedene sogenannte Codepage (Zeichencodierungstabellen) erstellt, um unterschiedliche Zeichensätze für die asiatischen Sprachen verfügbar zu machen. Diese Lösung war nicht gänzlich erfolgreich und wurde besonders problematisch, wenn westliche und asiatische Zeichensätze zusammen in einem Text verwendet wurden (vgl. Schmitz 2005, S. 11). Die folgende Grafik veranschaulicht die Problematik der Verwendung mehrerer Zeichensätze innerhalb desselben Dokuments, wenn nicht alle Zeichensätze unterstützt werden. Wird die westliche Codepage (für Latein-basierte Sprachen) verwendet, werden deutsche Zeichen im Dialogfeld korrekt angezeigt. Japanische und griechische Zeichensätze werden jedoch nicht von der westlichen Codepage unterstützt. Daher können sie nicht korrekt interpretiert und als Fragezeichen angezeigt, wie in Abb. 7.13 zu sehen ist (vgl. Sachse 2005, S. 151). Abb. 7.14 zeigt, dass UNICODE die fehlende Information für die Dekodierung des japanischen und griechischen Zeichensatzes beinhaltet.

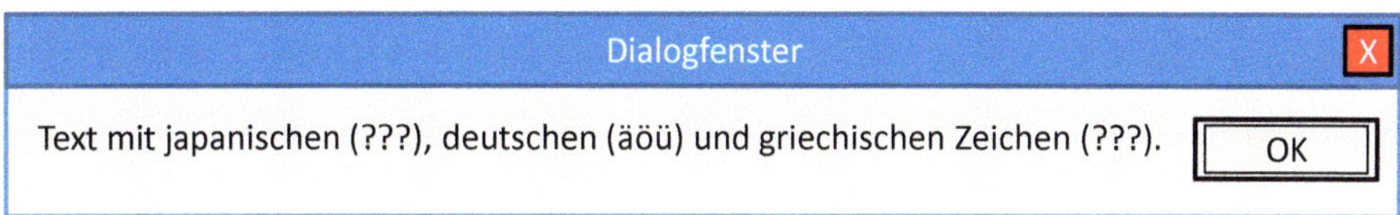

Abb. 7.13 Zeichen in nicht unterstützten Zeichensätzen werden in Windows abhängig von der Codepage als Fragezeichen dargestellt

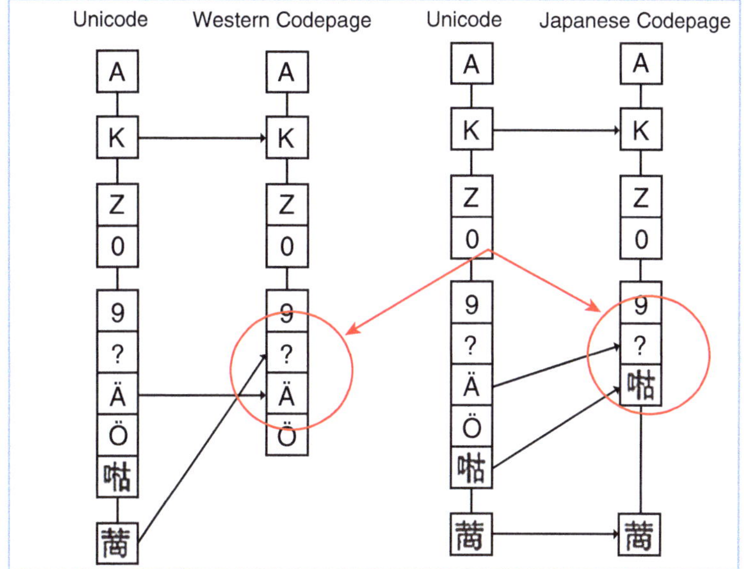

Abb. 7.14 UNICODE Darstellung

- Bei der Auswahl von Schriftarten ist es wichtig, dass die verwendeten Schriftarten und Zeichensätze zueinander passen. Wenn eine Schriftart einen bestimmten Zeichensatz nicht unterstützt, kann die Information nicht richtig dargestellt werden (Abb. 7.15).

Der japanische und griechische Zeichensatz wird von der verwendeten Schriftart nicht unterstützt. Deshalb wird ein anderes Symbol angezeigt, um die fehlenden Zeichen darzustellen (der senkrechte Balken). Nur wenn Zeichensatz und Schriftart zusammen passen, d. h. die Anwendung UNICODE und eine Schriftart verwendet, welche die geforderten Zeichensätze darstellen kann, dann wird die Information korrekt dargestellt.

7.4.3.8 Sprache und Stil

- Jede Kultur verfügt über unterschiedliche Gepflogenheiten und daher kulturspezifische sprachliche Konventionen in Bezug auf Syntax und Stil, welche bei der Softwarelokalisierung berücksichtigt und angepasst werden müssen.

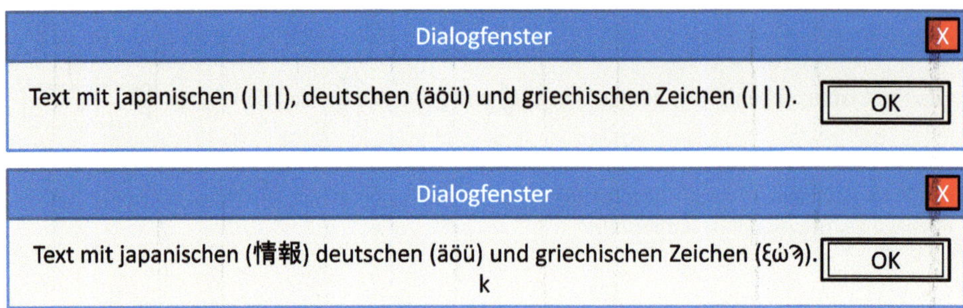

Abb. 7.15 Oben: fehlende Schriftarten werden in Windows abhängig von der Codepage als Balken dargestellt; Unten: Korrekt angezeigte Information

Tab. 7.9 Prinzipien für Syntax und Stil bei Übersetzungen im Sprachenpaar englisch/deutsch (aus Schmitz 2005, S. 14–15)

Englisch	Deutsch
Leser wird persönlich angesprochen	Leser wird nicht persönlich angesprochen, Passivkonstruktionen
Verwendung einfacher Verben	Gebrauch anwendungsspezifischer Verben
Wiederholung von Textteilen	Vermeidung von Wiederholungen
Wahlloser Begriffsgebrauch	Vermeidung von Synonymen

Tab. 7.9 zeigt einige Beispiele allgemeiner Prinzipien für Übersetzungen im Sprachenpaar Englisch/Deutsch.

So müssen auch Überschriften, Komposita und Hervorhebungen als linguistische Elemente an kulturelle Konventionen bzw. Kundenwünsche angepasst werden. In IT-Texten erfolgen Hervorhebungen in Elementen der Benutzungsschnittstelle oder im Fließtext. Softwarehersteller verfügen vielfach über eigene Stilrichtlinen (‚style guides', vgl. Schmitz 2005, S. 15–16).

7.4.3.9 Layout

Besonders bei Benutzungsschnittstellen müssen Entwickler beachten, dass die Länge eines übersetzten Textes in der Regel von dem original abweicht (Abb. 7.16). Es ist üblich, aus Platzgründen auf Abkürzungen zurückzugreifen, aber dies wird zu einem Problem, wenn Entwickler sie nicht einheitlich verwenden. Daher sollte es möglich sein, Elemente (z. B. Schaltflächen) anzupassen, Dialogfelder sollten längere Texte akzeptieren und in (vor allem embedded) Systemen sollte zusätzlicher Speicherplatz für längere Fehlermeldungen reserviert sein.

- Entsprechend der unterschiedlichen Anzahl von Zeichen der Übersetzung von Wörtern in unterschiedliche Sprachen ist es erforderlich, Widgets in ihrer Größe für die Anzeige entsprechender Textlängen anzupassen (sog. ‚Resizing', vgl. Abb. 7.16).

- Darüberhinaus sind auch die Widgetpositionen entsprechend der Präferenzen der kulturellen Benutzergruppe anzupassen (Abb. 7.17).

Abb. 7.16 Automatische Anpassung der Widgetgröße zur vollständigen Anzeige von Texten in unterschiedlichen Sprachen

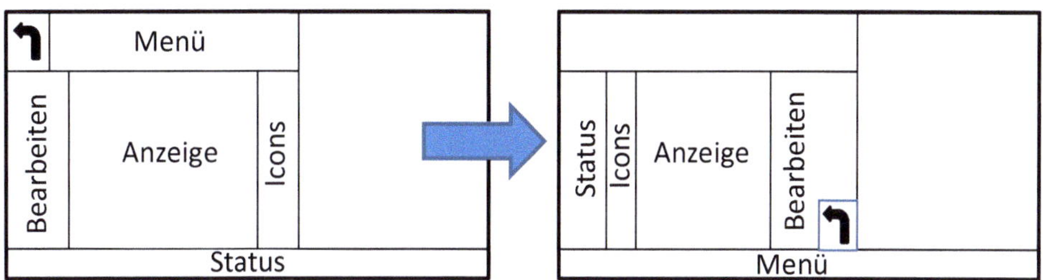

Abb. 7.17 Anpassung der Widgetpositionen entsprechend der Präferenzen der kulturellen Benutzergruppe (links: Deutschland, rechts: China; aus Röse 2002)

7.4.4 Werkzeugunterstützung

▶ Werkzeuge zur Internationalisierung unterstützen die Entwicklung bei der Extraktion von hart kodierten Texten aus dem Quellcode der Software.

Des Weiteren können mit verschiedenen konfigurierbaren Regeln API Funktionen wie z. B. Datumsanzeige im eigenen Quellcode gefunden werden, die dann einer Prüfung durch die Entwickler unterzogen werden sollten.

▶ Werkzeuge zur Lokalisierung bieten meist Funktionen zur Pseudoübersetzung (s. auch VDMA 2007). Damit kann der Test der Internationalisierung durchgeführt werden. Hierbei werden z. B. hart kodierte Texte, nicht zu übersetzende Texte und zu kurze interne Textpuffer entdeckt.

Die Pseudoübersetzung kann Texte verlängern, für die Zielsprache spezifische Zeichen einfügen und Dialoge vergrößern und unterstützt die Entwickler bei der Erstellung einer lauffähigen Software, die auf dem Zielsystem getestet werden kann. Damit kann geprüft werden, ob die so übersetzte Software überhaupt funktioniert und die entsprechenden Zeichen der Zielsprache korrekt angezeigt werden.

▶ Werkzeuge (Tools) bieten teilweise automatische Unterstützung für das Management des Projektes, der Übersetzung und der Anpassung der Terminologie sowie der Software an den kulturellen Kontext als auch für die Evaluation der Ergebnisse.

Es gibt mehr Tools zur Lokalisierung als zur Internationalisierung von Software. Dies liegt offensichtlich daran, dass überwiegend die Übersetzung der sprachlichen Elemente einer Software und weniger andere kulturell beeinflusste Aspekte wie Navigations-, Interaktions- oder Dialogverhalten berücksichtigt wird (aus bekannten methodologischen Gründen, s. Kap. 5.4.1). Das Tool „Globalizer" unterstützt die Untersuchung der Softwarestruktur hinsichtlich ihrer „Exportfähigkeit" (Globalizer 2009). Die Anpassung der Software an das Zielland unterstützen z. B. die Tools „Passolo", „Multilizer", „Sisulizer", „RC-WinTrans" oder „Catalyst", „Reviser" und andere.

Darüber hinaus bieten Übersetzungswerkzeuge eine starke Vereinfachung der Übersetzungstätigkeit (vgl. „Übersetzungsleitfaden" des VDMA, s. VDMA 2007). Neben maschinellen Übersetzungswerkzeugen gibt es z. B. so genannte Translation Memories. Diese Übersetzungsspeicher enthalten bereits übersetzte Fragmente, welche in anderen Folgeübersetzungen wiederverwendet werden können. Weiterhin wurden Formate zum Austausch von Übersetzungen und Lokalisierungseinstellungen definiert (z. B. OLIF, TBX oder TMX).

7.4.4.1 User Interface Toolkits

▶ User Interface Toolkits, die meistens als integralen Bestandteile ein Basisfenstersystem und einen Window Manager besitzen, unterstützen als Werkzeug die tiefste Ebene des Dialogentwurfs, den lexikalisch Entwurf (vgl. Handlungsebenenmodell in Kap. 4.1.2). Rapid Prototyping Werkzeuge decken auch die semantische Ebene des Handlungsebenenmodells ab.

Sie bilden primitive Hardwareeigenschaften auf bedeutungstragende Elemente der Dialogsprache (wie z. B. Kommando, Ort oder Name) ab. Dies geschieht über Dialogobjekte wie Formulare, Textfelder oder Stellknöpfe.

User Interface Toolkits bilden damit einen ersten Schritt zur Unterstützung der Entwicklung qualitativ hochwertiger Benutzungsschnittstellen. Sie können als Bibliotheken von Interaktionstechniken verstanden werden, die dem Anwendungsprogrammierer Funktionen zum Erzeugen und Manipulieren von Dialogelementen zur Verfügung stellen.

Die verschiedenen Toolkits bieten in der Regel einen Satz sehr ähnlicher Dialogobjekte an. Unterschieden werden können Objekte zur Realisierung von Basisdialogfunktionen wie z. B.:

- Einfach- und Mehrfachauswahl (Menüs, Auswahlknöpfe, Radiobutton, Paletten, Toolboxen),
- Auslösen von Aktionen (Pushbutton, Menüs),

- Textdarstellung und -erfassung (Textlabel, ein- und mehrzeilige editierbare Textfelder, Tabellen) und
- Einstellung von analogen Werten (Scrollbars, Slider).

Darüber hinaus bieten die Toolkits eine Reihe von Elementen, welche in vielfältiger Weise der Organisation und Anordnung von Basisdialogobjekten dienen, wie z. B. Formulare, Listen, Gruppierungsobjekte und Bulletinboards.

Da nicht alle Anwendungsanforderungen durch die oben genannten Basisdialogmechanismen gelöst werden können, bieten die Toolkits üblicherweise noch Objekte an, über deren grafische Ausprägung und Semantik die Anwendung frei verfügen kann (Fenster, Teilfenster, Zeichenflächen, etc.) und/oder sie bieten Mechanismen zur Erweiterung des vorhandenen Basissatzes an Dialogmöglichkeiten an.

Das Toolkit stellt in jedem Fall ein korrektes, einheitliches konsistentes Basisverhalten (z. B. Öffnen einer Menükaskade und Durchführung der Selektion eines Menüeintrags) sicher, das die Anwendung nur noch um die problemspezifische Semantik der Objekte erweitern muß.

7.4.4.2 Nutzen und Grenzen von Toolkits

Der Nutzen bei der Verwendung von User Interface Toolkits für die Entwicklung interaktiver grafischer Anwendungen ist im Vergleich zu einer reinen Nutzung des Basisfenstersystems ganz erheblich. Die Verwendung von Toolkits bringt neben den eher entwicklungstechnischen Vorteilen, wie Einsparung an Entwicklungsaufwand, geringere Fehleranfälligkeit, bessere Modularisierung und damit erhöhte Wartbarkeit, auch Vorteile in softwareergonomischer Hinsicht:

- Das Toolkit stellt ein korrektes, einheitliches und konsistentes Basisverhalten der verwendeten Dialogobjekte sicher.
- Die vom Toolkit angebotenen Dialogelemente und Dialogmechanismen sind in der Regel verifiziert und haben sich bewährt.
- Die Toolkits werden für eine ganze Reihe von Applikationsentwicklungen eingesetzt. Damit wird automatisch eine Art Standardisierung der vom Toolkit unterstützten Dialogmechanismen erreicht.

Der Standardisierungseffekt kann noch erhöht werden, wenn vom Toolkit zusätzlich höhere Dialogobjekte angeboten werden, die für immer wieder auftretende Anwendungsfälle bereits um eine höherwertige Semantik zur Lösung dieser Fälle erweitert wurden (Designpattern). Als Beispiel seien hier Formulare zum Öffnen, Sichern von Anwendungsdateien mit einer komfortablen Möglichkeit der Navigation im Dateisystem oder zur Auswahl und Darstellung von Hilfstexten genannt. Die Dialogelemente dieser Ebene sind in der Regel aus den Basisobjekten des Toolkits zusammengesetzt und können vom Toolkit-Benutzer mit einem Aufruf kreiert werden.

▶ Durch Verwendung von UI-Toolkits wird der Entwicklungsaufwand interkultureller Benutzungsschnittstellen drastisch verringert.

Weiterentwicklungen dieser L10N/I18N-Toolkits können daher als erste Stufe zur Realisierung von Werkzeugen für Rapid Prototyping interkultureller Benutzungsschnittstellen gesehen werden.

Ergeben sich neue Erkenntnisse über den Ablauf bestimmter Dialogmechanismen, so können diese im Idealfall in das Toolkit integriert werden und stehen damit allen mit dem Toolkit realisierten Applikationen ohne aufwendigen Eingriff in die Applikationen zur Verfügung.

> Die softwareergonomischen Vorteile bei der Verwendung von Toolkits kommen jedoch nur dann zum Tragen, wenn einerseits das Toolkit flexibel genug ist, um für vielfältigste Applikationsanforderungen Lösungen zu bieten, andererseits jedoch in seinem Angebot an Dialogobjekten und Mechanismen konsistent und überschaubar bleibt.

UI-Tools sind in der Regel auf das konkrete Design von Benutzungsschnittstellen fokussiert und weniger auf die Analyse und Implementierung interkultureller Designanforderungen. Im Folgenden wird ein erster Ansatz eines Werkzeuges auf dem Weg zum Rapid Prototyping für die Entwicklung interkulturellen Benutzunsschnittstellen mit dem sogenannten „IIA-Tool" (vgl. Heimgärtner 2007) vorgestellt.

7.4.5 Exkurs: Werkzeugunterstützung mittels IIA-Tool

Literaturstudien von Heimgärtner 2005 zeigten, dass es keine adäquaten Werkzeuge zur Bestimmung von kulturübergreifenden Unterschieden hinsichtlich kultureller Aspekten der MMI gibt, auch wenn es einige Abhandlungen über die Aufzeichnung von Interaktionen gibt (vgl. Spannagel 2003). Einige Tools zur Benutzerinteraktionsmessung sind (kein Anspruch auf Vollständigkeit der Aufzählung):

- ObSys (Aufzeichnung und Visualisierung von Fensternachrichten) (vgl. Gellner und Forbrig 2003)
- Interact (Kodierung und Visualisierung des Benutzerverhaltens (vgl. Mangold 2005))
- Reviser (automatische kriterienorientierte Usabilityevaluation von interaktiven Systemen, vgl. Hamacher 2006)
- Tool set for log file analysis (vgl. Köppen und Wandke 2002)
- UserZoom (Festhalten, Analyse und Visualisierung von Onlinestudien).

Es gibt noch weitere instrumentelle Tools z. B. Noldus, SnagIt, Morae, A-Prompt oder LeoTrace. Alle diese Tools bieten eine gewisse Funktionalität für (zum Teil remote) Usability Tests und für die Messung des Interaktionsverhaltens von Benutzern mit einem interaktiven System.

> Kein handelsübliches Interaktionsanalyse-Tool verfügte im Jahre 2006 über aktuelle kulturelle Usability-Metriken (vgl. UMTM, Tab. 6.5 in Kap. 6.3.2) oder Möglichkeiten zur Implementierung spezieller Anwendungsfälle zur Messung des Interaktionsverhaltens eines MMI-Systems im kulturellen Kontext.

Darüber hinaus konnte das benötigte Wissen über Variablen, die von Kultur abhängig sind, nicht nachträglich in die existierenden Tools implementiert werden (und die Hersteller hatten bei der Programmierung ihrer Tools noch keine Möglichkeit, kulturelle Usability-Metriken wie das UMTM zu implementieren, weil es diese kulturellen Usability-Metriken noch nicht gab).

▶ Heimgärtner 2007 entwickelte ein neues Tool zur Messung des interkulturellen Interaktionsverhaltens des Benutzers.

Um den Benutzer dazu zu motivieren, mit dem Computer zu interagieren und interkulturelle Hypothesen (vgl. Kap. 6) zu verifizieren, wurden adäquate Aufgabenszenarien entwickelt und in dieses neue Testtool implementiert. Das daraus resultierende Tool zur interkulturellen Interaktionsanalyse (IIA Tool) bietet ein Datensammlungs-, Datenanalyse- und Datenauswertungsmodul zur Datensammlung, -analyse und -evaluation mit folgenden Features:

- Aufzeichnung, Analyse und Visualisierung des Benutzerinteraktionsverhalten und der Benutzerpräferenzen
- Interkulturelles Usability-Testing unter Gebrauch von für unterschiedliche Kulturen lokalisierten Anwendungsfällen
- Usabilityauswertung und -Report für alle Interaktionen
- Qualitative Beurteilungen von quantitativen Daten zur Verbesserung der Korrektheit und Validität der Tests.

▶ Mit dem Tool zur interkulturellen Interaktionsanalyse (IIA-Tool) kann die Interaktion von kulturell verschiedenen Benutzern beobachtet werden, welche dieselbe Aufgabe unter denselben kontrollierten Umgebungs- und Testkonditionen (gleiche Hard- und Software, Sprache und Testaufgaben) ausführen. Dadurch sind die Tests als auch ihre Ergebnisse jederzeit nachvollziehbar, gegenseitig vergleichbar und auf ähnliche Anwendungsfälle übertragbar.

Die Sammlung und Vorbereitung der Daten wird überwiegend automatisch durch das IIA-Datensammlungsmodul durchgeführt. Dies spart viel Zeit, Kosten und Aufwand. Die gesammelten Daten können quantitativ (bezogen auf alle Testpersonen, z. B. die Bedeutung einer Likert-Scala, vgl. Lienert und Raatz 1998) sowie qualitativ (bezogen auf eine einzige Testperson, z. B. Beantwortung offener Fragen (vgl. La Cruz et al. 2005)) sein.

Darüber hinaus können die gesammelten Datenmengen im Standardformat (z. B. CSV) abgespeichert werden, wodurch zusätzliche statistische Analysen mit jedem handelsüblichen Statistik-Tool (wie z. B. wie SPSS) durchgeführt werden können.

▶ Studien und deren Ergebnisse unter Verwendung des IIA Tools sind reproduzierbar.

Erhobene Daten werden durch das IIA-Datenerfassungsmodul in Databasen in einem Format gespeichert, das sofort vom IIA-Datenanalysemodul gelesen und mittels eines

Datenumwandlungs- und präparationsprozess in verwertbare Daten zur Auswertung durch das IIA-Datenauswertungsmodul aufbereitet werden. Dieses ermöglicht zusätzlich zur Auswertung der Daten hinsichtlich interkultureller Interaktionsindikatoren anhand einer Klassifizierung durch Nutzung neuronaler Netzwerke auch die übergreifende Validierung von Ergebnissen aus anderen Datenanalysen.

Das IIA-Tool kann online über das Internet oder offline per CD installiert werden. Um Download- und Interaktionsverzögerungen zu vermeiden, wurde das IIA-Tool als ausführbare Programmdatei auf einem Server integriert, von dem es auf die lokale Festplatte von weltweiten Benutzern heruntergeladen werden kann. Der Grund dafür ist, dass das Tool das Interaktionsverhalten des Benutzers während des Onlinetests korrekt und vergleichbar in Realzeit messen muss. Dies ist nur dann möglich, wenn das Programm auf dem Zielsystem läuft, um Verzögerungen im Programmablauf auf Grund von hohem Netzwerkverkehr zu vermeiden.

▶ Die IDE des Tools erlaubt eine sehr schnelle Umsetzung neuer MMI-Konzepte in gut aussehende Prototypen, die sehr schnell innerhalb des iterativen Entwicklungsprozesses getestet werden können. Zum Beispiel wurden einige Hypothesen aus dem kulturabhängigen Erklärungsmodell (vgl. Kap. 6 bzw. Heimgärtner 2012) innerhalb eines Monats als Anwendungsfälle im IIA-Tool implementiert und von repräsentativ vielen Benutzern nach Durchführung von Datenerfassung und Datenanalyse quantitativ verifiziert.

Die Nutzung des IIA-Tools bedeutet ein schnelles Anwendungsfalldesign inklusive Datenerhebung und -auswertung, d. h. der Bildung von „Rapid Prototypes" mit Benutzungsschnittstellen für unterschiedliche Kulturen als auch der Erhebung einer großen Menge gültiger Daten, welche schnell und einfach weltweit online in Echtzeit gesammelt und ausgewertet werden können.[8]

7.5 Evaluierung und Test

Evaluierung und Test von interkulturellen Benutzungsschnittstellen beziehen sich insbesondere auf die Bereiche des Usability Engineering (Evaluierung) und auf die Bereiche des Software Engineering (SW-Test). Bei der Evaluierung wird geprüft, ob die Nutzungsanforderungen durch das System erfüllt werden. Dazu gehören auch Usability-Tests. SW-Tests dienen dazu, zu prüfen, ob die Software die Anforderungen erfüllt – vor allem jene, welche aus I18N und L10N (s. Kap. 3) resultieren.

[8] Nähere Informationen zum IIA Tool finden Sie in Heimgärtner 2007 und erhalten Sie gerne auch direkt vom Autor sowie unter URL=http://www.iuic.de.

7.5.1 Softwaretechnische Qualitätssicherung

Normalerweise sind Lokalisierungs- oder Testingenieure verantwortlich für das Erledigen der in der Testphase anfallenden Aufgaben wie z. B.:

- Vorbereitung des Projekts: Prüfen des zu übersetzenden Ausgangsmaterials auf seine Vollständigkeit, Bugbehebung nach dem Kompilieren der Software, Übersetzungen prüfen
- Entwickeln und Testen der lokalisierten Software: Hierbei handelt es sich um Aktivitäten wie das Anpassen der übersetzten Software-Benutzungsschnittstelle (Schaltflächen, Dialogfelder etc.), das Kontrollieren und Testen von Hot Keys (unterstrichener Buchstabe oder Zahl in einem Menübefehl oder einem Dialogfeld in Kombination mit der Alt-Taste), das Kompilieren der lokalisierten Ressource-Dateien zu einer lauffähigen Anwendung (im Fall von Software- oder Online-Hilfe), wie auch der Funktionstest der Software (das Sicherstellen, dass die übersetzte Version der Software funktioniert) und das Erstellen von Screenshots der lokalisierten Version (vgl. Kap. 7.4.3 – alle Aspekte, welche dort angesprochen werden, müssen auch evaluiert werden).
- Testen der Internationalisierung: Es ist zu prüfen, ob die SW-Architektur, Text und Software-Quellcodes trennt und die Zeichensätze und die lokalen Standards der Zielsprachen bzw. Zielländer unterstützt werden.
- Hilfe für Lokalisierungsprojekte: Softwareentwickler sollten Projektmanagern, Übersetzern und bzw. allen an der Lokalisierung Beteiligten jederzeit während des Lokalisierungsprozesses helfen, falls Probleme technischer Art auftreten.

7.5.2 Softwareergonomische Qualitätssicherung

Betrachtungsobjekt der Softwareergonomie ist der individuelle Benutzer mit sehr unterschiedlichem intellektuellen, sozialen, psychomotorischen und beruflichen Hintergrund – eingebettet in seinen kulturellen Kontext (vgl. Kap. 4). Daher darf sich die softwareergonomische Qualitätssicherung nicht nur auf einzelne Objekte, z. B. auf den Ein- und Ausgabebereich der Benutzungsschnittstelle einer Software beschränken, sondern muss den Gesamtkomplex der Dialogführung im Blick haben.

▶ Sobald erste Konzepte und Ideen der Benutzungsschnittstelle erfahrbar gemacht werden können, z. B. in Form von Prototypen, müssen diese mit Benutzern im interkulturellen Kontext evaluiert werden.

Die Stärken und Schwächen der Konzepte und Ideen bis hin zu vermeintlich ausgereiften Produkten werden durch User Research Studien erkannt und können in die weitere Entwicklung einfließen. Wie bei der Anforderungssammlung und -analyse kommen Befragungen und Beobachtungen in Betracht, wobei der Fokus klar auf der Beobachtung liegt.

Bei einer Beobachtung nutzen repräsentative Benutzer das Produkt bzw. den Prototypen in realistischen Nutzungsszenarien. Ein Usability Engineer erkennt, ob das Produkt den Anforderungen der Benutzer genügt, ob es typische Aufgaben und Handlungsabläufe unterstützt und ob es effektiv und effizient zu bedienen ist.

Auch für die Evaluation stehen eine Vielzahl von Methoden und Möglichkeiten zur Verfügung, vom einfachen Usability Tests im Usability Teststudio (Abb. 7.18) über Vor-Ort Studien bis hin zu internationalen User Experience Studien, die das Verständnis des gesamten Produktlebenszyklus zum Ziel haben. Diese reichen von Erstinbetriebnahme bis zur Entsorgung und von der Bedienungsanleitung über das Schulungskonzept bis zur Service-Hotline.

Evaluation wird benötigt, wann immer Entscheidungen über den Designprozess getroffen werden müssen. Dies wird sowohl bei der Analyse als auch bei der Spezifikation der Fall sein. Analyseentscheidungen zu evaluieren bezieht sich überwiegend auf die Phase, in der die künftige Aufgabenwelt vorgestellt wird. Während des Prozesses der Detailspezifikationsentwicklung müssen viele Entscheidungen getroffen werden, die die technischen Details mit Aspekten der Usability in Verbindung bringen.

▶ Evaluation löst keine Probleme, aber zeigt sie auf. Eine gültige Diagnose erfordert oftmals mehrere komplementäre Techniken sowie Erfahrung. Daher ist es immer sinnvoll und oft auch notwendig, Usability Professionals (vgl. Kap. 4) in den Evaluationsprozess mit einzubinden.

Es wird zwischen formativer Evaluation während des iterativen Entwicklungszyklus und summativer Evaluation am Ende des Entwicklunszyklus unterschieden.

Abb. 7.18 Minimalistischer Usability Testplatz

7.5.3 Kulturabhängige Evaluationsmethoden

▶ Die kulturellen Rahmenbedingungen, welche kulturelle Bedienungsunterschiede hervorrufen, müssen über detaillierte Analysen des Länder- und Benutzerprofils für die jeweilige Zielkultur festgestellt werden.

Ohne Evaluationsmethoden und dem „Kennenlernen" des Benutzers und seiner Kultur können die Benutzeranforderungen nicht erschlossen werden. Daher ist die Entwicklung eines möglichst detaillierten Benutzerprofils nötig (vgl. Kap. 5).

Die erforderlichen Tests und daraus resultierenden Änderungen sollten vom Entwickler und Tester immer im Kulturkreis des Benutzers vorgenommen werden, um den kulturellen Anforderungen des Benutzers gerecht werden zu können (Honold 2000).

Allerdings eignen sich derartig stark kulturell beeinflusste Datenerhebungsmethoden für das interkulturelle Usability Testing eher weniger. Bedingt durch die kulturellen Unterschiede sind bei folgenden Methoden vereinzelt Verzerrungen zu erwarten:

- Strukturierte oder Experten Interviews,
- Card Sorting,
- Fragebögen,
- Thinking Aloud.

▶ Durch den subjektiven Charakter personenbezogener Erhebungsmethoden sind die Ergebnisse stark vom kulturellen Hintergrund der beteiligten Personen geprägt. Aufgrund dieser „interkulturellen Subjektivität" wird daher ein Vergleich zwischen länderspezifischen Ergebnissen bedeutungslos. Erst durch objektive, interkulturelle Evaluationsmethoden werden die Ergebnisse vergleichbar.

Zunächst liegt „interkulturelle Subjektivität" vor. Durch Vergleichsstudien zweier Kulturen lässt sich ein entsprechender „Ausgleichsfaktor" erheben, der in den Methodenkasten für die kulturvergleichenden Studien einfließen und somit „interkulturelle Objektivität" gewährleisten könnte. Die Subjektivität eines Vergleiches ohne die Berücksichtigung der kulturellen Mentalität hat einen negativen Einfluss auf die Analyse (Zühlke 2004). Zu untersuchen wären beispielsweise kulturabhängige Antworttendenzen in einem Fragebogen. Durch Verwendung eines empirisch erhobenen „Umrechnungsfaktors" könnten die Ergebnisse einer Fragestellung interkulturell vergleichbar gemacht werden.

▶ Aber auch die Möglichkeiten der Anwendung der Methoden und deren praktischer Einsatz unterscheiden sich von Kultur zu Kultur (vgl. Shi und Copenhagen Business School 2010, S. 208).

Bei einem Testsetting in China kann es so durchaus vorkommen, dass Probanden innerhalb eines definierten Testsettings durch nicht eingeladene Kollegen spontan in der Antwortauswahl unterstützen und damit die Ergebnisse beeinflusst werden (vgl. Zühlke 2004, S. 154).

Während der Durchführung von Usability Tests werden von den chinesischen Probanden Anrufe von Freunden unter Umständen höher gewertet als der laufende Test und dieser entsprechend unterbrochen, wodurch Testzeiten verfälscht werden (vgl. Heimgärtner 2012).

7.5.4 Kulturunabhängige Evaluationsmethoden

Der Vorgang des Interpretierens ist kulturell geprägt. Je weniger in Tests interpretiert wird, desto weniger kulturelle Verzerrungen der Ergebnisse sind vorhanden. Wird nicht interpretiert, gibt es keine kulturellen Verzerrungen der Ergebnisse. Wenn dennoch Unterschiede innerhalb der Ergebnisse festgestellt werden, liegen kulturelle Unterschiede in der Bedienung vor. Daher sind quantitative Messmethoden verlässlicher als qualitative, da sie weniger kulturellen Störeinflüssen unterliegen. Allerdings können durch die fehlenden Interpretationsebenen mit rein quantitativen Messmethoden nur Effizienz und Effektivität, aber keine Benutzerzufriedenstellung oder „Joy of Use" gemessen werden. Die Stärke quantitativer Methoden liegt eher deskriptiv in der Beschreibung von Sachverhalten, und nicht explanativ in der Erklärungsfindung und Modellerzeugung wie bei den qualitativen Methoden.

▶ Zahlen muss keine Mehrbedeutung durch Interpretation zugeordnet werden, da sie mathematisch *weltweit* (d. h. kultur*un*abhängig) identisch definierte Ordnungswerte repräsentieren.

Im Vergleich zu qualitativen kulturabhängigen Methoden, welche erhebliche persönliche (subjektive und damit kulturell stark geprägte) Zusatzinterpretationsleistungen erfordern, gibt es quantitative Methoden, welche annähernd unabhängig von der jeweiligen Kultur sind. Sie sind aufgrund ihrer Objektivität weitgehenden Unempfindlichkeit gegen kulturelle Einflüsse und können somit kultur*über*greifend eingesetzt werden.

▶ Für eine kulturunabhängige Datenerhebung und -auswertung müssen theorie- und aufgabenorientierte Tests mit objektivem Charakter herangezogen werden[9]:

- Logfile-Analysen
- Auswertungen von Stresstests der Hardware (Luftfeuchtigkeit, Temperatur, Verschmutzung etc.)
- Auswertung von Reparatur- und Wartungsstatistiken
- Benutzerbeobachtungen (Videoaufzeichnung)

[9] Dass heißt möglichst unabhängig von einer subjektiven (und damit kulturell geprägten, also kulturabhängigen) Interpretation durch eine Person. Auf diese Weise wird es dem Usability Engineer anhand der Bewertung kulturunabhängiger Methoden möglich, Aussagen über kulturabhängige Erkenntnisse zu treffen.

- Verdecktes Screen Recording
- Verdecktes Eyetracking
- Eventrecording (Maus, Keyboard, Touchscreen, Funktionsaufrufe, etc.)
- Videoanalyse
- Biometrische Daten des Benutzers (heart rate (HR), heart rate variability (HRV), galvanic skin response (GSR) etc.).

Die meisten dieser Methodenausprägungen sind werkzeuggestützt und z. B. im „Tool zur interkulturellen Interaktionsanalyse" („IIA-Tool", vgl. Kap. 7.4.5) integriert (vgl. Heimgärtner 2008). Durch die Aufgabenstellung in Tests wird der Benutzer in kognitive Situationen gebracht, die ihn so fordern bzw. ablenken, dass er nicht an die zugrunde liegenden Versuchshypothesen denkt. Daher sind Fälle vorstellbar, in denen das Testsetting nicht als solches erkannt werden kann. Bei Log-File-Analysen oder verdeckten Tests werden die Daten aus dem natürlichen (Arbeits-) Umfeld erhoben.

▶ Der Einsatz quantitativer Methoden, welche weniger störanfällig bzw. kultursensitiv aufgrund fehlender Interpretationsleistung bei der Datenerhebung sind, kommt vor allem Remote-Studien entgegen, welche erheblich zur Kosteneinsparung im interkulturellen Usability Engineering beitragen (keine Reisekosten, kein Testsetting, Laborbedingungen müssen nicht hergestellt werden, kein Versuchsleiter, keine Einarbeitung nötig, hohe Zeitersparnis, usw.).

Mit Log-File-Recording ist es möglich, auf objektive Weise Interaktionsunterschiede zwischen Benutzern mit unterschiedlicher kultureller Prägung durch die Analyse von Interaktionsdaten wie Mausevents, Systemfehler, Benutzerpräferenzen hinsichtlich Systembenutzung (Anzahl von Anwendungen) oder problembezogene Parametereinstellungen in Anwendungen feststellen zu können.

▶ Eine rein quantitative Erhebungsmethode stellt Log-File-Recording dar.

Im Umfeld von Werkzeugsystemen (wie z. B. bei der Anlagenbedienung) sind Daten aus realer Produktionsumgebung aufgrund des Erfolgsdruckes der Mitarbeiter verlässlicher als unter Laborbedingungen. Dabei werden z. B. chinesische und deutsche Maschinenbenutzer mit dem gleichen Problem konfrontiert und aufgefordert, dieses zu Lösen. Hierbei wird die Vorgehensweise bei der Anlagenbedienung bei gleicher Problemstellung analysiert. Dies äußert sich bei der Fehlerbehebung an einer Etikettiermaschine wie folgt: Leim tritt aus und verschmutzt den Sensor. Es stellt sich die Frage, wie die Maschine weiterlaufen soll. Fehler beheben oder Maschine unter schlechterer Leistung weiterlaufen lassen oder Notprogramm starten oder Parameteränderung durchführen (z. B. Sensor deaktivieren)? Durch eine simple quantitative Erfassung, d. h. der Zählung und Erfassung von vom Entwickler vorgesehenen und nicht vorgesehenen Problemlösungsstrategien, kann hier eine methodisch kulturunabhängige Evaluation kulturell unterschiedlicher Vorgehensweisen durchgeführt werden. Daher ist die Auswertung von realen Log-File-Daten z. B. aus einer Etikettiermaschine verlässlicher als die Auswertung von Log-Files, welche über Simulationstests ermittelt wurden.

> Log-Files aus dem Feld können keine verfälschten Daten durch eine künstliche Testumgebung beinhalten (wie dies im Labor der Fall ist), da die realen Aufgaben keinen Testcharakter haben.

Auf diese Weise sind auch quantitative Vergleiche bezüglich der Einhaltung länderspezifischer (quantitativer) Normen (z. B. Toleranzmaße oder Produktivitätswerte etc.) möglich.

7.6 Zusammenfassung, Fazit, Ausblick

In der Entwicklung digitaler Produkte und Dienstleistungen erfolgen die Entwicklungsprozesse häufig nach dem V-Modell – ein sequenziell-iteratives Entwicklungsmodell – oder nutzen agile Softwareentwicklungsmethoden wie z. B. Scrum oder auch Kombinationen solcher Ansätze. Fortschrittliche Softwareentwicklungsprozesse verfügen über entsprechende Gates (z. B. hinsichtlich Qualität: Quality Gates/Hurdles). Oft wird die Qualität dieser Prozesse anhand von Reifegradmodellen überprüft (z. B. CMMI, SPICE).

Ziel muss es sein, den Usability-Engineering-Prozess durch Anwendung der mensch-zentrierten Gestaltungsprinzipien (vgl. ISO 9241-210) genauso systematisch zu leben wie den Software-Engineering-Prozess. Darüber hinaus spielt bei der Entwicklung interkultureller Benutzungsschnittstellen das frühzeitige Erkennen und Berücksichtigen kultureller Unterschiede in der Produktentwicklung eine entscheidende Rolle. Die Gebrauchstauglichkeit eines Systems hängt stark davon ab, wie der Benutzer mit dem System zurechtkommt (vgl. DIN 2006). Das Ausmaß der Gebrauchstauglichkeit eines interaktiven Systems kann zum Beispiel durch Beobachten und Befragung eines Benutzers während der Interaktion mit dem System ermittelt werden (vgl. Nielsen und Molich 1990 sowie Nielsen 1990). Der individuelle kulturelle Nutzungskontext muss für relevante Nutzungssituationen spezifiziert werden, um ein vertieftes Verständnis der individuellen kulturspezifischen Bedürfnisse des Benutzers zu entwickeln. Über qualitative Techniken der Markforschung hinaus sind daher auch quantitative Methoden einzusetzen. Tendenzen in Bezug auf kulturelle Unterschiede können für die Entwicklung und Gestaltung interkultureller Benutzungsschnittstellen und weitere Reflexion und Forschung genutzt werden. Neben dem Lesen von Literatur sind empirische Untersuchungen bezüglich interkultureller User-Interface-Charakteristika notwendig, um herauszufinden, wie gut die Systeme zu verwenden sind (z. B. indem man mehrere Systeme unterschiedlicher Kulturen vergleicht und Gebrauchstauglichkeitstests durchführt). Bei der Entwicklung von interkulturellen Benutzungsschnittstellen sind alle jene Aspekte im kulturellen Kontext zu betrachten, welche die Eigenschaften der

Benutzungsschnittstelle betreffen. Aber auch die Methoden zur Erlangung interkultureller Benutzungsschnittstellen und deren Evaluation bedürfen der kulturellen Inspektion.

Die Anforderungsanalyse bei der Entwicklung von Benutzungsschnittstellen besteht im Wesentlichen aus dem Verstehen und Beschreiben des Nutzungskontexts und der Ableitung und Spezifikation von Nutzungsanforderungen. In der Anforderungsanalyse sind entsprechend des MMI-Handlungsebenenmodells (vgl. Kap. 4) die Geschäftsprozesse mit einzubeziehen, um die Analyse der Anforderungen des interaktiven Systems im Kontext der gesamten Arbeitsorganisation zu erreichen (Abb. 7.2). Alle diese Aspekte sollten bei der Entwicklung interkultureller Benutzungsschnittstellen für die jeweiligen kulturellen Zielkontexte berücksichtigt werden. Die Bestimmung aller unterschiedlichen Anforderungen aller Stakeholder-Gruppen erfordert, dass alle Anforderungen der vorhergehenden Prozessschritte identifiziert und diese Anforderungsspezifikationen unabhängig von ihrer Herkunft gesammelt und entsprechend konsolidiert (geklärt und bereinigt) werden. Die konsolidierten Anforderungen geben die Produktionsziele des Projekts vor. Diese von ihren Lösungen abgekoppelten Ziele werden gemäß dem SMART-Prinzip verifiziert: Ziele müssen spezifisch (specific), messbar (measurable), erreichbar (attainable), realistisch (realistic) und zeitnah (timely) sein.

Interkulturelles Usage-Centered Design (IU-CD) dient als systematische und modellbasierte Methode zur Ermittlung der Benutzeranforderungen für die Gestaltung interkultureller Benutzungsschnittstellen (vgl. Windl und Heimgärtner 2013). Das Usage-Centered Design-Verfahren (U-CD) wird in Analyse- und Entwurfsphase aufgeteilt (Abb. 7.3). Rollen- und Aufgabenmodell sind Ergebnis der Benutzer- und Aufgabenanalyse. Das Inhaltsmodell (Content Model) zusammen mit dem Umsetzungsmodell (Implementation Model) repräsentieren die Ergebnisse aus der Design-Phase. Um die kulturellen Aspekte und die Internationalisierungsanforderungen in U-CD zu integrieren, ist es notwendig, diesen zu erweitern und Anpassungen am bestehenden Verfahren an verschiedenen Stellen vorzunehmen. Die gemeinsamen Aspekte für das interkulturelle UI-Design werden in einem kulturellen Modell ähnlich dem bestehenden „Operationsmodell" aufgenommen (Abb. 7.4). Für jede Kultur wird je ein eigenes kulturelles Modell verwendet (Abb. 7.5). Der Inhalt des kulturellen Modells ist vor allem auf die Eigenschaften der Benutzungsschnittstelle (vgl. Marcus 2007) und die MMI-Dimensionen (vgl. Heimgärtner 2012) bezogen und beschreibt eine Benutzerschnittstelle auf abstrakter Ebene, welches mit den speziellen Werten für die gewünschte Kultur befüllt wird. Um auch kulturelle Aspekte abdecken zu können, welche nicht in dieses Landesschema passen (wie religiöse Nennungen, Einheimische, oder jegliche andere kulturelle Zielgruppen), ist es möglich, projektspezifische kulturelle Identifikatoren zu verwenden. Der Ansatz des interkulturellen Usage-Centered Designs (IU-CD) hilft den Entwicklern interkultureller Benutzungsschnittstellen System- und Nutzungsanforderungen systematisch zu erheben und zu modellieren und anhand exakter Modelle passende interaktive Systeme zu erstellen.

MMI-Dimensionen sind Hauptfaktoren beim MMI-Design, weil sie die grundlegenden Klassen der für das MMI-Design relevanten Variablen bezeichnen. Sie sind bei der Entwicklung interkultureller Benutzungsschnittstellen zu berücksichtigen und zu verwenden. Es sind sowohl offensichtliche als auch auf den ersten Blick nicht sichtbare Gestaltungsaspekte zu berücksichtigen. Da die Benutzer eines bestimmten Zielmarktes in ihrer Muttersprache angesprochen werden sollen (und wollen), stellt die Terminologie in der Zielsprache einen wichtigen Aspekt in der Softwarelokalisierung dar. Kontextinformationen und die zur Verfügung stehenden Referenzmaterialien sind sehr wichtig für die Terminologiearbeit. Allgemein verwendete Terminologiedatenkategorien (z. B. ISO12620 1999) reichen für die Terminolgiearbeit in der Softwarelokalisierung nicht aus, weil innerhalb der Software ein einziger Term sich je nach seinem unmittelbaren Kontext (z. B. in einem Menü, in einem Dialogfenster oder in einer Fehlermeldung) auf verschiedene Begriffe beziehen kann. Es gibt Unterschiede zwischen der Terminologie, welche in der Software-Dokumentation verwendet wird (Online-Hilfe und Webseiten) und derjenigen, die in der Benutzungsschnittstelle verwendet wird. Besonders problematisch bei der Softwarelokalisierung ist die Verwendung von Anspielungen und Wortspielen (Bezug auf andere Begriffe über Homonyme) und das Einbinden von Symbolen in die Benutzungsschnittstelle, da das Editieren und Anpassen dieser Symbole ein komplizierter und zeitaufwendiger Prozess sein kann. Für die Entwicklung interkultureller Benutzungsschnittstellen aus deutscher/westeuropäischer Sicht lassen sich weltweit zumindest sechs Schriftsysteme unterscheiden (Abb. 7.11). Mit zunehmender Schriftsystemnummer nehmen Internationalisierungs- und Lokalisierungsaufwand zu (Tab. 7.5). Schreibweisen zur Darstellung von Formaten wie Datum, Uhrzeit, Zahlen, Währungs- oder Maßeinheiten unterliegen länderspezifischen Konventionen. Die angemessene Darstellung und Verarbeitung der Zielsprachen unter Verwendung entsprechender Zeichensätze bzw. Zeichencodierung und passender Schriftarten ist Grundvoraussetzung für die Lokalisierung sprachlicher Elemente eines Produkts. Bei der Auswahl von Schriftarten ist es wichtig, dass die verwendeten Schriftarten und Zeichensätze zueinander passen. Wenn eine Schriftart einen bestimmten Zeichensatz nicht unterstützt, kann die Information nicht richtig dargestellt werden (Abb. 7.15). Jede Kultur verfügt über unterschiedliche Gepflogenheiten und daher über kulturspezifische sprachliche Konventionen in Bezug auf Syntax und Stil, welche bei der Softwarelokalisierung berücksichtigt und angepasst werden müssen. Entsprechend der unterschiedlichen Anzahl von Zeichen der Übersetzung von Wörtern in unterschiedliche Sprachen ist es erforderlich, Widgets in ihrer Größe für die Anzeige entsprechender Textlängen anzupassen (sog. ‚Resizing', vgl. Abb. 7.16). Darüberhinaus sind auch die Widgetpositionen entsprechend der Präferenzen der kulturellen Benutzergruppe anzupassen (Abb. 7.17). Da auch Farben in unterschiedlichen Kulturen verschiedene Bedeutungen haben, sollten diese ebenfalls an die Zielkultur angepasst werden, da sie sonst falsch interpretiert werden (Abb. 7.9).

Werkzeuge zur Lokalisierung bieten meist Funktionen zur Pseudoübersetzung (s. auch VDMA 2007). Damit kann der Test der Internationalisierung durchgeführt werden.

Hierbei werden z. B. hart kodierte Texte, nicht zu übersetzende Texte und zu kurze interne Textpuffer entdeckt. Tools bieten teilweise automatische Unterstützung für das Management des Projektes, der Übersetzung und der Anpassung der Terminologie sowie der Software an den kulturellen Kontext als auch für die Evaluation der Ergebnisse. User Interface Toolkits, die meistens als integralen Bestandteile ein Basisfenstersystem und einen Window Manager besitzen, unterstützt als Werkzeug die tiefste Ebene des Dialogentwurfs, den lexikalisch Entwurf. Durch Verwendung von UI-Toolkits wird der Entwicklungsaufwand drastisch verringert. Die softwareergonomischen Vorteile bei der Verwendung von Toolkits kommen jedoch nur dann zum Tragen, wenn einerseits das Toolkit flexibel genug ist, um für vielfältigste Applikationsanforderungen Lösungen zu bieten, andererseits jedoch in seinem Angebot an Dialogobjekten und Mechanismen konsistent und überschaubar bleibt. Kein handelsübliches Interaktionsanalyse-Tool verfügte im Jahre 2006 über aktuelle kulturelle Usability-Metriken (vgl. UMTM, Tab. 6.5 in Kap. 6.3.2) oder Möglichkeiten zur Implementierung spezieller Anwendungsfälle zur Messung des Interaktionsverhaltens im kulturellen Kontext. Daher wurde vom Autor 2006 ein entsprechendes Tool zur Messung des interkulturellen Interaktionsverhaltens des Benutzers entwickelt (vgl. Heimgärtner 2007). Mit diesem Tool kann die Interaktion von kulturell verschiedenen Benutzern beobachtet werden, welche dieselbe Aufgabe unter denselben kontrollierten Umgebungs- und Testkonditionen (gleiche Hard- und Software, Sprache und Testaufgaben) ausführen. Dadurch sind die Tests als auch ihre Ergebnisse nachvollziehbar, gegenseitig vergleichbar und auf ähnliche Anwendungsfälle übertragbar. Studien unter Verwendung des IIA Tools sind vollständig reproduzierbar. Die IDE des Tools erlaubt eine sehr schnelle Umsetzung neuer MMI-Konzepte in gut aussehende Prototypen, die sehr schnell innerhalb des iterativen Entwicklungsprozesses getestet werden können.

Das Testen der Software beinhaltet technische Aspekte der Softwarelokalisierung, die zu Beginn und am Ende eines Lokalisierungsprojekts in Angriff genommen werden müssen. Sobald erste Konzepte und Ideen der Benutzungsschnittstelle erfahrbar gemacht werden können, z. B. in Form von Prototypen, müssen diese mit Benutzern evaluiert werden. Evaluation löst keine Probleme, aber zeigt sie auf. Eine gültige Diagnose in der Evaluationsphase erfordert oftmals mehrere komplementäre Techniken und Erfahrung. Daher ist es sinnvoll und oft auch notwendig, Usability Professionals (vgl. Kap. 4) in den Evaluationsprozess mit einzubinden. Benutzertests und benutzerzentrierte Entwicklung (UCD) sind ein wichtiges Mittel, um die Zufriedenheit der Benutzer mit einem technischen System zu erfassen und zu gewährleisten. Beim interkulturellen Usability Testing/ Engineering ist eine indirekte Benutzerbeteiligung zu bevorzugen (Zühlke 2004). Auch die Möglichkeiten der Anwendung von Methoden und deren praktischer Einsatz unterscheiden sich von Kultur zu Kultur (vgl. Shi und Copenhagen Business School 2010, S. 208). Die kulturellen Rahmenbedingungen, welche kulturelle Bedienungsunterschiede hervorrufen, müssen über detaillierte Analysen des Länder- und Benutzerprofils für die jeweilige Zielkultur festgestellt werden. Durch den subjektiven Charakter personenbezogener Erhebungsmethoden sind die Ergebnisse stark vom kulturellen Hintergrund der beteiligten Personen geprägt. Aufgrund dieser „interkulturellen Subjektivität" wird daher ein

Vergleich zwischen länderspezifischen Ergebnissen bedeutungslos. Erst durch objektive, interkulturelle Evaluationsmethoden werden die Ergebnisse vergleichbar. Verzerrungen des Eindrucks des Entwicklers vom Benutzerbild (Honold 2000) durch kulturelle Einflussfaktoren müssen deshalb durch möglichst kulturell objektive, aufgabenorientierte Erhebungsmethoden umgangen werden. Die Reliabilität von Methoden, welche kulturelle Unterschiede messen sollen, ist umso höher, je unabhängiger ihr Einsatz von kulturellen Einflüssen und je höher ihre Messempfindlichkeit für kulturelle Aspekte ist. Dies beschreibt eine Paradoxie, welche durch unterschiedliche Erklärungsebenen entsteht und sich gleichsam durch sie auflösen lässt: methodische Unempfindlichkeit hinsichtlich kultureller Einflüsse bei gleichzeitiger metrischer Empfindlichkeit hinsichtlich quantitativ feststellbarer Unterschiede in der kulturell beeinflussten Interaktion des Benutzers mit dem System. Erst so werden kulturelle Vergleiche des Benutzerverhaltens möglich. Anschließend können die Ursachen bis dahin eingegrenzter Fehler durch Vergleichsstudien, gefundenen Verstößen gegen Richtlinien und statistisch belegten kulturellen Unterschieden ermittelt werden. In der Folge lassen sich die Probleme kulturell bedingter „kulturell-subjektiver" Testergebnisse sowie ressourcenintensives Testing vor Ort vermeiden. Kulturunabhängige Methoden können somit Kosten sparen und verläßliche Ergebnisse hinsichtlich kultureller Unterschiede und somit kulturelles Wissen auf physikalisch-objektiver Messbasis in Form von Zahlen liefern. Zahlen muss keine Mehrbedeutung durch Interpretation zugeordnet werden, da sie mathematisch *weltweit* (d. h. kultur*un*abhängig) identisch definierte Ordnungswerte repräsentieren. Für eine kulturunabhängige Datenerhebung und -auswertung müssen überdies theorie- und aufgabenorientierte Tests mit objektivem Charakter generiert werden. Der Einsatz quantitativer Methoden, welche weniger störanfällig bzw. aufgrund fehlender Interpretationsleistung bei der Datenerhebung weniger kultursensitiv sind, kommt vor allem Remote-Studien entgegen, welche erheblich zur Kosteneinsparung im interkulturellen Usabilityengineering beitragen (keine Reisekosten, kein Testsetting, Laborbedingungen müssen nicht hergestellt werden, kein Versuchsleiter, keine Einarbeitung nötig, hohe Zeitersparnis, usw.). Eine rein quantitative Erhebungsmethode stellt Log-File-Recording dar. Log-Files aus dem Feld können keine verfälschten Daten durch eine künstliche Testumgebung beinhalten (wie dies im Labor der Fall ist), da die Aufgaben keinen „Laborcharakter" haben. Allerdings müssen diese Zahlen und der Prozess aus dem sie stammen schließlich semantisch interpretiert werden. Leider ist jegliche Interpretationsleistung (welche nicht durch allgemeingültige Konventionen wie z. B. Normen) kulturell geprägt und es besteht noch erheblicher Forschungsbedarf für kulturabhängige – d. h. kulturell beeinflusste – Methoden (wie z. B. Interpretationsmethoden, welche auf kulturabhängigen Denkmustern und kognitiven Stilen beruhen). Die Testmethodik des interkulturellen Usabilityengineerings bleibt daher weiterhin ein spannendes Forschungsfeld.

Normen	√
ISO 15504	☐
ISO 9241-210	☐
ISO Ländercode	☐
ISO 12620	☐
ISO 8859	☐
Unicode	☐
GB12345	☐
Shift-JIS	☐
BIG5	☐
KSC	☐

Checkliste	√
Aktivitäten im globalen Produktentwicklungsprozess sind bekannt	☐
Sinn und Inhalte der Prozessphasen (Anforderungsanalyse, Design und Evaluation) sind bekannt und werden gelebt	☐
Usage Centered Design Ansatz ist bekannt	☐
Team kennt den Zusammenhang zwischen Softwareengineering und Usabilityengineering und lebt die Schnittstellen zwischen den Prozessen	☐
Werkzeuge zur I18N und L10N sind bekannt und werden eingesetzt	☐
Interkulturelle Interaktionsanalyse ist bekannt und wird unter Verwendung eines entsprechenden Werkzeuges genutzt (z. B. IIA-Tool); Ergebnisse werden in Informationsarchitektur und Interaktionsdesign berücksichtigt	☐
Nutzungskontextbeschreibung und Nutzungsanforderungsspezifikation liegen vor	☐
Modell für kulturabhängiges MMI-Design ist bekannt und wird genutzt	☐
Empfehlungen für interkulturelles MMI-Design werden berücksichtigt	☐
Interkulturelle softwaretechnische qualitätssichernde Maßnahmen (z. B. der L10N/I18N) sind bekannt und werden durchgeführt	☐
Interkulturelle softwareergonomische qualitätssichernde Maßnahmen (z. B. interkulturelle Usability-Tests) sind bekannt und werden durchgeführt	☐
Kulturabhängige und kulturunabhängige Evaluationsmethoden sind bekannt und werden korrekt eingesetzt	☐
Probleme bei der Evaluation interkultureller Benutzungsschnittstellen sind bekannt und Empfehlungen werden berücksichtigt	☐

Literatur

Balzert, H. (2008). *Lehrbuch der Software-Technik. [2], Softwaremanagement.* Heidelberg : Spektrum, Akad. Verl.

Beyer, H., & Holtzblatt, K. (2007). *Contextual design: Defining customer-centered systems* ([Reprint] Aufl.). San Francisco: Morgan Kaufmann.

Beynon, M., Nehaniv, C. L., & Dautenhahn, K. (2001). *Cognitive technology: Instruments of mind– Proceedings of the international cognitive technology conference.* Warwick: Springer.

Brau, H. (2009). *Unveröffentlichter interner Projektbericht.* Stuttgart: Daimler AG.

Constantine, L. (2004). Beyond user-centered design and user experience: Designing for user performance. *Cutter IT Journal, 17*(2), 16–25.

Constantine, L. L., & Lockwood, L. A. D. (1999). *Software for use: A practical guide to the models and methods of usage-centered design.* Reading: Addison Wesley.

Constantine, L. L., & Lockwood, L. A. D. (2003). *Usage-centered software engineering: An agile approach to integrating users, user interfaces, and usability into software engineering practice.* Paper presented at the Proceedings of the 25th International Conference on Software Engineering, Portland.

Constantine, L., & Windl, H. (2009). Safety, speed, and style: Interaction design of an in-vehicle user interface. Paper presented at the CHI '09 Extended Abstracts on Human Factors in Computing Systems, Boston.

Cooper, A. (1999). *The inmates are running the asylum.* Indianapolis: Macmillan.

Cooper, A., Reimann, R., Cronin, D., & Cooper, A. (2007). *About face 3: The essentials of interaction design.* Indianapolis: Wiley.

DIN. (2006). *DIN EN ISO 9241-110 Ergonomics of humans-system interaction Part 110: Dialogue principles.* Beuth.

Dr. International. (2003). Developing International Software.

Esselink, B. (2000). *A practical guide to localization* (4. Aufl.). Amsterdam/Philadelphia: J. Benjamins.

Fernandes, T. (1995). *Global interface design: A guide to designing international user interfaces.* Boston/Chestnut Hill: AP Professional.

Ferr, X., Juristo, N., Windl, H., & Constantine, L. (2001). Usability basics for software developers. *IEEE Software, 18*(1), 22–29. doi:10.1109/52.903160.

Ferreira, J. (2012). Agile development and UX design: Towards understanding work cultures to support integration. In M. Bajec & J. Eder (Hrsg.), *Advanced information systems engineering workshops* (Bd. 112, S. 608–615). Berlin/Heidelberg: Springer.

Gellner, M., & Forbrig, P. (2003). ObSys – A tool for visualizing usability evaluation patterns with mousemaps. In *Human computer interaction: Theory and practice.* New York: Ellis Horwood.

Globalizer. (2009). *Infralution Globalizer .NET.* http://www.infralution.com/products/globalizer.html. Zugegriffen am 29.09.2016.

Hackos, J. A. T., & Redish, J. C. (1998). *User and task analysis for interface design.* New York: Wiley.

Hall, E. T. (1959). *The silent language.* New York: Doubleday.

Halpin, A. W., & Winer, B. J. (1957). A factorial study of the leader behavior descriptions. In R. M. Stogdill & A. E. Coons (Hrsg.), *Leader behavior: Its description and measurement* (S. 39–51). Columbus: Bureau of Business Research, Ohio State University.

Heimgärtner, R. (2005). Messen von kulturellen Unterschieden in der Mensch-Computer-Interaktion. In A. Auinger (Hrsg.), *Workshop-Proceedings Mensch und Computer* (S. 89–92). Vienna: OCG.

Hamacher, N. A. (2006). *Automatische kriterienorientierte Bewertung der Gebrauchstauglichkeit interaktiver Systeme* (1. Aufl.). München: Dr. Hut.

Heimgärtner, R. (2007). A tool for cross-cultural human computer interaction analysis. In N. M. Aykin (Hrsg.), *Usability and internationalization. HCI and culture, second international conference on usability and internationalization, UI-HCII 2007, held as part of HCI international 2007, Beijing, China, July 22–27, 2007, Proceedings, Part I* (Bd. 4559, S. 89–98). Springer.

Heimgärtner, R. (2008). A tool for getting cultural differences in HCI. In K. Asai (Hrsg.), *Human computer interaction: New developments* (S. 343–368). Rijeka: InTech.

Heimgärtner, R. (2012). *Cultural differences in human-computer interaction: Towards culturally adaptive human-machine interaction*. Munich: Oldenbourg.

Heimgärtner, R. (2014). ISO 9241-210 and Culture? – The impact of culture on the standard usability engineering process. In A. Marcus (Hrsg.), *Design, user experience, and usability. User experience design practice: Third international conference, DUXU 2014, held as part of HCI international 2014, Heraklion, Crete, Greece, June 22–27, 2014, Proceedings, Part IV* (S. 39–48). Cham: Springer.

Heimgärtner, R., Windl, H., & Solanki, A. (2011). The necessity of personal freedom to increase HCI design quality. In A. Marcus (Hrsg.), *Design, user experience, and usability. Theory, methods, tools and practice* (Bd. 6769, S. 62–68). Berlin/Heidelberg: Springer.

Herczeg, M. (2005). *Software-Ergonomie: Grundlagen der Mensch-Computer-Kommunikation* (2., vollst. überarb. Aufl.). München: Oldenbourg.

Hoffmann, H.-E., Schoper, Y.-G., & Fitzsimons, C.-J. (2004). *Internationales Projektmanagement: Interkulturelle Zusammenarbeit in der Praxis* (Orig.-Ausg. Aufl. Bd. 50883: Beck-Wirtschaftsberater; 50883). München: Dt. Taschenbuch-Verl.

Hofstede, G. H. (1991). *Cultures and organizations: Software of the mind*. London: McGraw-Hill.

Hoft, N. L. (1995). *International technical communication: How to export information about high technology*. New York: Wiley.

Honold, P. (2000). *Interkulturelles Usabilityengineering: Eine Untersuchung zu kulturellen Einflüssen auf die Gestaltung und Nutzung technischer Produkte* (Als Ms. gedr. Aufl. Bd. 647). Düsseldorf: VDI Verl.

Houghton, G. (2005). *Connectionist models in cognitive psychology*. Hove: Psychology Press.

ISO12620. (1999). *Computer applications in terminology: Data categories = Aides informatiques en terminolpgie: Catégories de données*. Geneve: ISO.

Kaptelinin, V., & Nardi, B. (2012). Activity theory in HCI: Fundamentals and reflections. *Synthesis Lectures on Human-Centered Informatics, 5*(1), 1–105. doi:10.2200/S00413ED1V01Y201203HCI013.

Köppen, N., & Wandke, H. (2002). *Entwicklung eines Toolsets zur Unterstützung von Logfilestudien Useware 2002* (S. 27–32). Düsseldorf: Deutscher Ingenieur-Verlag.

La Cruz, T., Mandl, T., & Womser-Hacker, C. (2005). Cultural dependency of quality perception and web page evaluation guidelines: Results from a survey. In D. Day, E. del Galdo & V. Evers (Hrsg.), *Designing for global markets 7: Proceedings of the seventh international workshop on internationalization of products and systems (IWIPS 2005)* (S. 15–27). Amsterdam.

Lienert, G. A., & Raatz, U. (1998). *Testaufbau und Testanalyse* (6. Aufl., Studienausg.). Weinheim: Beltz Psychologie-Verl.-Union.

Mandel, T. (1997). *The elements of user interface design: [foundations of user interface design; graphical and object-oriented user interfaces; the user interface design process; Internet interfaces, agents, and social interfaces]*. New York: Wiley.

Mangold, P. (2005). Proceeding studies on behavior – not only a challenge for professional tools. In H. Andreas & W. Karl-Heinz (Hrsg.), *Empowering software quality: How can usability engineering reach these goals? 1st usability symposium, HCI&UE workgroup* (S. 127–140). Vienna. 8 Nov 2005.

Marcus, A. (1996). *Icon and symbol design issues for graphical user interfaces International users interface* (S. 257–270). New York: Wiley.

Marcus, A. (2001). Cross-cultural user-interface design. In M. J. S. G. Smith (Hrsg.), *Proceedings Conference, Vol. 2, human-computer interface internat (HCII), New Orleans* (S. 502–505). Mahwah: Lawrence Erlbaum Associates.

Marcus, A. (2007). Global/intercultural user-interface design. In J. Jacko & A. Spears (Hrsg.), *The human-computer interaction handbook*. Mahwah: Lawrence Erlbaum Associates.

Marcus, A., & Gould, E. W. (2000). Crosscurrents: Cultural dimensions and global web user-interface design. *Interactions, 7*(4), 32–46.

Nielsen, J. (1990). *Designing user interfaces for international use* (Bd. 13). Amsterdam: Elsevier.

Nielsen, J., & Molich, R. (1990). *Heuristic evaluation of user interfaces*. Paper presented at the proceedings of the SIGCHI Conference on Human Factors in computing systems, seattle.

Ottmann, A. (2002). Software-Lokalisierung. In J. Hennig & M. Tjarks-Sobhani (Hrsg.), *Schriften zur Technischen Kommunikation Tekom. Band 6 „Lokalisierung von Technischer Dokumentation“* (S. 146–163).

Ottmann, A. (2005). Lokalisierung von Softwareoberflächen. In Reineke & Schmitz (Hrsg.), *Einführung in die Softwarelokalisierung* (S. 101–115). Tübingen: Gunter Narr Verlag.

Preim, B., & Dachselt, R. (2010). *Interaktive Systeme – Band I: Grundlagen, Graphical User Interfaces, Informationsvisualisierung*. Berlin/Heidelberg: Springer.

Reineke, D., & Schmitz, K.-D. (2005). *Einführung in die Softwarelokalisierung*. Tübingen: gnv Narr.

Röbig, S., Didier, M., & Bruder, R. (2010). *Internationales Verständnis von Usability sowie Methodenanwendung im Bereich der Usability*. Paper presented at the Grundlagen – Methoden – Technologien, 5. VDI Fachtagung USEWARE 2010, Baden-Baden. http://tubiblio.ulb.tu-darmstadt.de/46312/. Zugegriffen am 29.09.2016.

Röse, K. (2001). *Kultur als Variable des UI Design*. Paper presented at the Mensch & Computer 2001, Stuttgart.

Röse, K. (2002). *Methodik zur Gestaltung interkultureller Mensch-Maschine-Systeme in der Produktionstechnik* (Bd. 5). Kaiserslautern: Univ.

Röse, K., & Zühlke, D. (2001). *Culture-oriented design: Developers' knowledge gaps in this area*. Paper presented at the 8th IFAC/IFIPS/IFORS/IEA symposium on analysis, design, and evaluation of muman-machine systems, september 18–20, 2001, Kassel.

Röse, K., Zühlke, D., & Liu, L. (2001). Similarities and dissimilarities of German and Chinese users. In G. Johannsen (Hrsg.), *Preprints of 8th IFAC/IFIP/IFORS/IEA symposium on analysis, design, and evaluation of human-machine systems* (S. 24–29). Kassel.

Russo, P. B., S. (1993). *„How fluent is your interface? Designing for international users“*. Paper presented at the Human Factors and Computer Systems, Boston.

Sachse, F. (2005). Lokalisierungsformate. http://translation-tools.de/pdf/fs_LocFormate_old.pdf. Zugegriffen am 29.09.2016.

Schmitz, K.-D. (2005). Internationalisierung und Lokalisierung von Software. In Reineke & Schmitz (Hrsg.), *Einführung in die Softwarelokalisierung* (S. 11–26). Tübingen: Gunter Narr Verlag.

Schmitz, K.-D., & Wahle, K. (2000). *Softwarelokalisierung*. Tübingen: Stauffenburg-Verl.

Shi, Q., & Copenhagen Business School, C. B. S. (2010). *An empirical study of thinking aloud usability testing from a cultural perspective*. Frederiksberg: Copenhagen Business School (CBS)/ Institut for Informatik (INF)/Department of Informatics. INF.

Spannagel, C. (2003). *Qualitative und quanitative Analyse von Interaktionsaufzeichnungen*. (Dipl.), Technische Universität Darmstadt, Darmstadt.

Tuthill, B., & Smallberg, D. (1997). *Creating worldwide software: Solaris international developer's guide*. Upper Saddle River: Prentice Hall.

Urbas, L., Steffens, C., Beu, A., & Jakob, F. (2006). Der Nutzer steht im Mittelpunkt – Usability in der Industrie. In *Jahrbuch Elektrotechnik 2007 – Daten, Fakten, Trends* (Bd. 26). VDE-Verlag GmbH.

VDMA. (2007). *Übersetzungsmanagement*. Frankfurt: VDMA Verlag.

VDMA. (2009). *Software-Internationalisierung Leitfaden*. Frankfurt a. M.: VDMA Fachverband Software.

Windl, H. (2002). *Designing a Winner*. Paper presented at the for USE 2002 1st international conference on usage-centered design.

Windl, H., & Heimgärtner, R. (2013). Intercultural design for use – Extending usage-centered design by cultural aspects. In A. Marcus (Hrsg.), *Design, user experience, and usability. health, learning, playing, cultural, and cross-cultural user experience* (Bd. 8013, S. 139–148). Berlin/Heidelberg: Springer.

Winschiers-Theophilus, H., Chivuno-Kuria, S., Kapuire, G. K, Bidwell, N. J., & Blake, E. (2010). *Being participated: A community approach*. Paper presented at the proceedings of the 11th Biennial participatory design conference, Sydney.

Zerfaß, A. (2005). Lokalisierung von Internetauftritten. In Reineke & Schmitz (Hrsg.), *Einführung in die Softwarelokalisierung* (S. 127–143). Tübingen: Gunter Narr Verlag.

Zühlke, D. (2004). *Useware-Systeme für internationale Märkte Useware-Engineering für technische Systeme* (S. 142–164). Berlin/Heidelberg: Springer.

8 Zusammenfassung, Fazit und Ausblick

Inhalt

R. Heimgärtner, *Interkulturelles User Interface Design*,
DOI 10.1007/978-3-662-48370-1_8

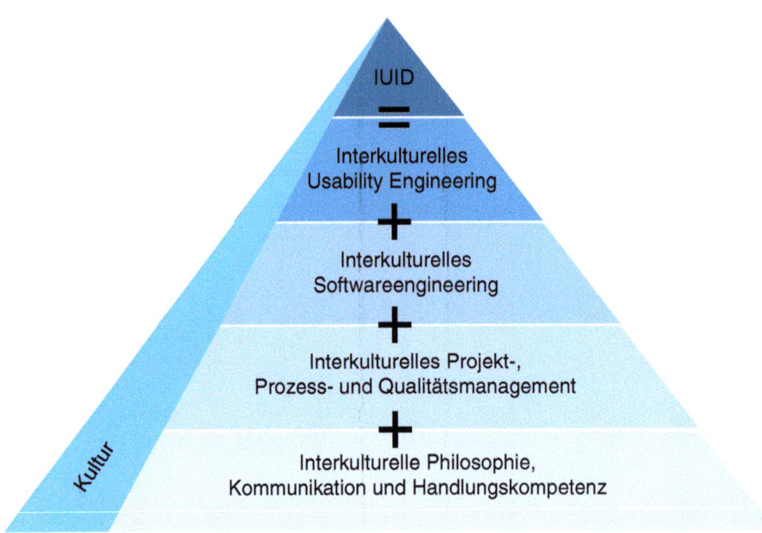

Die Notwendigkeit der Entwicklung interkultureller Benutzungsschnittstellen ist aufgrund des globalen Wettbewerbs so dringend wie nie zuvor. Anhand der Nutzung geeigneter IUID-Methoden, -Prozesse und -Werkzeuge können und müssen kulturelle Unterschiede beim User Interface Design für andere Kulturen berücksichtigt werden. Die IUID-Forschung hat sich in den letzten Jahren rasant weiterentwickelt, was aber auch nötig ist, um Forschungslücken schließen und den Entwickler interkultureller Benutzungsschnittstellen mit handlungsrelevanten, aber wissenschaftlich fundierten, Designempfehlungen versorgen zu können. Erklärungsmodelle für kulturabhängiges MMI-Design sind die Basis dafür. Im Folgenden werden relevante Ergebnisse und Aussagen zum IUID zusammengeführt und komprimiert dargelegt. Anschließend werden die wichtigsten Schlussfolgerungen daraus gezogen und relevante Handlungsempfehlungen bzw. Handlungsaufforderungen gegeben. Das Kapitel schließt mit einem Ausblick auf die Zukunft der Entwicklung interkultureller User Interfaces ab.

8.1 Zusammenfassung

8.1.1 Einleitung

Die zunehmende Globalisierung erfordert eine neue Sichtweise auf das User Interface Design. Aufgrund der interkulturellen Überschneidungssituation von Produktdefinition und Produktnutzung und um die Erwartungen des Benutzers erfüllen zu können, müssen dessen kulturellen Präferenzen bei der Produktentwicklung berücksichtigt werden. Bereits das Bewusstsein, dass Produkte für den internationalen Markt entsprechend angepasst werden müssen, stellt den ersten großen Schritt in der Entwicklung internationaler IT-Produkte dar. Viele Designer und Projektmanager haben keine Vorstellung davon, inwieweit Menschen in anderen Ländern unterschiedlich sind und daher gerade hinsichtlich der

Entwicklung von Benutzungsschnittstellen spezieller Aufmerksamkeit bedürfen. Internationale Usability hat großen Einfluss auf den Markterfolg. Die tatsächliche Erfüllung der Anforderungen internationaler Benutzer ist ein schwerwiegendes Design-Problem, das ernsthafte Arbeit und Anstrengungen erfordern.

Die Entwicklung interkultureller Benutzungsschnittstellen umfasst alle notwendigen Prozessschritte zur adäquaten Gestaltung der Mensch-Maschine-Interaktion (MMI) unter Berücksichtigung kultureller Einflüsse. Interkulturelles Mensch-Maschine-Design wird vorteilhaft und gewinnbringend, wenn die Designer bzw. Entwickler die Grundsätze und Empfehlungen für das Design interkultureller MMI in den einzelnen Produktentwicklungsphasen kennen und anwenden (wie in diesem Buch vorgeschlagen). Interkulturelle Benutzungsschnittstellen ermöglichen Benutzern unterschiedlicher kultureller Herkunft, Produkte von anderskulturell geprägten Herstellern zu verwenden. Die Berücksichtigung kultureller Aspekte bei der Entwicklung interkultureller Benutzungsschnittstellen ist ebenso notwendig wie die entsprechende Sensibilisierung der Produkthersteller sowie durch Ausbildung, Training und Beratung der Stakeholder des Produktes (vom Konzepter und Designer über den Entwickler bis hin zum Evaluator, Produktmanager und Salesman).

Dieses Buch soll einen Beitrag dazu leisten. Gerne können Sie sich für Fragen und weitere Leistungen an den Autor oder an die Fa. IUIC wenden (URL=http://www.iuic.de). Weitere Kontaktdaten finden Sie auf Seite XI dieses Buches.

8.1.2 Denken und Handeln

Es gibt viele Kulturbegriffe wodurch es schwierig ist, Kultur eindeutig zu fassen. Für die Entwicklung interkultureller Benutzungsschnittstellen wird Kultur als Abbild gemeinsamer Werte, Denk- und Handlungsweisen einer Gruppe von Individuen verstanden, das zur Bildung und Formung dieser Gemeinschaft beiträgt (Röse 2002). Kulturmodelle beschreiben diese Abbilder und erlauben diese untereinander zu vergleichen. Kulturelle Unterschiede erstrecken sich über alle Bereiche des menschlichen Lebens und haben Auswirkungen bei der Entwicklung interkultureller Produkte angefangen vom Projekt-, Prozess- und Qualitätsmanagement über Softwareengineering zum Usability-Engineering und somit der Entwicklung interkultureller Benutzungsschnittstellen.

Kultur stellt ein Orientierungssystem dar und beeinflusst die Interaktion mit anderen Individuen sowie die Interaktion mit technischen Geräten und hat somit erheblichen Einfluss auf die Mensch-Maschine Interaktion und damit auf die Bedienung von Benutzungsschnittstellen. Kultur hat Einfluss auf das Lernverhalten, Erwartungen und kognitive Verarbeitungsweisen. Insbesondere Interaktions- und Dialogdesign müssen daher sehr behutsam im interkulturellen Entwicklungsprozess behandelt werden, was aufgrund der kulturellen Unterschiede eine entsprechende Herausforderung für alle Beteiligten darstellt. Dieser kann nur durch entsprechendes Wissen über die gewünschten Zielkulturen begegnet werden. Dabei ist Ethnozentrismus und sich nur auf seine eigene Kultur zu berufen zu vermeiden.

Kulturmodelle helfen dabei, „unter die Oberfläche des kulturellen Eisbergs“ zu blicken, d. h. die zunächst nicht unmittelbar sichtbaren Bereiche von Kulturen zu erforschen, um damit bisherige methodologische Lücken zu überwinden. Kulturelle Modelle beschreiben die kulturelle Distanz, d. h. die Unterschiede zwischen Kulturen und ermöglichen den gegenseitigen Vergleich. Kulturstandards drücken die normalen, typischen und gültigen Attribute für die Mehrheit der Mitglieder einer bestimmten Kultur unter Betrachtung von Arten der Wahrnehmung, Gedanken, Urteilsbildung und Handlungen aus. Kulturdimensionen repräsentieren einen Kulturaspekt, welcher im Bezug zu anderen Kulturen messbar ist. Sie können dazu verwendet werden, Verhaltensarten innerhalb und zwischen Kulturen zu klassifizieren. Aufgrund der Affinitäten von Kulturdimensionen zu Persönlichkeitsdimensionen sollten beide Konzepte im Design von interkulturellen Benutzungsschnittstellen Anwendung finden.

Denkmuster werden von Philosophien (Weltanschauungen) der Menschheit bestimmt, welche weltweit kulturell bedingt sehr unterschiedlich ausfallen. In der interkulturellen Philosophieforschung werden zwei Hauptrichtungen unterschieden: östliche und westliche Philosophie. Kognitive Stile beschreiben die für ein Individuum typische Art und Weise, wie Informationen verarbeitet werden und wie mit solchen umgegangen wird. In den verschiedenen Kulturen sind kognitiven Stile tendenziell verschieden stark ausgeprägt, wodurch sich verschiedenartige Denkmuster ergeben. Dies wirkt sich in den jeweiligen Kulturen wiederum auf die Weltanschauung und so auf die Herangehensweisen an die Wirklichkeit aus. Diese Unterscheidungen im Denken haben auch Auswirkungen auf die Entwicklung und Bedienung interkultureller Benutzungsschnittstellen. Diese werden im Kap. 5 ausführlich dargelegt.

Kultur ist hauptsächlich ein Kommunikationssystem (vgl. Hall 1959). Erfolgreiche Kommunikation hängt sehr stark von der Fähigkeit zur Empathie der involvierten Personen ab. Vor allem interkulturelle User-Experience-Designer müssen in der Lage sein, sich selbst in die Position des Benutzers zu versetzen, um seine oder ihre Intentionen oder Bedürfnisse zu wissen und zu verstehen, diese idealerweise zu erleben und sie dann im Produkt zu berücksichtigen. Zumindest die folgenden Aspekte des Benutzers müssen detailliert analysiert werden, bevor das Produkt entwickelt werden kann:

- Weltanschauung (metaphysischer Ansatz) des Benutzers
- generelles Wissen (prozedurales und faktisches Wissen) des Benutzers
- der Kontext, in welchem das Produkt vom Benutzers benutzt werden wird,
- die Aufgaben, die der Benutzer mittels des Gebrauchs des Produkts erfüllen möchte.

Das Management muss insgesamt an den Globalisierungsprozess angepasst werden. Projekt-, Prozess-, und Qualitätsmanagement sind Grundlage für erfolgreiche interkulturelle Produktentwicklung. Das größte Problemfeld in internationaler Projektarbeit begründet die Arbeitskultur aufgrund von kulturellen Unterschieden. Missverständnisse in der Projektarbeit entstehen hauptsächlich dadurch, weil ohne Ausbildung die Komplexität der Regeln und Normen anderer Kulturen als auch der eigenen unbewusst bleiben und somit eine adäquate Reaktion in kritischen Interaktionssituationen in der Projektarbeit unmöglich ist. Es gibt einen direkten Zusammenhang zwischen den Ausprägungen von Kulturdimensionen und des Verständnisses von Projektplanung. In einem internationalen Projekt hat die

Definition von Zielen höchste Priorität und sollte gemeinsam mit dem internationalen Team erfolgen. Es sind daher empathische Fähigkeiten erforderlich, um sich als Entwickler selbst in die Situation eines Benutzers versetzen und sie meistern zu können. Es gibt außerdem verschiedene kulturelle Auffassungen über das Erfüllen der Anforderungen des Projekts und der Prozesse. Daher sollten Qualitätsverständnisvereinbarungen mit allen Stakeholdern getroffen werden. Unterschiedlicher Kultureller Hintergrund bedingt ein unterschiedliches Qualitätsverständnis.

8.1.3 Software Engineering

Die Herausforderungen, welche die globale Softwareentwicklung betreffen, haben alle etwas mit Entfernung zu tun: zeitliche, geografische und soziokulturelle Entfernung. Interkulturelles Softwareengineering berücksichtigt kulturelle Einflüsse während der Softwareentwicklung basierend auf den Ergebnissen der Softwareergonomieforschung und des Usability Engineerings. Ultimatives Ziel der Einbeziehung der Softwareergonomie innerhalb des Softwareengineerings ist es, eine leicht verständliche und benutzbare Software herzustellen, mit welcher der Benutzer zufrieden ist (= Software mit hoher Usability). Ethnocomputing bezeichnet alles die Informatik Umfassende in Relation zu Kultur. Dabei sind nicht nur Ethnien, sondern können Nationen, aber auch einzelne Regionen bis hin zu kleinsten Benutzergruppen mit ihrem ureigenen kulturellen Kontext gemeint sein.

Ein Produkt kann auf dem internationalen Markt nur dann erfolgreich sein, wenn es beim Kunden auch vertraute Assoziationen weckt und positiv konnotiert wird. Die Missachtung dieses Gesichtspunktes kann zu einer völligen Ablehnung des Produkts führen. Die interkulturelle Produktentwicklung umspannt den gesamten Produktentwicklungszyklus und besteht aus Software-Internationalisierung und Software-Lokalisierung. Internationalisierung und Lokalisierung sind ineinander verwobene Prozesse. Bei ihrer Anwendung ist es unumgänglich, die unterschiedlichen kulturellen Hintergründe der Benutzer zu berücksichtigen, um Benutzermodelle zu generieren und so das System und seine Parameter an die kulturellen Bedürfnisse des Benutzers anpassen zu können.

Internationalisierung eines Produktes heißt, dass das Produkt mit einer Basisstruktur ausgestattet ist, auf deren Grundlage später eine kulturelle Anpassung für die Benutzung in den gewünschten Zielländern durchgeführt werden kann (vgl. International 2003), was Kosten spart. Das TLCC-Modell (vgl. Sturm 2002) zeigt das historische Wachstum der Schritte der Internationalisierung und Lokalisierung im MMI-Design und umfasst vier Ebenen, welche die Aktivitäten in die Klassen Technik, Sprache, Kultur und Kognition kategorisieren. Zu Beginn des Internationalisierungsprozesses muss entschieden werden, welche Bestandteile lokalisiert werden sollen. Auf der Grundlage dieser Festlegung können dann entsprechende Maßnahmen zur Internationalisierung der Software getroffen werden. Bei der Internationalisierung und Lokalisierung von Software sollten sich alle Beteiligten der Kernelemente der Lokalisierung stets bewusst sein und diese entsprechend berücksichtigen, da sie sonst mögliche Problemquellen darstellen, welche im Entwicklungsprozess Aufwände und Inakzeptanzen beim Benutzer hervorrufen können.

Lokalisierung meint die Anpassung eines Systems an bestimmte kulturelle Anforderungen eines lokalen Markts, z. B. die Anpassung des Look & Feel der Benutzungsschnittstelle oder der internen Datenstrukturen an die kulturellen Anforderungen des Benutzers (vgl. VDMA 2009). Hoft (1995) verdeutlicht sichtbare (Sprache, Farben, Icons, Symbole) und verborgene Lokalisierungselemente (Kontext, Verhaltensnormen, Denken, Kommunikation, Verhalten, Zeitaspekt) anhand des Eisbergmodells. In Lokalisierungsprojekten sind zunächst die Projektziele (z. B. Umfang und Art der Softwarelokalisierung wie z. B. Definition der Austauschformate und Überprüfung der Lokalisierungsdatenbank) festzulegen. Danach erfolgt die Erstellung eines Zeitplans für das Projekt und eine Kalkulation der Kosten, gefolgt von der Umsetzung des Plans gemäß den im Planungsprozess festgelegten Vorgaben. Danach ist die Vorbereitung und Lieferung eines Lokalisierungs-Kits oder Lokalisierungspakets mit allen von den Übersetzern zur Übersetzung benötigten Ressourcen anzufertigen und dieses zu liefern. Nach der Übersetzung ist zumindest ein sprachlicher Test durchzuführen, um die Qualität des übersetzten Produktes sicherzustellen. Nach der Übersetzung/Lokalisierung ist für manche Softwarekomponenten (wie Benutzungsschnittstellen und Hilfe-Dateien) möglicherweise eine erneute Kompilierung erforderlich. Eine der besten Strategien für Sprachgebrauch und Design eines lokalisierten Produktes ist es, die Zwecke der Übersetzung zu kennen und direkt im Zielland mit örtlichen Übersetzern und Spezialisten zu lokalisieren. Es ist ratsam, Lokalisierungsexperten mit ins Boot zu nehmen.

Die Untersuchung des menschzentrierten Gestaltungsprozesses in der gegenwärtigen ISO 9241-210 in Bezug auf Aspekte des interkulturellen Managements, insbesondere des interkulturellen Projektmanagements, zeigt, dass eben diese Aspekte in diesem Prozess noch fehlen und zwar insbesondere in der wichtigen frühen Projektphase. Interkulturell induzierte Probleme erfordern einen interkulturell erfahrenen, professionellen Projektleiter, der sie auf einer professionellen Art behebt und potenzielle Hindernisse umgeht. In interkulturellen Projekten ist die Überwachung und Steuerung von Projekten, d. h. das Überprüfen und Erfassen von Projektfortschritt und Kosten sowie die Korrektur von Abweichungen vom Projektmanagementplan, von zentraler Bedeutung. Bei der Anforderungsanalyse spielt die Kommunikation zwischen Designer und Benutzer eine entscheidende Rolle. Erfolgreiche interkulturelle Kommunikation hängt von der persönlichen Fähigkeit ab, gegenseitig das Glaubensnetz von anderen zu verstehen, indem man empathische Fähigkeiten nutzt (vgl. Heimgärtner et al. 2011). Wissen über Benutzer und deren Bedürfnisse kann am präzisesten erlangt werden, indem man sich Methoden zu Nutze macht, die auf Kommunikation basieren wie z. B. Benutzerbefragungen oder Interviews. Verständnisschwierigkeiten innerhalb der Anforderungsanalyse müssen analysiert und gelöst werden, um die Kooperation von Designern, Managern, Benutzern und Kunden zu verbessern. Interkulturelle Kommunikation kann hier zur Lösung von Problemen beitragen, die durch kulturelle Unterschiede auftreten, da diese stark von der Philosophie der betroffenen Kulturen beeinflusst ist. Im Design-Prozessschritt muss das kulturell diverse UI-Designteam neue innovative Lösungen generieren. Im internationalen Kontext ist es wichtig, den Designstatus von der jeweiligen Perspektive unterschiedlicher Benutzergruppen auszuwerten, die so definiert wurden, um sicher zu stellen, dass das Design den unterschiedlichen und oft widersprüchlichen Anforderungen aller

Interessenvertretern gerecht wird. Die Einführung von agilen Methoden kann diesen Prozess der Entwirrung von vielfältigen und sich verändernden Stakeholder-Interessen aus verschiedenen Kulturen beschleunigen.

Im Normalfall beinhalten Softwareprodukte zwei Hauptkomponenten: Software und Dokumentation. Lokalisierungsprojekte beginnen üblicherweise mit der Softwareübersetzung, was die Übersetzung der Komponenten der grafischen Benutzungsschnittstelle einer Anwendung wie Menüs, Dialogboxen und Strings (Fehlermeldungen, Fragen etc.) und alle Beispieldateien beinhaltet, welche mit der Software möglicherweise zu Demonstrationszwecken zur Verfügung gestellt werden. In Zeiten der Globalisierung ist es sehr wichtig für Unternehmen, Einrichtungen oder Produkte, im Internet präsent zu sein. Diese Präsenz in Form einer Webseite sollte auch auf die lokalen Zielmärkte abgestimmt sein. Da sich der Inhalt von Websites sehr oft ändert, ist es empfehlenswert, einen Lokalisierungsarbeitsablauf zu entwickeln und zu systematisieren. Ein „Locale" ist die kulturabhängige Komponente der Software und ist reich an Einheiten, die spezifisch für eine bestimmte Zielkultur sind. Ein Lokalisierungs-Kit (LocKit) sollte alle Informationen enthalten, die der Übersetzer zur Lokalisierung benötigt. Zerfaß (2005) gibt schrittweise Tipps zur Erstellung eines LocKits. Eine Möglichkeit, Kommunikationsprobleme innerhalb eines Lokalisierungsteams zu vermeiden, ist es, allen Beteiligten an dem Projekt mittels eines L10N-Plans einen Überblick über sämtliche Projektphasen zu geben.

8.1.4 Usability Engineering

Ergonomie befasst sich mit der Beziehung zwischen menschlichen Charakteristika und Artefakten. Zur Gestaltung, Beurteilung und zum Vergleich von Benutzungsschnittstellen und ihren Dialogen werden softwareergonomische Kriterien oder Richtlinien verwendet. Oberster Grundsatz der Softwareergonomie ist, dass die Software an den Menschen angepasst sein muss und nicht umgekehrt.

Die Interaktion, bei der Information zwischen Benutzer und System via User Interface (UI) ausgetauscht wird, wird als „Mensch-Maschine Interaktion" (MMI) oder „Mensch-Computer Interaktion (MCI) bezeichnet" (vgl. Jacko und Sears 2003). Die Schnittstelle zwischen dem Benutzer und dem technischen System bildet die „Benutzungsschnittstelle" gemäß ISO Norm 9241 (oft auch bezeichnet als Benutzerschnittstelle, Benutzeroberfläche, User Interface). Das Handlungsebenenmodell nach (Herczeg 2005) beschreibt die Schritte der Mensch-Maschine Kommunikation. Metaphern repräsentieren eine bekannte reale Situation bzw. einen Gegenstand, erleichtern dem Benutzer das Lernen und geben dessen Erwartungen eine bestimmte Richtung.

Mentale Modelle sind Mittel, gemeinsames Wissen der Kommunikationspartner abzubilden (vgl. Johnson-Laird 1983). Der Produktentwickler muss passende Modelle der mentalen Modelle der Benutzer nicht erahnen, sondern kann diese systematisch mit Hilfe des interkulturellen Usability Engineerings empirisch erheben und entwickeln. Auch deshalb ist interkulturelles Usabilityengineering unumgänglich für die interkulturelle Produktentwicklung.

Interaktive Systeme sind so zu gestalten, dass alle Nutzungsanforderungen erfüllt werden. Je unterschiedlicher die kulturelle Prägung zwischen Designer und Benutzer ausfällt, desto höher ist der Transformationsaufwand des Benutzers, die Distanzen und Indirektheiten in der Interaktion auf allen Ebenen des Handlungsebenenmodells zu überbrücken. Generische Empfehlungen (wie Richtlinien, Normen, Standards, Dialogprinzipien etc.) müssen von Experten (wie z. B. von Usability Professionals) auf die konkrete Designsituation heruntergebrochen und mit entsprechendem Wissen aufgefüllt werden. Ein Usability Professional (vgl. Kap. 4.4.4) ist eine Person, die qualifiziert ist und methodisch die Anforderungen an die Usability (Gebrauchstauglichkeit) interaktiver Systeme (Hardware und Software) herleitet, umsetzt oder deren Umsetzung überprüft.

Ein Dialog ist die Interaktion zwischen einem Benutzer und einem interaktiven System in Form einer Folge von Handlungen des Benutzers (Eingaben) und Antworten des interaktiven Systems (Ausgaben), um ein Ziel zu erreichen. Dialogprinzipien stellen allgemeine Ziele für die Gestaltung von Dialogen dar. Dialogprinzipien sind aus der Erfahrung abgeleitete, abstrakte Richtlinien für das Dialogdesign auf oberster Ebene. Dialogprinzipien können oft nicht strikt voneinander getrennt werden, wenn es auf ihre Anwendung ankommt. Die sieben Grundsätze der Dialoggestaltung DIN EN ISO 9241-10 (DIN 1996) (Aufgabenangemessenheit, Fehlertoleranz, Selbsterklärungsfähigkeit, Lernförderlichkeit, Erwartungskonformität, Steuerbarkeit und Individualisierbarkeit) sind keine *Gesetze*, sondern führen zu interkulturell variablen Auslegungen. Daher müssen diese gründlich analysiert werden, um Empfehlungen darüber abzuleiten, wie diese Dialogprinzipien korrekt in internationalen Kontexten einzusetzen sind. Zum Beispiel sollte ein Dialog hinsichtlich des Dialogprinzipies der Aufgabenangemessenheit dem Benutzer diejenigen Informationen anzeigen, die im Zusammenhang mit der erfolgreichen Erledigung der Aufgabe stehen. Aber sowohl die Darstellung der Information, die Anforderung zur Erfüllung der Aufgabe als auch die Aufgabe selbst können kulturspezifisch sein (s. Windl und Heimgärtner 2013). Wenn die Erfordernisse der Aufgabe kulturspezifisch sind, sind auch die erforderliche Qualität, Quantität und Art der darzustellenden Information kulturspezifisch. Die Analyse der Anwendung des Dialogprinzips „Aufgabenangemessenheit“ im interkulturellen Kontext mit kulturellen Dimensionen auf der nationalen Ebene zeigt, dass die vorhandenen in ISO 9241-110 definierten Dialogprinzipien mit Bedacht anzuwenden sind, um erfolgreich in interkulturellen Kontexten zu greifen. Wenn nur eins der Dialogprinzipien in ISO 9241-110 nicht international angewendet werden kann wegen eines interkulturellen Konfliktes auf der nationalen Ebene, müssen Optimierungen oder Modifikationen der Dialogprinzipien stattfinden damit sie zumindest in internationalen Kontexten auf der nationalen Ebene funktionieren.

Usability (Gebrauchstauglichkeit) ist das Ausmaß, „in dem ein Produkt durch bestimmte Benutzer in einem bestimmten Nutzungskontext genutzt werden kann, um bestimmte Ziele effektiv, effizient und zufriedenstellend zu erreichen.“ (DIN EN ISO 9241-11 1999, S. 94). Benutzer bewerten die Qualität eines Softwaresystems anhand des Grades, in welchem es ihnen hilft, ihre Aufgaben zu erfüllen und anhand der Freude, die sie bei der Benutzung empfinden. Der Nutzungskontext umfasst dabei den Benutzer selbst, seine Arbeitsaufgaben, die ihm zur Verfügung stehenden Arbeitsmittel sowie die physische und soziale Umgebung (Abb. 4.3). Ein Usability-Problem liegt vor, wenn es Aspekte eines Systems Benutzern mit hinreichenden Vorkenntnissen unangenehm, ineffizient, beschwerlich oder unmöglich machen, in einem typischen Nutzungskontext die Ziele zu erreichen, für deren Erreichung das System erstellt wurde (Sarodnick und Brau 2011).

User Experience (UX, Benutzererlebnis) umfasst alle Effekte, die ein interaktives Produkt sowohl bereits vor (antizipierte Nutzung), als auch während beziehungsweise nach der Nutzung (Identifikation mit dem Produkt oder Distanzierung) auf den Benutzer hat (Abb. 4.5).

Usability-Engineering ist der methodische Weg zur Erzeugung der Eigenschaft der Usability und UX. Es ist ein Teilprozess der Entwicklung und Gestaltung technischer Systeme und ergänzt das klassische Engineering – beispielsweise das Software-Engineering – um ergonomische Perspektiven. Der mensch-zentrierte Gestaltungsprozess (Usability-Engineering-Prozess) folgt sechs Prinzipien, welche auch im interkulturellen Kontext Berücksichtigung finden müssen. Um einen stabilen interkulturellen Engineeringprozess zu etablieren, sind kulturelle Aspekte in den Phasen des Softwareengineeringprozesses als auch des Usabilityengineeringprozesses (mensch-zentrierter Gestaltungsprozess) zu berücksichtigen (vgl. Kap. 3, 4 und 7). Empathie ist eine essenzielle Voraussetzung für erfolgreiche interkulturelle Kommunikation, was erfolgreiches interkulturelles MMI-Design und interkulturelles Usability-Engineering fordert und, als eine Konsequenz daraus, ein gutes Benutzererlebnis. Deshalb sollte sichergestellt und verbreitet werden, dass Usability-Professionals Empathie empfangen, kennen und anwenden.

Die Analyse des mensch-zentrierten Gestaltungsprozesses (vgl. ISO 9241-210) hinsichtlich interkulturellen Managements zeigte (vgl. Heimgärtner 2014b), dass Aspekte in diesem Prozess hinsichtlich des kulturellen Benutzungskontexts fehlen. Es wurde bei der Erstellung dieser Norm noch kein besonderes Gewicht auf eine tiefgründige Analyse der kulturellen Aspekte und deren Auswirkungen innerhalb des Prozesse gelegt, weil die dafür nötigen Konzepte wie MMI-Dimensionen, UI-Charakteristiken, interkulturelle Variablen und kulturellen Dimensionen noch nicht in ausreichendem Maße rezipiert wurden. Selbst wenn die in diesem Artikel propagierten analytischen Ideen vorläufig sind und untersucht bzw. in Detail beschrieben werden müssen, um allgemeine Gültigkeit zu erlangen, können sie dennoch eine vernünftige Basis für zukünftige Forschung bieten. Außerdem sollten die vorgestellten Beispiele, die die Kluft zwischen Dialogprinzip und Kultur überbrücken, ausreichen, um einen Eindruck zu vermitteln, wie Dialogprinzipien in interkulturellen Kontexten beeinträchtigt werden können.

„Interkulturelles" Usability Engineering ist eine Methode für das Gestalten von Produkten guter Gebrauchstauglichkeit für Benutzer aus unterschiedlichen Kulturen (Honold 2000). Durch den Einsatz von spezifisch *interkulturellem* Usabilityengineering kann verstärkt auf Unterschiede in den Herangehensweisen und Präferenzen verschiedener Kulturen eingegangen werden, um so auch global erfolgreich zu sein (Holzinger 2005; Honold 2000). Notwendig für die Anwendung dieser Engineering-Methode ist die Kenntnis kultureller Unterschiede in der MMI sowie die entsprechende Methodenkompetenz und dessen Berücksichtigung bei der Gestaltung und Realisierung des Produktes. Im interkulturellen Kontext ist Wissen über die Zielkultur nötig und darüber, welche Methoden wie für interkulturelles Usabilityengineering verwendet werden können und so die Entwicklung interkultureller Benutzungsschnittstellen erlauben. Darauf wird im folgenden Kap. 5 im Detail eingegangen.

Die Entwicklung interkultureller MMI beginnt bereits vor der Nutzungskontext- und Nutzungsanforderungsanalyse und lange bevor mit dem eigentlichen Design der MMI begonnen wird. Unterschiede zwischen Kulturen können durch die Analyse kritischer Interaktionssituationen herausgefunden werden (Thomas 1996). Aufgrund der interkulturellen Überschneidungssituation von Produktdefinition und Produktnutzung und um die Erwartungen des Benutzers erfüllen zu können, müssen dessen kulturellen Präferenzen bei der Produktentwicklung berücksichtigt werden. Dazu muss das Produkt internationalisiert und lokalisiert werden. Dieser Prozess bezieht sich sowohl auf die Funktionalität des Gerätes als auch auf das User Interface Design. Der Einsatz von Methoden des interkulturellen Usability Engineerings sichert dabei die Gebrauchsfähigkeit der Produkte. Daher sollte interkulturelles User Interface Design mit in den Rahmen der Lehrpläne für MMI Design aufgenommen werden.

Kultur beeinflusst alle Phasen und alle Beteiligten an der Entwicklung interkultureller Benutzungsschnittstellen. Das Wissen über diese Einflüsse und der Nutzung entsprechender Maßnahmen stellt keine unüberwindbare Probleme für ein Projekt in der Theorie oder in der praktischen Anwendung von Methoden dar, sondern motiviert, kulturelle Aspekte in Forschung und Entwicklung mit einzubeziehen. Letzten Endes sollen Benutzer jeglicher kultureller Prägung und in jeglichem kulturellen Kontext das Produkt nutzen können – durch Interkulturelles Usability Engineering. Ein schlechtes oder fehlendes interkulturelles Usabilityengineering innerhalb des Entwicklungsprozesses des Produkts erhöht aufgrund häufiger Änderungsanforderungen die Entwicklungs- und Instandhaltungskosten erheblich. Vergleichende kulturelle Studien der Mensch-Maschine-Interaktion sind eine notwendige Voraussetzung für die Verbesserung der interkulturellen Usability von Software, welche wiederum eine notwendige Voraussetzung für globale Absatzmöglichkeiten darstellt. Es ist dabei nötig, den kulturellen Nutzungskontexts und die Benutzerkultur vor Ort zu untersuchen. Ein internationales Softwareprodukt, das aufgrund des Einsatzes von interkulturellem Usabilityengineering effektiv und effizient von Benutzern unterschiedlichster Kulturen verwendet werden kann, erhöht sowohl die Kundenzufriedenheit mit dem Produkt als auch dessen funktionale Sicherheit. Ein zufriedener Benutzer wird den Hersteller des Produktes auch in Zukunft nicht wechseln, da er dessen Bemühungen um gebrauchsfähige Produkte und optimierte Benutzungsschnittstellen sehr schätzt. Interkulturelles Usabilityengineering ist somit ein Muss für jede Produktentwicklung im globalen Markt.

Selbst wenn die propagierten analytischen Ideen hinsichtlich der Prüfung der Dialogprinzipien im interkulturellen Kontext vorläufigen Charakter haben und noch im Detail untersucht und beschrieben werden müssen, um allgemeine Gültigkeit zu erlangen, können sie dennoch eine vernünftige Basis für zukünftige Forschung bieten. Außerdem sollten die vorgestellten Beispiele, die die Kluft zwischen Dialogprinzip und Kultur überbrücken, ausreichen, um einen Eindruck zu vermitteln, wie Dialogprinzipien in interkulturellen Kontexten beeinträchtigt werden können. Es bleibt z. B. noch offen, die postulierte Hypothese, dass Dialogprinzipien „kulturempfindlich" sind, empirisch nachzuweisen und zwar dahingehend, dass ihre Kerneigenschaften sich in interkulturellen Kontexten ändern, weil sie Begriffe enthalten, deren Bedeutung bzw. Referenzgrößen sich in interkulturellen Kontexten auch verändern. Bis dahin muss eine profundere Diskussion über die Beziehung zwischen Dialogprinzipien und Kultur noch ausbleiben. In diesem Sinne ist eine gründliche Diskussion noch ausstehend. Dennoch deuten einige der Ideen darauf hin, dass der aktuell in der ISO 9241-210 definierte MMI-Entwicklungsprozess mit Rollen und Aktivitäten erweitert werden könnte, um in allen kulturellen Kontexten weltweit erfolgreich zu sein und seinem internationalen Anspruch gerecht zu werden. Darüber hinaus sollten die Methoden für die Entwicklung von Benutzungsschnittstellen systematisch durch kulturelle Aspekte vervollständigt werden um sicherzustellen, dass neue Systeme von Anfang an für eine oder mehrere Kulturen gestaltet werden können und sich die Entwickler auf die verschiedenen globalen Nutzungsanforderungen einstellen können und so schneller unter Nutzung agiler Methoden und Modulen des Usage-Centered Designs auf Änderungen reagieren können. In jedem Fall ist es vernünftig, dass Experten in internationalen MMI-Standardisierungsgremien über interkulturelle Erfahrung und Wissen in der Entwicklung interkultureller Benutzungsschnittstellen und im interkulturellen Usability Engineering verfügen.

8.1.5 User Interface Design

Kulturbedingte Benutzerunterschiede sind beim Design von modernen Benutzungsschnittstellen zu berücksichtigen und sinnvoll in die Produktentwicklung zu integrieren. Die Gestaltung interkultureller MMI hat viel mit interkultureller Kommunikation zu tun und erfordert entsprechendes Know-How und passende Vorgehensweisen. Interkulturelle Überschneidungssituationen (vgl. Honold 2000, S. 42 ff.) entstehen, wenn ein Produkt innerhalb einer Kultur definiert und geformt wird und dieses Produkt dann in eine andere Kultur transferiert und dort dann auch benutzt wird. Ein Entwickler aus Kultur X muss die Bedienung des Produkts verständlich für einen Benutzer aus Kultur Y gestalten (vgl. Röse 2002, S. 68 ff.). Eine kulturelle Benutzergruppe ist eine Gruppe von Personen, welche bewusst (eigene Zuordnung) oder unbewusst (per Merkmal/Kontext/Rolle von außen zugeordnet) Werte, Regeln und Verhaltensmuster teilt und somit eine Kultur repräsentiert. Die Zuordnung zu einer kulturellen Benutzergruppe erfolgt durch die Zugehörigkeit zu einer Kultur und den damit implizit angenommenen Merkmalen. Dabei stehen nicht einzelne Individuen im Mittelpunkt der kulturellen Betrachtung sondern immer Benutzergruppen. Das heißt der Benutzer gilt als Individuum oder Repräsentant einer Gruppe/Rolle. Mehrere Benutzergruppen fordern unterschiedliche Ausprägungen der Benutzungsschnittstelle für dieselbe Anwendung und manchmal wird auch ein einzelner Benutzer unterschiedliche Ausprägungen der Benutzungsschnittstelle verlangen, um die gleiche Anwendung auszuführen.

Die kulturellen Rahmenbedingungen unter denen ein Mensch aufwächst, bestimmten mit, was im Gedächtnis eingeprägt und aufbewahrt wird. Auch auf die Strukturierung und Erinnerung wird damit Einfluss genommen. Die resultierenden Handlungen – als Ergebnis des Informationsverarbeitungsprozesses – sind ebenfalls direkt davon abhängig. Es gibt kulturelle Leistungsunterschiede im Bereich des Kurz- und Langzeitgedächtnisses. Kultur prägt damit auch die Lern- und Leistungsfähigkeit des Menschen. Sprache ist ein offensichtliches Merkmal zur Differenzierung von Kulturen. Asiatische Kulturen haben ein ,oben/unten'-Schriftbild und westliche Kulturen ein ,Links/Rechts'-Schriftbild. Dasselbe Anordnungsprinzip gilt auch für die horizontale oder vertikale Menüanordnung (vgl. Röse 2002 und Heimgärtner 2012). Die Berücksichtigung kultureller Aspekte sollte sich nicht nur auf visuelle Gestaltung und elementare UI-Komponenten beziehen, sondern auch auf die grundlegenden Designkonzepte, Metaphern und Arbeitsabläufe. Es besteht noch signifikanter Vermittlungsbedarf zwischen Wissenschaft und Industrie hinsichtlich kultureller und kognitiver Aspekte bei der Entwicklung interkultureller Benutzungsschnittstellen (IUID).[1]

Die mehrdimensionale kulturelle Prägung von Benutzern kann anhand von Kulturmodellen beschreiben werden. Für die Gestaltung interkultureller MMI sind jene kulturellen Modelle am interessantesten, die direkt mit Kommunikation, Information, Interaktion und Dialog-Design verbunden sind, d. h. z. B. diejenigen kulturellen Dimensionen, die die kulturell unterschiedlichen Konzepte von Raum, Zeit und Kommunikation betreffen (Heimgärtner 2005; Heimgärtner 2007; Heimgärtner 2012):

- Individualismus (Aufgabe) vs. Kollektivismus (Beziehung) (darin enthalten verwandte Kulturdimensionen wie Gesichtswahrung oder Machtdistanz)
- Non-verbale Kommunikation
- Raumwahrnehmung (z. B. Abstand zwischen Benutzer und System, Netzwerkdichte, Kontext)
- Zeitwahrnehmung (darin enthalten alle verwandten Kulturdimensionen wie Unsicherheitsvermeidung oder Kommunikationsgeschwindigkeit).

Alle analysierten Kulturdimensionen stellen raum- und zeitspezifische Aspekte zur Verfügung. Deshalb ist es sinnvoll, anzunehmen, dass Kulturdimensionen, die auf Zeit basieren, sich mit Interaktions- und Informationsverarbeitung im MMI befassen (z. B. Dialognutzung). Kulturdimensionen, die stattdessen auf den Raum basieren, betreffen die Informationspräsentation sowie die Struktur und das Layout von Benutzungsschnittstellen. Kultur beeinflusst die MMI auf allen Ebenen des Interaktionsmodells (vgl. Handlungsebenenmodell nach Herczeg 2005 und Heinecke 2004, sowie Norman und Draper 1986). Kulturdimensionen lassen sich auf eine grundlegende Kulturdimension (BCD – basic cultural dimension) reduzieren, in dem die sehr ähnlichen Dimensionen „Individualismus vs. Kollektivismus", Aufgaben- vs. „Personenorientierung" und „Rollen- vs. Beziehungsorientierung" kombiniert werden.

Interkulturelles MMI-Design beschreibt das Nutzer- und Kultur-orientierte Design von interaktiven Systemen und Produkten unter Einbeziehung des kulturellen Kontexts der Benutzer in Abhängigkeit von Aufgaben und Produktverwendung (Röse 2002, S. 87; Honold 2000, S. 42–43) und damit den „Prozess des MMI-Designs im kulturellen Kontext". Unter „Prozess des MMI Designs" ist im Allgemeinen der Prozess der mensch-zentrierten

[1] Dieses Buch soll dazu einen Beitrag leisten. Als Autor dieses Buches stehe ich Ihnen für Fragen und Feedback zum Buch und auch zum IUID gerne mit Rat und Tat zur Seite. Nähere Informationen dazu finden Sie unter URL=http://www.iuic.de.

Gestaltung nach ISO 9241-210 und im Besonderen die Entwicklung von Benutzungsschnittstellen gemeint. Die Wahrnehmung und Berücksichtigung der Gebräuche und Anforderungen anderer Kulturen durch die Entwickler interkultureller Benutzungsschnittstellen ist eine der Hauptaufgaben des interkulturellen MMI-Designs. Interkulturelles User Interface Design (IUID) meint den Prozess der adäquaten Gestaltung der Mensch-Maschine-Interaktion unter Berücksichtigung der kulturellen Anforderungen des Benutzers. Die Entwicklung interkultureller Benutzungsschnittstellen (intercultural user interface development (IUID)) konzentriert sich auf ein bestimmtes Produkt oder eine Dienstleistung und auf deren Benutzung in einem bestimmten kulturellen Kontext. Es wird geprüft, ob die Benutzungsschnittstelle für den Benutzer im jeweiligen kulturellen Kontext passend ist oder von diesem entsprechend angepasst werden kann. Interkulturelles User Interface Design ist eine notwendige Voraussetzung für die Verbesserung der interkulturellen Gebrauchsfähigkeit von Software, welche wiederum eine notwendige Voraussetzung für globale Absatzmöglichkeiten darstellt. Durch Methoden des interkulturellen Usability Engineerings lassen sich iterativ weitere Designrichtlinien aus den Ergebnissen der Tests und den Dialogen mit potenziellen Benutzern aus aller Welt für das interkulturelle User Interface Design ableiten. Interkulturelles Interface-Design wird nach (Thissen 2008) in drei Stufen unterteilt. Auf der ersten Stufe (Zeichen) erfolgt die kulturelle Kodierung von Zeichen, d. h. Art und Weise der Informationsdarstellung (= semiotische Systeme einer Kultur – Cassirer 1994) – Zeichen als Ausdruck kultureller Werte („kulturelle Marker"). Auf der zweiten Stufe (soziales Verhalten) geht es um Formen der kulturellen Wahrnehmung beschrieben anhand von Kulturmodellen. Auf der dritten Stufe des interkulturellen User Interface Designs wird Kultur in ihrer Gesamtheit und Komplexität erfasst und verstanden (Verstehen der Andersartigkeit/Fremdheit).

Für das interkulturelle User Interface Design sind Kulturdimensionen zu grob. Daher sind zusätzlich kulturelle Variablen nötig, die – bezogen auf das User Interface Design – die kulturellen Aspekte in kleinere Einheiten zergliedern (vgl. Röse 2002). Diese kulturellen Aspekte können mittels qualitativer und quantitativer Methoden empirisch ermittelt werden. Obwohl sich Kulturen ständig verändern, lassen sich für einen Produktlebensdauerzyklus von einigen Jahren zumindest Tendenzen und für spezielle Anwendungsfälle sogar trennscharfe Parameter ermitteln, die dem interkulturellen User Interface Design dienen.Es gibt Korrelationen zwischen dem Interaktionsverhalten des Benutzers und dessen Kultur bzw. zwischen den Kulturdimensionen und informationswissenschaftlichen Größen wie Informationsdichte oder Interaktionshäufigkeit auf Interaktionsebene (vgl. mittlere Ebene des „Eisbergs" in Abb. 6.3 in Kap. 6).

Interkulturelle Variablen beschreiben die Unterschiede im MMI-Design bezüglich der Vorlieben der Benutzer aus verschiedenen Kulturen (Tab. 5.3). Direkte interkulturelle Variable sind am wichtigsten, denn sie haben direkten und wesentlichen Einfluss auf das MMI-Design. „Sichtbare" interkulturelle Variable (VIVs) sind unmittelbar wahrnehmbar zu einer bestimmten Zeit (Schrift, Farbe, Fenstergröße, Navigationsleiste, etc.). Im Gegensatz dazu sind „nicht-sichtbare" (oder „versteckte") interkulturelle Variablen (NVIVs) nur über eine gewisse Zeitspanne erkennbar (Interaktionsgeschwindigkeit, Informationsdarstellungsdauer, Dialogdarstellungsfrequenz, Benutzung der Navigationsleiste, etc.).

Die Realisierung der Lokalisierung versteckter interkultureller Variable ist sehr schwer, denn die kontextuelle Relation zum kulturellen Hintergrund sowie zum Produkt ist für die Interaktion und das Dialog-Design sehr hoch. Jedoch ist genau dieser hohe Kontext und folglich die Kulturabhängigkeit der Grund, weshalb diese Muster und nicht-sichtbaren interkulturellen Variablen so wichtig für das Design von Interaktion und für die daraus resultierenden Dialoge (und Dialogfenster) sind (Röse 2002, S. 98; Röse 2002), S. 108 nutzt interkulturelle Variablen innerhalb ihrer „Methode des kulturorientierten Designs" (MCD), welche sie für die Entwicklung interkultureller Mensch-Computer-Systeme entworfen hat (Abb. 5.6).

Die Benutzungsschnittstellenmerkmale (‚User Interface Characteristics') „Metapher", „Mentales Modell", „Navigation", „Interaktion" und „Präsentation" sind mit fünf von Hofstede's Kulturdimensionen (s. Kap. 2) verbunden. Benutzungsschnittstellenmerkmale können in Verbindung mit empirischen Erhebungen zu ihren Ausprägungen für den entsprechenden kulturellen Zielkontext für die Ableitung von Empfehlungen für die Entwicklung interkultureller Benutzungsschnittstellen herangezogen werden.

Informationswissenschaftliche Größen wie Informationsgeschwindigkeit (Verbreitungsgeschwindigkeit und Auftretenshäufigkeit von Information), Informationsdichte (Anzahl und Abstand von Informationseinheiten) oder Informationsordnung (Auftretensreihenfolge und Anordnung von Information) korrelieren mit kulturell verschiedenen Grundmustern von Verhaltensweisen. MMI-Dimensionen (MMID) beschreiben das Verhalten eines Benutzers (MMI-Stil) mit einem interaktiven Informationsverarbeitungssystem (Heimgärtner 2007). MMI-Dimensionen repräsentieren Klassen von für das MMI-Design nützlichen MMI-Variablen (Ausprägungen der MMI-Dimensionen), welche anhand von (Interaktions-) Indikatoren in MMI-Metriken operationalisiert sind (Tab. 5.8). Es muss mindestens ein potenzieller Indikator als Messvariable existieren, um die Ausprägung einer MMI-Dimension darstellen zu können. Zur realen Verwendung sollte allerdings mehrere empirisch bewährte Indikatoren verwendet werden. Werden MMI-Dimensionen durchweg anhand von kulturellen Variablen repräsentiert, könnte man von „(Inter-)Kulturellen MMI-Dimensionen" sprechen, welche einen kulturell geprägten MMI-Stil zum Ausdruck bringen. Der MMI-Stilkoeffizient beschreibt den kulturell geprägten MMI-Stil eines Benutzers, indem er das durch die von Mitgliedern der vorgesehenen kulturellen Gruppe erwartete durchschnittliche Ausmaß an Informationsdichte, Informationsfrequenz, Interaktionshäufigkeit und Interaktionsgeschwindigkeit repräsentiert.

Es ist wichtig, dass es eine Einigung zwischen dem Entwickler und den Benutzern in unterschiedlichen Kulturen über die Bedeutung und Interpretation von Information gibt; andernfalls entstehen Missverständnisse oder gar kein Verständnis (vgl. Kap. 2). Um als Produkthersteller auf dem Weltmarkt wettbewerbsfähig zu sein, ist es wichtig, dass die Benutzer das Produkt akzeptieren. Daher sind kulturelle Einflüsse während der Entwicklung von Produkten für andere Märkte zu berücksichtigen. Die Kommunikationsebene bildet den Basislevel, gefolgt von den Ebenen Projektmanagement, Software- und Usability-Engineering auf dem Weg der erfolgreichen Entwicklung von interkulturellen Benutzungsschnittstellen (Abb. 5.4).

Um in der Lage zu sein, Benutzungsschnittstellen für den globalen Markt zu gestalten, die den kulturellen Bedürfnissen der Benutzer gerecht zu werden, ist der erste Schritt, die Unterschiede in den kulturellen Bedürfnissen der Benutzer und somit die kulturellen Unterschiede im MMI auf allen Ebenen der MMI-Lokalisierung (Oberfläche, Funktionalität und Interaktion) herauszufinden (Röse und Zühlke 2001). Gebiete wie die Informationspräsentation und Sprache oder Dialogdesign sowie das Interaktionsdesign sind davon betroffen (Lewandowitz et al. 2006) (vgl. Kap. 7).

Bevan (2001) beschrieb die internationalen Standards für MMI-Design und Usability Engineering. Der mensch-zentrierte MMI-Designprozess ist definiert in ISO 9241-210 und der entstehenden Erweiterung ISO 9241-220. Relevante Teile der ISO 9241-Reihe für Usability Professionals und User Interface Designer sind in einer zwei-bändigen Ausgabe des DIN-VDE-Taschenbuches 354 des Beuth-Verlages praktisch zusammengefasst.

Neben deskriptiven Modellen existieren einige weitere Ansätze zu einer Theorie kulturell beeinflusster MMI. Dennoch existiert bis heute noch keine endgültige Theorie, die alle relevanten Faktoren erklärt, welche notwendig wären, um generelle Designempfehlungen für kulturzentriertes MMI-Design abzuleiten. Dies bleibt eine Herausforderung für die Zukunft. Im Bereich des interkulturellen Benutzungsschnittstellendesigns stehen die schwierigen Untersuchungen von methodologischen interkulturellen Faktoren noch am Anfang: es müssen noch Daten und Ergebnisse für Phänomene wie unterschiedliche Systeminteraktionsgewohnheiten, unterschiedliche Erwartungen in Bezug auf Navigation in Hyperspace oder unterschiedliche mentale Modelle gesammelt werden. Im Bereich des interkulturellen Benutzungsschnittstellendesigns bleibt daher die Kluft zwischen kulturellen Aspekten und spezifischen technischen Aspekten noch zu überbrücken. Das ist besonders der Fall in Bezug auf den gegenwärtigen Mangel an Forschung, der sich auf kulturell geprägte Interaktion und Dialogdesign bezieht und sich auf empirische Untersuchungen zu verborgenen kulturellen Variablen gründet. Selbst wenn die Forschung in Bezug auf kulturzentriertes MMI-Design enorm gewachsen ist, bleibt es äußerst wichtig, dass die Ergebnisse empirischer Studien zu kulturellen Kontexten beim MMI-Design integriert werden und dadurch sowohl die Basis der Inputdaten für die Modell- und Theorieansätze liefern als auch die Basis des bemessenen Maßstabes bereitstellen, mit dem sie verifiziert werden können.

8.1.6 IUID in der Theorie – Wissenschaftliche Forschung

Aus der Analyse der Veröffentlichungen im Bereich interkulturelle MMI lassen sich einige IUID-„Hypes" identifizieren. Der erste Hype erfolgte in den frühen 1990ern. Der nächste war um 2000 und seit etwa 2010 hat die Forschung im Bereich interkultureller MMI bzw. des IUID sprunghaft zugenommen. Bis heute gibt es allerdings nur wenige qualitative Studien oder Tests zum interkulturellen Benutzererlebnis (User Experience), die vernünftige Antworten auf diese Fragen liefern würden (vgl. Jameson 2007). Die Anzahl von Studien, die die Bedeutung der Berücksichtigung von kulturellen Aspekten bei der Entwicklung von Benutzungsschnittstellen unterstreichen, wächst stetig (s. Evers 2003; Smith et al. 2004). Es gibt auch Aktivitäten hinsichtlich der Untersuchung von Trends in der interkulturellen MMI (vgl. Jetter 2004; Clemmensen und Roese 2010; Heimgärtner 2014a). Auch wenn es mittlerweile einschlägige Literatur zum Usabilityengineering gibt (z. B. Nielsen 1993; Holzinger 2005 etc.), nimmt belastbare und vor allem generalisierende Literatur zum interkulturellen Usabilityengineering (z. B. zur Evaluation im interkulturellen Kontext (vgl. Clemmensen und Clemmensen 2012)) und vor allem zur interkulturellen UX nur sehr verhalten zu (vgl. Heimgärtner 2014a). Die meisten Studien betreffen die Präsentation von Informationen auf Webpages (z. B. Hodemacher et al. 2005; Marcus 2003; Dormann 2005; Baumgartner 2003; Marcus und Gould 2000; Stengers et al. 2004; Sun 2001 und Callahan 2005). Die detaillierte Analyse der aktuellen Forschung im Bereich des interkulturellen User Interface Designs zeigte auch, dass insbesondere versteckte kulturelle Variablen (NVIVs) (unter der Wasseroberfläche des Eisbergmodells, vgl. Kap. 6.1.3 und Abb. 6.3) noch nicht gründlich genug untersucht wurden.

Das TLCC-Modell von (Sturm 2002) zeigt die Internationalisierungs- und Lokalisierungsschritte im MMI-Design, dargestellt anhand von vier Ebenen: technische Angelegenheiten, Sprache, Kultur und Kognition (vgl. Abb. 6.2). Es besteht noch signifikanter Vermittlungsbedarf zwischen Wissenschaft und Industrie hinsichtlich kultureller und kognitiver Aspekte bei der Entwicklung interkultureller Benutzungsschnittstellen (IUID).[2]

Es gibt nichts Praktischeres wie eine gute Theorie, um von theoretischen Überlegungen zur praktischen Anwendung im interkulturellen User Interface Design zu gelangen. Der Prozes der „Grounded Theory“ ist ein iterativer wissenschaftlicher Prozess, der iterativen Softwareentwicklungszyklen (vgl. Balzert 2005) ähnelt. Dabei fußen die theoretisch basierten Prozesse überwiegend auf der „Grounded Theory“ und die in der Praxis etablierten und bewährten Prozesse auf Softwareengineering. In einem Erklärungsmodell für kulturell beeinflusste MMI werden die Relationen zwischen Kultur und MMI anhand kultureller Interaktionsindikatoren beschrieben und damit der Zusammenhang zwischen Kultur und MMI aufgezeigt. Diese Relationen können insbesondere auf folgende Arten ermittelt werden: *datengetrieben* oder *hypothesengetrieben*. Beim *datengetriebenen Ansatz* werden zunächst Daten erhoben. Die daraus ermittelbaren Muster geben Aufschluss über die Verbindung zwischen Kultur und MMI. Im *hypothesengetriebenen Ansatz* werden Hypothesen aus bereits vorhandenen kulturwissenschaftlichen Theorien abgeleitet und empirisch verifiziert. Schließlich werden beim *hybriden Ansatz* die ersten beiden Ansätze mit weiteren Methoden zusammengebracht.

Datengetriebener Ansatz: Es werden aus bereits erhobenen Daten Hypothesen gebildet. Um den kulturell unterschiedliche geprägten Benutzer zu einer Interaktion mit dem Computer zu bewegen und diese dann aufzeichnen und analysieren zu können, wurden Aufgabenszenarios entwickelt, welche in ein speziell dafür entwickeltes PC-Tool implementiert wurden (IIA-Tool, Heimgärtner 2008). Es wurden vom Autor zwei Online-Studien mit annähernd 15000 chinesisch (C), deutsch (D) und englisch (E) sprechenden

[2] Dieses Buch soll dazu einen Beitrag leisten. Als Autor dieses Buches stehe ich Ihnen für Fragen und Feedback zum Buch und auch zum IUID gerne mit Rat und Tat zur Seite. Nähere Informationen dazu finden Sie unter www.iuic.de.

Testpersonen durchgeführt. Die Auswertung der erhobenen Daten der Studien zeigte, dass es Korrelationen zwischen der Interaktion der Benutzer mit dem Computer und der kulturellen Prägung der Benutzer gibt (Heimgärtner 2007). Die kulturellen Unterschiede in der MMI zwischen den getesteten chinesischen und deutschen Benutzern betreffen Layout (komplex vs. einfach), Informationsdichte (hoch vs. gering), Personalisierung (stark vs. gering), Sprache (Icons vs. Zeichen), Interaktionsgeschwindigkeit (höher vs. geringer) und Interaktionshäufigkeit (höher vs. geringer). Es wurde empirisch gezeigt, dass die Interaktion des Benutzers mit dem System nicht nur von kulturell bezogenen Variablen wie Staatsangehörigkeit, Muttersprache, Geburtsland usw. beeinflusst wird, sondern auch von Parametern wie Erfahrung oder Alter (Heimgärtner 2007). Informationsdichte, Informations- und Interaktionshäufigkeit als auch Informations- und Interaktionsparallelität sind geringer für (G) als für (C) entsprechend der Beziehungsorientierung, der Dichte von Informationsnetzen und der Zeitorientierung der Benutzer. Die Art der Interaktion des Systems mit dem Benutzer innerhalb der MMI muss durch eine adäquate Änderung der Systemparameter entsprechend der Ausprägung der kulturellen Interaktionsindikatoren und der MMI-Dimensionen anpassbar sein. Die ermittelten signifikanten kulturellen Interaktionsindikatoren (KIIs) in Tab. 6.1 betreffen das unterschiedliche Interaktionsverhalten in der MMI zwischen chinesisch (C) und deutsch (D) sprechenden Benutzergruppen. Es wurde empirisch bestätigt, dass die Interaktion des Benutzers mit dem System nicht nur von Variablen beeinflusst wird, welche die kulturelle Zugehörigkeit der Benutzer beschreiben wie Staatsangehörigkeit, Muttersprache, Geburtsland usw., sondern auch von Parametern wie Erfahrung oder Alter (Heimgärtner 2007). Die Art der Interaktion des Computers mit dem Benutzer muss so adaptierbar sein, dass das System mit den Benutzeranforderungen zurechtkommt, welche von der kulturellen Prägung und Erfahrung des Benutzers ebenso abhängen wie von der aktuellen Situation. Die dafür notwendigen Variablen müssen im Design der Systemarchitektur entsprechend berücksichtigt werden. Kulturelle Interaktionsindikatoren (KIIs) sind z. B. derartige Variablen in der MMI, welche mit Variablen korrelieren, die die Kultur des Benutzers repräsentieren. Sie repräsentieren kulturelle Unterschiede im Interaktionsverhalten des Benutzers, indem sie die Beziehung zwischen den Werten kultureller Dimensionen und den Werten von MMI-Dimensionen ausdrücken. MMI-Dimensionen repräsentieren die Charakteristik der jeweiligen MMI, indem sie den MMI Stil des Benutzers mittels der Art der Informationsverarbeitung in der jeweiligen MMI als auch deren Interaktionscharakteristik beschreiben.

Hypothesengetriebener Ansatz: Es werden Daten zur Verifikation von Hypothesen erhoben. Die empirischen Hypothesen betreffen grundlegendes Benutzerverhalten: Zeitorientierung, Dichte von Informationsnetzen, Kommunikationsgeschwindigkeit als auch Aktionsketten. Die Hypothesen basieren auf einigen der bestklassifizieren den KIIs, welche die Grundhypothese stützten, dass die Ausprägungen der MMI-Dimensionen von der kulturellen Prägung der Benutzer wie folgt abhängen: je höher die Beziehungsorientierung (Kollektivismus), desto höher sind Informationsdichte, Informationsgeschwindigkeit, Informationshäufigkeit, Interaktionshäufigkeit und Interaktionsgeschwindigkeit und umgekehrt. Die Bestätigungsstärken von sechs aus acht Hypothesen wurden a priori annähernd richtig geschätzt, und alle postulierten acht Hypothesen wurden a posteriori anhand der Online-Studien bestätigt. Dies zeigt, dass die analytische Vorarbeit und die verwendeten Methoden korrekt waren und die Ergebnisse als plausibel und richtig angesehen werden können. Um die Interaktion des Benutzers mit dem System analysieren zu können, müssen dynamische Aspekte der MMI mittels automatisierter analysierender Werkzeuge durch lückenlos-chronologisches Aufzeichnen des Benutzerverhaltens gemessen werden. Zu diesem Zweck kam das Tool zur interkulturellen Interaktionsanalyse (IIA Tool) (Heimgärtner 2008) zum Einsatz (s. Kap. 7.4.5).

Ein hybrider Ansatz integriert mehrere IUID-Methoden zu einem IUID-Methodenmix (Heimgärtner 2014a). Ausgehend von der Methode des kulturorientierten MMI-Designs (MCD, s. Röse 2002) werden anhand von Kulturdimensionen die kulturellen Unterschiede identifiziert und kulturelle Variable für das Projekt abgeleitet. Mit diesem Wissen um kulturelle Unterschiede und betroffener Aspekte des MMI-Systems werden anhand von User Interface Characteristics (s. Marcus 2006) und MMI-Dimensionen (s. Heimgärtner 2012) weitere Auswirkungen auf das MMI-Design hypothesengetrieben ermittelt und datengetrieben gestützt.

Der kulturelle Einfluss auf das MMI Design kann durch die Beziehungen zwischen den Ausprägungen von kulturellen Dimensionen und den Ausprägungen der für das MMI-Design relevanten Variablen dargestellt werden. Die in den Studien gefundenen Ergebnisse führten zur Überzeugung, dass es berechtigt und sinnvoll ist, kulturelle Interaktionsindikatoren für die interkulturelle MMI Forschung zu verwenden, um ein vernünftiges Erklärungsmodell für kulturell beeinflusste MMI zu erhalten. Erfolgreiche Erklärungsmodelle können auf neue Beispiele bzw. Anwendungsfälle hin angewandt und damit verifiziert werden, wodurch sich wiederum prädiktiv Designempfehlungen generieren lassen. Schließlich können komplette Metriken zur Repräsentation der Benutzbarkeit von interaktiven Systemen (Benutzbarkeitsmaßsysteme, vgl. Nielsen 2001) von hohem empirischem Wert für die kulturell beeinflusste MMI abgeleitet werden. Ziel ist es, die tatsächliche Verbindung zwischen den Interaktionsindikatoren und deren (postulierten kulturellen) Ursachen herauszufinden. Strukturgleichungsmodelle können dazu verwendet werden, diese Beziehungen zwischen Kulturdimensionen und MMI Dimensionen und deren Ausprägungen zu identifizieren. Es wurde der Versuch unternommen, ein Strukturgleichungsmodell für die Beziehung zwischen MMI Dimensionen und Kulturdimensionen zu erzeugen. Dabei wurden die Verbindungen zwischen kulturellen, informationsbezogenen und interaktionsbezogenen Dimensionen anhand interkultureller Interaktionsindikatoren modelliert. Das Erklärungsmodell kulturabhängiger MMI ist umso besser, je mehr Varianzen in den empirischen Daten statistisch durch die modellierten Strukturgleichungen erklärt werden können. Das resultierende Erklärungsmodell basiert auf einigen der bestklassifizierenden kulturellen Interaktionsindikatoren, welche durch die Hypothese entstanden, dass die Ausprägungen der MMI-Dimensionen von der kulturellen Prägung der Benutzer abhängen, welche durch die Ausprägungen kultureller Dimensionen beschrieben werden kann: je höher die Beziehungsorientierung (Kollektivismus), desto höher sind Informationsdichte, Informationsgeschwindigkeit, Informationshäufigkeit, Interaktionshäufigkeit und Interaktionsgeschwindigkeit und umgekehrt.

Im Bereich des interkulturellen Benutzungsschnittstellendesigns stehen die schwierigen Untersuchungen von methodologischen interkulturellen Faktoren noch am Anfang: es müssen noch Daten und Ergebnisse für Phänomene wie unterschiedliche Systeminteraktionsgewohnheiten, unterschiedliche Erwartungen in Bezug auf Navigation in Hyperspace oder unterschiedliche mentale Modelle gesammelt werden. Im Bereich des interkulturellen Benutzungsschnittstellendesigns bleibt daher die Kluft zwischen kulturellen Aspekten und spezifischen technischen Aspekten noch zu überbrücken.

Nach (Hall 1976) bestehen die methodologischen Probleme in der Erforschung der Kultur darin, dass die Übertragung bei einfachen Systemen einfacher ist als die Integration komplexerer Systeme, die menschliche Kreativität erfordern. Die Bestimmung interkultureller Variablen und deren Werte erfolgt aufgrund verschiedener Ansätze und komplexer kultureller Kontexte noch zu unsystematisch und selektiv. Es ist problematisch, kulturelle Modelle völlig in Übereinstimmung mit MMI-Dimensionen zu bringen, da nicht alle möglichen Störvariablen aufgrund der kulturellen Komplexität in Betracht gezogen werden und Modelle die Realität nicht vollständig beschreiben können: die durch das Erklärungsmodell erhaltenen Ergebnisse unterscheiden sich von der Realität. Nichtsdestotrotz dienen die bisherigen Ergebnisse (postulierte und bestätigte Hypothesen) dazu, eine Basis und einige bewährte Fakten zu offenbaren, die brauchbar sind, Empfehlungen für interkulturelles MMI-Design mit Tendenzcharakter im Allgemeinen und für kulturell-adaptive Systeme im Besonderen zu erhalten (s. Heimgärtner 2012). Außerdem ist es sehr vernünftig, dass Weiterentwicklung und Forschung einige Daumenregeln in Betracht ziehen, selbst wenn sie als vorläufig betrachtet werden müssen und mit größtmöglicher Sorgfalt behandelt werden sollten. Die Ergebnisse aus diesen Ansätze dürfen nicht so weit verallgemeinert werden, dass sie für ein ganzes Land oder eine bestimmte kulturelle Gruppe gelten, da die Versuchsmenge zu klein und die beschränkte Vertretbarkeit der Versuchspersonen hochqualitative statistische Resultate vereitelt. Das ist auch einer der Gründe, warum so wenig qualitative empirische Untersuchungen und noch weniger quantitative Forschungsberichte existieren (vgl. Smith et al. 2004) sowie (Maier et al. 2005 und Heimgärtner 2012). Darüber hinaus lassen sich verborgene (versteckte) kulturelle Variable schlecht identifizieren, weil sie erst über Zeit hinweg erkennbar werden. Keineswegs alle Empfehlungen hinsichtlich der fünf Bereiche von Benutzungsschnittstellenmerkmalen (Präsentation, Navigation, Metapher, Mentales Model, Interaktion) sind bis jetzt empirisch bekräftigt worden, obwohl einiges an Forschung in diesem Bereich vorliegt. Die Testmethodik des interkulturellen Usability Engineerings lässt immer noch Fragen offen und ist zuweilen ein kostenintensiver Faktor für Firmen, welche ihre Produkte an internationale Märkte anpassen möchten. Es herrscht Uneinigkeit bei den Wissenschaftlern über den Effekt der Verwendung von Kulturdimensionen bei der Entwicklung interkultureller Benutzungsschnittstellen.

Die empirischen Ergebnisse der beschriebenen Studie bestätigen zum Teil die in Literatur postulierten Beziehungen zwischen MMI-Dimensionen und Kulturdimensionen. Es gibt ein Maßsystem, das sich aus kulturellen Interaktionsindikatoren (KIIs) zusammensetzt, um kulturell beeinflusste MMI zu messen. Die Ausprägungen der KIIs eröffnen interessante Tendenzen im Benutzerinteraktionsverhalten bezogen auf die kulturelle Prägung des Benutzers. Diese erste grundlegende Forschung hat anhand der Analyse kultureller

Modelle die zehn relevantesten Kulturdimensionen und daraus berechenbare kulturabhängige MMI-Stile hervorgebracht, welche bei der Entwicklung interkultureller Benutzungsschnittstellen bzw. im interkulturellen MMI Gestaltungsprozess beachtet werden sollten (Rüdiger Heimgärtner 2012). Dabei kamen auch verborgene kulturelle Variablen der Mensch-Maschine-Interaktion und zwar Informationsgeschwindigkeit und Informationsfrequenz sowie Interaktionsgeschwindigkeit und Interaktionsfrequenz zum Vorschein. Das bisher gewonnene Erklärungsmodell kulturell abhängiger MMI Variablen kann mit Hilfe statistischer Methoden (wie Faktorenanalyse oder Strukturgleichungsmodellen) durch Überarbeiten der Beziehungen zwischen Benutzerinteraktion und Benutzerkultur optimiert und weiterentwickelt werden. Hier ist jedoch noch viel Arbeit zu leisten (was z. B. die Trennschärfe der KIIs oder die Erklärungsstärke des Modells angeht). Diese Variablen bleiben aber trotz Allem ein offener Forschungsbereich bei Mensch-Maschine-Interfacedesign, weil noch zu wenig empirische Belege existieren.

Die Untersuchung und Berücksichtigung verborgener kulturellen Variablen für das interkulturelle MMI-Design ist immer noch nicht abgeschlossen. Das ist besonders der Fall in Bezug auf den gegenwärtigen Mangel an Forschung, der sich auf kulturell geprägte Interaktion und Dialogdesign bezieht und sich auf empirische Untersuchungen gründet. Selbst wenn die Forschung in Bezug auf kulturzentriertes MMI-Design enorm gewachsen ist, bleibt es äußerst wichtig, dass die Ergebnisse empirischer Studien zu kulturellen Kontexten beim MMI-Design integriert werden und dadurch sowohl die Basis der Inputdaten für die Modell- und Theorieansätze liefern als auch die Basis des bemessenen Maßstabes bereitstellen, mit dem sie verifiziert werden können. Dennoch existiert ein vernünftiger Ansatz in Richtung eines Erklärungsmodells für kulturell beeinflusste MMI, wovon Bereiche wie interkulturelles Usability Engineering und interkulturelles User Interface Design (IUID) in dem Maße profitieren können, in dem das Modell weiterentwickelt und validiert wird.

Der Trend in der Erforschung von Kultur und MMI geht hin zum Verifizieren vorläufiger Modelle und Theorien durch extensive empirische Untersuchungen in unterschiedlichen kulturellen Kontexten sowie der empirischen Erhebung der Zusammenhänge zwischen Benutzer und System (MMI) in konkreten kulturellen Nutzungskontexten, um praxisrelevante und konkrete Empfehlungen für das die Entwicklung interkultureller Benutzungsschnittstellen ableiten zu können. Interkulturelles MMI-Design muss insofern künftig umgestellt werden, dass kulturelle Aspekte sowohl auf der lokalen Ebene (kultureller Kontext/indigen) als auch auf der nationalen Ebene beachtet werden (vgl. Abdelnour-Nocera et al. 2011).

8.1.7 IUID in der Praxis – Industrielle Entwicklung

In der Entwicklung digitaler Produkte und Dienstleistungen erfolgen die Entwicklungsprozesse häufig nach dem V-Modell – ein sequenziell-iteratives Entwicklungsmodell – oder nutzen agile Softwareentwicklungsmethoden wie z. B. Scrum oder auch Kombinationen solcher Ansätze. Fortschrittliche Softwareentwicklungsprozesse verfügen ebenfalls über entsprechende Gates (z. B. hinsichtlich Qualität: Quality Gates/Hurdles). Oft wird die Qualität dieser Prozesse anhand von Reifegradmodellen überprüft (z. B. CMMI, SPICE).

Ziel muss es sein, den Usability-Engineering-Prozess durch Anwendung der mensch-zentrierten Gestaltungsprinzipien (vgl. ISO 9241-210) genauso systematisch zu leben wie den Software-Engineering-Prozess. Darüber hinaus spielt bei der Entwicklung interkultureller Benutzungsschnittstellen das frühzeitige Erkennen und Berücksichtigen kultureller Unterschiede in der Produktentwicklung eine entscheidende Rolle. Die Gebrauchstauglichkeit eines Systems hängt stark davon ab, wie der Benutzer mit dem System zurechtkommt (vgl. DIN 2006). Der Grad des Zurechtkommens kann zum Beispiel durch Beobachten und Befragung eines Benutzers während der Interaktion mit dem System ermittelt werden (vgl. Nielsen und Molich 1990 und Nielsen 1990). Der individuelle kulturelle Nutzungskontext muss für relevante Nutzungssituationen spezifiziert werden, um ein vertieftes Verständnis der individuellen kulturspezifischen Bedürfnisse des Benutzers zu entwickeln. Über qualitative Techniken der Markforschung hinaus sind auch quantitative Methoden einzusetzen, um ein vertieftes Verständnis der Benutzerbedürfnisse zu erlangen. Tendenzen in Bezug auf kulturelle Unterschiede können für die Entwicklung und Gestaltung interkultureller Benutzungsschnittstellen und weitere Reflexion und Forschung genutzt werden. Neben dem Lesen von Literatur sind empirische Untersuchungen bezüglich interkultureller User-Interface-Charakteristika notwendig, um herauszufinden, wie gut die Systeme zu verwenden sind (z. B. indem man mehrere Systeme unterschiedlicher Kulturen vergleicht und Gebrauchstauglichkeitstests durchführt). Bei der Entwicklung von interkulturellen Benutzungsschnittstellen sind alle jene Aspekte im kulturellen Kontext zu betrachten, welche die Eigenschaften der Benutzungsschnittstelle betreffen. Aber auch die Methoden zur Erlangung interkultureller Benutzungsschnittstellen und deren Evaluation bedürfen der kulturellen Inspektion.

Die Anforderungsanalyse bei der Entwicklung von Benutzungsschnittstellen besteht im Wesentlichen aus dem Verstehen und Beschreiben von Nutzungskontext und der Ableitung und Spezifikation von Nutzungsanforderungen. In der Anforderungsanalyse sind entsprechend des MMI-Handlungsebenenmodells (vgl. Kap. 4.1.2) die Geschäftsprozesse mit einzubeziehen um die Analyse der Anforderungen des interaktiven Systems im Kontext der gesamten Arbeitsorganisation zu erreichen (Abb. 7.2). Alle diese Fragen sollten bei der Entwicklung interkultureller Benutzungsschnittstellen für die jeweiligen kulturellen Zielkontexte beantwortet werden. Dabei sind internationale Anforderungen zu berücksichtigen. Die Bestimmung aller unterschiedlichen Anforderungen von allen Stakeholder-Gruppen erfordert, dass alle Anforderungen der vorhergehenden Prozessschritte identifiziert und diese Anforderungsspezifikationen unabhängig von ihrer Herkunft gesammelt und entsprechend konsolidiert (geklärt und bereinigt) werden. Die konsolidierten Anforderungen geben die Produktionsziele des Projekts vor als und die Befolgung dieser von ihren Lösungen abgekoppelten Ziele wird gemäß dem SMART-Prinzip verifiziert: Ziele müssen spezifisch, messbar, erreichbar (attainable), realistisch und zeitnah (timely) sein.

Interkulturelles Usage-Centered Design (IU-CD) dient als systematische und modellbasierte Methode zur Ermittlung der Benutzeranforderungen für die Gestaltung interkultureller Benutzungsschnittstellen (vgl. Windl und Heimgärtner 2013). Das Usage-Centered Design-Verfahren (U-CD) wird in Analyse- und Entwurfsphase aufgeteilt (Abb. 7.3). Rollen- und Aufgabenmodell sind die Ergebnisse der Benutzer- und Aufgabenanalyse. Das Inhaltsmodell (Content Model) zusammen mit dem Umsetzungsmodell (Implementation Model) sind die Ergebnisse aus der Design-Phase. Um die kulturellen Aspekte und die Internationalisierungsanforderungen in U-CD zu integrieren, ist es notwendig, diesen zu erweitern und Anpassungen am bestehenden Verfahren an verschiedenen Stellen vorzunehmen. Die gemeinsamen Aspekte für das interkulturelle UI-Design werden in einem kulturellen Modell ähnlich dem bestehenden „Operationsmodell" aufgenommen (Abb. 7.4). Für jede Kultur wird je ein eigenes kulturelles Modell verwendet (Abb. 7.5). Der Inhalt des kulturellen Modells ist vor allem auf die Eigenschaften der Benutzungsschnittstelle (vgl. Marcus 2007) und die MMI-Dimensionen (vgl. Heimgärtner 2012) bezogen und beschreibt eine Benutzerschnittstelle auf abstrakter Ebene, welche mit den speziellen Werten für die gewünschte Kultur gefüllt wird. Um auch kulturelle Aspekte abdecken zu können, welche nicht in dieses Landesschema passen (wie religiöse Nennungen, Einheimische, oder jegliche andere kulturelle Zielgruppen), ist es möglich, projektspezifische kulturelle Identifikatoren zu verwenden. Der Ansatz des interkulturellen Usage-Centered Designs (IU-CD) hilft den Entwicklern interkultureller Benutzungsschnittstellen System- und Nutzungsanforderungen systematisch zu erheben und zu modellieren und anhand exakter Modelle passende interaktive Systeme zu erstellen.

MMI-Dimensionen dürfen für die Hauptfaktoren beim MMI-Design gehalten werden, weil sie die grundlegenden Klassen der für das MMI-Design relevanten Variablen bezeichnen und sind somit bei der Entwicklung interkultureller Benutzungsschnittstellen zu berücksichtigen und zu verwenden. Es sind sowohl offensichtliche als auch auf den ersten Blick nicht sichtbare Gestaltungsaspekte zu berücksichtigen. Da die Benutzer eines bestimmten Zielmarktes in ihrer Muttersprache angesprochen werden sollen (und wollen), stellt die Terminologie in der Zielsprache einen wichtigen Aspekt in der Softwarelokalisierung dar. Kontextinformationen und die zur Verfügung stehenden Referenzmaterialien sind sehr wichtig für die Terminologiearbeit. Allgemein verwendete Terminologiedatenkategorien (z. B. ISO12620 1999) reichen für die Terminolgiearbeit in der Softwarelokalisierung nicht aus, weil innerhalb der Software ein einziger Term sich je nach seinem unmittelbaren Kontext (z. B. in einem Menü, einem Dialogfenster oder einer Fehlermeldung) auf verschiedene Begriffe beziehen kann. Es gibt Unterschiede zwischen der Terminologie, die in der Software-Dokumentation verwendet wird (Online-Hilfe und Webseiten) und derjenigen, die in der Benutzungsschnittstelle verwendet wird. Besonders problematisch bei der Softwarelokalisierung ist die Verwendung von Anspielungen und Wortspielen (Bezug auf andere Begriffe über Homonyme) und das Einbinden von Symbolen in die Benutzungsschnittstelle, da das Editieren und Anpassen dieser Symbole ein komplizierter und zeitaufwendiger Prozess sein kann. Für die Entwicklung interkultureller Benutzungsschnittstellen aus deutscher/westeuropäischer Sicht lassen sich weltweit zumindest sechs Schriftsysteme bilden (Abb. 7.11). Mit zunehmender Schriftsystemnummer nehmen Internationalisierungs- und Lokalisierungsaufwand zu (Tab. 7.5). Schreibweisen zur Darstellung von Formaten wie Datum, Uhrzeit, Zahlen, Währungs- oder Maßeinheiten unterliegen länderspezifischen Konventionen. Die angemessene Darstellung und Verarbeitung der Zielsprachen unter Verwendung entsprechender Zeichensätze bzw. Zeichenkodierung und passender Schriftarten ist Grundvoraussetzung für die Lokalisierung sprachlicher Elemente eines Produkts. Bei der Auswahl von Schriftarten ist es wichtig, dass die verwendeten Schriftarten und Zeichensätze zueinander passen. Wenn eine Schriftart einen bestimmten Zeichensatz nicht unterstützt, kann die Information nicht richtig dargestellt werden (Abb. 7.14). Jede Kultur verfügt über unterschiedliche Gepflogenheiten und daher kulturspezifische sprachliche Konventionen in Bezug auf Syntax und Stil, welche bei der Softwarelokalisierung berücksichtigt und angepasst werden müssen. Entsprechend der unterschiedlichen Anzahl von Zeichen der Übersetzung von Wörtern in unterschiedliche Sprachen ist es erforderlich, Widgets in ihrer Größe für die Anzeige entsprechender Textlängen anzupassen (sog. ‚Resizing', vgl. Abb. 7.17). Darüberhinaus sind auch die Widgetpositionen entsprechend der Präferenzen der kulturellen Benutzergruppe anzupassen (Abb. 7.18). Da Farben in unterschiedlichen Kulturen verschiedene Bedeutungen haben, sollten sie auch an die Zielkultur angepasst werden, da sie sonst falsch interpretiert werden.

Werkzeuge zur Lokalisierung bieten meist Funktionen zur Pseudoübersetzung (s. auch VDMA 2007). Damit kann der Test der Internationalisierung durchgeführt werden. Hierbei werden z. B. hart kodierte Texte, nicht zu übersetzende Texte und zu kurze interne Textpuffer entdeckt. Tools bieten teilweise automatische Unterstützung für das Management des Projektes, der Übersetzung und der Anpassung der Terminologie sowie der Software an den kulturellen Kontext als auch für die Evaluation der Ergebnisse. User Interface Toolkits, die meistens als integralen Bestandteile ein Basisfenstersystem und einen Window Manager besitzen, unterstützt als Werkzeug die tiefste Ebene des Dialogentwurfs, den lexikalisch Entwurf. Durch Verwendung von UI-Toolkits wird der Entwicklungsaufwand drastisch verringert. Die softwareergonomischen Vorteile bei der Verwendung von Toolkits kommen jedoch nur dann zum Tragen, wenn einerseits das Toolkit flexibel genug ist, um für vielfältigste Applikationsanforderungen Lösungen zu bieten, andererseits jedoch in seinem Angebot an Dialogobjekten und Mechanismen konsistent und überschaubar bleibt. Kein handelsübliches Interaktionsanalyse-Tool verfügte im Jahre 2006 verfügte über aktuelle kulturelle Usability-Metriken (vgl. UMTM, Tab. 6.5 in Kap. 6.3.2) oder Möglichkeiten zur Implementierung spezieller Anwendungsfälle zur Messung des Interaktionsverhaltens im kulturellen Kontext. Daher wurde vom Autor 2006 ein neues entsprechendes Tool zur Messung des interkulturellen Interaktionsverhaltens des Benutzers entwickelt (vgl. Heimgärtner 2008). Mit diesem Tool kann die Interaktion von kulturell verschiedenen Benutzern beobachtet werden, welche dieselbe Aufgabe unter denselben kontrollierten Umgebungs- und Testkonditionen (gleiche Hard- und Software, Sprache und Testaufgaben) ausführen. Dadurch sind die Tests als auch ihre Ergebnisse jederzeit nachvollziehbar, gegenseitig vergleichbar und auf ähnliche Anwendungsfälle übertragbar. Studien unter

Verwendung des IIA Tools sind vollständig reproduzierbar. Die IDE des Tools erlaubt eine sehr schnelle Umsetzung neuer MMI-Konzepte in gut aussehende Prototypen, die sehr schnell innerhalb des iterativen Entwicklungsprozesses getestet werden können. Zum Beispiel wurden einige der Hypothesen innerhalb eines Monats als Anwendungsfälle im IIA-Tool implementiert und von vielen Benutzern nach Durchführung von Datenerfassung und Datenanalyse quantitativ bestätigt.

Die Prozesse der Softwaretechnik und des Testens der Software beinhalten technische Aspekte der Softwarelokalisierung, die zu Beginn und am Ende eines Lokalisierungsprojekts in Angriff genommen werden müssen. Sobald erste Konzepte und Ideen der Benutzungsschnittstelle erfahrbar gemacht werden können, z. B. in Form von Prototypen, müssen diese mit Benutzern evaluiert werden. Evaluation löst keine Probleme, sie zeigt sie vielmehr auf. Eine gültige Diagnose erfordert oftmals mehrere komplementäre Techniken sowie Erfahrung. Daher ist es immer sinnvoll und oft auch notwendig, Usability Professionals (vgl. Kap. 4) in den Evaluationsprozess mit einzubinden. Benutzertests und benutzerzentrierte Entwicklung (UCD) sind ein wichtiges Mittel, um die Zufriedenheit der Benutzer mit einem technischen System zu erfassen und zu gewährleisten. Beim interkulturellen Usability Testing/Engineering ist eine indirekte Benutzerbeteiligung zu bevorzugen (Zühlke 2004). Aber auch die Möglichkeiten der Anwendung der Methoden und deren praktischer Einsatz unterscheiden sich von Kultur zu Kultur (vgl. Shi und Copenhagen Business School 2010, S. 208). Die kulturellen Rahmenbedingungen, welche kulturelle Bedienungsunterschiede hervorrufen, müssen über detaillierte Analysen des Länder- und Benutzerprofils für die jeweilige Zielkultur festgestellt werden. Durch den subjektiven Charakter personenbezogener Erhebungsmethoden sind die Ergebnisse stark vom kulturellen Hintergrund der Person geprägt. Aufgrund dieser „interkulturellen Subjektivität“ wird daher ein Vergleich zwischen länderspezifischen Ergebnissen bedeutungslos. Erst durch objektive, interkulturelle Evaluationsmethoden werden die Ergebnisse vergleichbar. Verzerrungen des Eindrucks des Entwicklers vom Benutzerbild (Honold 2000) durch kulturelle Einflussfaktoren und müssen deshalb durch möglichst kulturell objektive, aufgabenorientierte Erhebungsmethoden umgangen werden. Die Reliabilität von Methoden, welche kulturelle Unterschiede messen sollen, ist umso höher, je unabhängiger ihr Einsatz von kulturellen Einflüssen und je höher ihre Messempfindlichkeit für kulturelle Aspekte ist. Dies beschreibt eine Paradoxie, welche durch unterschiedliche Erklärungsebenen entsteht und sich gleichsam durch sie auflösen lässt: methodische Unempfindlichkeit hinsichtlich kultureller Einflüsse bei gleichzeitiger metrischer Empfindlichkeit hinsichtlich quantitativ feststellbarer Unterschiede in der kulturell beeinflussten Interaktion des Benutzers mit dem System. Erst durch in diesem Sinne (möglichst) kulturunabhängige Messmethoden, d. h. genau dann wenn keine kulturelle Interpretation quantitativer Daten erforderlich ist, werden kulturelle Vergleiche von Benutzerverhalten möglich. Anschließend können die Ursachen bis dahin eingegrenzter Fehler durch Vergleichsstudien, gefundenen Verstößen gegen Richtlinien und statistisch belegten kulturellen Differenzen ermittelt werden. In der Folge lassen sich die Probleme kulturell bedingter „kulturell-subjektiver“ Testergebnisse sowie ressourcenintensives Testing vor Ort vermeiden. Kulturunabhängige Methoden können somit Kosten sparen und verläßliche Ergebnisse hinsichtlich kulturellen Unterschieden und somit kulturelles Wissen auf physikalisch-objektiver Messbasis in Form von Zahlen liefern. Zahlen muss keine Mehrbedeutung durch Interpretation zugeordnet werden, da sie mathematisch *weltweit* (d. h. kultur*un*abhängig) identisch definierte Ordnungswerte repräsentieren. Für eine kulturunabhängige Datenerhebung und -auswertung müssen theorie- und aufgabenorientierte Tests mit objektivem Charakter herangezogen werden. Der Einsatz quantitativer Methoden, welche weniger störanfällig bzw. kultursensitiv aufgrund fehlender Interpretationsleistung bei der Datenerhebung sind, kommt vor allem Remote-Studien entgegen, welche erheblich zur Kosteneinsparung im interkulturellen Usabilityengineering beitragen (keine Reisekosten, kein Testsetting, Laborbedingungen müssen nicht hergestellt werden, kein Versuchsleiter, keine Einarbeitung nötig, hohe Zeitersparnis, usw.). Eine rein quantitative Erhebungsmethode stellt Log-File-Recording dar. Log-Files aus dem Feld können keine verfälschten Daten durch eine künstliche Testumgebung beinhalten (wie dies im Labor der Fall ist), da die realen Aufgaben keinen Testcharakter haben. Allerdings müssen diese Zahlen und der Prozess aus dem sie stammen schließlich hinsichtlich semantisch interpretiert werden. Leider ist jegliche Interpretation kulturell geprägt und es besteht noch erheblicher Forschungsbedarf für kulturabhängige – d. h. kulturell beeinflusste – Methoden (wie z. B. Interpretationsmethoden, welche auf kulturabhängigen Denkmustern und kognitiven Stilen beruhen). Die Testmethodik des interkulturellen Usabilityengineerings bleibt daher weiterhin ein spannendes Forschungsfeld.

8.2 Fazit

- Die kulturellen Unterschiede der Mensch-Maschine Interaktion (MMI) zu kennen, hilft, die interkulturelle Benutzbarkeit von Maschinen zu verbessern. Entsprechend wichtig sind sowohl die Sensibilisierung und Beratung der Produkthersteller als auch der Stakeholder des Produktes (vom Konzepter und Designer über den Entwickler bis hin zum Evaluator, Produktmanager und Salesman) bzw. deren Ausbildung und Training.

Unterschiede zwischen Kulturen können durch die Analyse kritischer Interaktionssituationen zwischen Menschen herausgefunden werden (Thomas 1996); Honold 2000 machte diese Methode für kulturelle Unterschiede in der MMI verfügbar.

- Interkulturelles Usability-Engineering dient als Mittel, Produkte guter Benutzbarkeit für Benutzer verschiedener Kulturen zu entwickeln (Honold 2000).

Dabei werden kritische Interaktionssituationen analysiert, welche sich aufgrund problematischer Benutzungsschnittstellen ergeben bzw. auf der vorgegebenen Systemfunktionalität beruhen. Darüber hinaus kann man Systeme auch als (künstliche) Agenten mit einem eigenen von der Kultur des Entwicklers verursachten kulturell geprägten Verhalten betrachten. Das interne Modell des Benutzers über das System wird von der Kultur des Benutzers, dessen Erwartungen über die Eigenschaften des Systems und dessen Interaktionserfahrung mit dem System geprägt. Einige aus der Literatur postulierte kulturell beeinflussende Faktoren auf die MMI wurden mittels quantitativer empirischer Studien bestätigt.

▶ Badre & Barber 1998 zeigten empirisch den direkten Einfluss von kulturellen Markern auf die Leistung der Interaktion von Benutzern mit dem System und damit der Verbindung zwischen Kultur und Benutzbarkeit auf.

Kulturelle Dimensionen und kulturelle Standards stellen kulturelle Orientierungssysteme dar (Hofstede und Hofstede 2005; Thomas 1996). Diese Kulturmodelle können herangezogen werden, um Erklärungsmodelle für interkulturelles MMI-Design zu erhalten als auch die Methoden beim interkulturellen Usability Engineering zu verbessern.

▶ Vöhringer-Kuhnt (2002) stellte fest, dass z. B. Hofstedes Individualismus-Index mit Benutzerzufriedenheit und Gebrauchsfähigkeit des Produkts zusammenhängt und signifikanten Einfluss auf interkulturelle Usability hat.

Jedoch sind die am stärksten kulturell beeinflussten Aspekte (wie Kognition oder Ethik) nicht direkt an der Oberfläche sichtbar. Vielmehr zeigen sich diese Aspekte im Verhalten des Benutzers. Daher gibt insbesondere die Analyse des Benutzerverhaltens Aufschluss über die kulturelle Prägung des Benutzers (Röse 2002). Eine der vielversprechendsten Methoden, um kulturelle Unterschiede in der MMI zu erhalten ist deshalb die Beobachtung und Analyse des Benutzerinteraktion mit dem System.

▶ Relevante kulturelle Variable für das interkulturelles MMI-Design müssen analytisch anhand von Literaturrecherchen und Anforderungsstudien ermittelt werden.

Ihre Werte stellen kulturabhängige Variationen dar, welche auf allen Ebenen der MMI-Lokalisierung (Oberfläche, Funktionalität und Interaktion) vorkommen (Röse 2002) und für das interkulturelle User Interface Design (IUID) genutzt werden können (Heimgärtner 2007). Röse 2002 schlug die „Methode für kulturorientiertes Design" vor, welche die Faktoren von neuen Konzepten des kulturorientierten MMI Designs und die Kenntnis kultureller Unterschiede in vorhandene Konzepte des MMI-Designs integriert.

▶ Empirische qualitative und quantitative Studien haben gezeigt, dass kulturell geprägtes Benutzerverhalten mit kulturellen Modellen korreliert.

Die kulturellen Interaktionsindikatoren, die durch die Analyse der Benutzerinteraktion ermittelt wurden, können für Richtlinien des interkulturellen MMI-Designs und für interkulturelles Usability Engineering herangezogen werden, um die Bedürfnisse des Benutzers bezüglich der MMI abhängig von dessen Kultur zu beschreiben als auch ein Erklärungsmodell für kulturell beeinflusste MMI zu entwickeln. Aus den Erkenntnissen des Erklärungsmodells kulturell beeinflusster MMI lassen sich Implikationen für das kulturell adäquate Produktdesign ableiten, was schließlich zur besseren Benutzbarkeit und höheren Absatzzahlen jener Produkte beträgt, welche mit einer entsprechenden MMI für globale Märkte ausgerüstet sind.

> Es gibt ein Maßsystem, das sich aus kulturellen Interaktionsindikatoren (KIIs) zusammensetzt, um kulturell beeinflusste MMI zu messen („Kultureller MMI-Stilkoeffizient"). Die Ausprägungen der KIIs eröffnen interessante Tendenzen im Benutzerinteraktionsverhalten bezogen auf die kulturelle Prägung des Benutzers und dienen als Richtlinie für die Entwicklung interkultureller Benutzungsschnittstellen.

Das bisher gewonnene Erklärungsmodell kulturell abhängiger MMI Variablen kann mit Hilfe statistischer Methoden (wie Faktorenanalyse oder Strukturgleichungsmodellen) durch Überarbeiten der Beziehungen zwischen Benutzerinteraktion und Benutzerkultur optimiert und weiterentwickelt werden. Hier ist jedoch noch viel Arbeit zu leisten (was z. B. die Trennschärfe der KIIs oder die Erklärungsstärke des Modells angeht). Dennoch stellen die gezeigten Ideen in diesem Papier eine vernünftige Maßnahme in Richtung eines Erklärungsmodells für kulturell beeinflusste MMI dar, wovon Bereiche wie interkulturelles Usability Engineering und interkulturelles User Interface Design (IUID) in dem Maße profitieren können, in dem das Modell entwickelt und validiert wird.

8.3 Ausblick

In den letzten Jahren sind Forschung und Literatur, die die kulturellen Kontexte in Mensch-Computer-Interaktion-Design betrachten, schnell angewachsen (Shen et al. 2006; Plocher et al. 2012). Nach (Honold 2000 und Röse 2002) reicht erfolgreiches interkulturelles MMI-Design weit über den normalen Designprozess hinaus, indem es unterschiedliche Mentalitäten, Gedankenmuster und Problemlösungsstrategien, die in Kultur verankert sind, berücksichtigt. Allerdings sind hier noch nicht alle relevanten Bereiche adäquat abgedeckt (Abb. 8.1).

Verwendungsmuster unterscheiden sich von Kultur zu Kultur je nach unterschiedlichen Machtstrukturen (vgl. Hofstede et al. 2010), z. B ‚flach' vs ‚hierarchisch' oder nach Problemlösungsstrategien wie, linear' vs. ‚non-linear'(vgl. Röse et al. 2001; Honold 2000). Ein Designer muss daher genau wissen, was ein Benutzer braucht oder will (also warum und in welchem Kontext, vgl. Holzinger 2005). Dazu müssen lokalen Designer allgemeine MMI-Methoden für ihre Bedürfnisse anpassen (vgl. Clemmensen et al. 2009; Röbig et al. 2010; Bidwell et al. 2011b). Tragfähige Empfehlungen und Leitlinien für die Erfassung, Design und Auswertung der anfallenden Fragen bei der Implementierung von standardmäßigen MMI-Perspektiven in lokalen Kontexten, wie von deutschen Entwickler von Produkten für Chinesen praktiziert, finden sich in (R. Heimgärtner und Tiede 2008). Verwandte Studien über Kultur und MMI wurden zusammengefasst von (Clemmensen und Roese 2010; Marcus und Baumgartner 2004; Röbig et al. 2010) sowie (Heimgärtner 2012).

Es hat sich mittlerweile herausgestellt, dass sich traditionelle Ansätze, welche Kultur in der MMI nur als eine Frage der Internationalisierung oder Lokalitätsanpassung

Abb. 8.1 Aktueller Stand Der Forschung in den notwendigen Bereichen für die Entwicklung interkultureller Benutzungsschnittstellen

betrachten, als ernsthaft unzulänglich erwiesen haben (Clemmensen 2009), weil sich der Einsatz von Computern weltweit verbreitet und verändert hat.

▶ „Umstellen der MMI" bedeutet, dass über die nationale Ebene hinaus kulturelle Aspekte auf der lokalen Ebene - der kulturelle Kontext der Einheimischen - berücksichtigt werden müssen.

Innerhalb kulturell diverser Gruppen muss die Abhängigkeit von Kontext, Situation und Erfahrung berücksichtigt werden (vgl. Bidwell et al. 2011b). Solches Wissen kann am präzisesten festgehalten werden mit Erhebungsansätzen oder -methoden, die auf Kommunikation basieren, wie Interviews, Fokusgruppen oder Fragebögen (vgl. Hampe-Neteler 1994). Entwickler und Benutzer haben im interkulturellen Kontext deutlich unterschiedliche Perspektiven (vgl. Eigenbrode et al. 2007).

▶ Es können nur gute Benutzungsschnittstellen mit hoher Usability erreicht werden, wenn der MMI-Designer die Perspektive des Benutzers berücksichtigt, um dessen Anforderungen in Verbindung mit seiner Weltsicht, seinem allgemeinen Wissen, seiner Erfahrung sowie innerhalb des Nutzungskontextes und anhand des Verwendungszwecks zu begreifen.

Im Bereich des interkulturellen Benutzungsschnittstellendesigns stehen Untersuchungen von methodologischen interkulturellen Faktoren noch an und die Vorgehensweisen dazu noch in den Kinderschuhen. Es müssen dazu auch noch Daten und Ergebnisse für Phänomene wie unterschiedliche Systeminteraktionsgewohnheiten, unterschiedliche

Erwartungen in Bezug auf Navigation in Hyperspace oder unterschiedliche mentale Modelle gesammelt und erarbeitet werden.

> Es bleibt weiterhin entscheidend, die Kluft zwischen kulturellen Aspekten und den spezifischen Aspekten der Benutzungsschnittstelle zu überbrücken.

Dies ist aufgrund überwiegend fehlender empirischer Untersuchungen zu verborgenen kulturellen Variablen insbesondere hinsichtlich kulturell geprägter Interaktion und interkulturellem Dialogdesign der Fall.

> Gerade weil die Forschung zu kulturorientiertem MMI-Design stark anwächst, bleibt es äußerst wichtig, die Ergebnisse der empirischen Untersuchungen in Bezug auf kulturelle Kontexte beim MMI-Design zu integrieren und dadurch sowohl die Basis der Daten zu liefern, welche als Input für Modelle und die Formulierung von Theorien als auch als Bewertungsmaßstab für ihre Verifikation dienen können.

Der Forschungstrend zur Entwicklung interkultureller Benutzungsschnittstellen geht daher in die Richtung, erste vorläufige Modelle und Theorien durch erschöpfende empirische Studien in unterschiedlichen kulturellen (auch indigenen) Kontexten zu verifizieren (Abb. 8.2, vgl. auch „Designing for the Wild“ (vgl. Rogers 2011).

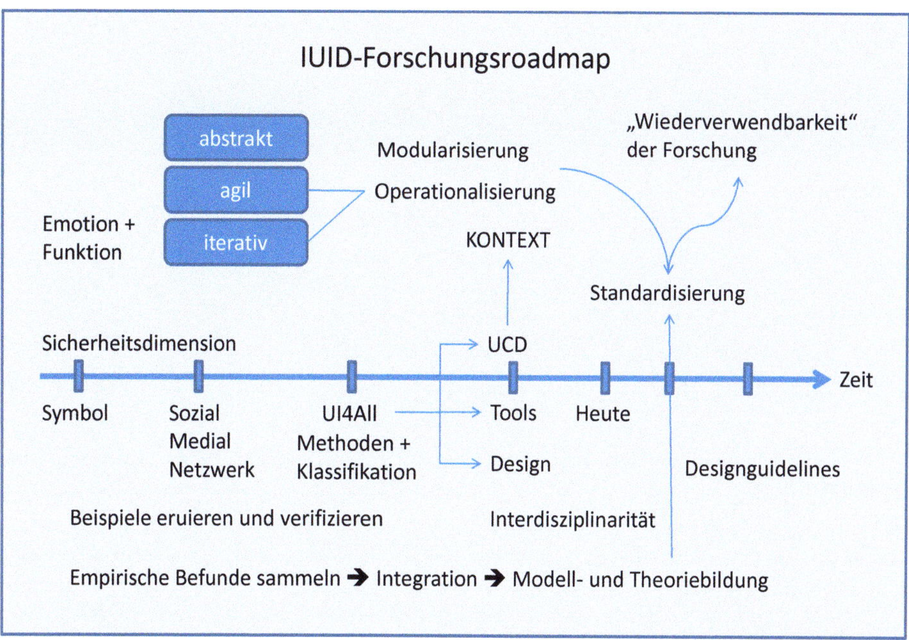

Abb. 8.2 Forschungsroadmap (Arbeitsergebnisauszug des IUID-Workshops „Zur Forschung im Bereich der ‚Entwicklung interkultureller Benutzungsschnittstellen“ auf der Konferenz „Mensch & Computer 2013“)

Weiterhin muss das Verhältnis zwischen Kultur und MMI-Design im Detail erörtert werden. Der Schwerpunkt der Untersuchung von kulturellen Unterschieden wird sich verschieben von einer nationalen über eine regionalen Ebene bis hin zu jeder beliebigen Unterebene, um alle kulturellen Kontexte abgedecken zu können. Methoden, Modelle und Theorien werden in der naheliegenden Zukunft dabei angepasst und verbessert durch die Ergebnisse einer Vielzahl empirischer Studien werden. Daraus werden sich neue Erkenntnisse hinsichtlich notwendiger Prozesse für interkulturelles MMI-Design und interkulturelles Usability Engineering ergeben, was sich sowohl auf internationale Forschungs- und Entwicklungsstandards als auch auf entsprechende Entwicklungswerkzeuge auswirkt und so die Entwicklung hochwertiger interkultureller Benutzungsschnittstellen in der Praxis vorantreibt.

Normen	√
ISO 9241	☐
ISO 9241-10	☐
ISO 9241-11	☐
ISO 9241-110	☐
ISO 9241-210	☐
ISO 9241-220	☐
ISO 9241-12620	☐
ISO9241-15504	☐

Checkliste	√
Zusammenfassung durch Lesen der entsprechenden Kapitel vertiefen wo nötig	☐
Buchinhalt in der Entwicklung interkultureller Benutzungsschnittstellen beherzigen	☐

Literatur

Abdelnour-Nocera, J., Kurosu, M., Clemmensen, T., Bidwell, N., Vatrapu, R., Winschiers-Theophilus, H., Yeo, A. et al. (2011). *Re-framing HCI through local and indigenous perspectives*. Paper presented at the Lecture Notes in Computer Science, Berlin/New York.

Balzert, H. (2005). *Lehrbuch Grundlagen der Informatik: Konzepte und Notationen in UML 2, Java 5, C++ und C, Algorithmik und Software-Technik, Anwendungen; mit CD-ROM und e-learning-Online-Kurs* (2. Aufl.). München: Elsevier Spektrum Akad. Verl.

Baumgartner, V.-J. (2003). *A practical set of cultural dimensions for global user-interface analysis and design*. Fachhochschule Joanneum, Graz. http://www.mavas.at/val/education05_thesis00.asp. Zugegriffen am 29.09.2016.

Bevan, N. (2001). International standards for HCI and usability. *International Journal of Human-Computer Studies, 55*(4), 533–552.

Bidwell, N. J., Winschiers-Theophilus, H., Koch Kapuire, G., & Rehm, M. (2011b). Pushing personhood into place: Situating media in the transfer of rural knowledge in Africa. *International Journal of Human-Computer Studies. Hrsg. Cheverst, K. & Willis, K., Special Issue on Locative Media. 69*(10), 618–631.

Callahan, E. (2005). Cultural similarities and differences in the design of university Web sites. *Journal of Computer-Mediated Communication, 11*(1), 239–273.

Cassirer, E. (1994). *Wesen und Wirkung des Symbolbegriffs*. Darmstadt: Wissenschaftliche Buchgesellschaft.

Clemmensen, T. (2009). Towards a theory of cultural usability: A comparison of ADA and CMU theory. In *HCD 2009, Held as Part of HCI international 2009, San Diego. July 19–24. Publications about Culture and Human-Computer Interaction (HCI). In Human work interaction design: Usability in social, cultural and organization contexts. IFIP advances in information and communication technology 316/2010* (S. 98–112).

Clemmensen, T., & Clemmensen, T. (2012). Usability problem identification in culturally diverse settings. *Information Systems Journal, 22*(2), 151–175. doi:10.1111/j.1365-2575.2011.00381.x.

Clemmensen, T., & Roese, K. (2010). An overview of a decade of journal publications about culture and Human-Computer Interaction (HCI). In D. Katre, R. Ørngreen, P. Yammiyavar & T. Clemmensen (Hrsg.), *Human work interaction design: Usability in social, cultural and organizational contexts. IFIP advances in information and communication technology* (Bd. 316, S. 98–112). Berlin: Springer.

Clemmensen, T., Hertzum, M., Hornbæk, K., Shi, Q., & Yammiyavar, P. (2009). Cultural cognition in usability evaluation. *Interacting with Computers, 21*(3), 212–220. doi:10.1016/j.intcom.2009.05.003.

DIN. (1996). *DIN EN ISO 9241–10 (1996): Ergonomische Anforderungen für Bürotätigkeiten mit Bildschirmgeräten – Teil 10: Grundsätze der Dialoggestaltung*. Berlin/Wien/Zürich: Beuth-Verlag.

DIN. (2006). *DIN EN ISO 9241-110 Ergonomics of humans-system interaction Part 110: Dialogue principles*. Berlin: Beuth.

Dormann, C. (2005). *Cultural Representations in Web Design*. Paper presented at the People and Computers XIX-The Bigger Picture: Proceedings of HCI 2005 (September 5–9, 2005), Edinburgh.

Eigenbrode, S. D., O'Rourke, M., Wulfhorst, J. D., Althoff, D. M., Goldberg, C. S., Merrill, K., & Bosque-PÉRez, N. A. (2007). Employing philosophical dialogue in collaborative science. *BioScience, 57*(1), 55–64. doi:10.1641/b570109.

Evers, V. (2003). Cross-cultural aspects of user understanding and behaviour: Evaluation of a virtual campus website by user from North America, England, the Netherlands and Japan. In V. Evers, K. Röse, P. Honold, J. Coronado & D. Day (Hrsg.), *Proceedings of the fifth international workshop on internationalisation of products and systems, IWIPS 2003, Berlin, 17–19 July 2003* (S. 189–210). Kaiserslautern: University of Kaiserslautern.

Hall, E. T. (1959). *The silent language*. New York: Doubleday.

Hall, E. T. (1976). *Beyond culture*. New York: Anchor Books.

Hampe-Neteler, W. (1994). *Software-ergonomische Bewertung zwischen Arbeitsgestaltung und Softwareentwicklung* (Bd. 2). Frankfurt a. M.: Lang.

Heimgärtner, R. (2005). Messen von kulturellen Unterschieden in der Mensch-Computer-Interaktion. In A. Auinger (Hrsg.), *Workshop-Proceedings Mensch und Computer 2005* (S. 89–92). Vienna: OCG Vienna.

Heimgärtner, R. (2007). Cultural differences in human computer interaction: Results from two online surveys. In A. Oßwald (Hrsg.), *Open innovation* (Bd. 46, S. 145–158). Konstanz: UVK.

Heimgärtner, R. (2008). A tool for getting cultural differences in HCI. In K. Asai (Hrsg.), *Human computer interaction: New developments* (S. 343–368). Rijeka: InTech.

Heimgärtner, R. (2012). *Cultural differences in human-computer interaction: Towards culturally adaptive human-machine interaction*. Munich: Oldenbourg.

Heimgärtner, R. (2014a). Intercultural user interface design. In K. Blashki & P. Isaias (Hrsg.), *Emerging research and trends in interactivity and the human-computer interface* (S. 1–33). Hershey: Information Science Reference (an imprint of IGI Global).

Heimgärtner, R. (2014b). ISO 9241–210 and culture? – The impact of culture on the standard usability engineering process. In M. Aaron (Hrsg.), *Design, user experience and usability. User experience design practice: Third international conference, DUXU 2014, held as part of HCI international 2014. Heraklion, Crete, Greece, June 22–27, 2014. Proceedings, Part IV* (S. 39–48). Cham: Springer International Publishing.

Heimgärtner, R., & Tiede, L. W. (2008). Technik und Kultur: Interkulturelle Erfahrungen bei der Produktentwicklung für China. In O. Rösch (Hrsg.), *Interkulturelle Kommunikation* (Technik und Kultur, Bd. 6, S. 149–162). Berlin: Verlag News & Media.

Heimgärtner, R., Tiede, L.-W., & Windl, H. (2011). *Empathy as Key Factor for Successful Intercultural HCI Design*. Paper presented at the Proceedings of 14th International Conference on Human-Computer Interaction, Orlando.

Heinecke, A. M. (2004). *Mensch-Computer-Interaktion*. München: Fachbuchverl. Leipzig im Carl Hanser Verl.

Herczeg, M. (2005). *Software-Ergonomie: Grundlagen der Mensch-Computer-Kommunikation* (2., vollst. überarb. Aufl.). München: Oldenbourg.

Hodemacher, D., Jarman, F., & Mandl, T. (2005). *Kultur und Web-Design: Ein empirischer Vergleich zwischen Großbritannien und Deutschland*. Paper presented at the Mensch & Computer 2005: Kunst und Wissenschaft – Grenzüberschreitungen der interaktiven ART, Wien.

Hofstede, G. H., Hofstede, G. J., & Minkov, M. (2010). *Cultures and organizations: Software of the mind* (3. Aufl.). Maidenhead: McGraw-Hill.

Hoft, N. L. (1995). *International technical communication: How to export information about high technology*. New York: Wiley.

Holzinger, A. (2005). Usability engineering methods for software developers. *Communications of the ACM, 48*(1), 71–74. doi:10.1145/1039539.1039541.

Honold, P. (2000). *Interkulturelles Usabilityengineering: Eine Untersuchung zu kulturellen Einflüssen auf die Gestaltung und Nutzung technischer Produkte* (Als Ms. gedr. Hrsg., Bd. 647). Düsseldorf: VDI Verl.

International, Dr. (2003). *Developing international software* (2. Aufl.). Redmond: Microsoft Press.

ISO12620. (1999). *Computer applications in terminology: Data categories = Aides informatiques en terminolpgie: Catégories de données*. Geneve: ISO.

Jacko, J. A., & Sears, A. (2003). *The human-computer interaction handbook: Fundamentals, evolving technologies and emerging applications*. Mahwah: Erlbaum.

Jameson, A. (2007). Adaptive interfaces and agents. In J. A. Jacko (Hrsg.), *Human-computer interaction. Interaction design and usability, 12th international conference, HCI international 2007, Beijing, China, July 22–27, 2007. Proceedings, Part I* (Bd. 4550, S. 305–330). Springer.

Jetter, H.-C. (2004). *Interkulturelles UI Design und UI Evaluation. Term paper*. Universität Konstanz.

Johnson-Laird, P. N. (1983). *Mental models: Towards a cognitive science of language, inference and consciousness* (Bd. 6). Cambridge, MA: Harvard University Press.

Lewandowitz, L., Rößger, P., & Vöhringer-Kuhnt, T. (2006). *Asiatische vs. europäische HMI Lösungen von Fahrerinformationssystemen Useware 2006* (Bd. 1946, S. 279–287). Düsseldorf: VDI.

Maier, E., Mandl, T., Röse, K., Womser-Hacker, C., & Yetim, F. (2005). Internationalisierung von Informationssystemen: Kulturelle Aspekte der Mensch-Maschine-Interaktion. In A. Auinger (Hrsg.),

Workshops-Proceedings der 5. fachübergreifenden Konferenz Mensch und Computer (S. 57–58). Wien: OCG.

Marcus, A. (2003). Global and intercultural user interface design. In *The human-computer interaction handbook: Fundamentals, evolving technologies and emerging applications*. Mahwah: Lawrence Erlbaum Associates.

Marcus, A. (2006). Cross-cultural user-experience design. In D. Barker-Plummer, R. Cox & N. Swoboda (Hrsg.), *Diagrammatic representation and inference* (Bd. 4045, S. 16–24). Berlin/Heidelberg: Springer.

Marcus, A. (2007). Global/intercultural user-interface design. In J. Jacko & A. Spears (Hrsg.), *The human-computer interaction handbook*. Mahwah: Lawrence Erlbaum Associates.

Marcus, A., & Baumgartner, V.-J. (2004). A practical set of culture dimensions for global user-interface development. In M. Masood, S. Jones & R. Bill (Hrsg.), *Computer human interaction, 6th Asia Pacific conference, APCHI 2004. Rotorua, New Zealand, June 29 – July 2 2004, Proceedings* (S. 252–261).

Marcus, A., & Gould, E. W. (2000). Cultural dimensions and global web user-interface design: What? So what? Now what? http://www.amanda.com.

Nielsen, J. (1990). *Designing user interfaces for international use* (Bd. 13). Amsterdam: Elsevier.

Nielsen, J., & Molich, R. (1990). Heuristic evaluation of user interfaces. In *Proceedings of the SIGCHI conference on human factors in computing systems* (S. 249–256). Seattle: ACM. doi:10.1145/97243.97281.

Nielsen, J. (1993). *Usability engineering*. Boston: Academic.

Nielsen, J. (2001). Usability metrics. *nngroup*. https://www.nngroup.com/articles/usability-metrics/. Zugegriffen am 29.09.2016.

Norman, D. A., & Draper, S. (Hrsg.). (1986). *User centered system design: New perspectives on human-computer interaction*. Hillsdale: Lawrence Erlbaum Associates.

Plocher, T., Patrick Rau, P.-L., & Choong, Y.-Y. (2012). *Cross-cultural design handbook of human factors and ergonomics* (S. 162–191). Hoboken: Wiley.

Rogers, Y. (2011). Interaction design gone wild: striving for wild theory. *Interactions, 18*(4), 58–62. doi:10.1145/1978822.1978834. Zugegriffen am 26.09.2016.

Röbig, S., Didier, M., & Bruder, R. (2010). *Internationales Verständnis von Usability sowie Methodenanwendung im Bereich der Usability*. Paper presented at the Grundlagen – Methoden – Technologien, 5. VDI Fachtagung USEWARE 2010, Baden-Baden. http://tubiblio.ulb.tu-darmstadt.de/46312/. Zugegriffen am 29.09.2016.

Röse, K. (2002). *Methodik zur Gestaltung interkultureller Mensch-Maschine-Systeme in der Produktionstechnik* (Bd. 5). Kaiserslautern: Univ.

Röse, K., & Zühlke, D. (2001). *Culture-oriented design: Developers' knowledge gaps in this area*. Paper presented at the 8th IFAC/IFIPS/IFORS/IEA symposium on analysis, design, and evaluation of human-machine systems, september 18–20, 2001, Kassel.

Röse, K., Zühlke, D., & Liu, L. (2001). Similarities and dissimilarities of German and Chinese users. In G. Johannsen (Hrsg.), *Preprints of 8th IFAC/IFIP/IFORS/IEA symposium on analysis, design, and evaluation of human-machine systems* (S. 24–29). Kassel.

Sarodnick, F. F., & Brau, H. (2011). *Methoden der Usability Evaluation. Wissenschaftliche Grundlagen und praktische Anwendung* (2., überarb. und aktualisierte Aufl.). Bern: Huber.

Shen, S.-T., Woolley, M., & Prior, S. (2006). Towards culture-centred design. *Interacting with Computers, 18*(4), 820–852. doi:10.1016/j.intcom.2005.11.014.

Shi, Q., & Copenhagen Business School, C. B. S. (2010). *An empirical study of thinking aloud usability testing from a cultural perspective*. Frederiksberg: Copenhagen Business School (CBS)/Institut for Informatik (INF)/Department of Informatics. INF.

Smith, A., Dunckley, L., French, T., Minocha, S., & Chang, Y. (2004). A process model for developing usable cross-cultural websites. *Interacting with Computers, 16*(1), 63–91.

Stengers, H., Troyer, O., Baetens, M., Boers, F., & Mushtaha, A. (2004). *Localization of web sites: Is there still a need for it?* Paper presented at the International Workshop on Web Engineering (HyperText 2004 Conference), Santa Cruz.

Sturm, C. (2002). *TLCC-towards a framework for systematic and successful product internationalization.* Paper presented at the international workshop on internationalisation of products and systems, Austin/Texas.

Sun, H. (2001). Building a culturally-competent corporate web site: an exploratory study of cultural markers in multilingual web design. In *Proceedings of the 19th annual international conference on computer documentation* (S. 95–102). Sante Fe: ACM.

Thissen, F. (2008). Interkulturelles Informationsdesign. In W. Weber (Hrsg.), *Kompendium Informationsdesign* (S. 387–424). Berlin/Heidelberg: Springer.

Thomas, A. (1996). *Psychologie interkulturellen Handelns.* Göttingen/Seattle: Hogrefe.

VDMA. (2007). *Übersetzungsmanagement.* Frankfurt: VDMA Verlag.

VDMA. (2009). *Software-Internationalisierung Leitfaden.* Frankfurt a. M.: VDMA Fachverband Software.

Vöhringer-Kuhnt, T. (2002). *The influence of culture on usability.* M.A. Master thesis, Freie Universität Berlin.

Windl, H., & Heimgärtner, R. (2013). *Intercultural design for use – Extending usage-centered design by cultural aspects.* Paper presented at the HCII 2013, Las Vegas.

Zerfaß, A. (2005). Assembling a localization kit. The Guide from MultiLingual Computing & Technology. *Beiheft, 75*, 8–11.

Zühlke, D. (2004). *Useware-Systeme für internationale Märkte Useware-Engineering für technische Systeme* (S. 142–164). Berlin/Heidelberg: Springer.

Anhang A: Normen und Standards

9

Inhalt

In diesem Anhang werden die für die Entwicklung interkultureller Benutzungsschnittstellen (IUID) relevanten Normen und Standards aufgelistet und mit Kommentaren versehen. Neben dem UCD-Standard werden weitere Typen von Standards für MMI und Usability hinsichtlich Terminologie und ihrer kontextuellen Anwendbarkeit beschrieben. Abschließend wird auf den Usabilityreifegrad von Organisation und Modelle zur Ermittlung des Reifegrads von Prozessen eingegangen.

R. Heimgärtner, *Interkulturelles User Interface Design*,
DOI 10.1007/978-3-662-48370-1_9

9.1 Verwendete Normen und Standards in den Kap. 1–8

ISO 3166 ☐

ISO 8859 ☐

ISO 9241 ☐

ISO 9241-1 ☐

ISO 9241-8 ☐

ISO 9241-10 ☐

ISO 9241-11 ☐

ISO 9241-20 ☐

ISO 9241-110 (Dialogprinzipien) ☐

ISO 9241-171 ☐

ISO 9241-210 (Prozess) ☐

ISO 9241-220 ☐

ISO 12620 ☐

ISO 15504 ☐

DIN 66234 ☐

DIN EN 29241-2 ☐

DIN EN 62366 ☐

DIN EN ISO 14915-1 ☐

DIN SPEC 33441-100 ☐

ISO/TR 16982 ☐

ISO/TS 18152 ☐

ISO/IEC TR 25060 ☐

ISO/IEC 25062 ☐

ISO Ländercode ☐

Unicode ☐

GB12345 ☐

Shift-JIS ☐

BIG5 ☐

KSC ☐

9.2 User Centered Design Standards

Die wichtigsten Standards für die mensch-zentrierte Gestaltung finden sich in der Standardfamilie der ISO 9241. Die relevantesten Teile für professionelles Usability Engineering und User Interface Design werden in der Broschüre der German UPA aufgeführt (vgl. Literaturangaben in der Berufsfeld-Broschüre der German UPA, 2010). Abb. 9.1 gibt einen Überblick über die ersten 17 Teile, welche zum Teil mittlerweile in stark überarbeiteter Form als neue Teile ab 100 vorliegen (z. B. Teil 110 als Nachfolger von Teil 11). In Anlehnung an die Übersicht zu MMI-Standards von Nigel Bevan werden wesentliche für das interkultureller User Interface Design angeführt und kurz erläutert.

9.3 Standardtypen für MMI und Usability

Standards bezüglich Usability können kategorisiert werden als primär befasst mit:

1. dem Gebrauch des Produkts (Effektivität, Effizienz und Zufriedenstellung in einem bestimmten Nutzungskontext)
2. dem User Interface und der Benutzerinteraktion
3. dem Prozess, der für die Entwicklung des Produkts angewendet wurde
4. die Fähigkeit einer Organisation, menschzentriertes Design anzuwenden

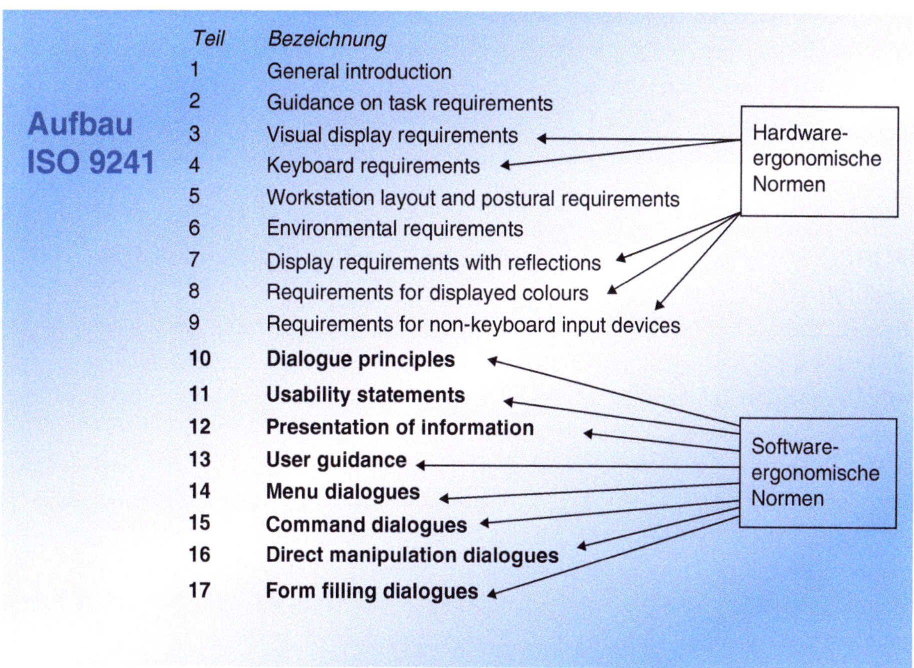

Abb. 9.1 Aufbau der Standardfamilie ISO 9241

Standards für MMI und Usability werden unter den Vorhersagen der Internationalen Organisation für Standardisierung (ISO) und der Internationalen Elektrotechnischen Kommission (IEC) entwickelt. Der Status eines ISO- und IEC-Dokuments wird durch den Titel des Standards angezeigt.

9.4 Usability Definitionen

ISO 9241-11: Steuerung der Usability (1998)
Dieser Standard (welcher Teil der ISO 9241-Serie ist) bietet eine Definition der Usability, die in folgenden verwandten ergonomischen Standards verwendet wird: Usability ist das Ausmaß, in welchem ein Produkt von bestimmten Benutzern genutzt werden kann, um bestimmte Ziele mit Effektivität, Effizienz und Zufriedenheit in einem bestimmten Nutzungskontext verwendet werden kann.

ISO 9241-11 erklärt, wie die nötigen Informationen identifiziert werden können, wenn Usability im Sinne von Maßnahmen der Benutzerleistung und -Zufriedenheit spezifiziert oder evaluiert wird. Ein Leitfaden wird gegeben, wie der Nutzungskontext des Produkts und die Maßnahmen der Usability explizit beschrieben werden sollen. Dieser Normenteil schließt eine Erklärung mit ein, wie die Usability eines Produkts spezifiziert und als Teil eines Qualitätssystems, das mit ISO 9001 konform geht, evaluiert werden kann.

ISO/IEC 9126: Softwareproduktbewertung – Qualitätscharakteristika und Richtlinien für ihren Gebrauch (1991)
In der Software-Engineering-Gemeinschaft wurde der Begriff Usability eng in Verbindung gebracht mit User Interface Design. ISO/IEC 9126, entwickelt als ein Software-Engineering-Standard, definiert Usability als einen relativ unabhängigen Beitrag zur Software-Qualität in Verbindung mit dem Design und der Evaluierung des User Interfaces und der Benutzerinteraktion.

ISO/IEC FDIS 9126-1: Software-Engineering – Produktqualität – Teil 1: Qualitätsmodell (2000)
ISO/IEC 9126 (1991) wurde durch einen vierteiligen Standard ersetzt, der die zwei Ansätze zur Usability ausgleicht. ISO/IEC 9126-1 beschreibt die selben sechs Kategorien von Softwarequalität, die während der Produktentwicklung relevant sind: Funktionalität, Verlässlichkeit, Usability, Effizienz, Wartbarkeit und Portabilität.

Die Definition von Usability ist ähnlich: Usability ist die Fähigkeit des Softwareprodukts unter bestimmten Bedingungen, verstanden, erlernt und angewandt werden zu können als auch für den Benutzer attraktiv zu sein.

Der Ausdruck „Verwendung unter bestimmten Bedingungen" (äquivalent zu „Nutzungskontext" in ISO 9241-11) wurde hinzugefügt, um klarzustellen, dass ein Produkt keine intrinsische Usability hat, sondern nur die Fähigkeit, in einem bestimmten Kontext verwendet zu werden.

Der Standard erkennt nun an, dass Usability zwei Rollen spielt (Bevan 1999): eine detaillierte Software-Design-Aktivität (vorausgesetzt durch die Definition von Usability) und ein allgemeines Ziel dass Software die Benutzerbedürfnisse erfüllt (ähnlich zum Konzept von Usability in der ISO 9241-11). ISO/IEC 9126-1 verwendet den Ausdruck „Qualität beim Gebrauch" für dieses breite Ziel.

Qualität im Gebrauch ist der kombinierte Effekt der sechs Kategorien von Softwarequalität bei der Produktverwendung. Das allgemeine Ziel ist es, Qualität beim Gebrauch zu erlangen, sowohl für den Endbenutzer sowie den unterstützenden Anwender. Funktionalität, Verlässlichkeit, Effizienz und Usability determinieren die Qualität beim Gebrauch für einen Endnutzer in einem bestimmten Kontext. Der unterstützende Anwender befasst sich mit der Qualität beim Gebrauch hinsichtlich Wartbarkeits- und Portabilitätsaufgaben.

Andere Teile von ISO/IEC 9126 definieren Metriken für Usability und Qualität während Gebrauchs, also Gebrauchstauglichkeitsmetriken und Qualitätsmetriken.

9.5 Anwendung im Kontext

ISO/IEC DTR 9126-4: Software-Engineering – Produktqualität – Teil 4: Qualität in Anwendungsmetriken (2001)
Dieser technische Report enthält Beispielmetriken für Effektivität, Produktivität, Sicherheit und Zufriedenstellung. Das Spezifizieren von Usabilityanforderungen und das Verifizieren, dass diese in einem Usability-Test erreicht wurden, ist eine wichtige Komponente des Anwender-zentrierten Designs (ISO 13407). ISO/IEC 9126-4 empfiehlt Metriken für Effektivität, Produktivität, Zufriedenstellung und Sicherheit, die für diesen Zweck verwendet werden können. Die Ergebnisse können dokumentiert werden unter Verwendung des Common Industry Format für Usability-Testreports, welches in Form eines Beispieltemplates im Anhang von ISO/IEC 9126-4 enthalten ist.

ISOWS 20282: Usability von alltäglichen Produkten (2001)
Ein mehrteiliger Standard, um die Informationen über Usability zu spezifizieren, die gegeben sein sollten für ein Konsumgut, sodass ein Abnehmer die Gebrauchstauglichkeit des Produkts bewerten kann (Bevan und Schoeffel 2001).

9.6 Software-Interface und -Interaktion

Standards können verwendet werden, um die User-Interface-Entwicklung wie folgt zu unterstützen:

1. ISO 14915 und IEC 61997 enthalten Empfehlungen für Multimedia-Interfaces. Daraus können Details zur Erscheinung und zum Verhaltens des User Interfaces abgeleitet werden. Eine spezifischere Anleitung kann für Icons in ISO/IEC 11581, für PDAs in ISO/IEC 18021 und für die Cursor-Kontrolle in ISO/IEC 10741 gefunden werden.

2. Sie stellen eine detaillierte Anleitung für das Design von Benutzungsschnittstellen zur Verfügung (ISO 9241 Teile 12–17).
3. Sie beinhalten Kriterien für die Evaluieren von Benutzungsschnittstellen (ISO/IEC 9126 Teile 2 und 3).

ISO 9241: Ergonomische Anforderungen für die Büroarbeit mit visuellen Displayterminals

ISO 9241 bietet Anforderungen und Empfehlungen bezüglich der Attribute der Hardware, Software und der Umgebung, die zur Usability beitragen können. Die Teile 10 und 12 bis 17 behandeln speziell die Attribute der Software. Die Teile 14–17 sollten sowohl von Designern als auch von den Evaluatoren von Benutzungsschnittstellen verwendet werden. Der Fokus liegt aber hauptsächlich auf dem Designer.

Die Standards bieten eine autoritative Quelle von Referenzen, jedoch haben Designer ohne Usability-Erfahrung große Schwierigkeiten, diese Art von Richtlinien anzuwenden (de Souza und Bevan 1990). Um Richtlinien erfolgreich anzuwenden, müssen Designer die Designziele und den Designnutzen einer jeden Richtlinie, die Bedingungen unter welchen die Richtlinie angewandt werden sollten, die präzise Natur der vorgeschlagenen Lösung und alle Prozeduren, die befolgt werden müssen, um die Richtlinie anzuwenden, verstehen.

Mehrere Checklisten wurden vorbereitet, um die Konformität der Software mit den Hauptprinzipien von ISO 9241 zu messen (Gediga 1999; Oppermann und Reiterer 1997; Prümper 1999).

Teil 10: Dialogprinzipien (1996)

Dieser Teil behandelt die generellen ergonomischen Prinzipien, die auf das Design von Dialogen zwischen Menschen und Informationssystemen anwendbar sind: Aufgabenangemessenheit, Lernförderlichkeit, Individualisierbarkeit, Erwartungskonformität, Selbstbeschreibungsfähigkeit, Steuerbarkeit und Fehlertoleranz.

Teil 12: Informationspräsentation (1998)

Dieser Teil enthält Empfehlungen für das Präsentieren und das Repräsentieren von Informationen auf visuellen Displays. Er enthält eine Anleitung von Wegen, wie komplexe Informationen mit Hilfe von alphanumerischen und grafischen/symbolischen Codes, Bildschirmlayout und Design sowie dem Gebrauch von Fenstern repräsentiert werden können.

Teil 13: Anwenderanleitung (1998)

Dieser Teil enthält Empfehlungen für das Design und die Evaluation von Attributen der Anwenderanleitung von Software-Benutzungsschnittstellen unter Einbeziehung von Bedienerhinweisen, Feedback, Status, Online-Unterstützung und Fehlermanagement.

Teil 14: Menüdialoge (1997)

Dieser Teil bietet Empfehlungen für das Design von Menüs, die in Anwender-Computer-Dialogen verwendet werden. Die Empfehlungen decken die Menüstruktur, Navigation, Optionsauswahl und -durchführung, sowie die Menüdarstellung (durch zahlreiche Techniken einschließlich Windowing, Panels, Knöpfe, Felder, etc.) ab.

Teil 15: Befehlsdialoge (1997)

Dieser Teil bietet Empfehlungen für das Design von Befehlssprachen angewandt in Anwender-Computer-Dialogen an. Die Empfehlungen behandeln Befehlsprachenstruktur und -syntax, Befehldarstellung, Input- und Outputbetrachtungen, Feedback und Hilfe.

Teil 16: Dialoge der direkten Manipulation (1999)

Dieser Teil bietet Empfehlungen für das ergonomische Design von Dialogen der direkten Manipulation und beinhaltet die Manipulation von Objekten und das Design von Metaphern, Objekten und Attributen. Er behandelt jene Aspekte von grafischen Benutzungsschnittstellen, die direkt manipuliert werden und nicht von anderen Teilen der ISO 9241 behandelt werden.

Teil 17: Dialoge des Formularwesens (1998)

Dieser Teil bietet Empfehlungen für das ergonomische Design von Dialogen des Formularwesens. Die Empfehlungen behandeln die Formularstruktur und Outputbetrachtungen, Inputbetrachtungen und Formularnavigation.

ISO/IEC 9126: Software-Engineering – Produktqualität

ISO/IEC 9126-1 definiert Usability im Bezug auf Verständlichkeit, Erlernbarkeit, Durchführbarkeit und Attraktivität. Teile 2 und 3 beinhalten Beispiele von Metriken für diese Charakteristika. Diese können verwendet werden, um detaillierte Usability-Kriterien zu spezifizieren und zu evaluieren.

Teil 2: Externe Metriken (DTR: 2001)

Dieser technische Report beschreibt Metriken, die verwendet werden können, um das Verhalten der Software zu spezifizieren oder zu evaluieren, wenn diese vom Benutzer bedient wird. Zum Beispiel: Wie lange dauert es, zu lernen, eine Funktion zu verwenden? Können Anwender Funktionen rückgängig machen? Können Anwender angemessen auf Fehlermeldungen reagieren?

Teil 3: Interne Metriken (DTR: 2001)

Dieser technische Report beschreibt Metriken, die verwendet werden können, um Anforderungen zu kreieren, die statische Eigenheiten des Interfaces beschreiben, die durch die Abnahme evaluiert werden können, ohne die Software zu bedienen. Zum Beispiel: Welches Verhältnis der Funktionen ist dokumentiert? Welche Anzahl an Funktionen können rückgängig gemacht werden? Wieviele Fehlermeldungen sind selbsterklärend?

ISO/IEC 11581 Icon-Symbole und -Funktionen
Teil 1: Icons – Generell (2000)

Dieser Teil enthält ein Gerüst für die Entwicklung und das Design von Icons, einschließlich genereller Anforderungen und Empfehlungen, anwendbar auf alle Icons.

Teil 2: Objekt-Icons (2000)

Dieser Teil enthält Anforderungen und Empfehlungen für Icons, die Funktionen repräsentieren durch die Assoziation zu einem Objekt, und die bewegt und geöffnet werden können. Er enthält auch Spezifikationen für die Funktion und das Auftreten von 20 Icons.

Teil 3: Hinweis-Icons (2000)

Dieser Teil enthält Anforderungen und Empfehlungen für 8 gebräuchliche Hinweis-Icons, die einen Hinweis in Verbindung mit einem physikalischen Input-Gerät repräsentieren.

Teil 4: Kontroll-Icons (CD: 1999)

Dieser Teil enthält Anforderungen und Empfehlungen für 14 gebräuchliche Kontroll-Icons, die es dem Benutzer ermöglichen, in Fenstern, Listen und anderen grafischen Elementen zu operieren.

Teil 5: Tool-Icons (FCD: 2000)

Dieser Teil enthält Anforderungen und Empfehlungen für 20 gebräuchliche Tool-Icons und spezifiziert die Beziehungen zwischen Tool- und Hinweis-Icons.

Teil 6: Aktions-Icons (1999)

Dieser Teil enthält Anforderungen und Empfehlungen für 23 gebräuchliche Icons, die typischerweise für Toolbars verwendet werden, die Handlungen repräsentieren in Verbindung mit Objekten, die den Benutzer dazu verhelfen die gewollten Aktionen abzurufen.

ISO/IEC 10741-1: Dialoginteraktion – Cursor-Kontrolle für Textbearbeitung (1995)
Dieser Standard spezifiziert, wie sich der Cursor auf dem Bildschirm bewegen sollte, entsprechend der Benutzung der Cursor-Kontrolltasten.

ISO/IEC FCD 18021: Informationstechnologie – User Interface für mobile Tools (2001)
Dieser Standard enthält User Interface Spezifikationen für PDAs mit einer Datentauschfähigkeit mit entsprechenden Servern.

ISO 14915: Softwareergonomie für Multimedia-Benutzungsschnittstellen
Teil 1: Designprinzipien und -Gerüst (DIS: 2000)

Dieser Teil bietet eine gesamte Einführung in den Standard.

Teil 2: Multimedia-Kontrolle und -Navigation (CD: 2000)

Dieser Teil bietet Empfehlungen für Navigationsstrukturen und Hilfen, Medienkontrollen, grundlegende Kontrollen, Medienkontrollrichtlinien für dynamische Medien und Kontrollen und Navigation unter Einbeziehung multipler Medien.

Teil 3: Medienauswahl und -kombination (DIS: 2000)

Dieser Teil bietet generelle Richtlinien für die Medienauswahl und -kombination, Medienauswahl für Informationstypen, Medienkombination und -integration und die Lenkung der Aufmerksamkeit der Anwender.

Teil 4: Domain-spezifische multimediale Interfaces (AWI)

Dieser Teil soll Computer-basiertes Training, Computer-unterstützte kooperative Arbeit, Kiosk-Systeme, Online-Hilfe und -Test sowie -Evaluation abdecken.

IEC CDV TR 61997: Richtlinien für die Benutzungsschnittstellen in multimedialer Ausstattung zur universalen Nutzung (2000)

Dieser technische Report gibt generelle Prinzipien und eine detaillierte Design-Anleitung für die Medienauswahl und für mechanische, grafische und auditive Benutzungsschnittstellen.

Hardware Interface

Diese Standards können beim Design und bei der Evaluation von Arbeitsplätzen, Bildschirmen, Tastaturen und anderen Input-Geräten verwendet werden. Anders als bei Softwarestandards enthalten die meisten dieser Standards explizite Anforderungen. ISO 9241 und ISO 13406 enthalten Anforderungen für visuelle Display-Terminals in Büros. Diese Standards können verwendet werden, um die Befolgung europäischer Richtlinien für den Gebrauch von Displaybildschirmen zu unterstützen (Bevan 1991). Gestiken für Stift-basierte Systeme werden in ISO/IEC 14754 behandelt. ISO 11064 enthält ergonomische Anforderungen für das Design von Kontrollzentren.

ISO 9241: Ergonomische Anforderungen für die Büroarbeit mit visuellen Display-Terminals

Die Teile 3 bis 9 enthalten Hardware-Design-Anforderungen sowie -Anleitungen.

Teil 3: Visual Display – Anforderungen (1992)

Dieser Teil spezifiziert die ergonomischen Anforderungen für Displaybildschirme, die sicherstellen, dass diese bequem, sicher und effizient gelesen werden können, um Büroaufgaben durchzuführen. Obwohl dieser Teil spezifisch von in Büros benutzten Displays handelt, ist er auch dienlich für die meisten Anwendungen, die nach dem Gebrauch von universellen Displays in Büro-ähnlichen Umgebungen verlangen.

Teil 4: Tastatur-Anforderungen (1998)

Dieser Teil spezifiziert die Ergonomie-Design-Charakteristika einer alphanumerischen Tastatur, die bequem, sicher und effizient genutzt werden kann, um Büroaufgaben durchzuführen. Tastatur-Layouts werden gesondert in vielen Teilen von ISO/IEC 9995 behandelt: Informationsverarbeitung – Tastatur-Layouts für Text- und Büro-Systeme (1994).

Teil 5: Arbeitsplatz-Layout und Haltungsanforderungen (1998)

Dieser Teil spezifiziert die ergonomischen Anforderungen für einen Visual-Display-Terminal-Arbeitsplatz, der es dem Benutzer erlaubt, eine bequeme und effiziente Haltung einzunehmen.

Teil 6: Anleitung zum Arbeitsumfeld (1999)

Dieser Teil bietet eine Anleitung für die Einrichtung des Arbeitsumfeldes des Visual Display Terminals (einschließlich Beleuchtung, Lärm, Temperatur, Vibration und elektromagnetischer Felder), um dem Benutzer bequeme, sichere und produktive Arbeitsbedingungen zu ermöglichen.

Teil 7: Anforderungen an Displays mit Reflexion (1998)

Dieser Teil spezifiziert Messmethoden von Blendeffekten und Reflexionen von der Oberfläche des Displaybildschirms, einschließlich jener mit behandelten Oberflächen. Er zielt auf Displayhersteller ab, die gerne sicherstellen möchten, dass Antireflexionsbehandlungen die Bildqualität nicht verschlechtern.

Teil 8: Anforderungen an die dargestellten Farben (1997)

Dieser Teil spezifiziert die Anforderungen für mehrfarbige Displays, zusätzlich zu den monochromen Anforderungen in Teil 3.

Teil 9: Anforderungen für Input-Geräte ohne Tastatur (2000)

Dieser Teil spezifiziert die ergonomischen Anforderungen für tastaturlose Eingabemedien, die in Verbindung mit einem Visual Display Terminal verwendet werden können. Er deckt Geräte wie Maus, Trackball und andere Zeigeinstrumente ab. Er beinhaltet auch einen Leistungstest. Er bezieht sich nicht auf Spracheingaben.

ISO 13406: Ergonomische Anforderungen an die Arbeit mit visuellen Displays basierend auf flachen Panels

Teil 1: Einführung (1999)
Teil 2: Ergonomische Anforderungen an flache Panel-Displays (2001)

Dieser Standard begründet die ergonomischen Bildqualitätsanforderungen an das Design und die Evaluation von flachen Panel-Displays und spezifiziert Methoden zur Festlegung der Bildqualität.

ISO AWI 18789: Ergonomische Anforderungen und Messtechniken an elektronische visuelle Displays (1999)
Dieser Standard soll ISO 9241 Teile 3, 7 und 8 sowie ISO 13406 korrigieren und ersetzen.

ISO/IEC 15754: Stift-basierte Interfaces – Gebräuchliche Gesten für die Textbearbeitung mit Stift-basierten Systemen (1999)
Dieser Standard definiert ein Set von grundlegenden Gestik-Befehlen und Feedback für Stift-Interfaces. Die Gesten beinhalten: auswählen, löschen, Platz einfügen, Zeilen trennen, bewegen, kopieren, ausschneiden, einfügen, scrollen und rückgängig machen.

ISO 11064: Ergonomisches Design von Kontrollzentren
Dieser achtteilige Standard enthält ergonomische Prinzipien, Empfehlungen und Richtlinien.

Teil 1: Prinzipien für das Design von Kontrollzentren (2000)
Teil 2: Prinzipien für den Aufbau der Kontroll-Suite (2000)
Teil 3: Kontrollraum-Layout (1999)
Teil 4: Arbeitsplatz-Layout und -Dimensionen (CD:2000)
Teil 5: Mensch-System-Interfaces (WD: 1999)
Teil 6: Umgebungsanforderungen an Kontrollräume (WD: 2000)
Teil 7: Prinzipien für die Evaluation von Kontrollzentren (WD: 2000)
Teil 8: Ergonomische Anforderungen für spezifische Anwendungen (WD: 2000)

Dokumentation
ISO/IEC 15910 bietet einen detaillierten Prozess für die Entwicklung einer Benutzungsdokumentation (schriftliche und Online-Hilfe, oft auch (nicht ganz treffend, weil ja nicht der Benutzer dokumentiert wird) als „Benutzerdokumentation" (user documentation) bezeichnet), während ISO/IEC 18019 mehr Anleitung gibt dazu, wie die Dokumentation, die die Benutzerbedürfnisse erfüllt, produziert werden soll.

ISO/IEC 15910: Software-Benutzungsdokumentationsprozess (1999)
Dieser Standard spezifiziert den Mindestprozess für die Bildung einer Benutzungsdokumentation für Software, die ein User Interface hat, einschließlich einer gedruckten Präsentation (z. B. Benutzerhandbücher (besser „Benutzungshandbuch") und Schnellreferenzkarten), Online-Dokumentation, Hilfstext und Online-Dokumentationssysteme.

ISO/IEC WD 18019: Richtlinien für das Design und die Vorbereitung von Software-Benutzungsdokumentationen (2000)
Dieser Standard beschreibt, wie welche Informationen, die die Benutzer benötigen, etabliert werden, wie der Weg zu bestimmen ist, auf dem diese Information den Benutzern präsentiert werden sollte und wie man die Information vorbereiten muss, um sie

zugänglich zu machen. Er deckt sowohl Online- als auch gedruckte Dokumentation ab und wurde aus zwei Britischen Standards entwickelt:

BS 7649: Leitfaden für das Design und die Vorbereitung von Dokumentationen für Benutzer von Applikations-Software (1993)

BS 7830: Leitfaden für das Design und die Vorbereitung von Bildschirmdokumentationen für Benutzer von Applikations-Software (1996)

Der Entwicklungsprozess

ISO 13407 erklärt die Aktivitäten, die für das Anwender-zentrierte Design benötigt werden und ISO 16982 behandelt die Arten von Methoden, die verwendet werden können. ISO/IEC 1458 gibt ein generelles Gerüst für die Evaluation von Softwareprodukten an unter Verwendung des Modells in ISO/IEC 9126-1. ISO 13407 wurde überarbeitet und optimiert und neu mittels ISO 9241-210 veröffentlicht.

ISO 13407: Mensch-zentrierte Designprozesse für interaktive Systeme (1999) bzw. ISO 9241-210

Dieser Standard bietet einen Leitfaden für Mensch-zentrierte Designaktivitäten über den gesamten Lebenszyklus von interaktive Computer-basierten Systemen hinweg an. Er ist ein Tool für diejenigen, die Designprozesse steuern und bietet einen Leitfaden von Informationsquellen und Standards an, die relevant für den Mensch-zentrierten Ansatz sind. Er beschreibt das Mensch-zentrierte Design als eine multidisziplinäre Aktivität, welche menschliche Faktoren und ergonomisches Wissen und Techniken mit dem Ziel, Effektivität und Effizienz zu erhöhen, menschliche Arbeitsbedingungen zu verbessern und möglichen negativen Effekten der Anwendung auf die menschliche Gesundheit, Sicherheit und Leistung entgegenzuwirken miteinander vereint. Der empfohlene Prozess wird nachstehend gezeigt:

Das von der EU gefürderte INUSE-Projekt hat eine detailliertere Prozedur und ein Set von Kriterien entwickelt, die dazu verwendet werden können, zu bewerten, wie streng ein Entwicklungsprozess den Prinzipien von ISO 13407 folgt. Das TRUMP-Projekt hat spezifische Methoden für das Benutzer-zentrierte Design basierend auf ISO 13407 vorgeschlagen.

ISO DTR 16982: Usability-Methoden zur Unterstützung des Mensch-zentrierten Designs (2001)

Dieser technische Report zeigt die unterschiedlichen Typen von Usability-Methoden auf, die verwendet werden können, das Benutzer-zentrierte Design zu unterstützen.

ISO/IEC 14598: Informationstechnologie – Evaluation von Softwareprodukten (1998–2000)

Dieser Multi-Standard spezifiziert den Prozess, der zur Evaluation von Softwareprodukten angewendet werden soll.

9.7 Fähigkeit der Organisation

Das Usability-Reife-Modell in ISO TR 18529 enthält ein strukturisiertes Set von Prozessen, hergeleitet von ISO 13407 und einer anerkannten Umfrage. Es kann verwendet werden, um das Ausmaß zu messen, in dem eine Organisation fähig ist, Benutzer-zentriertes Design durchzuführen. Jeder HCD-Prozess (wie „spezifizieren der Benutzer- und organisationellen Anforderungen") kann bewertet werden anhand der ISO 15504-Softwareprozessbewertungsskala: Unvollständig, Durchgeführt, Gesteuert, Etabliert, Vorhersagbar, Optimieren (Earthy at al, 2001).

ISO TR 18529: Ergonomie der Mensch-System-Interaktion – Mensch-zentrierte Lebenszyklusprozessbeschreibungen (2000)
Dieser technische Report enthält eine strukturierte und formalisierte Liste von Mensch-zentrierten Prozessen:

HCD.1 HCD-Inhalt in der Systemstrategie sicherstellen
HCD.2 HCD-Prozess planen und steuern
HCD.3 Benutzer- und organisationelle Anforderungen spezifizieren
HCD.4 Nutzungskontext verstehen und spezifizieren
HCD.5 Designlösungen herstellen
HCD.6 Designs gegen Anforderungen abwägen
HCD.7 Das System vorstellen und betätigen

Das Usability-Reife-Modell in ISO TR 18529 basiert auf dem Modell, dass vom INUSE-Projekt entwickelt wurde.

Andere verwandte Standards

ISO 9241-1: Ergonomische Anforderungen an die Büroarbeit mit visuellen Display Terminals (VDTs) – Teil 1: Generelle Einführung (1997)
Dieser Teil leitet den mehrteiligen Standard ISO 9241 für die ergonomischen Anforderungen an die Nutzung von visuellen Display Terminals für Büroaufgaben ein und erklärt einige der grundlegenden Prinzipien. Er bietet einen Leitfaden dafür, wie der Standard zu verwenden ist und beschreibt, wie die Übereinstimmung mit Teilen von ISO 9241 berichtet werden sollten.

ISO 9241-2: Teil 2: Anleitung zu Aufgabenanforderungen (1992)
Dieser Teil behandelt das Design von Aufgaben und Jobs, die die Arbeit mit visuellen Display Terminals einschließen. Er bietet eine Anleitung, wie die Aufgabenanforderungen innerhalb individueller Organisationen identifiziert und spezifiziert werden können und

wie Aufgabenanforderungen mit dem Systemdesign und dem Implementierungsprozess zusammengefügt werden können.

ISO 10075-1: Ergonomische Prinzipien bezüglich der mentalen Arbeitslast – Generelle Begriffe und Definitionen (1994)
Dieser Teil von ISO 10075 erklärt die Terminologie und bietet Definitionen auf dem Gebiet der mentalen Arbeitslast.

ISO DTS 16071: Anleitung zur Zugänglichkeit für Mensch-Computer-Interfaces (2000)
Diese technische Spezifikation (hergeleitet von ANSI HFS 200) bietet Richtlinien und Empfehlungen für das Design von Systemen und Software, die den Benutzern mit Einschränkungen eine leichtere Zugänglichkeit zum Computersystem ermöglichen (mit oder ohne assistive Technologie). Sie schließt Benutzer mit Sehschwäche, hörgeschädigte Benutzer, taube Benutzer, Benutzer mit physikalischen und kognitiven Einschränkungen und ältere Benutzer ein.

Wie kommt man an internationale Standards?
ISO-Standards müssen erworben werden. Sie können direkt von ISO erworben werden, oder von einem nationalen Standard-Institut. NSSN: Eine nationale Quelle für globale Standards hat auch eine umfangreiche Liste von Standards, von denen einige elektronisch erworben werden können (vgl. Tab. 9.1). Im Prinzip können auch ISO-Standardentwürfe erworben werden.

In Deutschland vertreibt der Beuth-Verlag alle Standards des DIN und der ISO – oft in handlichen, thematisch organisierten Ausgaben.

Unterstützung für Rechtssprechung
Die europäische Display-Bildschirmausstattungsdirektive (EEC, 1990) spezifiziert ein Minimum ergonomischer Anforderungen an die Arbeitsplatzausstattung und -umgebung. Diese können erfüllt werden, indem man sich an ISO 9241 Teile 3–9 hält. Die Direktive verlangt auch, dass die „Prinzipien der Softwareergonomie" beim Design von Benutzungsschnittstellen angewendet werden. ISO 9241 Teil 10 enthält passende Prinzipien. Die anderen Anforderungen für die Bedienfreundlichkeit von Software können erfüllt werden, indem man die Teile 12–17 berücksichtigt.

Tab. 9.1 Nationale Standards

Nationale Standards
BSI: British Standards Institute
ANSI: American National Standards Institute
ANSI HCI standards (IMB-Liste)

Die Maschinen-Direktive (EC, 1998) fordert, dass Zulieferer Maschinen anbieten, die essenzielle Gesundheits- und Sicherheitsanforderungen erfüllen, von denen eine ist, dass interaktive Software „benutzerfreundlich“ sein muss.

Länder der Europäischen Union haben eine nationale Rechtssprechung, die diese Direktiven implementiert.

9.8 CMMI und SPICE

Die ISO 15504 beschreibt Fähigkeitsgrade von Prozessen- bzw. Prozessbereichen in Graden bzw. Ebenen von 1 bis 5. Die Prozessbereiche umfassen sowohl Leistungs-Wertschöpfungs- als auch Supportprozesse. Entsprechende Tools unterstützen dabei den MMI-Entwicklungsprozess (z. B. Stages von Methodpark). Assessments und kontinuierliche Prozessverbesserung sind ein alltägliches Geschäft (vgl. van Loon 2007). Jedes Mitglied des Projektteams kennt den aktuellen Prozess und dessen Optimierungspotenzial. Mit einem nahtlosen Software-Entwicklungsprozess können Fehler vermieden werden. Die Qualität der Produkte als Prozessergebnis eines besseren Prozesses steigt kontinuierlich und nachhaltig (vgl. Heimgärtner, Solanki, Windl: „Cultural User Experience in Cars – Towards a Standardized Systematic Intercultural Automotive UI-UX Design Process“, erscheint 2017).

Literatur

van Loon, H. (2007). *Process assessment and ISO/IEC 15504. A reference book.* New York: Springer.

Anhang B: Checklisten 10

Inhalt

R. Heimgärtner, *Interkulturelles User Interface Design*,
DOI 10.1007/978-3-662-48370-1_10

Anhand der Zusammenfügung der Checklisten dieses Buches in diesem Anhang kann der Wissensstand zur IUID-Thematik überprüft, für die Praxis vertieft und dort angewendet werden. Darüber hinaus stehen zusätzliche II18N/L10N-Checklisten zum Lokalisierungsprozess, zur Übersetzung, zur SW-Lokalisierung, zur Dokumentation und für Usability-Tests im interkulturellen Kontext zur Verfügung. Außerdem werden weitere Tipps und Hinweise zur Informationsverarbeitung im asiatischen Raum (CJKV-Checkliste, Unicode) als auch zur Übersetzung von Benutzungsschnittstellen gegeben. Gestaltungs- und Bewertungskriterien interkultureller User Interfaces runden das Kapitel ab.

10.1 Checklisten aus den Kap. 1–8

10.1.1 Einleitung

Normen	**√**
ISO 9241	☐
Checkliste	**√**
Begriffswissen	☐
• Produkt	☐
• Prozess	☐
• Benutzungsschnittstelle(UI)	☐
• Internationalisierung(I18N)	☐
• Lokalisierung(L10N)	☐
• Interkulturelles User InterfaceDesign (IUID)	☐
IUID schließt folgende Bereiche ein bzw. baut darauf auf:	☐
• Interkulturelle Philosophie, Kommunikation und Handlungskompetenz	☐
• Interkulturelles Projekt-, Prozess- und Qualitätsmanagement	☐
• Interkulturelles Software Engineering	☐
• Interkulturelles UsabilityEngineering	☐
Sie wollen Benutzungsschnittstellen von Produkten für Zielmärkte anderer Kulturen entwickeln oder den Prozess des interkulturellen MMI-Designs näher kennen lernen? Dann lesen Sie weiter!	☐

10.1.2 Denken und Handeln

Normen	**√**
ISO 3166	☐
Checkliste	**√**
Team (zumindest Schlüsselrollen) wurde in interkultureller Handlungskompetenz ausgebildet	☐
Den Teammitgliedern ist die eigene Kultur bekannt	☐
Im Team bestehen keine Berührungsängste zu anderen Kulturen	☐
Team wurde in interkultureller Kommunikation geschult	☐
Projektmanager haben einschlägige interkulturelle Projekterfahrung	☐
Ethnozentriertes Denken und Vorgehen werden vermieden	☐
Kulturmodelle sind bekannt und werden zur Beschreibung von Kulturen verwendet	☐
Kulturell bedingtes unterschiedliches Qualitätsverständnis wird berücksichtigt	☐
Methoden des interkulturellen Projekt, Prozess- und Qualitätsmanagement sind bekannt und werden angewandt	☐

10.1.3 Software Engineering

Normen	√
ISO 9241-210	☐
Checkliste	**√**
Zusammenarbeit mit anderen Kulturen ist Mindset des Teams	☐
Team ist ausgebildet in interkultureller Kommunikation und Handlungskompetenz	☐
SW-Entwicklungsteam ist ausgebildet in interkulturellem Softwareengineering	☐
Team (zumindest Inhaber von Prozessrollen mit ausgeprägtem interkulturellen Kontakt) sind ausgebildet in interkulturellem Projektmanagement (z. B. PM, QM, TM, RM)	☐
MMI-Entwickler sind ausgebildet in interkulturellem Usability Engineering und UI-Design	☐
Planungssystem wurde an die Zielkultur angepasst	☐
Anforderungsanalyse erfolgt kulturangemessen (nicht ethnozentrisch, empathisch, systematisch, kulturorientiert)	☐
Nutzungkontext (Benutzer, Aufgaben, System und Umgebung) wurden mit adäquaten Mitteln für den (inter-)kulturellen Kontextermittelt und beschrieben	☐
Nutzungsanforderungen wurden mit adäquaten Mitteln für den (inter-)kulturellen Kontext abgeleitet und spezifiziert	☐
Methoden der Internationalisierung und Lokalisierung sind dem Team bekannt	☐
Team kennt die mögliche kulturellen Einflüsse auf den Nutzungskontext (Benutzer, Aufgaben, Umgebung, Technologie) und auf das Produktdesign (Informationsarchitektur und Interaktionsdesign) und agiert entsprechend	☐
Team kennt potenzielle Empfehlungen für die Entwicklung interkultureller Benutzungsschnittstellen (z. B. interkulturelle Designrichtlinien)	☐
Team kennt das TLCC-Modellund orientiert sich an diesem	☐
Team kennt Kernelemente der Lokalisierung	☐
Lokalisierungs-KIT liegt vor	☐
Lokalisierungstools sind bekannt und werden verwendet	☐
Interkulturelle Qualitätsunterschiede sind bekannt und entsprechendes Qualitätsverständnis vorhanden	☐
Relevante Normen und Standards werden verwendet und im interkulturellen Kontext berücksichtigt (z. B. anhand von Kulturdimensionen beurteilt und eingesetzt)	☐
Probleme bei der Evaluation interkultureller Benutzungsschnittstellen sind bekannt und Empfehlungen werden berücksichtigt	☐

10.1.4 Usability Engineering

Normen	**√**
ISO 3166	☐
DIN 66234	☐
ISO 9241-8	☐
ISO 9241-10	☐
ISO 9241-11	☐
DIN EN ISO 9241-110 (Dialogprinzipien)	☐
ISO 9241-210 (Prozess)	☐

Checkliste	**√**
Das Prinzip der Mensch-Maschine Interaktion ist bekannt	☐
Konzepte und Sinn von Ergonomie, Usability und User Experience sind bekannt und eingeführt	☐
Benutzer, Aufgaben, Kontext und Technologie werden berücksichtigt (PACT)	☐
Dialogprinzipien bzw. Usability-Heuristiken werden eingesetzt und angewendet	☐
Gebrauchstauglichkeit und User Experience des Systems sind gegeben	☐
Einfluss der Kultur auf Usability ist bekannt	☐
Einfluss der Kultur auf das Usability Engineering ist bekannt	☐
• Prozess	☐
• Methoden	☐
• Verwendung	☐
• Interpretation	☐
• Dokumentation	☐
Einfluss der Kultur auf die Dialogprinzipien und deren Anwendung ist bekannt	☐
Grundlegende Methoden und Ansätze des interkulturellen Usability Engineerings sind bekannt und organisatorisch installiert	☐

10.1.5 User Interface Design

Normen	**√**
DIN EN 29241-2	☐
DIN EN 62366	☐
DIN EN ISO 9241-1	☐
DIN EN ISO 9241-11	☐
DIN EN ISO 9241-20	☐
DIN EN ISO 9241-110	☐
DIN EN ISO 9241-171	☐
DIN EN ISO 9241-210	☐
DIN EN ISO 9241-220	☐
DIN EN ISO 14915-1	☐
DIN SPEC 33441-100	☐
ISO/TR 16982	☐
ISO/TS 18152	☐
ISO/IEC TR 25060	☐
ISO/IEC 25062	☐

Checkliste	**√**
Grundlagen des interkulturellen Benutzungsschnittstellenentwurfs sind bekannt (Kulturelle Einflüsse auf Nutzungskontext (PACT), Wesentliche neue Erkenntnisse aus Forschung sind verfügbar)	☐
Stufe 1 des interkulturellen Benutzungsschnittstellenentwurfs erreicht (Kulturelle Unterschiede hinsichtlich Sprache und Symbole berücksichtigt)	☐
Stufe 2 des interkulturellen Benutzungsschnittstellenentwurfs erreicht (Kulturelles Verhalten berücksichtigt)	☐
Stufe 3 des interkulturellen Benutzungsschnittstellenentwurfs erreicht (Kulturelle Werte berücksichtigt)	☐
Ebene 1 des TLCC-Modells ist umgesetzt (Technik)	☐
Ebene 2 des TLCC-Modells ist umgesetzt (Sprache)	☐
Ebene 3 des TLCC-Modells ist umgesetzt (Kultur)	☐
Ebene 4 des TLCC-Modells ist umgesetzt (Kognition)	☐
Relevante Kulturdimensionen für die MMI-Entwicklung sind bekannt	☐
User Interface Charakteristiken sind bekannt und werden angewandt	☐
MMI-Dimensionen sind bekannt und werden angewandt	☐
Beziehung zwischen Kulturdimensionen und MMI-Dimensionen wird reflektiert und in den Gestaltungsprozess mit einbezogen	☐
Interkulturelle Variablen sind bekannt und werden verwendet	☐
Methode des kulturorientierten Designs wird systematisch angewandt	☐
Herausforderungen in der Anwendung der Methoden und Ansätze des interkulturellen Usability Engineerings und entsprechende Lösungen sind bekannt (datengetriebene, hypothesengetriebene und hybride Ansätze)	☐
Vorgehensweise zur Erstellung von Erklärungsmodellen für den Zusammenhang zwischen Kultur und Mensch-Maschine Interaktion ist bekannt	☐
Empathie als Schlüsselfaktor der Entwicklung interkultureller Benutzungsschnittstellen ist bekannt und wird angewandt	☐
Die Möglichkeit der Nutzung agiler Methoden bei der Entwicklung von interkulturellen Benutzungsschnittstellen ist bekannt	☐

10.1.6 IUID in der Theorie - Wissenschaftliche Forschung

Normen	**√**
	☐
Checkliste	**√**
Einblick in den Stand der IUID-Forschung wurde gewonnen	☐
Datengetriebener Ansatz ist bekannt und wird angewandt	☐
Hypothesengetriebener Ansatz ist bekannt und wird angewandt	☐
Hybrider Ansatz (IUID-Methodenmix) ist bekannt und wird angewandt	☐
• Kulturelle Modelle	☐
• Interkulturelle Variable	☐
• Benutzungsschnittstellenmerkmale	☐
• MMI-Dimensionen	☐
• Method of Culture Oriented Design (MCD)	☐
Mögliche Zusammenhänge zwischen MMI Dimensionen und Kulturdimensionen sind bekannt	☐
Konzepte "kulturabhängiges Erklärungsmodell" und "Strukturgleichungsmodell" sind bekannt	☐
Methodologische Herausforderungen des IUID sind bekannt	☐
• Kulturelle Komplexität	☐
• Unterschiedliche Ansätze	☐
• Erhöhter Forschungsaufwand	☐
• Geringe empirische Bestätigung	☐
• Einsatz von Kulturdimensionen umstritten	☐
Einblick in die künftige IUID-Forschung wurde gewonnen	☐

10.1.7 IUID in der Praxis - Industrielle Entwicklung

Normen	√
ISO 15504	☐
ISO 9241-210	☐
ISO Ländercode	☐
ISO 12620	☐
ISO 8859	☐
Unicode	☐
GB12345	☐
Shift-JIS	☐
BIG5	☐
KSC	☐

Checkliste	√
Aktivitäten im globalen Produktentwicklungsprozess sind bekannt	☐
Sinn und Inhalte der Prozessphasen (Anforderungsanalyse, Design und Evaluation) sind bekannt und werden gelebt	☐
Usage Centered Design Ansatz ist bekannt	☐
Team kennt den Zusammenhang zwischen Softwareengineering und Usabilityengineering und lebt die Schnittstelle zwischen beiden Prozessen	☐
Werkzeuge zur I18N und L10N sind bekannt und werden eingesetzt	☐
Interkulturelle Interaktionsanalyse ist bekannt und wird unter Verwendung eines entsprechenden Werkzeuges genutzt (z. B. IIA-Tool); Ergebnisse werden in Informationsarchitektur und Interaktionsdesign berücksichtigt	☐
Nutzungskontextbeschreibung und Nutzungsanforderungsspezifikation liegen vor	☐
Modell für kulturabhängiges MMI-Design ist bekannt und wird genutzt	☐
Empfehlungen für interkulturelles MMI-Design werden berücksichtigt	☐
Interkulturelle softwaretechnische qualitätssichernde Maßnahmen (z. B. der L10N/I18N) sind bekannt und werden durchgeführt	☐
Interkulturelle softwareergonomische qualitätssichernde Maßnahmen (z. B. Usability-Tests) sind bekannt und werden durchgeführt	☐
Kulturabhängige und kulturunabhängige Evaluationsmethoden sind bekannt und werden korrekt eingesetzt	☐
Probleme bei der Evaluation interkultureller Benutzungsschnittstellen sind bekannt und Empfehlungen werden berücksichtigt	☐

10.1.8 Zusammenfassung, Fazit, Ausblick

Normen	**√**
ISO 9241	☐
ISO 9241-10	☐
ISO 9241-11	☐
ISO 9241-110	☐
ISO 9241-210	☐
ISO 9241-220	☐
ISO 9241-12620	☐
ISO 9241-15504	☐
Checkliste	**√**
Zusammenfassung durch Lesen der entsprechenden Kapitel vertiefen wo nötig	☐
Buchinhalt bei der Entwicklung interkultureller Benutzungsschnittstellen beherzigen	☐

10.2 Allgemeine I18N-L10N-Checkliste

Es folgen verschiedene Checklisten zur Interkulturalisierung von Benutzungsschnittstellen mit eher allgemeinem Charakter. Diese umfassen Prozess, Sprache, Software und Dokumentation (vgl. Irina Spitznagel 2001, Internationalisierung von Software als Voraussetzung für Lokalisierung).

Berücksichtigt werden müssen insbesondere:

- Interaktionselemente (der BOF, des Programmes, beiliegender Beispiele, Installationsroutine etc.)
- Dokumentation (Online-Hilfe, Handbuch, Tutorials etc.)
- Verpackung, CD-Beschriftung, Garantiekarten etc.
- Text, Grafiken und Klänge, Formate, Bestimmungen
- Dialogfeld, Menü, Statuszeile, Symbolleiste, QuickInfo, Fehlermeldungen

Zu erstellen ist ein Lokalisierungs-Kit, was folgendes beinhaltet:

- Software inkl. Doku
- Build-Umgebungen der Software und der Online-Hilfe
- Glossare
- Richtlinien u. a. für Sprache und Stil
- Checklisten
- Projektverfolgungsdokumente
- Lokalisierte Vorgängerversionen

Internationalisierung betrifft:

- Zeichensätze
- Sortierung
- Hardwareunterstützung
- Audiodateien
- Formate (Datum und Uhrzeit, Zahlen, Währungen, Maßeinheiten, Papierformate, Adressenformate)
- Sprache

I18N-Regeln:

- Keine Verkettungen von Texten
- Trennung von Programmcode und Daten/Texten
- Resizing zulassen
- Text in Bildern vermeiden

10.2.1 Lokalisierungsprozess

Stellen Sie sicher, dass Sie alle Schritte des gesamten Lokalisierungsprozesses durchlaufen:

- Vorverkaufsphase
- Kick-Off Meeting
- Analyse des Einkaufsmaterials
- Zeitplanung und Budgetierung
- Terminologie Setup
- Vorbereitung der Quellmaterialien
- Übersetzung der Software
- Übersetzung der Onlinehilfe und Dokumentation
- Engineering and Softwaretest
- Screenshots

- Hilfeengineering und DTP der Dokumentation
- Prozessaktualisierungen
- Produktqualitätssicherung und Lieferung
- Projektabschluss

10.2.2 Sprache

Terminologie
Glossar, Konsistenz

Stil
klar, eindeutig, kurze aktive Sätze, kein kulturspezifischer Text, keine Zeitreferenzen, keine Akronyme und Abkürzungen, Konversion von Maßeinheiten

Expansion
genügend Raum für Text in vertikaler Richtung

Länderspezifische Elemente
Daten vollständig ausschreiben, unterschiedliche Kalender und Adressformate, Verwendung von weltweit bekannten, allgemeinen Beispielen

10.2.3 Software

Zeichensatzunterstützung
Verwenden internationaler Sortierungsstandards, Multibyte-Unterstützung, Cut/Paste Funktionalität zwischen Anwendungen, Open/Save Dateien mit multi-byte Zeichen und Namen, Verwendung von internationalen Code Sets für Ein- und Ausgabe

Identifizierung des zu Übersetzenden
Berücksichtigen Sie alle Ressource-Dateien und enthalten Dateien (Bitmaps, Symbole), die einer Lokalisierung bedürfen, vermeiden Sie zu viele separate Ressource-Dateien, verwenden Sie Variablennamen mit „unrealen" Worten, bieten Sie einen Kontext für Übersetzer im Code mithilfe von Kommentaren, entfernen Sie alle nicht übersetzbaren Textzeichenfolgen aus den Ressourcen-Dateien.

User Interface Design
Erlauben Sie Texterweiterung durch Puffer ausreichender Größe, Vermeiden Sie \n für manuelle Textkapselung, Vermeiden Sie eine Verkettung von Strings zur Laufzeit, codieren Sie die Tastaturbefehle nicht „hart", Stringvariablen dürfen keine grammatikalische Endungen haben, Tastenkombinationen müssen von jeder Tastatur aus zugänglich sein,

Drittanbieter-Steuerelemente müssen lokalisierbar sein, generische Bilder verwenden, auf Farben achten, Kein Text in Bitmaps und Icons; zusätzliche Leerzeichen einfügen, wenn Variablen innerhalb eines Strings verwendet werden.

Lokale Unterstützung
DBCS (Double-Byte Character Sets) für asiatische Sprachen, um Benutzern die Eingabe, Speicherung, Wiederfindung, Verteilung, Anzeige und Ausdruck von DBCS-Sprachen zu erlauben; Verwenden Sie IME (Input Method Editor) für asiatische Sprachen, verwenden Sie die Sprachunterstützung des jeweiligen Betriebssystems, sowie die entsprechenden unterschiedlichen Kalender-, Datum-, Uhrzeit- und Zahlenformate, verschiedene Währungen, Gewichte und Maßsysteme, internationale Papier- und Briefumschlaggrößen sowie Adressformate.

10.2.4 Dokumentation

Erstellung
Verwenden Sie geeignete Anwendungen in Bezug auf Dokumenttyp, Zielsprachen, Ausgabeformate, Verwenden Sie Designvorlagen und Standard- oder kombinierte Schriftarten, Achten Sie auf Konsistenz im Textfluss, bei Verknüpfungen und bei den Styles, Verwenden Sie Computer Aided Translation (CAT)-Tools.

Verwendung
Keine manuelle harte Zeilenumbrüche im laufenden Text, Indexmarkierungen außerhalb des Satzes, keine manuelle Silbentrennung, Import von Grafiken mittels Referenzen, kein bedingter Text, einzelner Textfluss, keine Auslieferung des Produktes ohne Reviews und Freigabe, halten Sie Dokumente (oder Kapitel) kürzer als 50 Seiten.

Grafiken
Generische und international akzeptierte Grafiken, Grafiken mit Text über eine separate Text-Ebene, verwenden Standard-Farbschema und Schriftart-Einstellungen; stellen Sie sicher, dass Bildschirmaufnahmen reproduzierbar sind, Grafiken verlinken anstatt sie einzubetten, kein Outline-Text in Grafiken.

10.2.5 Usability-Test

- Anwendung der Checklisten und Guidelines auf das Produkt
- Mäeutische Erarbeitung eines eigenen produktbezogenen Kits
- Zusammenfassung und Abschlussdiskussion

- Checken aller I18N/L10N-Guidelines & Checklists
- Überlegen, was konkret wie zu tun ist? (z. B. Architekturänderung)
- Lesen weiterführender Literatur
- Beantwortung produktbezogener Fragen
- Diskussion interessanter Aspekte oder offener Punkte
- Definition von Themen für weiterführende Förderungsmaßnahmen (Usability-Kurs etc.)
- Vermeidung von Inkonsistenzen, usw.
- Erhebung kultureller Präferenzen mit Hilfe von Werkzeugen (insbesondere IIA-Tool(s))
- Auswahl richtiger Werkzeuge
- Inanspruchnahme externen Know-Hows wo nötig
- Prüfen, welche Methoden und Werkzeuge für die Ermittlung von Benutzerpräferenzen für das interkulturelle MMI-Design die richtigen sind.
- Eruierung kultureller Unterschiede (Methodik und Inhalte)
- Verwendung geeigneter Hilfsmittel (Werkzeuge)

10.3 Tipps zur Übersetzung von Benutzungsschnittstellen

10.3.1 Allgemein

Da der zu übersetzende Text innerhalb der Strings normalerweise in Anführungszeichen („ “) gesetzt wird, sollte vermieden werden, sie innerhalb des Textes zu verwenden oder im Original zu löschen. Die Verwendung des Zeichens (&) sollte vermieden werden, weil dies den Compiler verwirren und es zu Hotkey-Funktionsstörungen kommen kann. Muss es trotzdem eingesetzt werden, so sollte es doppelt gesetzt oder ersetzt werden („&&“). Oftmals ist es ratsam, Datums-, Zeit- oder Zahlenformat in den Ausgangsdateien nicht zu ändern, auch wenn sie in Laufzeit an die Zielsprache angepasst werden sollen. Der Grund liegt darin, dass diese Formate manchmal unverändert bleiben müssen, um die richtigen Formate vom Betriebssystem zu erhalten. Dateinamen oder -endungen werden nur übersetzt, wenn der Softwareanbieter es ausdrücklich wünscht (z. B. „Readme.txt“). Beim Bearbeiten von Online-Hilfe-Ausgangsdateien darf versteckter Text niemals übersetzt, verändert oder verschoben werden. Nur die mit verstecktem Text oder Tags verlinkten Begriffe können, falls es die Grammatik verlangt, verschoben werden. Kodierungselemente wie Verweise auf Screendumps, Indexplatzhalter, Kodierungen oder Formatierungs-Tags dürfen nicht übersetzt, verändert oder gelöscht werden. Sortieren Sie die Symbole nicht bevor die Dateien zurück in Ihr Originalformat konvertiert wurden. Löschen oder fügen Sie keine Zeilen- oder Seitenumbrüche oder Wörtertrennungen ein und passen Sie Zeilen nicht manuell an. Setzen Sie die Suchen- und Ersetzen-Funktion vorsichtig ein, da eine Übersetzung einen versteckten Textteil überschreiben kann, was dann schwierig zu korrigieren sein kann. Dokumenteinstellungen sollen nicht verändert werden. Beispiele dafür sind: Tabstopps, Seitenränder, Seitengröße, Zeilenabstände, Absatzabstände, Vorlagen, usw.

10.3.2 Sprache und Stil

Bei der Übersetzung einer Funktion oder Option einer Software muss zuerst die Bedeutung geklärt werden, bevor man sich kreativ betätigen sollte, nicht umgekehrt. Es muss sichergestellt sein, dass die Übersetzung von Software-Strings innerhalb und zwischen den Softwareprodukten konsistent ist. Für häufig verwendete Betriebssysteme (z. B. Apple Mac OS, Microsoft Word, usw.) liegt eine Standardterminologie vor, an die man sich möglichst halten sollte. In Nachrichten ist der Gebrauch der ersten und zweiten Person zu vermeiden. Liegen Terminologie- und Stilvorgaben vor, sollten die Übersetzer sich daran halten. Zusätzlich sollten sie versuchen, eine eigene Terminologieliste mit Übersetzungen häufiger Begriffe oder Phrasen aus dem Text zu erstellen. Diese Liste sollte vom Projektmanager oder Softwareanbieter freigegeben werden. Kulturspezifische Informationen sollen an den Zielmarkt angepasst werden. Dies sind: Informations-Hotlines, verbreitete Sportarten, Feiertage, usw. Was den Stil betrifft sind Aktiv und Imperativ für technische Texte geeignet, Passiv und Sätze mit vielen Substantiven sind zu vermeiden. Auf den anzuwendenden Stil sollte das Übersetzungs-/Lokalisierungsteam sich vor Beginn der Übersetzung einigen, z. B.: Akronyme, Listen (nummerierte oder Aufzählungslisten), Großschreibung, Schreibweise von Zahlen, zu verwendender Stil für Bildbeschriftungen, usw. Um die Software-Verweise innerhalb des Textes zu übersetzen, sollte die Anwendung selbst bereits übersetzt vorliegen. Sollte dies nicht der Fall sein, ist es empfehlenswert, alle Software-Verweise unübersetzt zu lassen und sie im Nachhinein abzuändern.

10.3.3 Nicht zu übersetzende Elemente

Strings können Teile mit Elementen enthalten, die nicht übersetzt werden sollen. Einige dieser Elemente sind: Großgeschriebene Begriffe (z. B. EDIT), Unterstriche enthaltende Begriffe (z. B. size_is) und Begriffkombinationen (z. B. ConnCount). Es muss jedoch festgestellt werden, dass die Unterscheidung zwischen zu übersetzenden und nicht zu übersetzenden String-Elementen nicht immer leicht fällt. In solchen Fällen kann die Hilfe eines Softwareentwicklers nützlich sein.

10.3.4 Qualitätssicherungs-Tipps

Um sich zu vergewissern, dass die Online-Hilfe richtig funktioniert, sollte in der laufenden Online-Hilfe Korrektur gelesen werden, insbesondere hinsichtlich folgender Elemente:

Inhaltsverzeichnis: Alle übersetzten Punkte des Inhaltsverzeichnisses sollten den tatsächlichen Überschriften im Online-Hilfe-Dokument und Baumstrukturen sollten der Reihenfolge der Inhalte im Dokument entsprechen.

Grafiken: Da Grafiken normalerweise verlinkt und nicht eingebettet sind, werden sie für die Übersetzer erst sichtbar, wenn die Hilfe-Ausgangsdateien kompiliert sind. Die

Übersetzer sollten prüfen, ob alle Grafiken lokalisiert sind, ob der Text sich auf die Bilder bezieht, ob die Grafiken Callouts mit Bildbeschreibungen enthalten (in diesem Fall müssen die Bezüge und die lokalisierten Bilder konsistent sein), usw.

Tabellen: Tabellen sollten überprüft werden, da Translation-Memory-Tools sie oftmals in einem anderen Format als die kompilierte Hilfe-Datei anzeigen (vgl. Esselink, 2000, S. 65–172).

Es sollten immer zuerst die Benutzungsschnittstellen lokalisiert werden und erst dann die zugehörigen Dokumente erstellt werden (Online-Hilfe, Websites und schriftliche Dokumente), um Inkonsistenzen in der Terminologie zu vermeiden.

10.4 CJKV

Folgende Aspekte sind beim Design von Benutzungsschnittstellen für China, Japan, Korea und Vietnam (CJKV) zu berücksichtigen (weitere Informationen finden Sie in Lunde, K., 2009. CJKV information processing. O'Reilly Media, Inc., Sebastopol, CA.)

- Multiple Writing Systems
- Writing Systems
- Latin Characters and Transliteration
- Zhuyin
- Kana
- Hangul
- Chinese Characters
- Non-Chinese Chinese Characters
- Character Set Standards
- Non-Coded Character Set Standards
- Coded Character Set Standards
- International Character Set Standards
- Character Set Standard Oddities
- Non-Coded Versus Coded Character Sets
- Information Interchange Versus Professional Publishing
- Advice to Developers
- Encoding Methods
- Locale-Independent Encoding Methods
- Locale-Specific Encoding Methods
- Comparing CJKV Encoding Methods
- International Encoding Methods
- Charset Designations
- Code Pages
- Code Conversion
- Repairing Unreadable CJKV Text
- Beware of Little and Big Endian Issues
- Advice to Developers

- Input Methods
- Transliteration Techniques
- Input Techniques
- User Interface Concerns
- Keyboard Arrays
- Other Input Hardware
- Input Method Software
- Font Formats
- Typeface Design Issues
- Bitmapped Fonts
- Outline Fonts
- Ruby Fonts
- Host-Based Versus Printer-Resident Fonts
- Creating Your Own Fonts
- External Character Handling
- Advice to Developers
- Typography (→ hier auch die Inhalte des DTP Dokuments her!)
- Rules
- Typographic Units and Measurements
- Horizontal and Vertical Layout
- Line Breaking and Word Wrapping
- Character Spanning
- Alternative Metrics
- Kerning
- Line Length Issues
- Multilingual Text
- Glyph Substitution
- Annotations
- Typographic Software
- Output Methods
- Where can fonts live?
- Printer Output
- PostScript CJKV Printers
- Computer Monitor Output
- Other Printing Methods
- The Role of Printer Drivers
- Output Tips and Tricks
- Advice to Developers
- Information Processing Techniques
- Language, Country, and Script Codes
- Programming Languages
- Code Conversion Algorithms

- Java Programming Examples
- Miscellaneous Algorithms
- Byte Versus Character Handling
- Character Sorting
- Natural Language Processing
- Regular Expressions
- Search Engines
- Code Processing Tools
- Basic Concepts and Terminology
- Environment and Tools
- Viewing CJKV Text on Non-CJKV Systems
- Operating Systems
- Hybrid Environments
- Text Editors
- Word Processors
- Internet & WWW
- Content Versus Presentation
- Displaying Web Documents
- Authoring HTML, XML, PDF Documents
- Dictionaries and Software
- Chinese Character Dictionary Indexes
- Character Dictionaries
- Other Usefule Dictionaries
- Dictionary Hardware
- Dictionary Software
- Machine Translation Software
- Machine Translation Services
- Learning Aids
- Tables, Examples & Hints, Glossar, Literature

10.5 Interkulturelles User Interface Design

- Textlängenprüfung
- Wortumbruch
- „Resizing“
- Ressourcenverwaltung
- Locale-Technologie
- Zeichensatzproblematik
- Icons/Metaphern
- Farbverwendung
- Anordnung/Layout

- Navigation/Interaktion
- Schriftsysteme in China und Japan

Notwendige zu berücksichtigende Aspekte für den Asiatischen Raum (vor allem Japan und China):

- IS0-2022-JP
- Shift-JIS
- EUC-JP
- GB 2312-80: character set standard representing the most widely implemented character set for Chinese
- GB18030-2000: name for the official character set of the People's Republic of China (PRC) superseeding GB2312-80
- GB/T (guojia biaozhun tui)
- GBK (guojia biaozhun kuozhan)
- JIS (Japanese Industrial Standard)
- JISC (Japanese Industrial Standards Committee)
- JSA (Japanese Standards Association)

CJK Verarbeitung

- Multiple Schreibsysteme
- Zeichensatzstandards
- Encodierungsmethoden
- Eingabemethoden
- Zeichensatzformate
- Typographie
- Ausgabemethoden
- Informationsverarbeitungstechniken
- Umgebung, Werkzeuge
- Character Sorting
- Natural Language Processing
- Regular Expressions
- Search Engines
- Code Processing Tools
- Basic Concepts and Terminology

10.6 Unicode

Unicode [ˈjuːnɪkoʊd] ist ein internationaler Standard, der für jedes sinntragende Zeichen bzw. Textelement aller bekannten Schriftkulturen und Zeichensysteme einen digitalen Code festlegt. Ziel ist es, das Problem unterschiedlicher, inkompatibler Kodierungen in unterschiedlichen Ländern oder Kulturkreisen zu beseitigen. Weiterführende Informationen und Links finden sich in Anhang C.

10.7 Gestaltungs- und Bewertungskriterien interkultureller User Interfaces

- Wie gross ist die Ordnung von Information?
- Wie dicht ist die Information angeordnet (Zeichenabstand, Zeilenabstand etc.)?
- Wie gross sind Informationseinheiten dargestellt (Bildergröße, Schriftgröße)?
- Wieviele Informationseinheiten werden gleichzeitig dargestellt (Bilder, Sätze, Buchstaben, Wörter, Propositionen, Prompts etc.)?
- Wie ist die Farbverteilung der Informationspräsentation (in Bildern, auf der gesamten Seite, Hintergrund, Vordergrund)?
- Wie gross sind die zeitlichen Abstände bei der sequenziellen Präsentation zweier Informationseinheiten?
- Welche Art der Informationspräsentation liegt vor (direkt, indirekt, übersichtlich, überfüllt, einfach, komplex etc.)?
- Welcher Stil der Informationspräsentation wird verwendet (Schriftart etc.)?
- Welche Auswahlarten (Interaktionsmittel/arten) werden verwendet (RadioButtons, Combobox, Listbox, Menue, Symbolleiste, Toolbar etc.)?
- Welche Interaktionshierarchie liegt vor (Menue (hierarchisch) vs. Symbolleiste (flach) etc.)?
- Welche Interaktionsmittel werden genutzt (Maus, I-Drive, Touchscreen, Softkeys, Hardkeys)?
- Wie häufig werden welche Interaktionsmittel genutzt?
- Wie gross ist die Pause zwischen Interaktionen (zwischen Aus- und Eingabe, zwischen Ein- und Ausgabe, zwischen zwei Ausgaben, zwischen zwei Eingaben etc.)?
- Wie lange dauert die Mitteilung einer (Inter)Aktion (Aktionsanalyse) (Dauer, bis Ausgabe oder Eingabe abgeschlossen ist)?
- Wie lange dauert ein Interaktionspfad für eine Funktionsauswahl (Dauer vom ersten Klick durch das Menue bis zum gewünschten Funktionspunkt, Dauer der sprachlichen Navigation)?
- Wieviele Schritte enthält ein Interaktionspfad?
- Wieviele Schritte hat ein Dialog?
- Wie lange dauert ein Dialog?
- Welche Dialoge gibt es (Hinweis, Erklärungs, Begründungs, Fragedialog etc.)?
- Wie sind die Widgets angeordnet (vertikal, horizontal, gruppiert, gleichmäßig, ungleichmäßig, logisch, unlogisch etc.)?
- Welche Widgets gibt es (Panels, Forms, Coolbars, Frames etc.)?
- Wieviele Widgets gibt es?
- Welche Schritte hat ein Dialog? (Initial (Begrüßung), Mid, End (Verabschiedung))?
- Wieviele Höflichkeitsfloskeln enthält ein Dialog?

Literatur

Lunde, K. (2009). *CJKV information processing*. Sebastopol: O'Reilly Media, Inc.

Spitznagel, I. (2001). *Internationalisierung von Software als Voraussetzung für die Lokalisierung*. Saarbrücken: Univ., Fachrichtung 4.6.

Anhang C: Weiterführende Informationen 11

Inhalt

Dieser Anhang enthält weiterführende Literatur sowie wertvolle Hinweise und Links zum Thema IUID (z. B. Institutionen, Gremien, Konferenzen, Toolhersteller, IUID-Dienstleister).

11.1 Weiterführende Literatur

Bevan, N. (1999) Quality in use: meeting user needs for quality In: Journal of Systems and Software, 49(1), 89–96. Zugegriffen am 29.09.2016.

Bevan, N., Claridge, N., Earthy, J., Kirakowski, J. (1998) Proposed Usability Engineering Assurance Scheme. INUSE Deliverable D5.2.3. Zugegriffen am 29.09.2016.

Bevan N., Schoeffel R. (2001) A proposed standard for consumer product usability. Proceedings of 1st International Conference on Universal Access in Human Computer Interaction (UAHCI), New Orleans, August 2001. Zugegriffen am 29.09.2016.

de Souza, F. and Bevan, N. (1990) The Use of Guidelines in Menu Interface Design:Evaluation of a Draft Standard. Proceedings of IFIP INTERACT'90: Human-Computer Interaction 1990 S. 435–440. Zugegriffen am 29.09.2016.

Earthy, J. (1999). Usability Maturity Model: Processes, version 2.2. Zugegriffen am 29.09.2016.

R. Heimgärtner, *Interkulturelles User Interface Design*,
DOI 10.1007/978-3-662-48370-1_11

Gediga, G., Hamborg, K., Düntsch, I. (1999) The IsoMetrics usability inventory: An operationalisation of ISO 9241–10. Behaviour and Information Technology

Oppermann, R., Reiterer, R. (1997) Software Evaluation Using the 9241 Evaluator Usability Evaluation Methods. Behaviour and Information Technology v.16 n.4/5 S. 232– 245.

Prümper, P. (1999) Test it: ISONORM 9241/10. In: Bullinger H-J and Ziegler J (Hrsg.), Proceedings of HCI International, Munich, 22–27 August 1999. Lawrence Erlbaum, Mahwah, NJ, USA.

Usability Professionals' Association, UPA. (2009). www.usabilityprofessionals.org. Zugegriffen am 29.09.2016.

UsabilityNet. (2009). http://www.usabilitynet.org/home.htm. Zugegriffen am 29.09.2016.

11.2 Institutionen

Unicode-Konsortium: www.unicode.org. Zugegriffen am 09.09.2016

Das Unicode-Konsortium ermöglicht Menschen rund um den Globus Computer in jeder Sprache zu benutzen. Es entwickelt den Unicode Standard und Unicode Locales (CLDR). Diese Spezifikationen bilden die Grundlage für Softwareinternationalisierung in allen wichtigen Betriebssystemen, Suchmaschinen, Applikationen und dem Internet.

Internationalisierungsaktivitäten des W3C (WWW-Konsortium) (www.w3c.org/International. Zugegriffen am 29.09.2016)

> „Ziel der Internationalisierungsaktivitäten des W3C ist es, innerhalb des Konsortiums sowie gemeinsam mit anderen Organisationen Techniken, Konventionen, Leitfäden und Aktivitäten vorzuschlagen und zu koordinieren, die den weltweiten Einsatz der W3C-Technologie in verschiedenen Sprachen, Schriften und Kulturen ermöglichen und erleichtern sollen."

LISA (Localization Industry Standards Association) entwickelte als Gremium von 2007 bis 2011 einen Softwarelokalisierungsstandard, welcher in ISO 30042 veröffentlicht wurde. LISA wirkt nach dessen Auflösung 2011 in einer Arbeitsgruppe für Software-Lokalisierung im europäischen Institut für Telekommunikationsnormen weiter.

Darüber hinaus gibt es weitere Berufsverbände, Organisationen, Gremien und Konferenzen, die sich mit interkulturellen Benutzungsschnittstellen bzw. mit dem Thema IUID befassen:

UXQB, DIN, VDMA, UPA, GUPA, HCII, IHCI, Mensch und Computer sowie IWIPS. Die German UPA als Berufsverband der Usability Professionals in Deutschland ließ in seinem Arbeitskreis „Qualitätsstandard" die Rollenbeschreibungen von Usability Professionals erstellen (s. Version 1.0, April 2012, URL = http://docplayer.org/8048330-German-upa-qualitaetsstandard-fuer-usability-engineering.html. Zugegriffen am 24.06.2016). Der UXQB hat sich auf internationaler Ebene aus diesem Arbeitskreis heraus gebildet. Dort werden entsprechende Curricula im Rahmen des CPUX-Schema dazu entwickelt. IUID-Aspekte fließen dort über den Autor dieses Buches als persönliches UXQB-Mitglied mit ein. Darüber hinaus wird im Moment vom Autor dieses Buches die Einrichtung eines neuen GUPA-Arbeitskreises zur IUID-Thematik initiiert.

OLIF (Open Lexicon Interchange Format)
OLIF ist ein Standard für die Encodierung von Lexika und Terminologien. Es dient vor allem Übersetzern und Softwareherstellern dazu, die Softwareterminologie auszutauschen. Normen, die mit Usability, MMI und Kultur zu tun haben, finden sich bei VDMA, Nigel Bevan, LUCID.

11.3 Tools

Softwarelokalisierungstools

Catalyst Localization Environment

Language Studio - ATIA Ltd., Sofia, Bulgarien

Lingobit Localizer

Multilizer - The Software Localization Solution

PASSOLO Lokalisierungs-Software

RC-WinTrans

Sisulizer - Visual Software Localization Tool

Visual Localize (AIT AG)

11.4 Links (Zugegriffen am 29.09.2016)

Links zur Softwarelokalisierung
- Verbände und Organisationen
- Internationalization and Localization (WWW-Consortium)
- i18ngurus – Open Internationalization Resources Directory
- The Localization Institute

Localisation Resources Centre
LRE-61003 Project Glossasoft
University of Limerick: Graduate Diploma/Master of Science in Software Localisation
Silicon Valley Localization Forum (TGP Consulting)
Simultrans- Globalization company in Silicon Valley

IUID-Dienstleister

Für International User Research gibt es spezialisierte Dienstleister. Nur wenige Dienstleister haben die Möglichkeiten international qualitativ hochwertig zu arbeiten. Branchenkenntnisse und internationale Erfahrung sind wichtige Kriterien bei der Auswahl eines Dienstleisters. Die Dienstleisterverzeichnisse der Usability Professionals' Association UPA ((Usability Professionals' Association, 2009)) oder des EU-Projektes UsabilityNet ((UsabilityNet, 2009)) sind gute Quellen. Inzwischen haben sich einzelne regionale Firmen zu internationalen Netzwerke zusammengeschlossen, die ihre Methoden aufeinander abgestimmt haben und dem Interessenten eine Bedienung „aus einer Hand" ermöglichen ((International Usability Partners, 2009)). Der Autor dieses Buches ist Inhaber eines Dienstleistungsunternehmen zur Schulung und Beratung bei der Entwicklung interkultureller Benutzungsschnittstellen:

Vorsprung durch Wissen – Qualität statt Quantität

Dr. Rüdiger Heimgärtner
Inhaber und CEO
Lindenstraße 9
93152 Undorf
Deutschland
Telefon: +49 (0) 9404 96090
Fax: +49 (0) 9404 96091
Mobiltelefon: +49 (0) 0175 565 0 322
E-Mail: ruediger.heimgaertner@iuic.de
URL: http://www.iuic.de

Stichwortverzeichnis

R. Heimgärtner, *Interkulturelles User Interface Design*,
DOI 10.1007/978-3-662-48370-1

V

W

Z

MIX
Papier aus verantwortungsvollen Quellen
Paper from responsible sources
FSC® C105338

If you have any concerns about our products, you can contact us on
ProductSafety@springernature.com

In case Publisher is established outside the EU, the EU authorized representative is:
Springer Nature Customer Service Center GmbH
Europaplatz 3, 69115 Heidelberg, Germany

Printed by Libri Plureos GmbH
in Hamburg, Germany